21世纪高等院校计算机科学与技术规划教材

Visual FoxPro程序设计实用教程

主　编　匡　松　陈建国　陈燕平

副主编　刘益和　蒋　波　罗明英　罗先文

中国水利水电出版社
www.waterpub.com.cn

内 容 提 要

本书以 Visual FoxPro 6.0 为基础，系统地介绍 Visual FoxPro 应用程序开发技术。内容主要包括：数据库概述；Visual FoxPro 基础知识；表的基本操作；排序、索引与统计；数据库操作；SQL 查询语言的使用；程序设计初步；面向对象程序设计基础；表单设计；报表设计；菜单设计以及应用程序的集成与发布等。

本书内容系统全面，深入浅出，图文并茂，例题丰富，理论联系实际，注重实际应用。考虑到读者参加计算机等级考试的需要，在例题和习题的选择上也尽可能贴近计算机等级考试真题，以期能够对读者有所帮助。

本书可作为数据库应用技术课程的教材，也可作为参加计算机等级考试二级 Visual FoxPro 考试的自学用书。

本书配有电子教案，读者可以从中国水利水电出版社网站上下载，网址为：http://www.waterpub.com.cn/softdown/。

图书在版编目（CIP）数据

Visual FoxPro 程序设计实用教程 / 匡松等主编．—北京：中国水利水电出版社，2008

21 世纪高等院校计算机科学与技术规划教材

ISBN 978-7-5084-5967-7

Ⅰ．V… Ⅱ．匡… Ⅲ．关系数据库—数据库管理系统，Visual FoxPro—程序设计—高等学校—教材 Ⅳ．TP311.138

中国版本图书馆 CIP 数据核字（2008）第 161898 号

书　　名	21 世纪高等院校计算机科学与技术规划教材 Visual FoxPro 程序设计实用教程
作　　者	主　编　匡　松　陈建国　陈燕平 副主编　刘益和　蒋　波　罗明英　罗先文
出版　发行	中国水利水电出版社（北京市三里河路 6 号　100044） 网址：www.waterpub.com.cn E-mail：mchannel@263.net（万水） sales@waterpub.com.cn 电话：（010）63202266（总机）、68367658（营销中心）、82562819（万水）
经　　售	全国各地新华书店和相关出版物销售网点
排　　版	北京万水电子信息有限公司
印　　刷	北京市天竺颖华印刷厂
规　　格	184mm×260mm　16 开本　20 印张　508 千字
版　　次	2009 年 1 月第 1 版　2009 年 1 月第 1 次印刷
印　　数	0001—4000 册
定　　价	32.00 元

前　言

Visual FoxPro 中的 Visual 的意思是“可视化”。该技术使得在 Windows 环境下设计的应用程序达到即看即得的效果，在设计过程中可立即看到设计效果，如表单的样式、表单中控件的布局、字符的字体、大小和颜色等。

Visual FoxPro 不仅支持传统的面向过程的程序设计，还支持面向对象的可视化程序设计，借助 Visual FoxPro 的对象模型，可以充分使用面向对象程序设计的所有功能，包括类、继承性、封装性、多态性和子类，具有面向对象程序设计的能力。

Visual FoxPro 提供了向导、生成器、设计器等辅助工具，这些工具为数据的管理和程序设计提供了灵活简便的手段。用户可以借助“项目管理器”创建和集中管理应用程序中的任何元素，对项目及数据实行更强的控制。

本教材以 Visual FoxPro 6.0 为基础，系统地介绍 Visual FoxPro 应用程序开发技术。内容主要包括：数据库概述；Visual FoxPro 基础知识；表的基本操作；排序、索引与统计；数据库操作；SQL 查询语言的使用；程序设计初步；面向对象程序设计基础；表单设计；报表设计；菜单设计以及应用程序的集成与发布等。

本书内容系统全面，深入浅出，图文并茂，例题丰富，理论联系实际，注重实际应用。考虑到读者参加计算机等级考试的需要，在例题和习题的选择上也尽可能贴近计算机等级考试真题，以期能够对读者有所帮助。

本书可作为数据库应用技术课程的教材，也可作为参加计算机等级考试二级 Visual FoxPro 考试的自学用书。

本书由匡松、陈建国、陈燕平任主编，刘益和、蒋波、罗明英、罗先文任副主编，王锦、秦洪英、张波、宋曰聪、罗亚东、卓晓波、陈茂远、张果羽、余骏、周晓庆、刘建伟、蒋春蕾、王英、罗兴贤、刘亚平、张淮鑫、刘小麟、刘莹、徐畅畅、唐文慧等参加了本书的编写工作。

由于时间仓促及作者水平有限，书中错误在所难免，请广大读者批评指正。

编　者

2008 年 11 月

编 委 会

目 录

第 1 章　数据库概述

【学习目标】

（1）了解数据、信息、数据处理以及数据管理技术的发展。

（2）理解数据库系统基本概念。

（3）了解数据模型与关系数据库的基本知识。

（4）初步掌握 Visual FoxPro 的基本操作。

（5）了解 Visual FoxPro 可视化设计工具。

1.1　数据管理技术

1.1.1　数据、信息与数据处理

1. 数据

数据是客观事物属性的取值，是信息的具体描述和表现形式，是信息的载体。在计算机系统中，凡能为计算机所接受和处理的各种字符、数字、图形、图像及声音等都可称为数据。因此数据泛指一切可被计算机接受和处理的符号。数据可分为数值型数据（如产量、价格、成绩等）和非数值型数据（如姓名、日期、文章、声音、图形、图像等）。数据可以被收集、存储、处理（加工、分类、计算等）、传播和使用。

2. 信息

信息是事物状态及运动方式的反映（表现形式），需经过加工、处理后才能交流使用。人们往往用数据去记载、描述和传播信息，因此数据是描述或表达信息的具体表现形式，是信息的载体。信息与数据既有联系又有区别，它们之间的关系可描述为，信息是对客观现实世界的反映，数据是信息的具体表现形式。注意，用不同的数据形式可以表示同样的信息，但信息不随它的数据形式的不同而改变，例如，某个部门要召开会议，可以把“开会”这样一个信息通过广播（声音形式的数据）、文件（文字形式的数据）等方式通知给有关单位。在这里，声音或文字都是不同的反映方式（表现形式），可以表示同一个信息。

3. 数据处理

数据处理也称为信息处理。所谓数据处理，是指利用计算机将各种类型的数据转换成信息的过程。它包括对数据的采集、整理、存储、分类、排序、加工、检索、维护、统计和传输等一系列处理过程。数据处理的目的是从大量的、原始的数据中获得人们所需要的资料并提取有用的数据成分，从而为人们的工作和决策提供必要的数据基础和决策依据。

1.1.2　数据管理技术的发展

数据管理是指对数据进行组织、存储、分类、检索和维护等操作，是数据处理的核心。随着计算机硬件和软件技术的发展，数据管理的水平不断提高。经过几十年的发展，数据管理技术经历了人工管理、文件管理和数据库系统几个阶段。

在数据库系统管理阶段，将所有的数据集中到一个数据库中，形成一个数据中心，实行

统一规划，集中管理，用户通过数据库管理系统来使用数据库中的数据。一个数据库可以为多个应用程序共享，使得程序的开发和运行效率大大提高，减少了数据冗余，实现了数据资源共享，提高了数据的完整性、一致性以及数据的管理效率。

随着计算机应用领域的不断拓展和多媒体技术的发展，数据库技术的研究也取得了重大突破，从20世纪60年代末开始，数据库系统已从第一代层次数据库、网状数据库，第二代的关系数据库系统，发展到第三代以面向对象模型为主要特征的数据库系统。随着用户应用需求的提高、硬件技术的发展和Internet/Intranet提供的丰富多彩的多媒体交流方式，促进了数据库技术与网络通信技术、人工智能技术、面向对象程序设计技术、并行计算技术等的相互渗透，互相结合，形成了数据库新技术，出现了面向对象数据库系统、分布式数据库、多媒体数据库系统、知识数据库系统、并行数据库系统、模糊数据库系统等新型数据库系统。

1.2 数据库系统基本概念

在数据库技术中，人们常常接触到数据库、数据库管理系统、数据库系统、数据库应用系统这些名词，它们之间有着一定的联系和区别。

1. 数据库

数据库（Data Base，DB）就是按一定的组织形式存储在一起的相互关联的数据的集合。数据库就是一个存放大量业务数据的场所，其中的数据具有特定的组织结构。所谓“组织结构”，是指数据库中的数据不是分散的、孤立的，而是按照某种数据模型组织起来的，不仅数据记录内的数据之间是彼此相关的，数据记录之间在结构上也是有机地联系在一起的。数据库具有数据的结构化、独立性、共享性、冗余量小、安全性、完整性和并发控制等特点。

2. 数据库管理系统

数据库管理系统（Data Base Management System，DBMS）是负责数据库的定义、建立、操纵、管理和维护的一种计算机软件，是数据库系统的核心部分。数据库管理系统是在特定操作系统的支持下进行工作的，它提供了对数据库资源进行统一管理和控制的功能，使数据结构和数据存储具有一定的规范性，提高了数据库应用的简明性和方便性。DBMS为用户管理数据提供了一整套命令，利用这些命令可以实现对数据库的各种操作，如数据结构的定义，数据的输入、输出、编辑、删除、更新、统计和浏览等。

3. 数据库系统

数据库系统（Data Base System，DBS）是指计算机系统引入数据库后的系统构成，是一个具有管理数据库功能的计算机软硬件综合系统。它主要包括计算机硬件、操作系统、数据库（DB）、数据库管理系统（DBMS）和相关软件、数据库管理员及用户等组成部分。

（1）硬件系统：是数据库系统的物理支持，包括主机、外部存储器、输入/输出设备等。

（2）软件系统：包括系统软件和应用软件。系统软件包括支持数据库管理系统运行的操作系统（如Windows 2000）、数据库管理系统（如Visual FoxPro 6.0）、开发应用系统的高级语言及其编译系统等。应用软件是指在数据库管理系统基础上，用户根据实际问题自行开发的应用程序。

（3）数据库：是数据库系统的管理对象，为用户提供数据的信息源。

（4）数据库管理员（Data Base Administrator，DBA）：是负责管理和控制数据库系统的主要维护管理人员。

（5）用户：是数据库的使用者，利用数据库管理系统软件提供的命令访问数据库并进行各种操作。用户包括专业用户和最终用户。专业用户即程序员，是负责开发应用程序的设计人员。最终用户是对数据库进行查询或通过数据库应用系统提供的界面使用数据库的人员。

4. 数据库应用系统

数据库应用系统（Data Base Application System，DBAS）是在 DBMS 支持下根据实际问题开发出来的数据库应用软件。一个 DBAS 通常由数据库和应用程序两部分组成，它们都需要在 DBMS 支持下开发。

由于数据库的数据要供不同的应用程序共享，因此在设计应用程序之前首先要对数据库进行设计。数据库的设计是以“关系规范化”理论为指导，按照实际应用的报表数据，首先定义数据的结构，包括逻辑结构和物理结构，然后输入数据形成数据库。开发应用程序也可采用“功能分析，总体设计，模块设计，编码调试”等步骤来实现。

1.3 数据模型

数据模型是对现实世界数据特征的抽象，是用来描述数据的一组概念和定义。数据模型按不同的应用层次可划分为概念数据模型和逻辑数据模型两类。概念数据模型又称为概念模型，是一种面向客观世界、面向用户的模型，主要用于数据库设计。而逻辑数据模型常称为数据模型，是一种面向计算机系统的模型，主要用于数据库管理系统的实现。

1.3.1 数据模型简述

由于计算机不能直接处理现实世界中的具体事物，所以我们必须把具体事物转换成计算机能够处理的数据。在数据库系统中，实现转换的过程通常是先把现实世界中的客观事物抽象为概念数据模型（简称概念模型），然后再把概念数据模型转换为某一数据库管理系统所支持的逻辑数据模型（简称数据模型），如图 1-1 所示。

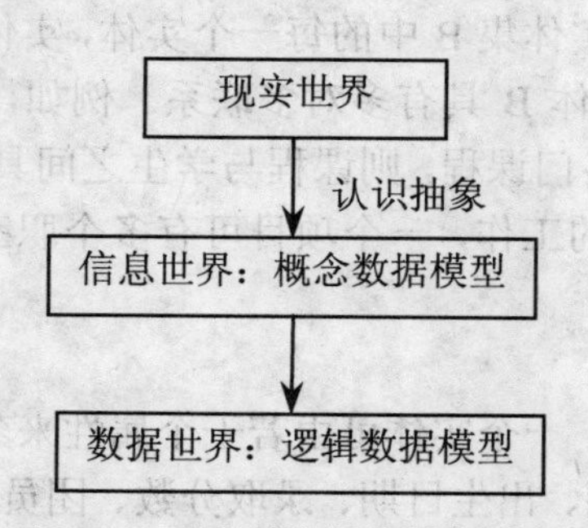

图 1-1　事物到数据的抽象过程

概念数据模型和逻辑数据模型是数据模型的不同应用层次。概念数据模型是从现实世界到数据世界的一个中间层次，是一种面向客观世界、面向用户的模型，是数据库设计人员进行数据库设计的重要工具，也是数据库设计人员和用户之间进行交流的语言，E-R 模型、扩充的 E-R 模型等是常用的概念模型。逻辑数据模型是一种面向数据库系统的模型，即依赖于某种具体的数据库管理系统 DBMS，主要用于 DBMS 的实现，常见的逻辑数据模型包括层次模型、网状模型和关系模型等。

1.3.2 E-R 数据模型

E-R 模型（Entity-Relationship Data Model）即实体一联系数据模型，用来描述现实世界，具有直观、自然、语义丰富及便于向逻辑数据模型转换等优点。E-R 模型中的基本概念有实体、联系、属性等。

1. 实体（Entity）

客观存在并可相互区分的事物称为实体。它是信息世界的基本单位。实体既可以是人，也可以是物；既可以是实际对象，也可以是抽象对象；既可以是事物本身，也可以是事物与事物之间的联系。例如，一个学生、一个教师、一门课程、一支铅笔、一部电影、一个部门等都是实体。同类型的实体的集合称为实体集（Entity Set）。例如，一个学校的全体学生是一个实体集，而其中的每个学生都是实体集的成员。

2. 联系（Relationship）

联系是实体集之间关系的抽象表示，是对实现世界中事物之间关系的描述。例如，公司实体集与职工实体集之间存在“聘任”联系。实体集之间的联系可分为以下 3 类：

（1）一对一联系（1:1）。如果对于实体集 A 中的每一个实体，实体集 B 中至多有一个实体与之联系，反之亦然，则称实体集 A 与实体集 B 具有一对一联系。例如，在一个学校中，一个班级只有一个正班长，而一个班长只在一个班中任职，则班级与班长之间具有一对一联系。又如职工和工号的联系是一对一的，每一个职工只对应于一个工号，不可能出现一个职工对应于多个工号或一个工号对应于多名职工的情况。

（2）一对多联系（1:n）。如果对于实体集 A 中的每一个实体，实体集 B 中有 n 个实体（n≥0）与之联系，反之，对于实体集 B 中的每一个实体，实体集 A 中至多只有一个实体与之联系，则称实体集 A 与实体 B 有一对多联系。

考查系和学生两个实体集，一个学生只能在一个系里注册，而一个系可以有很多学生。所以系和学生是一对多联系。又如单位的部门和职工的联系是一对多的，一个部门对应于多名职工，而一个职工只在一个部门任职。

（3）多对多联系（m:n）。如果对于实体集 A 中的每一个实体，实体集 B 中有 n 个实体（n≥0）与之联系，反之，对于实体集 B 中的每一个实体，实体集 A 中也有 m 个实体（m≥0）与之联系，则称实体集 A 与实体 B 具有多对多联系。例如，一门课程同时有若干个学生选修，而一个学生可以同时选修多门课程，则课程与学生之间具有多对多联系。又如在单位中，一个职工可以参加若干个项目的工作，一个项目可有多个职工参加，则职工与项目之间具有多对多联系。

3. 属性（Attribute）

描述实体的特性称为属性。一个实体可由若干个属性来刻画。属性的组合表征了实体。例如，学生有学号、姓名、性别、出生日期、录取分数、团员、特长等属性；铅笔有商标、软硬度、颜色、价格、生产厂家等属性。

唯一标识实体的一个属性集称为码，例如，学号是学生实体的码。属性的取值范围称为域，例如，学生实体中，性别属性的域为（男，女），年龄的域可定为 18～60。

要注意区分属性的型与属性的值，例如，学生实体中的学号、姓名等属性名是属性的型，而某个学生的“s0803001”、“谢小芳”等具体数据则称为属性值。

相应地，实体也有型和值之分，实体的型用实体名及其属性名集合来表示。例如，学生以及学生的属性名集合构成学生实体的型，可以简记为：学生（学号，姓名，性别，出生日期，录取分数，团员），而（"s0803001"，"谢小芳"，"女"，1990-05-16，610，.F.）是一个实体值。实体集实际上就是同类型实体的集合，例如，全体学生就是一个实体集。

1.3.3　几种主要数据模型

数据模型一般分为 3 种，即层次模型、网状模型和关系模型。如果是依照关系模型进行存储，该数据库称为关系数据库。

1. 层次模型

层次模型表示数据间的从属关系结构，它是以树型结构表示实体（记录）与实体之间联系的模型。层次模型的主要特征如下：

（1）层次模型像一棵倒立的树，有且仅有一个无双亲的根结点。

（2）除根结点以外的子结点，有且仅有一个父结点。

层次数据模型只能直接表示一对多（包括一对一）的联系，但不能表示多对多的联系。例如，学校的行政机构（如图 1-2 所示）、企业中的部门编制等都是层次模型。支持层次模型的数据库管理系统称为层次数据库管理系统。

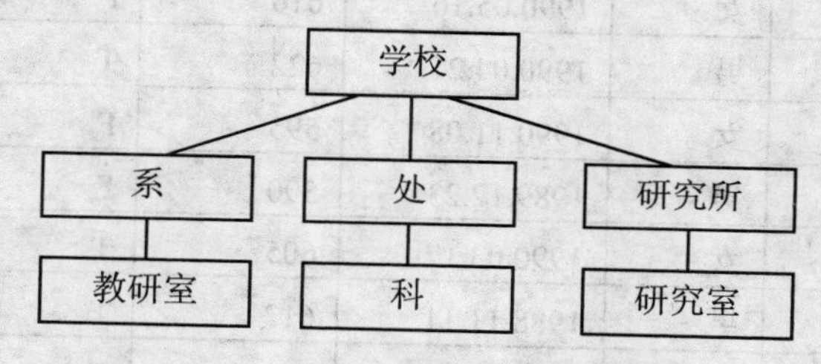

图 1-2　学校行政机构的层次模型

2. 网状模型

网状模型是以网状结构表示实体与实体之间联系的模型，使用网状模型可表示多个从属关系的层次结构，也可表示数据间的交叉关系，是层次模型的扩展。网状模型的主要特征如下：

（1）允许有一个以上的结点无双亲。

（2）一个结点可以有多个双亲。

网状数据模型的结构比层次模型更具普遍性，它突破了层次模型的两个限制，允许多个结点没有双亲结点，允许一个结点具有多个双亲结点。此外，它还允许两个结点之间有多种联系。图 1-3 给出了一个简单的网状模型。

网状模型是以记录为结点的网络结构。支持网状数据模型的数据库管理系统称为网状数据库管理系统。

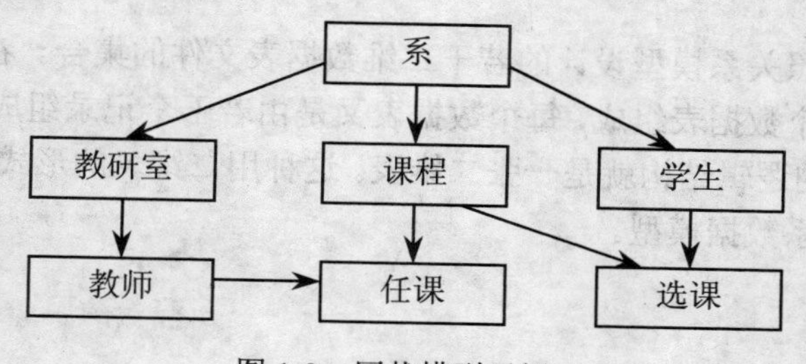

图 1-3　网状模型示例

3. 关系模型

关系模型是一种以关系（二维表）的形式表示实体与实体之间联系的数据模型。关系模型不像层次模型和网状模型那样使用大量的链接指针把有关数据集合到一起，而是用一张二维表来描述一个关系。关系模型的主要特点如下：

（1）关系中的每一分量不可再分，是最基本的数据单位。

（2）关系中每一列的分量是同属性的，列数根据需要而设，且各列的顺序是任意的。

（3）关系中每一行由一个具体实体或联系的一个或多个属性构成，且各行的顺序可以是任意的。

（4）一个关系是一张二维表，不允许有相同的列（属性），也不允许有相同的行（元组）。

表 1-1 所示的是一张学生表。在二维表中，每一行称为一个记录，用于表示一组数据项；表中的每一列称为一个字段或属性，用于表示每列中的数据项。表中的第一行称为字段名，用于表示每个字段的名称。

表 1-1 学生表

学号	姓名	性别	出生日期	录取分数	团员	特长	照片
s0803001	谢小芳	女	1990.05.16	610	F	（略）	（略）
s0803002	张梦光	男	1990.04.21	622	T	（略）	（略）
s0803003	罗映弘	女	1990.11.08	595	F	（略）	（略）
s0803004	郑小齐	男	1989.12.23	590	F	（略）	（略）
s0803005	汪雨帆	女	1990.03.17	605	T	（略）	（略）
s0803006	皮大均	男	1988.11.11	612	T	（略）	（略）
s0803007	黄春花	女	1989.12.08	618	T	（略）	（略）
s0803008	林韵可	女	1990.01.28	588	F	（略）	（略）
s0803009	柯之伟	男	1989.06.19	593	T	（略）	（略）
s0803010	张嘉温	男	1989.08.05	602	T	（略）	（略）
s0803011	罗丁丁	女	1990.02.22	641	T	（略）	（略）
s0803016	张思开	男	1989.10.12	635	T	（略）	（略）
s0803013	赵武乾	男	1989.09.30	595	F	（略）	（略）

支持关系模型的数据库管理系统称为关系数据库管理系统。Visual FoxPro 采用的数据模型是关系模型，因此它是一个关系数据库管理系统。

1.4 关系数据库

关系数据库是依照关系模型设计的若干二维数据表文件的集合。在 Visual FoxPro 中，一个关系数据库由若干个数据表组成，每个数据表又是由若干个记录组成，每个记录由若干个数据项组成。一个关系的逻辑结构就是一张二维表。这种用二维表的形式表示实体和实体之间联系的数据模型称为关系数据模型。

1.4.1 关系术语

关系是建立在数学集合概念基础之上的，是由行和列表示的二维表。

关系：一个关系就是一张二维表，每个关系有一个关系名。在 Visual FoxPro 中，一个关系就称为一张数据表。例如表 1-1 的“学生表”。

元组：二维表中水平方向的行称为元组，每一行是一个元组。在 Visual FoxPro 中，一行称为一个记录。例如表 1-1“学生表”中的一行数据项。

属性：二维表中垂直方向的列称为属性，每一列有一个属性名。在 Visual FoxPro 中，一列称为一个字段。例如表 1-1“学生表”中的“学号”、“姓名”、“性别”等对应的列。

域：指表中属性的取值范围。Visual FoxPro 中，一个字段的取值范围通过一个字段的宽度定义。

分量：元组中的一个属性值。例如表 1-1“学生表”中的“谢小芳”。

候选码（候选关键字）：表中的某个属性或属性组合，其值可唯一确定一个元组。一个关系可以有多个候选码。例如表 1-1“学生表”中，在“姓名”不重复的情况下，“学号”、“姓名”是候选码。

主码（主关键字）：从候选码中，选择一个作为主码。一个关系只有一个主码。例如表 1-1“学生表”中的“学号”。

外码（外关键字）：如果关系中的一个属性不是本关系的主码或候选码，而是另外一个关系的主码或候选码，则该属性称为外码。

主属性：包含在任何一个候选码中的属性。例如“学生表”中的“学号”、“姓名”属性是主属性。

非主属性：不包含在任何候选码中的属性。例如“学生表”中的“性别”、“出生日期”、“录取分数”、“团员”等属性都是非主属性。

关系模式：对关系的描述。一个关系模式对应一个关系的结构。其格式为：

关系名（属性名 1，属性名 2，属性名 3，…，属性名 n）

例如，学生表的关系模式描述如下：

学生表（学号，姓名，性别，出生日期，录取分数，团员，特长，照片）

1.4.2　关系的规范化

关系数据库中，每个数据表中的数据如何收集，如何组织，这是一个很重要的问题。因此，要求数据库的数据要实现规范化，形成一个组织良好的数据库。所谓规范化是指关系数据库中的每一个关系都必须满足一定的规范要求。数据的规范化基本思想是逐步消除数据依赖关系中不合适的部分，使得依赖于同一个数据模型的数据达到有效的分离。每一张数据表具有独立的属性，同时又依赖于共同关键字。

1.4.3　关系运算

在关系数据库中，经常需要对关系进行特定的关系运算操作。基本的关系运算有选择、投影和连接三种。关系运算的结果仍然是一个关系。

1. 选择运算

选择运算是从关系中找出满足条件的元组（记录）。选择运算是一种横向的操作，它可以根据用户的要求从关系中筛选出满足一定条件的元组，这种运算的结果是关系表中的元组的子集，其结构和关系的结构相同。

在 Visual FoxPro 的命令中，可以通过条件子句 FOR <条件>、WHILE <条件>等实现选择运算。例如，通过 Visual FoxPro 的命令从学生表 1-1 中找出录取分数大于等于 610 分的学生，应使用的命令是“LIST FOR 录取分数>=610”，执行结果如表 1-2 所示。

表 1-2 选择运算（录取分数大于等于 610 分的学生）

学号	姓名	性别	出生日期	录取分数	团员	特长	照片
s0803001	谢小芳	女	1990.05.16	610	F	（略）	（略）
s0803002	张梦光	男	1990.04.21	622	T	（略）	（略）
s0803006	皮大均	男	1988.11.11	612	T	（略）	（略）
s0803007	黄春花	女	1989.12.08	618	T	（略）	（略）
s0803011	罗丁丁	女	1990.02.22	641	T	（略）	（略）
s0803016	张思开	男	1989.10.12	635	T	（略）	（略）

2．投影运算

投影运算是从关系中选取若干个属性组成一个新的关系。投影运算是一种纵向操作，它可以根据用户的要求从关系中选出若干属性（字段）组成新的关系。其关系模式所包含的属性个数往往比原有关系少，或者属性的排列顺序不同。

在 Visual FoxPro 的命令中，可以通过子句 FIELDS <字段 1,字段 2,…>等实现投影运算。例如，从学生表 1-1（学号，姓名，性别，出生日期，录取分数，团员，特长，照片）的关系中只显示“学号”、“姓名”、“性别”、“出生日期”4 个字段的内容，应使用的命令是“LIST 学号,姓名,性别,出生日期”，执行结果如表 1-3 所示。

表 1-3 投影运算

学号	姓名	性别	出生日期
s0803001	谢小芳	女	1990.05.16
s0803002	张梦光	男	1990.04.21
s0803003	罗映弘	女	1990.11.08
s0803004	郑小齐	男	1989.12.23
s0803005	汪雨帆	女	1990.03.17
s0803006	皮大均	男	1988.11.11
s0803007	黄春花	女	1989.12.08
s0803008	林韵可	女	1990.01.28
s0803009	柯之伟	男	1989.06.19
s0803010	张嘉温	男	1989.08.05
s0803011	罗丁丁	女	1990.02.22
s0803016	张思开	男	1989.10.12
s0803013	赵武乾	男	1989.09.30

3．连接运算

连接运算是将两个关系通过共同的属性名（字段名）连接成一个新的关系。连接运算可以实现两个关系的横向合并，在新的关系中反映出原来两个关系之间的联系。

1.4.4 关系数据库

关系数据库是若干个关系的集合。在关系数据库中，一个关系就是一张二维表，也称为数据表。所以，一个关系数据库是由若干张数据表组成的，每张数据表又由若干个记录组成，而每一个记录是由若干个用字段加以分类的数据项组成的。例如，有下列 5 张数据表，反映学生、选课、课程、授课、教师等信息。

（1）学生表记录了学生的学号、姓名、性别、出生日期、录取分数、团员、特长、照片等信息，如表 1-4 所示。

表 1-4　学生表

学号	姓名	性别	出生日期	录取分数	团员	特长	照片
s0803001	谢小芳	女	1990.05.16	610	F	（略）	（略）
s0803002	张梦光	男	1990.04.21	622	T	（略）	（略）
s0803003	罗映弘	女	1990.11.08	595	F	（略）	（略）
s0803004	郑小齐	男	1989.12.23	590	F	（略）	（略）
s0803005	汪雨帆	女	1990.03.17	605	T	（略）	（略）
s0803006	皮大均	男	1988.11.11	612	T	（略）	（略）
s0803007	黄春花	女	1989.12.08	618	T	（略）	（略）
s0803008	林韵可	女	1990.01.28	588	F	（略）	（略）
s0803009	柯之伟	男	1989.06.19	593	T	（略）	（略）
s0803010	张嘉温	男	1989.08.05	602	T	（略）	（略）
s0803011	罗丁丁	女	1990.02.22	641	T	（略）	（略）
s0803016	张思开	男	1989.10.12	635	T	（略）	（略）
s0803013	赵武乾	男	1989.09.30	595	F	（略）	（略）

（2）选课表记录了有关学号、课程号、成绩等信息，如表 1-5 所示。

表 1-5　选课表

学号	课程号	成绩
s0803002	c110	78
s0803002	c150	65
s0803003	c130	92
s0803003	c140	53
s0803004	c110	86
s0803005	c120	72
s0803005	c140	80
s0803006	c110	95
s0803007	c130	65
s0803007	c110	80
s0803007	c160	75
s0803008	c130	64
s0803009	c110	66
s0803009	c120	82
s0803009	c130	70
s0803009	c140	95
s0803009	c150	72
s0803010	c140	67
s0803010	c160	75

续表

学号	课程号	成绩
s0803011	c120	88
s0803011	c140	87
s0803011	c150	97
s0803001	c110	61
s0803001	c130	89
s0803001	c120	74

（3）课程表记录了有关课程号、课程名、课时等情况，如表 1-6 所示。

表 1-6 课程表

课程号	课程名	课时
c110	大学英语	80
c120	数学分析	80
c130	程序设计	48
c140	计算机导论	32
c150	数据结构	64
c160	大学物理	64

（4）授课表记录了有关教师号、课程号等情况，如表 1-7 所示。

表 1-7 授课表

教师号	课程号
t6001	c110
t6002	c150
t6002	c160
t6003	c120
t6003	c140
t6003	c160
t6004	c130
t6005	c120
t6005	c140
t6005	c160

（5）教师表记录了有关教师号、姓名、性别、职称、工资、政府津贴等情况，如表 1-8 所示。

表 1-8 教师表

教师号	姓名	性别	职称	工资	政府津贴
t6001	孙倩倩	女	讲师	1600.00	F
t6002	赵洪廉	男	教授	3000.00	T
t6003	张鸥瑛	女	教授	3000.00	T
t6004	李叙真	男	副教授	2100.00	F
t6005	肖灵疆	男	助教	1200.00	F
t6006	江全岸	男	副教授	1820.00	F

上述5张数据表收集了反映学生、选课、课程、授课、教师等信息。如果将这些数据集中在一张表中，表中的数据字段太多、数据量大、结构复杂，使数据可能重复出现，数据的输入、修改和查找都很麻烦，也会造成数据的存储空间的浪费。

在关系数据库中，通过数据库管理系统，可将这些相关的数据表存储在同一个数据库中，将两张数据表中具有相同值的字段名之间建立关联关系，如将“学生表”中的“学号”字段与“选课表”中的“学号”字段建立关联关系；将“课程表”中的“课程号”字段与“授课表”中的“课程号”字段建立关联关系。这不仅使每张数据表具有独立性，而且使表与表之间保持一定的关联关系。

1.4.5 关系的完整性

数据库系统在运行的过程中，由于数据输入错误、程序错误、使用者的误操作、非法访问等各方面原因，容易产生数据错误和混乱。为了保证关系中数据的正确和有效，需建立数据完整性的约束机制来加以控制。

关系的完整性是指关系中的数据及具有关联关系的数据间必须遵循的制约条件和依存关系，以保证数据的正确性、有效性和相容性。关系的完整性主要包括实体完整性、域完整性和参照完整性。

1. 实体完整性

实体是关系描述的对象，一行记录是一个实体属性的集合。在关系中用关键字来唯一地标识实体，关键字也就是关系模式中的主属性。实体完整性是指关系中的主属性值不能取空值（NULL）且不能有相同值，保证关系中的记录的唯一性，是对主属性的约束。若主属性取空值，则不可区分现实世界中存在的实体。例如，学号、教师号一定都是唯一的，都不能取空值。

2. 域完整性

域完整性约束也称为用户自定义完整性约束。它是针对某一应用环境的完整性约束条件，主要反映了某一具体应用所涉及的数据应满足的要求。

域是关系中属性值的取值范围。域完整性是对数据表中字段属性的约束，它包括字段的值域、字段的类型及字段的有效规则等约束，它是由确定关系结构时所定义的字段的属性所决定的。在设计关系模式时，定义属性的类型、宽度是基本的完整性约束。进一步的约束可保证输入数据的合理有效，例如，性别属性只允许输入“男”或“女”，其他字符的输入则认为是无效输入，拒绝接受。Visual FoxPro 命令中的 CHECK 子句用于实现域完整性约束。

3. 参照完整性

参照完整性是对关系数据库中建立关联关系的数据表之间数据参照引用的约束，也就是对外关键字的约束。准确地说，参照完整性是指关系中的外关键字必须是另一个关系的主关键字的有效值，或者是 NULL。

在实际的应用系统中，为减少数据冗余，常设计几个关系来描述相同的实体，这就存在关系之间的引用参照，也就是说，一个关系属性的取值要参照其他关系。例如，对学生信息的描述常用以下两个关系：

学生（学号，姓名，性别，班级，专业号）

专业（专业号，专业名，负责人，简介）

上述关系中，专业号不是学生关系的主关键字，但它是被参照关系（专业关系）的主关键字，称为学生关系的外关键字。参照完整性规则规定外关键字可取空值或取被参照关系中主关键字的值。例如，在学生的专业已经确定的情况下，学生关系中的专业号可以是专业关系中已经存在的专业号的值；在学生的专业没有确定的情况下，学生关系的专业号就取 NULL 值，若取其他值，关系之间就失去了参照的完整性。

1.5 Visual FoxPro 概述

本教材主要以 Visual FoxPro 6.0 版本进行介绍，下面及后续各个章节将 Visual FoxPro 6.0 简称为 Visual FoxPro。

1.5.1 Visual FoxPro 的基本特点

Visual FoxPro 中的 Visual 的意思是"可视化"。该技术使得在 Windows 环境下设计的应用程序达到即看即得的效果，在设计过程中可立即看到设计效果，如表单的样式，表单中控件的布局，字符的字体、大小和颜色等。

Visual FoxPro 不仅支持传统的面向过程的程序设计，还支持面向对象的可视化程序设计，借助 Visual FoxPro 的对象模型，可以充分使用面向对象程序设计的所有功能，包括类、继承性、封装性、多态性和子类，具有面向对象程序设计的能力。

Visual FoxPro 拥有近 500 条命令、200 余个函数，提供了标准的数据库语言——结构化查询语言（SQL 语言）。在数据表中，Visual FoxPro 比 FoxBASE 增加了 8 种字段类型，如整型（Integer）、货币型（Currency）、浮动型（Float）、日期时间型（Date Time）、双精度型（Double）、二进制字符型（Character(binary)）、二进制备注型（Memo(binary)）、通用型（General）等，可以处理更多类型的数据。

Visual FoxPro 提供了向导、生成器、设计器等辅助工具，这些工具为数据的管理和程序设计提供了灵活简便的手段。用户可以借助"项目管理器"创建和集中管理应用程序中的任何元素，对项目及数据实行更强的控制。

1.5.2 Visual FoxPro 处理的文件类型

Visual FoxPro 处理的常见文件类型如表 1-9 所示。

表 1-9　Visual FoxPro 的常见文件类型

文件类型	扩展名	作用
项目文件	.PJX	用于集中管理应用程序中各种类型的文件
表文件	.DBF	存放数据的二维表
数据库文件	.DBC	相关表文件的集合
程序文件	.PRG	将 Visual FoxPro 命令有机地集合而组成的文件
表单文件	.SCX	用来设计数据输入和输出的屏幕界面文件
索引文件	.IDX 和.CDX	在表文件基础上建立的一种兼有排序和快速查询特点的文件
内存变量文件	.MEM	用以保存用户定义的内存变量
报表格式文件	.FRX	用于数据报表格式的打印及屏幕输出
菜单文件	.MNX 和.MPR	可方便地用菜单文件创建应用程序的菜单
标签文件	.LBX	提供给用户打印标签及名片的文件

续表

文件类型	扩展名	作用
文本文件	.TXT	用来说明应用系统中的信息以及和其他程序交换信息
可视类库文件	.VCX	类库文件是类的集合
查询文件	.QPR	从指定的表或视图中提取满足条件的记录

1.5.3 Visual FoxPro 表的类型

表是具有行（记录）和列（字段）的二维表格的文件，是数据库系统中存放数据的文件，其扩展名是.DBF。在 Visual FoxPro 中使用的表文件分为自由表和数据库表。

1. 自由表

自由表是可以独立存在和独立使用的表文件。在命令窗口中执行命令“USE <表文件名>”打开自由表后，就可以进行表的各种操作。自由表的字段名不超过 10 个字符。

2. 数据库表

数据库文件是一个数据容器，它把应用系统中相关的表集合在一起，所以数据库是表的集合。数据库中的表称为数据库表。数据库文件的扩展名是.DBC。在数据库中的表称为数据库表。一个数据库中可以有多个表，一个表只能在一个数据库中。一个自由表添加到数据库就成为数据库表，一个数据库表从数据库中移去就成为自由表。

1.5.4 Visual FoxPro 命令格式

Visual FoxPro 命令的一般格式如下：

命令动词 [范围] [表达式] [FIELDS <字段名表>] [FOR/WHILE <条件>]

下面对命令中常用的一些子句以及使用规则作一些说明。

（1）命令动词：每条命令必须以命令动词开头，命令动词指明了一种具体的操作。命令动词一般为英文动词，使用时不区分大小写。绝大多数命令动词可缩写为前 4 个字母，如 DISPLAY 可略写为 DISP。

（2）使用空格：命令中各子句之间必须用一个或多个空格分隔开。

（3）几个符号约定：在描述命令时，尖括号“<>”中的内容是必选项，方括号“[ ]”中的内容是可选项，斜杠“/”或竖线“|”表示二选一。

（4）表达式：它表示命令的操作内容，由常量、内存变量、字段名、函数及运算符组成。

（5）FIELDS <字段名表>：表示命令所要操作的表中的字段。如果该项缺省，一般表示对所有字段操作。若选择多个字段操作，各字段名之间用逗号分隔。

（6）范围：表示对表进行操作的记录范围的限制，一般有以下 4 种选择：

- ALL：对表的全部记录进行操作。
- NEXT n：包括从当前记录开始的后面 n 个记录。
- RECORD n：记录号为 n 的一个记录。
- REST：包括从当前记录开始的后面所有记录。

（7）FOR/WHILE <条件>：其中<条件>是命令对表记录的操作筛选。<条件>全称为“条件表达式”，其运算值为.T.或.F.。<条件>值为.T.（真）时，表示命令要执行操作；为.F.（假）时，则不操作。FOR <条件>的作用是：在规定的范围内，按条件检查全部记录。WHILE <条件>的作用是：在规定的范围内，只要条件成立，就对当前记录执行该命令，并把记录指针指向下一个记录，一旦遇到不满足条件的记录，停止搜索并结束该命令的执行。

（8）命令换行：一条命令可分成多行书写，用分号“;”作为续行标志。

1.6 Visual FoxPro 基本操作

1.6.1 Visual FoxPro 的用户界面

双击 Visual FoxPro 图标即可启动 Visual FoxPro。启动 Visual FoxPro 后，屏幕上显示 Visual FoxPro 系统环境窗口，即 Visual FoxPro 的用户界面，如图 1-4 所示。

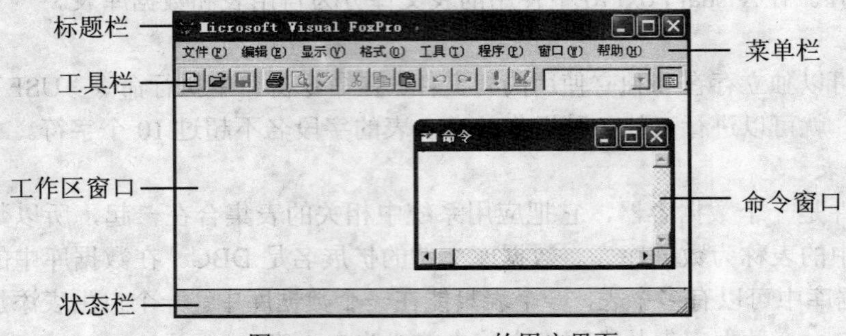

图 1-4 Visual FoxPro 的用户界面

Visual FoxPro 的用户界面由标题栏、菜单栏、工具栏、命令窗口、工作区窗口和状态栏等组成。

1. 标题栏

标题栏位于 Visual FoxPro 主窗口的顶部，其中包含控制菜单框、窗口标题栏（Microsoft Visual FoxPro）、最小化按钮、最大化按钮和关闭按钮。

2. 菜单栏

标题栏下面是 Visual FoxPro 系统菜单，简称菜单栏。菜单栏中通常包含“文件”、“编辑”、“显示”、“格式”、“工具”、“程序”、“窗口”和“帮助”8 个菜单项。这些菜单提供了 Visual FoxPro 的各种操作命令。Visual FoxPro 系统菜单的菜单项将根据操作状态有所增加或减少。例如，对表文件进行浏览时，会在菜单栏中增加“表”菜单，而减少了“格式”菜单。

3. 工具栏

工具栏位于菜单栏的下面，包括若干个工具按钮，每一个按钮对应一个特定的功能。Visual FoxPro 提供了十几种工具栏。用户可选择“显示”菜单的“工具栏”命令来打开“工具栏”对话框（如图 1-5 所示），实现工具栏的显示或隐藏。

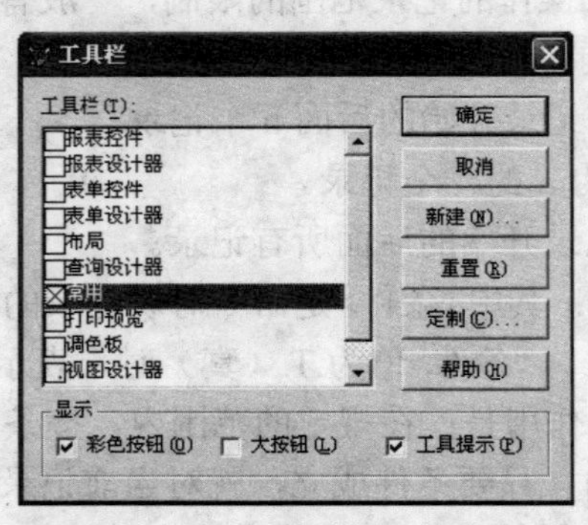

图 1-5 “工具栏”对话框

4. 命令窗口

命令窗口是执行、编辑 Visual FoxPro 命令的窗口。用户可选择“窗口”菜单的“隐藏”命令来隐藏命令窗口。而选择“窗口”菜单的“命令窗口”命令，则将隐藏之后的命令窗口显示出来。可用鼠标拖动命令窗口的标题栏来改变其位置，拖动它的边框可改变大小。

命令窗口具有记忆功能。Visual FoxPro 在内存设置一个缓冲区，用于存储已执行过的命令。通过使用命令窗口右侧的滚动条，或操作键盘的上、下箭头键，可翻动出先前使用过的命令。在命令窗口，还可使用 Ctrl+C、Ctrl+V 等组合键来进行复制、粘贴等操作。

5. 工作区窗口

工作区窗口是 Visual FoxPro 主界面的空白区域，显示数据表、命令或程序的运行结果。

6. 状态栏

状态栏位于 Visual FoxPro 主窗口的底部，用于显示当前操作的有关信息及操作状态。如果当前工作区中没有表文件打开，状态栏为空白；如果有表文件打开，状态栏将显示出表文件的路径、数据库名、当前记录的记录号、记录总数以及表中当前记录的共享状态等内容。

1.6.2 Visual FoxPro 操作方式

1. 菜单方式

菜单方式是 Visual FoxPro 的一种重要的工作方式。Visual FoxPro 的大部分功能都可通过菜单操作来实现。菜单直观易懂，操作方便。例如，若要执行与“文件”相关的功能时，单击菜单栏中的“文件”菜单项，或按 Alt+F 组合键，出现“文件”菜单（使用“文件”菜单的这个操作过程叫做“打开文件菜单”），然后单击其中的一项命令，即可实现相应的功能。

2. 命令方式

命令方式是指在 Visual FoxPro 的命令窗口中输入并执行命令来完成任务。在命令窗口中可以输入和执行命令，也可以运行程序。执行命令或运行程序的结果将显示在屏幕上。有时通过命令方式完成某些功能，比使用菜单和对话框来完成同一功能，速度更快，效率更高。

在命令窗口输入并执行命令时，注意以下几点：

（1）每行只能写一条命令，每条命令均以 Enter（回车）键结束。

（2）将光标移到先前执行过的命令行的任意位置上，按 Enter 键将重新执行该命令。

（3）按 Esc 键，清除刚输入的命令。

（4）在命令窗口中右击，显示一个快捷菜单，可完成命令窗口中相关编辑操作。

3. 程序方式

程序方式是指用户根据实际应用的需要，将 Visual FoxPro 命令编写成程序，通过运行程序，让系统自动执行其中的命令，达到应用目的。掌握基本的程序设计方法，对开发实际的数据库应用系统十分重要。程序方式属于自动化工作方式。

1.7 Visual FoxPro 可视化设计工具

为了便于应用程序的开发，Visual FoxPro 提供了向导、生成器和设计器三种支持可视化设计的工具。

1.7.1 Visual FoxPro 向导

向导提供了用户要完成某些工作所需要的详细操作步骤，在这些步骤的引导下，用户可以一步一步方便地完成任务，不用编程就可以创建良好的应用程序界面，并完成许多对数据库有关的操作。Visual FoxPro 提供了 20 余种向导（如表 1-10 所示），常用的向导有表向导、报表向导、表单向导、查询向导等。

表 1-10 向导种类及功能

向导名称	功能
表向导	引导用户在 Visual FoxPro 表结构的基础上快速创建新表
报表向导	引导用户利用单独的表来快速创建报表
一对多报表向导	引导用户从相关的表中快速创建报表
标签向导	引导用户快速创建标签
分组/统计报表向导	引导用户快速创建分组统计报表
表单向导	引导用户快速创建表单
一对多表单向导	引导用户从相关的数据表中快速创建表单
查询向导	引导用户快速创建查询
交叉表向导	引导用户创建交叉表查询
本地视图向导	引导用户快速利用本地数据创建视图
远程视图向导	引导用户快速创建远程视图
导入向导	引导用户导入或添加数据
文档向导	引导用户从项目文件和程序文件的代码中产生格式化的文本文件
图表向导	引导用户快速创建图表
应用程序向导	引导用户快速创建 Visual FoxPro 的应用程序
SQL 升迁向导	引导用户利用 Visual FoxPro 数据库功能创建 SQL Server 数据库
数据透视表向导	引导用户快速创建数据透视表
安装向导	引导用户从文件中创建一整套安装磁盘
邮件合并向导	引导用户创建邮件合并文件

1.7.2 Visual FoxPro 设计器

Visual FoxPro 的设计器（如表 1-11 所示）为用户提供了一个友好的图形界面。用户可通过它创建并定制数据表结构、数据库结构、报表格式和应用程序组件等。常用的设计器有表设计器、查询设计器、视图设计器、报表设计器、数据库设计器、菜单设计器等。

表 1-11 设计器种类及功能

名称	功能
表设计器	创建表并建立索引
查询设计器	创建本地表的查询
视图设计器	创建基于数据库表的视图
表单设计器	创建表单，用以查看并编辑表的数据
报表设计器	创建报表，以便显示及打印数据
标签设计器	创建标签布局以便打印标签
数据库设计器	建立数据库，查看并创建表间的关系
连接设计器	为远程视图创建连接
菜单设计器	创建菜单栏或快捷菜单

1.7.3　Visual FoxPro 生成器

利用 Visual FoxPro 提供的生成器（如表 1-12 所示），可以简化创建和修改用户界面程序的设计过程，提高软件开发的质量。常用的生成器有组合框生成器、命令组生成器、表达式生成器、表单生成器、列表框生成器等。

表 1-12　生成器种类及功能

名称	功能
自动格式生成器	生成格式化的一组控件
组合框生成器	生成组合框
命令组生成器	生成命令组按钮框
编辑框生成器	生成编辑框
表单生成器	生成表单
表格生成器	生成表格
列表框生成器	生成列表框
选项生成器	生成选项按钮
文本框生成器	生成文本框
表达式生成器	生成并编辑表达式
参照完整性生成器	生成参照完整性规则

习题一

一、选择题

1．数据库是在计算机系统中按照一定的数据模型组织、存储和应用的______。
A．模型的集合　　B．数据的集合　　C．应用的集合　　D．存储的集合

2．DBMS 的含义是______。
A．数据库系统　　B．数据库管理系统
C．数据库管理员　　D．数据库

3．由计算机、操作系统、DBMS、数据库、应用程序及用户等组成的是______。
A．文件系统　　B．数据库系统
C．软件系统　　D．数据库管理系统

4．DBAS 指的是______。
A．数据库管理系统　　B．数据库系统
C．数据库应用系统　　D．数据库服务系统

5．数据库 DB、数据库系统 DBS、数据库管理系统 DBMS 三者之间的关系是______。
A．DBS 包括 DB 和 DBMS　　B．DBMS 包括 DB 和 DBS
C．DB 包括 DBS 和 DBMS　　D．DBS 就是 DB，也就是 DBMS

6．数据模型的三要素是______。
A．外模式、概念模式和内模式　　B．关系模型、网状模型和层次模型
C．实体、属性和联系　　D．数据结构、数据操作和数据约束条件

7．用树型结构来表示实体之间联系的模型称为______。

A．关系模型　B．层次模型　C．网状模型　D．运算模型

8．关系数据库用______来表示实体之间的联系。

A．树结构　B．二维表　C．网结构　D．图结构

9．关系的完整性是指关系中的数据及具有关联关系的数据间必须遵循的制约条件和依存关系。关系的完整性主要包括______。

A．参照完整性、域完整性、用户自定义完整性

B．数据完整性、实体完整性、参照完整性

C．实体完整性、域完整性、参照完整性

D．动态完整性、实体完整性、参照完整性

10．关系数据库中有三种基本操作，将具有共同属性的两个关系中的元组连接到一起，构成新表的操作称为______。

A．选择　B．投影　C．联接　D．并

11．投影运算是从关系中选取若干个______组成一个新的关系。

A．字段　B．记录　C．表　D．关系

12．选择运算可以根据用户的要求从关系中筛选出满足一定条件的______，但不影响关系的结构。

A．字段　B．记录　C．表　D．关系

13．如果一个小组只能有一个组长，而且一个组长只能在一个组中，则组和组长两个实体之间的关系属于______。

A．一对一联系　B．一对二联系　C．多对多联系　D．一对多联系

14．一个学生可以选修不同的课程，很多学生可以选同一门课程，则课程与学生这两个实体之间的联系是______。

A．一对一联系　B．一对二联系　C．多对多联系　D．一对多联系

15．Visual FoxPro 支持的数据模型是______。

A．层次数据模型　B．关系数据模型　C．网状数据模型　D．树状数据模型

16．Visual FoxPro 提供了_____来执行命令。

A．交互方式、程序方式和输入方式

B．交互方式、输入方式和窗口方式

C．交互方式、程序方式、菜单方式和工具方式

D．交互方式、程序方式、菜单方式和工具栏方式

17．Visual FoxPro 对数据的操作命令输入时，下面叙述中错误的是______。

A．每条命令必须以命令动词开头

B．命令动词使用时不区分大小写

C．命令动词后面不能再输入其他参数

D．命令动词前 4 个字母和整个命令动词等效

18．下面有关 Visual FoxPro 命令窗口主要特点的叙述中，正确的是______。

A．命令窗口不能关闭

B．命令窗口可以移动位置，但不能改变大小

C．命令窗口中的字体不可以改变字形

D．用户可以用键盘的上下箭头键翻动以前使用过的命令

19．下列有关命令窗口的叙述中，错误的是______。

A．命令窗口是执行、编辑 Visual FoxPro 系统命令的窗口

B．命令窗口中，可以输入命令来实现对数据库的操作管理

C．命令窗口隐藏之后，则无法再显示出来

D．命令窗口中的文字大小可以改变

20．退出 Visual FoxPro 系统的方法包括______。

Ⅰ．打开“文件”菜单，单击“退出”命令。

Ⅱ．在 Visual FoxPro 的系统环境窗口，单击右上角的“退出”按钮。

Ⅲ．在“命令”窗口输入并执行 QUIT 命令。

Ⅳ．在“命令”窗口输入并执行 CLEAR 命令

A．Ⅰ、Ⅱ、Ⅲ　　B．Ⅰ、Ⅱ、Ⅳ　　C．Ⅱ、Ⅲ、Ⅳ　　D．Ⅰ、Ⅲ、Ⅳ

二、填空题

1．在关系型数据库管理系统中，3 种基本关系运算是：选择、投影和______。

2．在关系运算中，查找满足一定条件的元组的运算称之为______。

3．关系数据库用______来表示实体之间的联系。

4．数据库系统主要包括计算机硬件、操作系统、______、数据库管理系统（DBMS）和建立在该数据库之上的相关软件、数据库管理员及用户等组成部分。

5．职工号和职工的联系是一对一的，则称这两个实体间的联系为______联系。

6．一个任务同时可有若干个人员参加，而一个人员可以同时参加多个任务，则任务与人员之间具有______联系。

7．数据模型一般分为 3 种，即层次模型、网状模型和______。

8．数据库系统的核心是______。

9．数据库中的数据是有结构的，这种结构是由数据库管理系统所支持的______表现出来的。

10．投影操作是关系中选择某些______的运算。

11．对关系进行选择、投影或联接运算之后，运算的结果仍然是一个______。

12．在二维表中，每一行称为一个______，用于表示一组数据项。

13．Visual FoxPro 提供了大量的向导、设计器、______等菜单操作工具供用户随时调用。

14．Visual FoxPro 提供了 3 种工作方式，即菜单方式、命令方式和______。

三、思考题

1．什么是数据库、数据库管理系统、数据库系统和数据库应用系统？

2．试述数据库、数据库系统、数据库管理系统三者之间的关系。

3．简述层次模型和网状模型各自的特点。

4．试述数据库管理系统的组成及其功能。

5．数据管理员的职责主要有哪些？

6．简述关系、元组、关键字、关系模式、关系模型和关系数据库的定义。

7．关系数据模型的特点是什么？举出一个关系模型的实例。

8．一个关系应具有哪些基本性质？

9．启动和退出 Visual FoxPro 有几种方法？如何操作？

10．Visual FoxPro 的用户界面由几部分组成？

11．Visual FoxPro 的命令窗口和工作区窗口有什么作用？

12．Visual FoxPro 有几种工作方式？简述各种方式的特点。

第2章　Visual FoxPro 基础知识

【学习目标】

（1）理解 Visual FoxPro 的数据类型。

（2）理解常量和变量的概念，并能够正确使用。

（3）了解数组的概念。

（4）掌握 Visual FoxPro 的基本运算。

（5）了解函数的作用，熟悉常用函数的使用。

2.1　数据类型

数据类型是数据的基本属性，不同的数据类型有不同的存储方式和运算规则。Visual FoxPro 支持多种数据类型。

1. 字符型（Character）

字符型数据是指不具有计算功能的文字数据，是常用的数据类型之一。字符型数据由汉字和 ASCII 字符集中可打印字符（英文字符、数字字符、空格及其他专用字符）组成，最大长度可达 254 个字符。使用字符型数据时，必须用定界符（单引号、双引号或方括号）将字符串引起来。例如："a"、'ABCD'、[数据库]、"计算机技术+6.0"、"12345"等都是合法的字符型数据。如果某一种定界符本身是字符串的组成部分，必须用另一种定界符来定界该字符串。例如："It's a book."或[It's a book.]是正确的表示方法，而不能用'It's a dog.'表示。

2. 数值型（Numeric）

数值型数据是描述具有计算性能的数量数据类型，在 Visual FoxPro 中被细分为数值型、浮点型、货币型、双精度型和整型 5 种类型。

（1）数值型（Numeric）。数值型数据是指可以进行算术运算的数据。数值型数据是由数字（0～9）、小数点和正负号组成。最大长度为 20 位（包括正、负号和小数点）。在内存中，数值型数据占用 8 个字节的存储空间，数值范围在$-0.9999999999\times10^{19}$～$+0.9999999999\times10^{20}$之间。例如：523、-215.476、+72 861.162 都是合法的数值型数据。

（2）浮点型（Float）。浮点型数据是数值型数据的的一种，与数值型数据完全等价，只是在存储方式上采取浮点格式且数据的精度要比数值型数据高。浮点型数据由尾数、阶数和字母 E 组成。例如：0.326E+9 表示 0.326×10^{9}，-1.58E-7 表示-1.58×10^{-7}，-3.645E-89 表示-3.645×10^{-89}。

（3）货币型（Currency）。货币型数据是数值型数据的一种特殊形式，在数据的第一个数字前冠上一个货币符号（$）。货币型数据小数位的最大长度是 4 位，小数位超过 4 位的数据，系统将会按四舍五入原则自动截取。例如：$34、$898.324、$123.4567 都是合法的货币型数据。

（4）双精度型（Double）。双精度型数据是具有更高精度的数值型数据。它只用于数据表中的字段类型的定义，并采用固定长度浮点格式存储。双精度型数据的范围在$\pm4.94065645841247\times10^{-324}$~$\pm8.988456743115\times10^{308}$之间。

（5）整型（Integer）。整型数据是不包含小数点部分的数值型数据，它只用于数据表的字段类型的定义。整型字段的取值范围在-2147483647～+2147483647 之间。

3．日期型（Date）

日期型数据是用于表示日期的数据。日期型数据包括年、月、日 3 个部分，每部分间用规定的分隔符分开。日期型数据的一般输入格式为{^yyyy/mm/dd}，一般输出格式为 mm/dd/yy，其中 yyyy（或 yy）表示年，mm 表示月，dd 表示日。例如：{^2008-10-08}、{^2008.10.08}、{^2008/10/08}都是合法的日期型数据。日期型数据用 8 个字节存储，取值范围为(^0001-01-01)~{^9999-12-31}。

下面介绍几条影响日期格式的设置命令。

（1）SET MARK TO 命令。

【命令】SET MARK TO [日期分隔符]

【功能】设置显示日期型数据时使用的分隔符，如“-”、“.”等。如果 SET MARK TO 命令中没有指定任何分隔符，执行该命令时表示恢复系统默认的斜杠分隔符。

（2）SET DATE TO 命令。

【命令】SET DATE [TO] AMERICAN | ANSI | BRITISH | FRENCH | GERMAN |ITALIAN | JAPAN | USA | MDY | DMY | YMD

【功能】设置日期显示的格式。命令中各短语所定义的日期格式如表 2-1 所示。

表 2-1 常用日期格式

短语	格式	短语	格式
AMERICAN	mm/dd/yy	ANSI	yy.mm.dd
BRITISH | FRENCH	dd/mm/yy	GERMAN	dd.mm.yy
ITALIAN	dd-mm-yy	JAPAN	yy/mm/dd
USA	mm-dd-yy	MDY	mm/dd/yy
DMY	dd/mm/yy	YMD	yy/mm/dd

（3）SET CENTURY ON/OFF 命令。

【命令】SET CENTURY ON/OFF

【功能】用于设置显示日期型数据时是否显示世纪。ON 设置年份为 4 位数字表示，OFF 设置年份为 2 位数字表示。

（4）SET STRICTDATE TO 命令。

【命令】SET STRICTDATE TO [0 | 1 | 2]

【功能】设置是否对日期格式进行检查。命令中的值 0、1、2 的意义如下：

0：不进行严格的日期格式检查。

1：进行严格的日期格式检查，这是系统默认设置。严格的日期格式是指形如{^yyyy/mm/dd}的日期型数据。

2：进行严格的日期格式检查，并对 CTOD()和 CTOT()函数的格式也有效。

【例 2-1】设置年月日格式。

```
SET CENTURY ON          && 设置 4 位数字年份
SET MARK TO             && 恢复系统默认的斜杠日期分隔符
SET DATE TO YMD         && 设置年月日格式
?{^2008-10-08}
```

屏幕上显示以下结果：

2008/10/08

【例 2-2】设置月日年格式。

```
SET CENTURY OFF          && 设置 2 位数字年份
SET MARK TO "."          && 设置日期分隔符为西文句点
SET DATE TO MDY          && 设置月日年格式
?{^2008-10-08}
```

屏幕上显示输出以下结果：

10.08.08

【例 2-3】不进行严格的日期格式检查。

```
SET STRICTDATE TO 0      && 不进行严格的日期格式检查
?{^2008-10-08}，{08.10.08}
```

屏幕上显示输出以下结果：

10.08.08　08.10.08

4. 日期时间型（Date Time）

日期时间型数据是描述日期和时间的数据，包括日期和时间两部分内容：{<日期>，<时间>}。日期时间型数据除了包括日期的年、月、日，还包括时、分、秒以及上午、下午等内容。日期时间型数据的输入格式为{^yyyy/mm/dd hh:mm:ss}，输出格式为 mm/dd/yy hh:mm:ss，其中 yyyy 表示年，mm 表示月，dd 表示日，hh 表示小时，mm 表示分钟，ss 表示秒。AM（或 A）和 PM（或 P）分别代表上午和下午，默认值为 AM。

日期时间型数据用 8 个字节存储。日期部分的取值范围与日期型数据相同，时间部分的取值范围为 00:00:00 AM ~ 11:59:59 PM。

5. 逻辑型（Logic）

逻辑型数据是用于描述客观事物真假的数据，用于表示逻辑判断的结果。逻辑型数据只有真(.T.)和假(.F.)两个值，其长度固定为 1 个字节。使用时也可用.t.、.Y.和.y.代替.T.，用.f.、.N.和.n.代替.F.。

6. 备注型（Memo）

备注型数据主要用于存放不定长或大量的字符型数据。可以把它看成是字符型数据的特殊形式。备注型数据只用于数据表中的字段类型的定义，其字段长度固定为 4 个字符。这种类型的数据没有数据长度的限制，仅受限于磁盘空间的大小。备注型数据不出现在数据表中，而是存放在与数据表文件同名、扩展名为.FPT 的备注文件中。

7. 通用型数据（General）

通用型数据是指在数据表中引入的 OLE（对象链接与嵌入）对象，具体内容可以是一个文档、表格、图片等。通用型数据常用于存储图形、图像、声音、电子表格等多媒体信息。通用型数据只用于数据表中字段类型的定义，其字段长度固定为 4 个字符。这种类型的数据没有数据长度限制，仅受限于磁盘空间的大小。和备注型数据一样，通用型数据也是存放在与数据表同名、扩展名为.FPT 的备注文件中。

2.2　常量

常量是一个在命令或程序中直接引用的具体值，在命令操作或程序运行过程中其值始终保持不变。Visual FoxPro 的常量类型有字符型、数值型、浮点型、日期型、日期时间型和逻辑型 6 种，而没有备注型、通用型等数据类型。

1. 字符型常量

字符型常量也叫字符串，它由数字、字母、空格等字符和汉字组成，使用时必须用定界符（""、''和[ ]）括起来，例如：'Visual FoxPro'、"528"、"ABC182 电脑"和[暮春三月油菜花黄]等都是合法的字符型常量。

注意： 数字用定界符括起来（如"256"）后就不再具有数学上的含意，即只是字符符号，不能参加数学运算。另外，定界符（''、""）应在英文状态下输入。

2. 数值型常量

数值型常量即数学中用的整数和小数，例如-23.5、1024 等。

3. 逻辑型常量

逻辑型常量只有两个值，即.T.（真）和.F.（假）。逻辑真的常量表示形式有：.T.、.t.、.Y.、.y.。逻辑假的常量表示形式有：.F.、.f.、.N.、.n.。

注意： 表示逻辑值的前后两个小圆点必不可少。

4. 浮点型常量

浮点型常量是数值型常量的浮点格式，例如 1.58E+10、-3.14E-20 等。

5. 日期型常量

日期型常量表示一个确定的日期，例如{^2008/10/08}。

6. 日期时间型常量

日期时间型常量表示一个确定的日期和时间，例如{^2008-10-08 10:01:30}。

2.3　变量

变量是命令操作和程序运行过程中其值可以改变的量。Visual FoxPro 的变量一般分字段变量和内存变量两大类。内存变量除一般意义的内存变量（常直接称内存变量或简称变量）外，还有数组变量和系统变量两种特殊形式。

2.3.1　内存变量

内存变量是内存中的一些临时工作单元，是一种简单变量。每一个内存变量都必须有一个固定的名称，它的定义是通过赋值语句来实现的。内存变量独立于数据库和表文件，常用来保存命令或程序需要的常数、中间结果或对数据表和数据库进行某种计算后的结果等。

内存变量的数据类型由它所存放的数据类型来决定，其类型有字符型、数值型、浮点型、日期型、日期时间型和逻辑型 6 种。当内存变量中存放的数据类型改变时，内存变量的类型也随之改变。

当内存变量与数据表中的字段变量同名时，在引用内存变量时，必须在内存变量名字的前面加上前缀 M.（或 M->），否则系统将优先访问同名的字段变量。

根据需要内存变量可以随时定义和释放。当退出 Visual FoxPro 系统后，内存中的所有内存变量都将消失。

1. 内存变量的命名规则

内存变量名以字母或汉字开头，可由数字、字母（不区分大小写）、汉字和下划线组成，其长度最多可达到 254 个字符。

2. 内存变量的赋值

【命令 1】STORE <表达式> TO <内存变量名表>

【命令 2】<内存变量>=<表达式>

【功能】将表达式的值赋给内存变量，并同时定义内存变量和确定其数据类型。

【说明】STORE 命令可以同时给多个内存变量赋予相同的值。当<内存变量名表>中有多个变量时，各内存变量名之间必须使用逗号分开；等号命令一次只能给一个内存变量赋值。<表达式>可以是一个具体的值，若不是具体值，则先计算表达式的值，再将结果赋值给内存变量。可以通过给内存变量重新赋值来改变其内容和类型。

【例 2-4】给内存变量赋值。

```
STORE 9 TO a1,a2
STORE "北京" TO 城市
rq={^2008/10/08}
团员=.T.
```

第 1 条命令同时给内存变量 a1、a2 赋予数值型常量 9，使 a1、a2 成为数值型内存变量；第 2 条命令给内存变量"城市"赋予字符型常量"北京"，使其成为字符型内存变量；第 3 条命令给内存变量 rq 赋予日期型常量{^2008/10/08}，使其成为日期型内存变量；第 4 条命令给内存变量"团员"赋予逻辑型常量.T.，使其成为逻辑型内存变量。

3. 内存变量值的输出

内存变量值的输出可使用?或??命令来实现。

【命令 1】? <表达式表>

【命令 2】?? <表达式表>

【功能】先计算<表达式表>中各表达式的值，然后将结果显示输出在屏幕上。

【说明】使用"?"命令，显示结果在下一行输出；使用"??"命令，显示结果在当前行中输出。如果只执行不带任何表达式的"?"命令，则输出一个空行。

【例 2-5】计算并显示输出表达式的值。

```
X1=8
Y1=9
? X1
? Y1
?? X1+Y1
```

输出结果为：

```
8
9      17
```

2.3.2 数组变量

数组变量（数组）是按一定顺序排列的一组内存变量的集合。数组中的变量称为数组元素。每一数组元素用数组名以及该元素在数组中排列的序号一起表示，也称为下标变量。例如 x(1)、x(2)与 y(1,1)、y(1,2)、y(2,1)、y(2,2)等。因此，数组也看成是名称相同而下标不同的一组变量。

下标变量的下标个数称为维数，只有一个下标的数组叫一维数组，有两个下标的数组叫二维数组。数组的命名方法和一般内存变量的命名方法相同，如果新定义的数组名称和已经存在的内存变量同名，则数组取代内存变量。

总的来说，和计算机高级语言中的一样，数组的引入是为了提高程序的运行效率、改善程序结构。

1. 数组的定义

数组使用前须先定义，Visual FoxPro 中可以定义一维数组和二维数组。

【格式】DIMENSION / DECLARE <数组名 1>(<数值表达式 1>[,<数值表达式 2>])[,<数组名 2>(<数值表达式 3>[，<数值表达式 4>])]……

【功能】定义一个或多个一维或二维数组。

【例 2-6】DIMENSION abc(4),b(2,3)

【说明】该命令定义了两个数组，一个是一维数组 abc，它有 4 个元素，分别为 abc(1)、abc(2)、abc(3)、abc(4)；另一个是二维数组 b，它有 6 个元素，分别是 b(1,1)、b(1,2)、b(1,3)、b(2,1)、b(2,2)、b(2,3)。

2. 数组的赋值

数组定义好后，数组中的每个数组元素自动地被赋予逻辑值.F.。当需要对整个数组或个别数组元素进行新的赋值时，与一般内存变量一样，可以通过 STORE 命令或赋值号“=”来进行。对数组的不同元素，可以赋予不同数据类型的数据。

【例 2-7】 定义数组并给数组元素赋值。

```
DIMENSION abc(4),b(2,3)
STORE 17 TO b
abc(1)=52
abc(2)="程序设计"
abc(3)=.T.
abc(4)={^2008-10-08}
? b(1,1), b(2,3),abc(1) ,abc(2),abc(3),abc(4)
```

以上命令执行的结果显示如下：

```
17          17              52 程序设计   .T.   10/08/08
```

【说明】在定义一维数组 abc 和二维数组 b 后，对两个数组赋值。赋值后 b 中所有元素的值均为 17；abc 中各元素分别赋予了不同类型的数据 52（数值型）、“程序设计”（字符型）、.F.（逻辑型）和{^2008-10-08}（日期型）。二维数组可以用一维数组来表示，如上例中数组 b 中的第 6 个元素 b(2,3)也可以用 b(6)来表示。

2.3.3 字段变量

由于表中的各个记录对同一个字段名可能取值不同，因此，表中的字段名就是变量，称为字段变量。字段变量即数据表中的字段名，它是建立数据表时定义的一类变量。数据表与通常所说的二维表格的形式基本相同，它的每一列称为一个字段。Visual FoxPro 对使用的数据表要先定义其结构（如给每一字段定义字段名、数据类型等）之后才能使用。在一个数据表中，同一个字段名下有若干个数据项，数据项的值取决于该数据项所在记录行的变化，所以称为字段变量。字段变量的数据类型有数值型、浮点型、货币型、整型、双精度型、字符型、逻辑型、日期型、日期时间型、备注型和通用型等。

2.4 运算符与表达式

在 Visual FoxPro 中，可以进行数学运算、字符串运算、比较运算和逻辑运算，每一种运算都有相应的运算符。

表达式是由常量、变量、函数和运算符组成的运算式子。表达式通过运算得出表达式的值。表达式分为数值表达式、字符表达式、关系表达式、日期时间表达式、逻辑表达式 5 种。表达式是编程语言的基础，就像建筑中的砖和瓦。

在 Visual FoxPro 中，表达式广泛地应用在命令、函数、对话框以及程序中，它是 Visual FoxPro 的重要组成部分，具有计算、判断和数据类型转换等作用。

1. 算术运算符与数值表达式

数值表达式是由算术运算符、数值型常量、数值型内存变量、数值类型的字段、数值型数组和函数组成。数值表达式的运算结果是数值型常数。

算术运算时，运算的规则是：括号优先，然后乘方，再乘除，再取模，最后加减。

算术运算符及表达式如表 2-2 所示。

表 2-2 算术运算符与数值表达式

运算符	功能	表达式举例	运算结果
** 或 ^	幂或乘方	2**4 或 2^4	16
*，/	乘、除	25*4/20	5
%	模运算（取余）	16%3	1
+，-	加，减	7+9-6	10

2. 字符运算符与字符表达式

字符表达式是由字符运算符、字符型常量、字符型内存变量、字符型字段变量、字符型数组和函数组成。字符表达式的运算结果是字符型常数。字符运算符用于连接字符串。字符运算符及表达式如表 2-3 所示。

表 2-3 字符运算符与字符表达式

运算符	功能	表达式举例	运算结果
+	字符串连接	"程序"+"设计" "程序 "+"设计"	"程序设计" "程序 设计"
-	字符串连接，但要把运算符左边的字符串的尾部空格移到结果字符串的尾部	"程序 "-"设计"	"程序设计 "

3. 关系运算符与关系表达式

关系表达式由关系运算符、算术表达式、字符表达式等组成。关系表达式的一般格式为如下：

<表达式 1><关系运算符><表达式 2>

关系表达式的运算结果是逻辑值真或假，当关系成立，结果为.T.（真）；若不成立，则结果为.F.（假）。关系运算符及表达式如表 2-4 所示。

表 2-4 关系运算符及关系表达式

运算符	功能	表达式举例	运算结果
<	小于	25*4<99	.F.
>	大于	-200>-500	.T.
=	等于	4*7-2=24	.F.
<>，# 或 !=	不等于	15<>20 或 15#20	.T.

续表

运算符	功能	表达式举例	运算结果
<=	小于或等于	4*3<=12	.T.
>=	大于或等于	6+8>=15	.F.
==	字符串等于（精确比较）	"AB"=="ABC"	.F.
$	包含比较。测试运算符左边的字符串是否整体包含在右边的字符串中	"设计"$"程序设计"	.T.

当用单等号运算符“=”比较两个字符串时，运算结果与命令 SET EXACT ON | OFF 的设置有关。该命令是设置是否进行精确匹配的开关。SET EXACT 命令的设置对字符串比较的影响如表 2-5 所示。

表 2-5　SET EXACT 命令的设置对字符串比较的影响

比较	SET EXACT OFF	SET EXACT ON
"abc"="abc"	.T.	.T.
"abc"="ab"	.T.	.F.
"ab"="abc"	.F.	.F.
""="ab"	.F.	.F.
"ab"=""	.T.	.F.

4. 日期时间运算符与日期时间表达式

日期时间表达式是由算术运算符（+或–）、算术表达式、日期或日期时间型常量、日期或日期时间型内存变量及函数组成。日期或日期时间型的运算结果是日期或日期时间型或者是数值型常数。

【格式 1】日期 1–日期 2　　　（获得两个日期相隔的天数）

【格式 2】日期±整数　　　　（产生一个新的日期）

合法的日期或日期时间表达式的格式如表 2-6 所示，其中的<天数>和<秒数>都是数值表达式。

表 2-6　日期时间表达式的格式

格式	结果及类型
<日期>+<天数>	指定日期若干天后的日期。其结果是日期型
<天数>+<日期>	指定日期若干天后的日期。其结果是日期型
<日期> - <天数>	指定日期若干天前的日期。其结果是日期型
<日期> - <日期>	两个指定日期相差的天数。其结果是数值型
<日期时间>+<秒数>	指定日期时间若干秒后的日期时间。其结果是日期时间型
<秒数>+<日期时间>	指定日期时间若干秒后的日期时间。其结果是日期时间型
<日期时间> - <秒数>	指定日期时间若干秒前的日期时间。其结果是日期时间型
<日期时间> - <日期时间>	两个指定日期时间相差的秒数。其结果是数值型

日期时间的运算及表达式举例如表 2-7 所示。

表 2-7 日期时间运算符及表达式举例

运算符	功能	表达式举例	显示结果	数据类型
+	加	{^2008/10/08}+8	2008.10.16	日期型
		{^2008/10/08 9:15:20}+200	2008.10.08 09:18:40 AM	日期时间型
-	减	{^2008/10/12}-{^2008/10/06}	6（相隔天数）	数值型
		{^2008/10/08 9:18:40} -{^2008/10/08 9:15:20}	200（秒）	数值型

5. 逻辑运算符与逻辑表达式

逻辑表达式是由逻辑运算符、逻辑型常量、逻辑型内存变量、逻辑型数组、函数和关系表达式组成。逻辑表达式运算的结果是逻辑值真（.T.）或假（.F.）。逻辑运算符及表达式举例如表 2-8 所示。

表 2-8 逻辑运算符及表达式

运算符	功能	表达式举例	结果
.NOT. 或！	逻辑非，取逻辑值相反的值	.NOT. 7>3	.F.
.AND.	逻辑与，两边的条件都成立，其结果值为真	5*9>27 .AND. 36>16	.T.
.OR.	逻辑或，只要一边条件成立，其结果值为真	7*3>20 .OR. 25<19	.T.

逻辑运算的规则如表 2-9 所示。

表 2-9 逻辑运算规则

A	B	.NOT. B	A .AND. B	A .OR. B
.T.	.T.	.F.	.T.	.T.
.T.	.F.	.T.	.F.	.T.
.F.	.T.	.F.	.F.	.T.
.F.	.F.	.T.	.F.	.F.

6. 运算符及表达式的运算顺序

表达式由运算符号和运算对象组成。运算符两边的运算对象的类型必须一致。表达式的运算按运算符的优先级顺序进行运算。

算术运算符运算顺序：幂（**，^）→乘除（*，/）→模运算（%）→加减（+，-）

逻辑运算符运算顺序：.NOT. → .AND. → .OR.

各种表达式运算顺序：算术运算→字符运算→关系运算→逻辑运算

【例 2-8】计算以下表达式的值：

200<100+15 AND "AB"+"EFG">"ABC" OR NOT "Pro"$"FoxPro"

【说明】该表达式的运算顺序如下：

（1）先运算 100+15 和"AB"+"EFG"，运算后：

200<115 AND "ABEFG">"ABC" OR NOT "Pro"$"FoxPro"

（2）其次进行小于（<）、大于（>）比较和包含（$）测试，运算后：

.F. AND .T. OR. NOT .T.

（3）最后进行逻辑非（NOT）、逻辑与（AND）和逻辑或（OR）运算，即：

.F. AND .T. OR NOT .T. → .F. AND .T. OR .F. → .F. OR .F. → .F.

该表达式的运算结果为逻辑值.F.（假）。

2.5　常用函数

函数是数据运算的一种特殊形式，用来实现某些特定的运算。在 Visual FoxPro 中，函数的表示形式一般是在函数名后跟一对圆括号，圆括号内给出函数的自变量，一些没有自变量或者可以缺省自变量的函数，圆括号内为空。

Visual FoxPro 提供了丰富的函数，极大地提高了系统的运算能力。下面介绍一些常用函数的使用。

2.5.1　数值运算函数

1. 绝对值函数

【格式】ABS(<数值表达式>)

【功能】返回指定数值表达式的绝对值。

【例 2-9】求绝对值。

```
? ABS(-13.5)                    && 结果为 13.5
? ABS(-27)                      && 结果为 27
? ABS(5*7-4*8)                  && 结果为 3
```

2. 指数函数

【格式】EXP(<数值表达式>)

【功能】计算以 e 为底的指数幂，即求出 e^x 的值。

【例 2-10】计算并显示输出 e^5 的值。

```
? EXP(5)                        && 结果为 148.41
```

3. 取整函数

【格式】INT(<数值表达式>)
　　　　CEILING(<数值表达式>)
　　　　FLOOR(<数值表达式>)

【功能】INT()函数返回指定数值表达式的整数部分。CEILING()函数返回大于或等于指定数值表达式的最小整数。FLOOR()函数返回小于或等于指定数值表达式的最大整数。

【例 2-11】几个函数的使用。

```
? INT(-8.99+3)                  && 结果为-5
? INT(123.75)                   && 结果为 123
? CEILING(8.6)                  && 结果为 9
? CEILING(-8.6)                 && 结果为-8
? FLOOR(8.6)                    && 结果为 8
? FLOOR(-8.6)                   && 结果为-9
```

4. 求自然对数函数

【格式】LOG(<数值表达式>)

【功能】求数值表达式值的自然对数。

【例 2-12】求 ln e 的自然对数值。

```
? LOG(2.718)                    && 结果为 1.000
```

5. 最大值函数

【格式】MAX(<数值表达式 1>,<数值表达式 2>,[<数值表达式 3>…])

【功能】计算各个数值表达式的值，并返回其中的最大值。

【说明】自变量表达式的类型可以是数值型、字符型、货币型、双精度型、浮点型、日期型和日期时间型，但所有表达式的类型必须相同。

【例 2-13】已知 x=18，y=26，z=51，求 x+y 与 x+z 两个表达式的最大值。

```
X=18
Y=26
Z=51
? MAX(X+Y,X+Z)              && 结果为 69
```

【例 2-14】

```
? MAX(100,500)              && 结果为 500
? MAX(5*9,80/2)             && 结果为 45
```

6．最小值函数

【格式】MIN(<数值表达式 1>,<数值表达式 2>,[<数值表达式 3>…])

【功能】计算各个数值表达式的值，并返回其中的最小值。

【例 2-15】

```
? MIN(100，500)             && 结果为 100
? MIN(5*9，80/2)            && 结果为 40
```

7．平方根函数

【格式】SQRT(<数值表达式>)

【功能】计算数值表达式的算术平方根。自变量表达式的值不能为负。

【例 2-16】已知 x=6，y=12，计算并输出公式 $\sqrt{x^2+y^2}$ 的值。

```
X=6
Y=12
? SQRT(X^2+Y^2)             && 结果为 13.42
```

8．四舍五入函数

【格式】ROUND(<数值表达式>,<小数保留位数>)

【功能】计算数值表达式的值，根据小数保留位数进行四舍五入。当小数保留位数为 n（n≥0）时，对小数点后第 n+1 位四舍五入；当小数保留位数为负数 n 时，则对小数点前第|n|位四舍五入。

【例 2-17】

```
? ROUND(53.6279,2)          && 结果为 53.63
? ROUND(53.6279,0)          && 结果为 54
? ROUND(8375.62,-2)         && 结果为 8400
? ROUND(3.1515,3)           && 在小数的第 3 位后面四舍五入，其结果为 3.152
? ROUND(123.45,0)           && 在小数点后面四舍五入，其结果为 123
? ROUND(123.45,-1)          && 在小数点左边第一位四舍五入，其结果为 120
```

9．求余函数（模函数）

【格式】MOD(<数值表达式 1>,<数值表达式 2>)

【功能】返回两个数值相除后的余数。<数值表达式 1>是被除数，<数值表达式 2>是除数。<数值表达式 2>的值不能为 0。

【说明】余数的正负号与除数相同。如果被除数与除数同号，函数值为两数相除的余数；如果被除数与除数异号，则函数值为两数相除的余数再加上除数的值。

【例 2-18】

```
? MOD(20,3)          && 显示 20 除以 3 所得的余数，其结果为 2
? MOD(20,-3)         && 显示 20 除以-3 所得的余数，其结果为-1
? MOD(-20,3)         && 显示-20 除以 3 所得的余数，其结果为 1
? MOD(-20,-3)        && 结果为-2
```

2.5.2 字符处理函数

1. 宏替换函数&

【格式】&<字符内存变量>[.]

【功能】在字符内存变量前使用宏替换函数符号&，将用该内存变量的值去替换&和内存变量名。

【说明】字符表达式只用于赋值的字符变量。使用符号“.”表示替换变量的结束。

【例 2-19】

```
ER="10^2+15-5"
?&ER                 && 结果为 110.00
```

【例 2-20】已知 a=5，b=4，计算并输出 a×b 的值。

```
A=5
B=4
C="*"
?A&C.B               && 结果为 20
```

2. 求字符串长度函数

【格式】LEN(<字符表达式>)

【功能】测试并返回指定字符串的长度，即所包含的字符个数，返回值为数值型。

【例 2-21】

```
? LEN ("abcdef")             && 结果为 6
? LEN ("数据库程序设计")     && 结果为 14（1 个汉字占 2 个字符）
? LEN("Visual FoxPro")       && 结果为 13
```

3. 求子串位置函数

【格式】AT(<字符表达式 1>,<字符表达式 2>[,<数值表达式>])

ATC(<字符表达式 1>,<字符表达式 2>[,<数值表达式>])

【功能】AT()函数测试<字符表达式 1>在<字符表达式 2>中的位置，返回值为数值型。如果<字符表达式 1>是<字符表达式 2>的子串，则返回<字符表达式 1>的首字符在<字符表达式 2>中的位置；如果<字符表达式 1>不在<字符表达式 2>中，则返回值为 0。如有<数值表达式>，其值为 n，则返回<字符表达式 1>在<字符表达式 2>中第 n 次出现的起始位置，其默认值为 1。

【说明】ATC()与 AT()的功能相似，但在子串比较时不区分字母的大小写。

【例 2-22】

```
? AT("n","Internet",2)               && 结果为 6
? AT("ox","FoxPro")                  && 结果为 2
? AT("IS","THIS IS A BOOK")          && 结果为 3
? AT("IS","THIS IS A BOOK",2)        && 结果为 6
```

4. 空格生成函数

【格式】SPACE(<数值表达式>)

【功能】产生由数值表达式所指定个数的空格，返回值为字符型。

【例 2-23】

```
? "北京"+ SPACE(4)+"首都"                    && 结果为："北京    首都"
```

5. 取子串函数

【格式】SUBSTR(<字符表达式>,<数值表达式 1>[,<数值表达式 2>])

【功能】在<字符表达式>中，截取一个子字符串，起点由<数值表达式 1>指定；截取字符的个数由<数值表达式 2>指定。如缺省<数值表达式 2>，将从起点截取到字符表达式的结尾。函数的返回值为字符型。

【例 2-24】

```
? SUBSTR("FoxPro",2,2)                    && 从第 2 个字符开始取出 2 个字符，其结果为：ox
? SUBSTR("ABCDEF",4)                      && 从第 4 个字符开始取到最后，其结果为：DEF
? SUBSTR("面向对象程序设计",9,4)          && 结果为：程序
? SUBSTR("Microsoft PowerPoint",11,5)     && 结果为：Power
```

6. 取左子串函数

【格式】LEFT(<字符表达式>,<数值表达式>)

【功能】从<字符表达式>的左端开始截取由<数值表达式>指定个数的子字符串，返回值为字符型。

【例 2-25】

```
? LEFT("FoxPro",3)                        && 结果为：Fox
? LEFT("程序设计",4)                      && 结果为：程序
? LEFT("面向对象程序设计",8)              && 结果为：面向对象
```

7. 取右子串函数

【格式】RIGHT(<字符表达式>,<数值表达式>)

【功能】从<字符表达式>的右端开始截取由<数值表达式>指定个数的子字符串，返回值为字符型。

【例 2-26】

```
? RIGHT("FoxPro",3)                       && 从字符串右端取出 3 个字符，结果为：Pro
? RIGHT("面向对象程序设计",8)             && 结果为：程序设计
```

8. 删除空格函数

【格式】TRIM(<字符表达式>)
　　　　LTRIM(<字符表达式>)
　　　　ALLTRIM(<字符表达式>)

【功能】TRIM()函数返回删除指定字符串的尾部空格后的字符串。LTRIM()函数返回删除指定字符串的前导空格后的字符串。ALLTRIM()函数删除指定字符串中的前导空格和尾部空格后的字符串。

【例 2-27】

```
? LTRIM("      FoxPro")                   && 去掉字符串左端空格，结果为："FoxPro"
? TRIM("FoxPro       ")                   && 去掉字符串右端空格，结果为："FoxPro"
? ALLTRIM("   FoxPro     ")               && 去掉字符串前导和尾部空格，结果为："FoxPro"
```

9. 计算子串出现次数函数

【格式】OCCURS(<字符表达式 1>,<字符表达式 2>)

【功能】返回第一个字符串在第二个字符串中出现的次数。若第一个字符串不是第二个字符串的子串，则返回值为 0。函数的返回值为数值型。

【例2-28】

```
STORE "abcdaefgdebraddabcdp" TO s
? OCCURS("a",s)              && 结果为4，表示字母a在字符串中出现了4次
? OCCURS("b",s)              && 结果为3，表示字母b在字符串中出现了3次
? OCCURS("d",s)              && 结果为5，表示字母d在字符串中出现了5次
? OCCURS("p",s)              && 结果为1，表示字母p在字符串中出现了1次
```

10. 字符替换函数

【格式】CHRTRAN(<字符表达式1>,<字符表达式2>,<字符表达式3>)

【功能】函数中有3个字符表达式。当第一个字符串中的一个或多个字符与第二个字符串中的某个字符相匹配时，就用第三个字符串中的对应字符（相同位置）替换这些字符。如果第三个字符串包含的字符个数少于第二个字符串包含的字符个数，因而没有对应字符，那么第一个字符串中相匹配的各字符将被删除。如果第三个字符串包含的字符个数多于第二个字符串包含的字符个数，多余字符被忽略。

【例2-29】

```
? CHRTRAN("ABACAD","ACD","X12")            && 结果为：XBX1X2
? CHRTRAN("会计学123","会计学","金融")      && 结果为：金融123
? CHRTRAN("计算机","计算","飞")            && 结果为：飞机
```

11. 大写转小写函数

【格式】LOWER(<字符表达式>)

【功能】将字符表达式中的大写字母转换为小写字母，返回值为字符型。

【例2-30】

```
? LOWER("FoxPro")                         && 结果为：foxpro
```

12. 小写转大写函数

【格式】UPPER（<字符表达式>）

【功能】将字符表达式中的小写字母转换为大写字母，返回值为字符型。

【例2-31】

```
? UPPER("FoxPro")                         && 结果为：FOXPRO
```

2.5.3 转换函数

1. 字符串转日期或日期时间函数

【格式】CTOD(<字符表达式>)

　　　　CTOT(<字符表达式>)

【功能】CTOD()函数将<字符表达式>值转换成日期型数据，返回值为日期型。CTOT()函数将<字符表达式>值转换成日期时间型数据，返回值为日期时间型。

【例2-32】

```
SET DATE TO YMD
SET CENTURY ON
? CTOD("1998/06/18")                      && 结果为：1998.06.18
? CTOT("2008/10/08"+" "+"16:13")          && 结果为：2008.10.08 04:13:00 PM
```

2. 日期转字符串函数

【格式】DTOC(<日期表达式>/<日期时间表达式>[,1])

　　　　TTOC(<日期时间表达式>[,1])

【功能】DTOC()函数将日期型数据或日期时间型数据的日期部分转换成字符串，返回值

为字符型。TTOC()函数将日期时间数据转换成字符串。如果使用选项 1，对于 DTOC()函数来说，字符串的格式为 YYYYMMDD，共 8 个字符；而对于 TTOC()函数来说，字符串的格式为 YYYYMMDDHHMMSS，采用 24 小时制，共 14 个字符。

【例 2-33】

```
SET DATE TO AMERICAN
x=CTOD("07/01/97")
y={^2008/10/08 04:13:00 PM}
? DTOC(x)                 && 结果为：07/01/1997
? DTOC(x,1)               && 结果为：19970701
? TTOC(y)                 && 结果为：03/06/2008 04:13:00 PM
? TTOC(y,1)               && 结果为：20081008161300
```

3. 数值转字符串函数

【格式】STR(<数值表达式 1>[,<长度>[,<小数位数>]])

【功能】将<数值表达式>的值转换为字符串，返回值为字符型。<长度>值确定返回字符串的长度（小数点和负号均占一位），当长度大于实际数值的位数，则在字符串前补上相应位数的空格。<小数位数>的值确定返回字符串的小数位数，当位数大于实际数值的小数位数，在字符串后补相应位数的 0；当位数小于实际数值，小数位数自动按四舍五入处理。当缺省<小数位数>时作整数处理，同时缺省<长度>时在字符串前补相应位数的空格至 10 位。

【例 2-34】将下列数值表达式转换为字符串。

```
? STR(123.4567)           && 结果为：123（只显示小数点左边的数据）
? STR(123.4567,6,2)       && 结果为：123.46
? "X="+STR(15.27,5,2)     && 结果为：X=15.27
```

4. 字符串转数值型函数

【格式】VAL(<字符表达式>)

【功能】将数字字符串转换为数值型数据，返回值为数值型。转换时，遇到第一个非数字字符时停止转换。若第一个字符不是数字，则返回结果为 0.00（默认保留两位小数）。

【例 2-35】

```
? VAL("A18")              && 结果为：0.00
? VAL("15A19")            && 结果为：15.00
? VAL("143.1592")         && 结果为：143.16
```

5. 字符转换成 ASCII 码函数

【格式】ASC(<字符表达式>)

【功能】将字符串中最左边的字符转换成 ASCII 码。

【例 2-36】将下面字符串转换成 ASCII 码。

```
? ASC("A")                && 结果为：65（字母 A 的 ASCII 码）
? ASC("FoxPro")           && 结果为：70（字母 F 的 ASCII 码）
```

6. ASCII 码转换成字符函数

【格式】CHR(<数值表达式>)

【功能】将数值作为 ASCII 码转换为相应的字符。

【例 2-37】将下列数值的 ASCII 码转为相应的字符。

```
? CHR(65)                 && 结果为：A
? CHR(70)                 && 结果为：F
```

2.5.4　日期和时间函数

1. 系统日期和时间函数

【格式】DATE()

TIME()

DATETIME()

【功能】DATE()函数返回系统当前日期，函数值为日期型。TIME()函数以 24 小时制、hh:mm:ss 格式返回系统当前时间，函数值为字符型。DATETIME()函数返回系统当前日期时间，函数值为日期时间型。

【例 2-38】设系统的当前日期为 2008/10/08，当前时间为 10 点 26 分 45 秒。

```
SET DATE TO YMD
SET CENTURY ON
? DATE()                          && 结果为：2008/10/08
? TIME()                          && 结果为：10:26:45
? DATETIME()                      && 结果为：2008/10/08 10:26:45 AM
```

2. 求年份、月份和天数函数

【格式】YEAR(<日期表达式> | <日期时间表达式>)

MONTH(<日期表达式> | <日期时间表达式>)

DAY(<日期表达式> | <日期时间表达式>)

【功能】YEAR()函数从指定的日期表达式或日期时间表达式中返回年份。MONTH()函数从指定的日期表达式或日期时间表达式中返回月份。DAY()函数从指定的日期表达式或日期时间表达式中返回月中的天数。这三个函数的返回值都是数值型。

【例 2-39】

```
? YEAR({^2008/10/08})             && 结果为：2008
? MONTH({^2008/10/08})            && 结果为：10
? DAY({^2008/10/08})              && 结果为：8
```

3. 求时、分和秒函数

【格式】HOUR(<日期时间表达式>)

MINUTE(<日期时间表达式>)

SEC(<日期时间表达式>)

【功能】HOUR()函数从指定的日期时间表达式中返回小时部分（24 小时制）。MINUTE()函数从指定的日期时间表达式中返回分钟部分。SEC()函数从指定的日期时间表达式中返回秒数部分。这三个函数的返回值都是数值型。

【例 2-40】

```
? HOUR({^2008/10/08 10:44:23})      && 结果为：10（小时）
? MINUTE({^2008/10/08 10:44:23})    && 结果为：44（分钟）
? SEC({^2008/10/08 10:44:23})       && 结果为：23（秒）
```

2.5.5　测试函数

1. 值域测试函数

【格式】BETWEEN(<表达式 1>,<表达式 2>,<表达式 3>)

【功能】判断一个表达式的值是否介于另外两个表达式的值之间。当<表达式 1>大于等于<表达式 2>且小于等于<表达式 3>时，即：<表达式 2>≤<表达式 1>≤<表达式 3>，函数的值为逻辑真（.T.），否则函数的值为逻辑假（.F.）。

【说明】函数中的表达式的类型可以是数值型、字符型、货币型、双精度型、整型、浮点型、日期型和日期时间型，但所有表达式的类型必须一致。

【例 2-41】BETWEEN()函数的应用。

```
? BETWEEN(25,10,100)                 && 结果为：.T.
? BETWEEN(99,10,100)                 && 结果为：.T.
? BETWEEN(6,10,100)                  && 结果为：.F.
```

2．空值（NULL）测试函数

【格式】ISNULL(<表达式>)

【功能】判断一个表达式的运算结果是否为 NULL 值，如果为 NULL 值，函数的值为逻辑真（.T.），否则返回逻辑假（.F.）。

【例 2-42】ISNULL()函数的应用。

```
STORE .NULL. TO a
? ISNULL(a)                          && 结果为：.T.
```

3．数据类型测试函数

【格式】VARTYPE(<表达式>)

【功能】测试<表达式>值的类型，返回一个表示数据类型的大写字母。函数返回值为字符型。函数返回的大写字母的含义如表 2-10 所示。

表 2-10　用 VARTYPE()函数测得的数据类型

返回的字母	数据类型	返回的字母	数据类型
C	字符型或备注型	G	通用型
N	数值型、整型、浮点型或双精度型	D	日期型
Y	货币型	T	日期时间型
L	逻辑型	X	NULL 值
O	对象型	U	未定义

【例 2-43】VARTYPE()函数的应用。

```
? VARTYPE("月淡风轻")                    && 结果为：C（字符型）
? VARTYPE(520)                          && 结果为：N（数值型）
? VARTYPE(.T.)                          && 结果为：L（逻辑型）
? VARTYPE({^2008/10/08})                && 结果为：D（日期型）
? VARTYPE({^2008/10/08 11:21:23})       && 结果为：T（日期时间型）
```

4．条件测试 IIF 函数

【格式】IIF(<逻辑表达式>,<表达式 1>,<表达式 2>)

【功能】测试<逻辑表达式>的值，如果其值为逻辑真.T.，函数返回<表达式 1>的值；如果为逻辑假.F.，则返回<表达式 2>的值。返回值有多种类型。

【例 2-44】IIF()函数的应用。

```
X=20
Y=30
? IIF(X>Y,X>0,100+Y)                 && 结果为：130
? IIF(X<Y,X>0,100+Y)                 && 结果为：.T.
```

5．当前记录号测试函数

【格式】RECNO([<工作区号> | <表别名>])

【功能】测试当前或指定工作区中数据表的当前记录号，即记录指针当前指向的记录号。返回值为数值型。默认工作区号或别名时指当前工作区。

【例 2-45】将记录指针指向表 xs.dbf 的第 5 个记录。

```
USE xs                    && 打开表 xs.dbf
GO 5                      && 将记录指针指向第 5 个记录
? RECNO()                 && 结果为 5
```

6. 文件起始标志测试函数

【格式】BOF([<工作区号> | <表别名>])

【功能】测试当前或指定工作区中数据表的记录指针是否指向第一个记录之前。返回值为逻辑型，当指针指向第一个记录之前时为逻辑真.T.，其他情况为逻辑假.F.。默认工作区号或别名时指当前工作区。

【例 2-46】BOF()函数的应用。

```
USE xs                    && 设表 xs.dbf 中有 13 个记录
GO TOP                    && 指针指向第 1 个记录
? RECNO()                 && 结果为 1
? BOF()                   && 结果为.F.
SKIP –1                   && 指针向文件头方向移动一个位置
? RECNO()                 && 结果为 1
? BOF()                   && 结果为.T.
```

7. 文件结束标志测试函数

【格式】EOF([<工作区号> | <表别名>])

【功能】测试当前或指定工作区中数据表的记录指针是否指向最后一个记录之后。返回值为逻辑型，当指针指向最后一个记录之后时为逻辑真.T.，其他情况为逻辑假.F.。默认工作区号或别名时指当前工作区。

【例 2-47】EOF()函数的应用。

```
USE xs                    && 设表 xs.dbf 中有 13 个记录
GO BOTTOM                 && 指针指向最后一个记录
? RECNO()                 && 结果为 13
? EOF()                   && 结果为.F.
SKIP 1                    && 指针向文件尾方向移动一个位置
? RECNO()                 && 结果为 14
? EOF()                   && 结果为.T.
```

8. 查询结果测试函数

【格式】FOUND([<工作区号> | <表别名>])

【功能】在命令 LOCATE/CONTINUE、FIND、SEEK 后用来测试数据表的当前记录号，即记录指针当前指向的记录号，返回值为逻辑型。默认工作区号或别名时指当前工作区，别名须放入定界符中。

【例 2-48】在表 xs.dbf 中查询男生记录。

```
USE xs                    && 打开表 xs.dbf
LOCATE FOR 性别="男"      && 查询当前表中的男生记录
? FOUND()                 && 结果为.T.。注意：记录指针指向第一个男生记录
```

9. 文件存在测试函数

【格式】FILE(<文件名>)

【功能】测试在系统中指定的文件是否存在，返回值为逻辑型。如果存在，返回.T.；否

则返回.F.。<文件名>必须给出扩展名并放在定界符中。

【例 2-49】设有文件 kc.dbf 和 sk.dbf，测试它们是否存在。

```
? FILE("kc.dbf")              && 结果为.T.，表示文件 kc.dbf 存在
? FILE("sk.dbf")              && 结果为.T.，表示文件 sk.dbf 存在
```

10. 记录个数测试函数

【格式】RECCOUNT([<工作区号> | <表别名>])

【功能】测试当前或指定工作区中数据表的记录个数，包含已作逻辑删除的记录。返回值为数值型，默认工作区号或别名时指当前工作区。

【例 2-50】RECCOUNT()函数的应用。

```
USE xs                        && 设表 xs.dbf 中有 13 个记录
? RECCOUNT()                  && 结果为 13
```

习题二

一、选择题

1. 命令? 2007/01/02 执行后的输出结果为______。
   A. 2007/01/02　　B. 01/02/2007　　C. 1003.50　　D. 2007
2. 在一个命令行中，输入下列内存变量赋值命令，其中格式正确的是______。
   A. A=20,B=30　　B. A,B=20　　C. A=20　　D. B==30
3. 下列内存变量赋值命令中，格式正确的是______。
   A. M=数据基础
   B. M="数据基础"，N="数据基础"，O="数据基础"
   C. STORE "数据基础" TO M,N,O
   D. STORE M,N,O TO "数据基础"
4. 内存变量的数据类型有______。
   A. 字符型、数值型、日期型、日期时间型、逻辑型和备注型
   B. 字符型、数值型、浮点型、日期型、日期时间型和逻辑型
   C. 字符型、数值型、浮点型、日期型、逻辑型和备注型
   D. 字符型、数值型、日期型、日期时间型、逻辑型和通用型
5. 各种表达式的运算顺序是______。
   A. 关系运算→逻辑运算→算术运算→字符运算
   B. 算术运算→关系运算→字符运算→逻辑运算
   C. 算术运算→字符运算→关系运算→逻辑运算
   D. 逻辑运算→关系运算→字符运算→算术运算
6. 以下关于空值 NULL 的说法中，正确的是______。
   A. 空值等同于空字符串
   B. 空值表示字段或变量还没有确定值
   C. Visual FoxPro 不支持空值
   D. 空值等同于 0 或""
7. 在下面的表达式中，运算结果为逻辑真的是______。
   A. EMPTY(.NULL.)　　B. LIKE("edit","EDI? ")
   C. AT("A","123ABC")　　D. EMPTY(SPACE(10))
8. 设 A=[5*4+7]，B=5*4+7，C="5*4+7"，正确的表达式是______。

A．A+B　　B．A+C　　C．B+C　　D．A+B+C

9．使用命令 DIMENSION A1(3), A2(2,3)定义了______个数组元素。

A．2　　B．3　　C．8　　D．9

10．表达式 15%3^2 的值为______。

A．0　　B．6　　C．25　　D．45

11．命令? "ABCDEF"-"DEF"执行后的输出结果为______。

A．ABCDDEF　　B．ABCD　　C．DEF　　D．ABC

12．命令? "Pro"$ "ForPro"执行后的输出结果为______。

A．For　　B．ProForPro　　C．.T.　　D．.F.

13．表达式{^2007/09/20}+10 的计算结果为______。

A．09/30/07　　B．10　　C．20　　D．30

14．执行下列命令后，输出的结果是______。

```
X="ABCD"
Y="EFG"
?SUBSTR(X,IIF(X<>Y,LEN(Y),LEN(X)),LEN(X)-LEN(Y))
```

A．A　　B．B　　C．C　　D．D

15．下列函数中，函数值为字符型的是______。

A．DATE()　　B．TIME()　　C．YEAR()　　D．DATETIME()

16．在下面的数据类型中，默认值为.F.的是______。

A．数值型　　B．字符型　　C．逻辑型　　D．日期型

17．有以下赋值语句，其结果为“春天美”的表达式是______。

a="很美"

b="春天"

A．b+AT(a,1)　　B．b+RIGHT(a,1)

C．b+LEFT(a,3,4)　　D．b+RIGHT(a,2)

18．下列各表达式中，其结果总是逻辑值的是______。

A．算术运算表达式　　B．字符运算表达式

C．日期运算表达式　　D．关系运算表达式

19．表达式{^2007/03/28 9:18:40}-{^2007/03/28 9:15:20}的值的类型为______。

A．字符型　　B．数值型　　C．日期型　　D．逻辑型

20．函数 ABS(-100.245)返回的值为______。

A．-100.245　　B．100.245　　C．100　　D．100.25

21．依次执行下列命令：

```
A="100+200+4*2"
? &A
```

屏幕上显示的结果是______。

A．"100+200+4*2"　　B．100+200+4*2　　C．308　　D．&A

22．依次执行下列命令：

```
A=115
B="SQRT"
C="INT"
? &C.(&B.(A))
```

屏幕上显示的结果是______。

A．CBA　　B．CB115

C．INT (SQRT (115))　　D．10

23．依次执行下列命令：

SUB1=SUBSTR("程序设计基础",1,8)

SUB2=SUBSTR("Microsoft Visual FoxPro",11)

S=SUB2+SUB1

? S

屏幕上显示的结果是______。

A．程序设计基础

B．Microsoft Visual FoxPro

C．Visual FoxPro 程序设计

D．Microsoft Visual FoxPro 程序设计基础

24．设一表中有 60 条记录，当该表刚打开时，函数 RECNO()返回的值是______。

A．0　　B．60　　C．1　　D．61

25．在以下四组函数运算中，其结果相同的是______。

A．LEFT("Visual FoxPro",6)与 SUBSTR("Visual FoxPro",1,6)

B．YEAR(DATE())与 SUBSTR(DTOC(DATE()),7,2)

C．VARTYPE("36-5*4")与 VARTYPE(36-5*4)

D．假定 A="this"，B="is a string"，A-B 与 A+B

26．设某个数据表有 100 条记录，此时用函数 EOF()测试的结果为.T.，那么，当前记录号为______。

A．100　　B．101　　C．99　　D．1

27．下列表达式中结果为.F.的是______。

A．50>-20　　B．.T.<.F.

C．{^2003-04-05}>{^2003-03-31}　　D．[网]$[网络]

28．3E-5 是一个______。

A．字符常量　　B．内在常量　　C．数值常量　　D．逻辑常量

29．依次执行下列命令：

A="建立数据库的操作"

? LEFT(A,2)+SUBSTR(A,9,2)+ RIGHT(A,4)

屏幕上显示的结果是______。

A．建库操作　　B．建立数据库　　C．建立数据操作　　D．建立数据库操作

30．依次执行下列命令：

A=SPACE(3)+"管理"

B=SPACE(3)+ "信息"

C= "系统"+SPACE(3)

? LEN(TRIM (LTRIM(A+B)+C))

屏幕上显示的结果是______。

A．3　　B．6　　C．12　　D．15

31．依次执行下列命令：

A=25.68

B=100

? STR(A,5,1)+ALLTRIM(STR(SQRT(B)))

屏幕上显示的结果是______。

A．35.6　　B．35.7　　C．25.610　　D．25.710

32．下列表达式中，其值为真的表达式是______。

A．BETWEEN(1,10,100)

B．BETWEEN(ASC("D"), ASC("A"), ASC("C"))

C. BETWEEN(5,ROUND(5.045,2),ROUND(5.055,2))
D. BETWEEN(0,0,0)

33. 下列命令执行后，显示结果为逻辑型 L 的是______。
Ⅰ. ? VARTYPE(.T.)
Ⅱ. ? VARTYPE(ASC("3.14"+"3.14"))
Ⅲ. ? VARTYPE("3.14"$"3.1415926")
Ⅳ. ? VARTYPE(DATE()={^2007/03/01})
A. Ⅰ、Ⅱ、Ⅲ　B. Ⅰ、Ⅲ、Ⅳ　C. Ⅱ、Ⅲ、Ⅳ　D. Ⅰ、Ⅱ、Ⅳ

34. 执行命令 DIMESION array(3,3)后，array(3,3)的值为______。
A. 0　B. 1　C. .T.　D. .F.

35. 已知字符串 m="ab␣␣cd␣␣"，n="␣␣ef␣␣gh"（其中：符号"␣"表示一个空格），则 m-n 的运算结果为______。
A. "ab␣␣cd␣␣ef␣␣gh␣␣"　B. "ab␣␣cd␣␣␣␣ef␣␣gh␣␣"
C. "abcd␣␣ef␣␣gh␣␣"　D. "abcdef␣␣gh"

36. 下面的 Visual FoxPro 表达式中，不正确的是______。
A. {^2002-05-01 10:10:10am}-10　B. {^2002-05-01}-DATE()
C. {^2002-05-01}+DATE()　D. {^2002-05-01}+1000

37. 设 M="324.2"，? 43+&M 的结果是______。
A. 43　B. 324.2　C. 43324.2　D. 367.2

38. 执行命令? LEN(SPACE(3)-SPACE(2))后，则屏幕显示的结果是______。
A. 1　B. 2　C. 3　D. 5

39. 执行下列命令后，当前打开的数据表文件名是______。
Number="ABC"
File="File"+Number
USE &File
A. FileABC　B. &File　C. File Number　D. File

40. 如果 X 是一个正实数，对 X 的第 3 位小数四舍五入的表达式是______。
A. 0.01*INT(X+0.005)　B. 0.01*INT(100*(X+0.005))
C. 0.01*INT(100*(X+0.05))　D. 0.01*INT(X+0.05)

41. 在当前工作区中，测试当前记录个数的函数是______。
A. SELECT()　B. RECCOUNT()
C. RECNO()　D. RECSIZE()

42. 在命令窗口中键入命令?TYPE("ABC")，则结果为______。
A. C　B. N　C. L　D. U

43. 职工数据表中有 D 型字段"出生日期"，若要显示职工生日的月份和日期，应使用命令______。
A. ?姓名+Month(出生日期)+ "月"+Day(出生日期)+ "日"
B. ?姓名+STR(Month(出生日期))+ "月"+Day(出生日期)+ "日"
C. ?姓名+STR(Month(出生日期))+ "月"+STR(Day(出生日期))+ "日"
D. ?姓名+SUBSTR(出生日期,4,2)+ "月"+SUBSTR(出生日期,7,2)+ "日"

44. 在命令窗口中，顺序执行以下命令（设今天是 2005 年 8 月 6 日）：
STORE　DATE() TO MDATE
MDATE=MDATE-365
?YEAR(MDATE)的显示结果为______。
A. 2004　B. 04　C. 2005　D. 出错

45. 设 S1="人口普查␣␣␣␣"，S2="是科学地制定人口政策的基础"，若想得到字符串"人口普查是科学地制定人口政策的基础"，应执行命令是______。

A．SUBSTR(S1,1,4)+S2　　B．S1-TRIM(S2)

C．S1+S2　　D．TRIM(S1-S2)

46．NULL AND.F.,NULL OR .F.,NULL=NULL 三个表达式的值依次为______。

A．.NULL.，.NULL.，.NULL.　　B．.F.，.NULL.，.NULL.

C．.F.，.NULL.，.T.　　D．.F.，.F.，.NULL.

47．函数 ROUND(12345.6789,3)的值是______。

A．12345.679　　B．12345.6789　　C．12345　　D．12345.678

48．下列 Visual FoxPro 表达式中，结果为字符串的是______。

A．ASC("DATE")>ASC("TIME")　　B．"ABCD"="ABCDEFG"

C．"5678"-"87"　　D．CTOD("08/07/2004")

49．在命令窗口中顺序执行以下命令后，显示的结果为______。

P="OABCDabcd␣"

?SUBSTR(P,INT(LEN(P)/2+1),2)

A．AB　　B．cd　　C．ab　　D．Da

50．设 X=100，Y=200，G="X+Y"，则表达式 5+&G 的值是______。

A．305　　B．503　　C．300　　D．5+"X+Y"

二、填空题

1．执行赋值命令 A= 2007/01/02 后，内存变量 A 的类型为______。

2．表达式{^2007/09/30}-{^2007/09/10}的值为______。

3．表达式 125*5<=625 的值为______。

4．表达式 10*20<=200 AND 10*20>=200 的值为______。

5．表达式 25<>20 AND 25#20 AND 25!=20 的值为______。

6．表达式 NOT 10**2>100 OR 50*10>25 AND 16>16 的值为______。

7．表达式 15*3>25 OR 170>34 的值为______。

8．表达式 NOT 340>100 AND 50>=40 的值为______。

9．表达式.F. AND .T. OR NOT .T.的值为______。

10．表达式 INT(-11.9+3)+ABS(-10)的值为______。

11．表达式 MAX(10**2,10*2)的值为______。

12．表达式 INT(SQRT(3^2+ROUND(2.098,2)*10))的值为______。

13．表达式 ROUND(INT(SQRT(1680.67))+2.356,1)的值为______。

14．表达式 MOD(-INT(SQRT(105)),-3)的值为______。

15．表达式 LEN("Visual" +"FoxPro"+"教程")的值为______。

16．函数表达式 AT("数组","一维数组和二维数组")的值为______。

17．表达式 LEN(SUBSTR("Internet",6)+SPACE(3))的值为______。

18．依次输入下列命令：

X="ABC"

Y="ABD"

? IIF(LEN(X)>LEN(Y), "YES","NO")

屏幕上显示的结果是______。

19．常量.n.表示的是______型数据。

20．LEFT("123456789",LEN("数据库"))的运算结果是______。

21．执行下列命令：

x=100

y=300
?IIF(x>100,y-50,y+50)
则结果为______。

22．若 a=5,b="a<10"，则?type(b)输出结果为______，而?type("b")输出结果为______。

23．执行命令? AT("1+2=3","+")后，屏幕显示的结果是______。

24．? 8>3 AND "女">"女生" OR.T.<.F.的结果是______。

25．? LEN(TRIM("计算机"+"考试␣␣"))的运行结果是______。

26．执行下面的命令：

USE xs
?BOF()
SKIP –1
?BOF()
GO BOTTOM
?EOF()
SKIP
?EOF()

则在 VFP 主屏幕窗口显示的结果分别是______、______、______和______。

27．设字段变量 sex 是字符型，score 是数值型，分别存放“性别”和“成绩”信息，若要表达“性别是女性，且成绩大于等于 90 分”这一命题，表达式应写成______。

28．设 a=1，c1="事不过三"，c2="三"，则表达式 a<3 AND c1$c2 的运算结果为______；表达式 a<3 AND c2$c1 的运算结果为______；表达式 a<3 OR c1$c2 的运算结果为______；表达式 a<3 OR c2$c1 的运算结果为______。

29．设工资=1200，职称="教授"，则逻辑表达式“工资>1200 AND (职称="教授" OR 职称="副教授")”的值是______。

30．函数 BETWEEN(40,34,50)返回的结果是______。

31．函数 STUFF("GOODBOY",5,3,"GIRL")返回的结果是______。

32．执行下列命令后，变量 R1 的值为______，R2 的值为______。

STORE SPACE(5)+"数据库管理系统"+SPACE(3) TO R
R1=LEN(R)
R2=LEN(TRIM(LTRIM(R)))

33．条件函数 IIF(LEN(SPACE(3))>2,1,-1) 返回的结果是______。

34．函数 INT(15.32+13.56)返回的是______，函数 ROUND(4156.78516,-2)返回的结果是______。

三、思考题

1．Visual FoxPro 中提供了几种数据类型？

2．什么是常量？什么是变量？Visual FoxPro 提供了几种常量和变量？

3．什么是内存变量和字段变量？

4．什么是 Visual FoxPro 的表达式？表达式分为几种？

5．数组变量如何定义和使用？

6．试述内存变量的命名规则。

7．当内存变量与字段变量同名时，如何引用同名的内存变量？

8．Visual FoxPro 常用函数有哪几种？

第 3 章　表的基本操作

【学习目标】

（1）掌握表的建立、打开与关闭。

（2）掌握显示和修改表的结构。

（3）正确地向表中输入记录，熟悉表结构和表文件的复制。

（4）熟练进行记录的基本操作（记录的定位、显示、修改、删除和恢复）。

（5）熟悉表的过滤、表与数组之间的数据交换等操作。

3.1　建立表

表是处理数据和建立关系数据库及其应用程序的基本单元。表分为自由表和数据库表。自由表是独立于数据库而存在的一种表，数据库表是包含在数据库中的表。表主要由结构和记录两部分组成。

3.1.1　表的组成

1. *表结构*

Visual FoxPro 采用关系数据模型，每一个表对应一个关系，每一个关系对应一张二维表。表的结构对应于二维表的结构。二维表中的每一行有若干个数据项，这些数据项构成了一个记录。表中的每一列称为一个字段，每个字段都有一个名字，即字段名。

下面以学生表（如表 3-1 所示）为例，从分析二维表的格式入手来讨论表结构。

表 3-1　学生表

学号	姓名	性别	出生日期	录取分数	团员	特长	照片
s0803001	谢小芳	女	1990.05.16	610	F	（略）	（略）
s0803002	张梦光	男	1990.04.21	622	T	（略）	（略）
s0803003	罗映弘	女	1990.11.08	595	F	（略）	（略）
s0803004	郑小齐	男	1989.12.23	590	F	（略）	（略）
s0803005	汪雨帆	女	1990.03.17	605	T	（略）	（略）
s0803006	皮大均	男	1988.11.11	612	T	（略）	（略）
s0803007	黄春花	女	1989.12.08	618	T	（略）	（略）
s0803008	林韵可	女	1990.01.28	588	F	（略）	（略）
s0803009	柯之伟	男	1989.06.19	593	T	（略）	（略）
s0803010	张嘉温	男	1989.08.05	602	T	（略）	（略）
s0803011	罗丁丁	女	1990.02.22	641	T	（略）	（略）
s0803016	张思开	男	1989.10.12	635	T	（略）	（略）
s0803013	赵武乾	男	1989.09.30	595	F	（略）	（略）

该表格有 8 个栏目，每个栏目有不同的栏目名，如“学生”、“姓名”等。同一栏目的不同行的数据类型完全相同，而不同栏目中存放的数据类型可以不同，如“姓名”栏目是“字符型”，而“录取分数”栏目是“数值型”。每个栏目的数据宽度有一定的限制，例如“学号”的数据宽度是 8 个字符，“姓名”的数据宽度是 8 个字符。

在表文件中，表格的栏目称为字段。字段的个数和每个字段的名称、类型、宽度等要素决定了表文件的结构。定义表结构就是定义各个字段的属性。表的基本结构包括字段名、字段类型、字段宽度和小数位数。

（1）字段名。字段名即关系的属性名或表的列名。自由表字段名最长为 10 个字符。数据库表字段名最长为 128 个字符。字段名必须以字母或汉字开头。字段名可以由字母、汉字（1 个汉字占 2 个字符）、数字和下划线“_”组成，但字段名中不能包含空格。例如，学号、BH、客户_1、地址、dz 等都是合法的字段名。

（2）字段类型和宽度。表中的每一个字段都有特定的数据类型。表 3-2 列出了常用的字段类型及其宽度。字段宽度规定了字段的值可以容纳的最大字节数。例如，一个字符型字段最多可容纳 254 个字节。日期型、逻辑型、备注型、通用型等类型的字段的宽度则是固定的，系统分别规定为 8、1、4、4 个字节。

表 3-2　常用的字段类型及其宽度

字段类型	字段宽度	说明
字符型（C）	最多 254 个字节	
数值型（N）	最多 20 个字节	
日期型（D）	8 个字节	固定值
逻辑型（L）	1 个字节	固定值
备注型（M）	4 个字节	固定值
通用型（G）	4 个字节	固定值

说明：

1）对字符型、数值型和浮点型字段，在设计表结构时用户应根据实际需要设置适当的宽度，其他数据类型的宽度由 Visual FoxPro 规定，长度固定不变，如日期型宽度为 8，逻辑型宽度为 1 等。

2）备注型字段的宽度为 4 个字节，用于存储一个指针（即地址），该指针指向备注内容存放地的地址。备注内容存放在与表同名、扩展名为.FPT 的文件中。该文件随表的打开而自动打开，如果它被破坏或丢失，则表不能打开。

3）通用型字段的宽度为 4 个字节，用于存储一个指针，该指针指向.FPT 文件中存储通用型字段内容的地址。

4）只有数值型、浮点型及双精度型字段才有小数位数，小数点和正负号在字段宽度中各占 1 位。

5）可指定字段是否接受空值（NULL）。NULL 不同于零、空字符串或者空白，而是一个不存在的值（不确定）。当数据表中某个字段内容无法知道确切信息时，可以先赋予 NULL 值，等内容明确之后，再存入有实际意义的值。

2. 定义表结构

在 Visual FoxPro 中，一张二维表对应一个数据表，称为表文件。一张二维表由表名、表头、表的数据三部分组成；一个数据表则由数据表名、数据表的结构、数据表的记录三要素构成。定义数据表的结构，就是定义数据表的字段个数、字段名、字段类型、字段宽度及是否以该字段建立索引等。

下面以学生表为例，介绍如何定义表的结构。

“学号”、“姓名”、“性别”字段定义为字符型，根据实际情况设定相应的长度；“出生日期”定义为日期型，宽度固定为8；“录取分数”用数值型表示，宽度为3；“团员”只有两种状态，即“是”和“不是”，使用逻辑型数据来表示。例如，逻辑真.T.表示是团员，逻辑假.F.表示不是团员；“特长”用于描述学生的特长信息，如爱好等，是不定长的文本信息，因此采用备注型；“照片”字段存放学生的照片，采用通用型字段。学生表的结构如表3-3所示。

表3-3 学生表的结构

字段名	类型	宽度	小数位
学号	字符型	8	
姓名	字符型	8	
性别	字符型	2	
出生日期	日期型	8	
录取分数	数值型	3	0
团员	逻辑型	1	
特长	备注型	4	
照片	通用型	4	

按照同样的方法，可以设计选课表（如表3-4所示）、课程表（如表3-5所示）、授课表（如表3-6所示）和教师表（如表3-7所示）的结构。

表3-4 选课表的结构

字段名	类型	宽度	小数位
学号	字符型	8	
课程号	字符型	4	
成绩	数值型	3	0

表3-5 课程表的结构

字段名	类型	宽度	小数位
课程号	字符型	4	
课程名	字符型	12	
课时	数值型	2	

表3-6 授课表的结构

字段名	类型	宽度	小数位
教师号	字符型	5	
课程号	字符型	4	

表 3-7　教师表的结构

字段名	类型	宽度	小数位
教师号	字符型	5	
姓名	字符型	8	
性别	字符型	2	
职称	字符型	8	
工资	数值型	7	2
政府津贴	逻辑型	1	

3.1.2　建立表的结构

下面主要介绍在菜单、命令两种方式下打开“表设计器”创建表的结构的方法。

1. 在菜单方式下打开“表设计器”

下面以建立学生表 xs.dbf 的结构为例，介绍在菜单方式下打开“表设计器”建立表结构的操作步骤。

【例 3-1】在菜单方式下打开“表设计器”，建立表 3-1 所示的学生表的结构，表文件名为 xs.dbf。

操作步骤如下：

（1）打开“文件”菜单，单击“新建”命令，弹出“新建”对话框，选中“表”单选按钮，如图 3-1 所示。

（2）单击“新建文件”按钮，打开“创建”对话框，如图 3-2 所示。

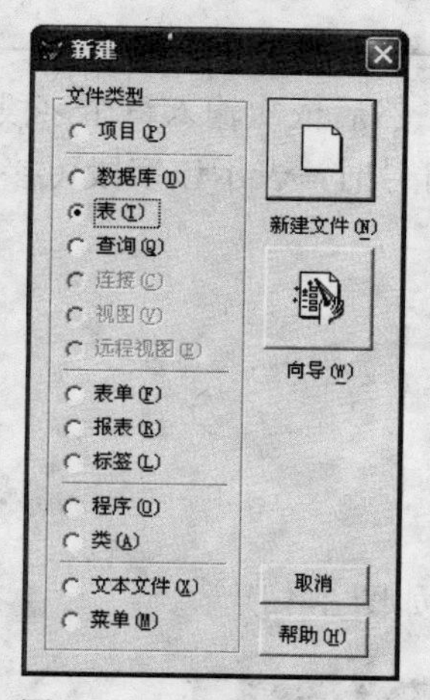

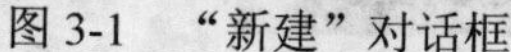

图 3-1　“新建”对话框

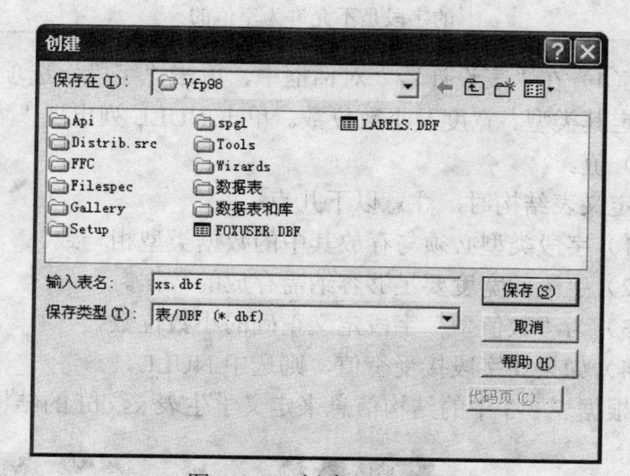

图 3-2　“创建”对话框

（3）在“创建”对话框中，在“保存在”后面选定默认文件夹 Vfp98，输入表名 xs.dbf，然后单击“保存”按钮，打开“表设计器-xs.dbf”对话框，如图 3-3 所示。

“表设计器”包括“字段”、“索引”、“表”3 个选项卡：

- “字段”选项卡：设置各字段的字段名、类型、宽度以及小数位数等内容。
- “索引”选项卡：用于定义索引。
- “表”选项卡：显示有关表的信息，用于指定有效性规则和默认值等。

“字段”选项卡包含的各选项如表 3-8 所示。

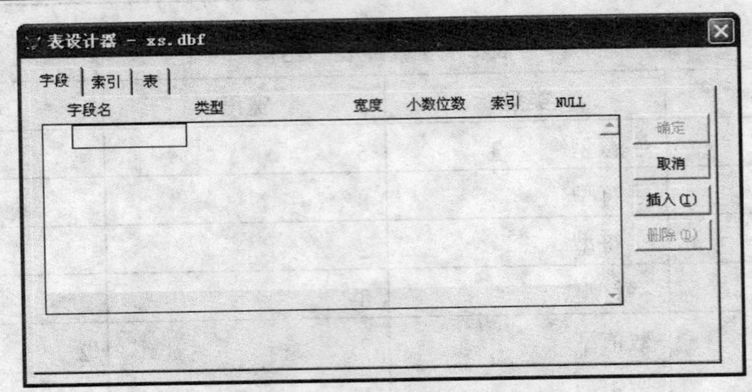

图 3-3 “表设计器-xs.dbf”对话框

表 3-8 “字段”选项卡包含的选项

选项卡选项	功能
字段名	定义字段的名字。自由表的一个字段名最多为 10 个字符；数据库表的字段名最多为 128 个字符
类型	定义字段中存放数据的类型。单击下拉箭头，从中选择一种数据类型
宽度	表示字段允许存放的最大字节数或数值位数
小数位数	指定小数点右边的数字位数。只有数值型、浮点型和双精度型数据才有小数位数，小数位数至少应比该字段的宽度值小 2
索引	指定字段的普通索引，用以对数据进行排序
NULL	指定是否允许字段接受空（NULL）值。空值是指无确定的值，它与空字符串、数值 0 等是不同的。一个字段是否允许为空值与字段的性质有关，例如作为关键字的字段是不允许为空值的

（4）在“表设计器”对话框中，单击“字段”选项卡，然后依次输入每个字段的名字，并决定其类型、宽度及小数位数。单击 NULL 列出现“√”符号时，表示该字段可接受 NULL（空）值。

定义表结构时，注意以下几点：

1）字段类型必须与存放其中的数据类型相一致。

2）字段的宽度要足够容纳需存放的数据。

3）为“数值型”字段定义正确的小数位数。

4）如果让字段接受空值，则选中 NULL。

根据表 3-3 中的结构信息来定义学生表 xs.dbf 的结构，如图 3-4 所示。

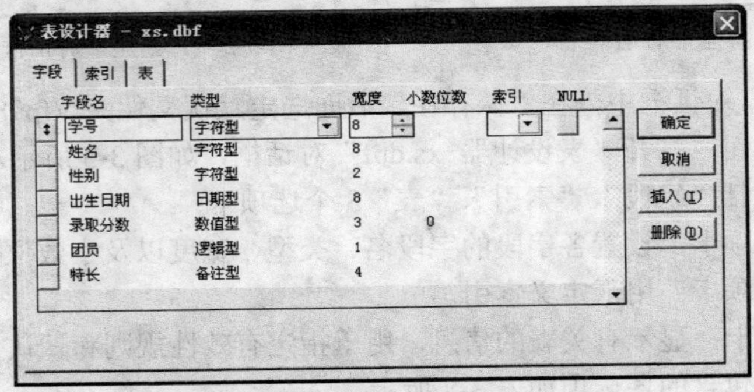

图 3-4 定义学生表 xs.dbf 的结构

（5）当表中所有字段定义完成后，单击“确定”按钮，出现如图 3-5 所示的对话框，询问是否立即输入数据。如果单击“是”按钮，出现表 xs.dbf 的记录编辑窗口，即可开始输入数据；如果单击“否”按钮，关闭“表设计器”对话框，建立表结构结束，此时表 xs.dbf 中没有任何记录，只有表的结构。

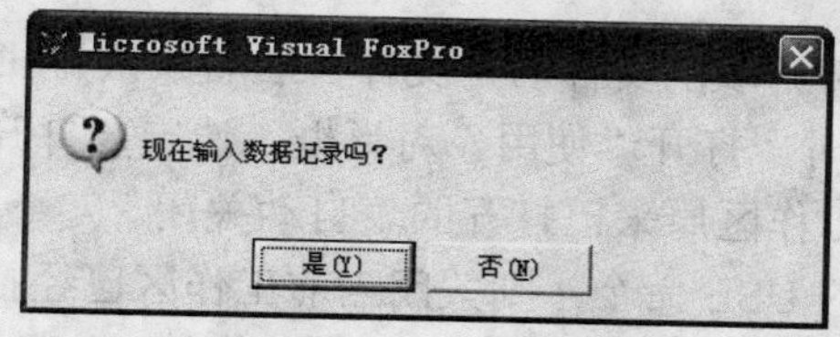

图 3-5　输入记录询问对话框

按照上述方法，根据表 3-4 定义选课表 xk.dbf 的结构，根据表 3-5 定义课程表 kc.dbf 的结构，根据表 3-6 定义授课表 sk.dbf 的结构，根据表 3-7 定义教师表 js.dbf 的结构。

2. 在命令方式下打开“表设计器”

【格式】CREATE[<新表文件名>|?]

【功能】打开“表设计器”对话框，创建一个新表的结构。

【说明】执行该命令时，系统默认在当前目录中创建表结构。若在命令中使用“?”参数时，系统将打开一个创建对话框，提示用户输入表文件名。

3.2　打开和关闭表

若要对表进行操作，首先应打开表。在完成对表的操作后，则必须关闭表。

3.2.1　打开表

打开表是将表从磁盘调入内存的过程。只有打开表后，才能对表进行操作。

1. 在菜单方式下打开表

【例 3-2】在菜单方式下打开学生表 xs.dbf。

操作步骤如下：

（1）打开“文件”菜单，单击“打开”命令，弹出“打开”对话框。

（2）在“打开”对话框中，选择文件类型为“表（*.dbf)”，选择表文件名 xs.dbf，选中“独占”单选按钮，如图 3-6 所示。

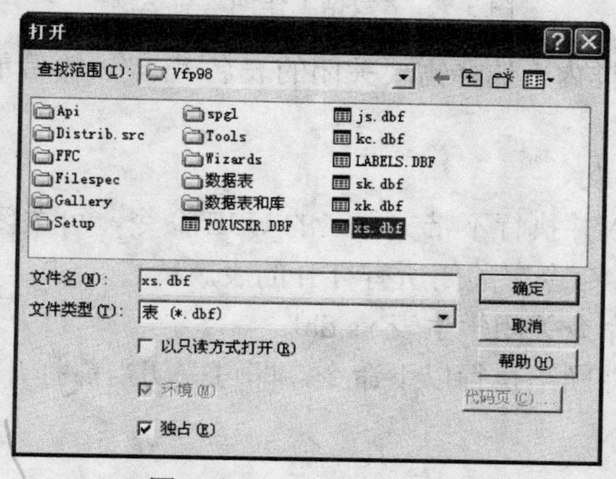

图 3-6　“打开”对话框

（3）单击“确定”按钮，打开学生表 xs.dbf。

2. 在命令方式下打开表

【命令】USE [<表文件名> | <?>] [Noupdate][Exclusive | Shared]

【功能】在当前工作区中打开或关闭指定的表。

【说明】

1）<表文件名>表示被打开表的文件名，文件扩展名默认为.dbf。

2）使用命令“USE?”时，打开“使用”对话框，选定要打开的表。

3）打开一个表时，该工作区原来已打开的表自动关闭。

4）如果执行不带表名的 USE 命令，则关闭当前工作区已经打开的表。

5）Noupdate 指定以只读方式打开表，Exclusive 指定以独占方式打开表，Shared 指定以共享方式打开表。

【例 3-3】用 USE 命令打开学生表 xs.dbf。

以独占方式打开学生表 xs.dbf 的 USE 命令如下：

```
USE xs Exclusive
```

3.2.2 关闭表

当表操作完成后，应及时关闭，以保证更新后的内容能安全地存入表中。

1. 在菜单方式下关闭表

（1）打开“窗口”菜单，单击“数据工作期”命令，弹出“数据工作期”对话框，如图 3-7 所示。

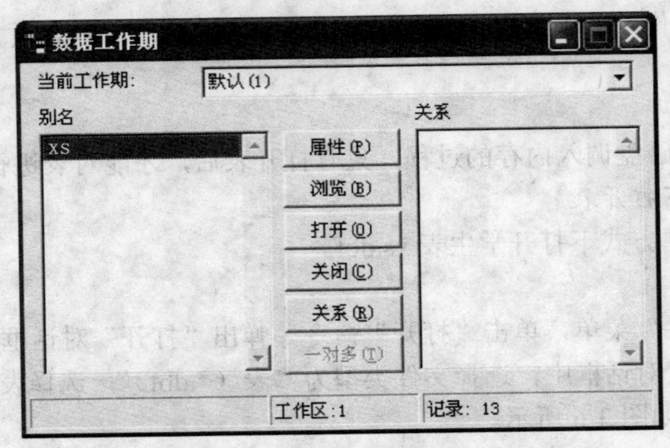

图 3-7 “数据工作期”对话框

（2）在“别名”列表框内，选择需要关闭的表名“xs”，然后单击“关闭”按钮，关闭学生表 xs.dbf。

2. 在命令方式下关闭表

在“命令”窗口中输入并执行不带文件名的 USE 命令，可关闭当前工作区已打开的表。用户也可执行 CLOSE ALL 命令来关闭所有打开的表。

【例 3-4】利用 USE 命令关闭学生表 xs.dbf。

在“命令”窗口输入并回车执行以下命令，即可关闭当前打开的学生表 xs.dbf：

```
USE
```

3.3　显示和修改表的结构

表结构建立完成之后，可以显示或修改其结构。

3.3.1　显示表的结构

【格式 1】LIST STRUCTURE

【格式 2】DISPLAY STRUCTURE

【功能】在工作区窗口显示当前表的结构。

【例 3-5】显示学生表 xs.dbf 的结构。

在“命令”窗口输入以下命令（如图 3-8 所示）即可显示学生表 xs.dbf 的结构：

```
USE xs                        && 打开表 xs.dbf
LIST STRUCTURE                && 显示表 xs.dbf 的结构
```

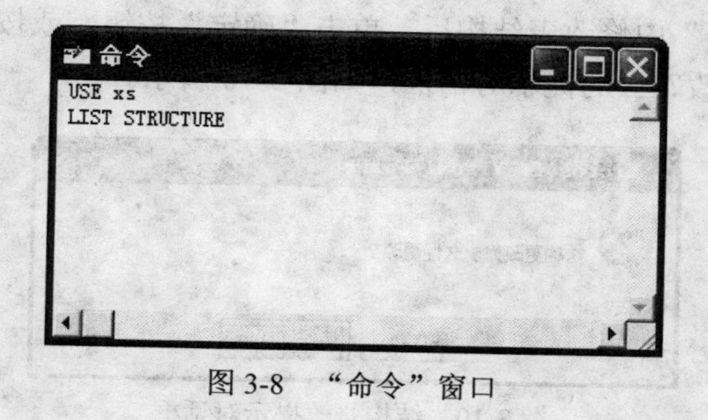

图 3-8　“命令”窗口

显示结果如下：

```
数据记录数:            13
最近更新的时间:        10/07/08
备注文件块大小:        64
代码页:                936
  字段  字段名          类型        宽度    小数位    索引    排序    Nulls
     1  学号            字符型         8                                 否
     2  姓名            字符型         8                                 否
     3  性别            字符型         2                                 否
     4  出生日期        日期型         8                                 否
     5  录取分数        数值型         3                                 否
     6  团员            逻辑型         1                                 否
     7  特长            备注型         4                                 否
     8  照片            通用型         4                                 否
** 总计 **                            39
```

3.3.2　修改表的结构

利用“表设计器”可以方便地修改表的结构。

1. 菜单方式

以学生表 xs.dbf 为例，介绍修改表结构的操作步骤。

【例 3-6】修改学生表 xs.dbf 的结构。

操作步骤如下：

（1）打开学生表 xs.dbf。

（2）打开“显示”菜单，单击“表设计器”命令，弹出“表设计器-xs.dbf”对话框，如图 3-9 所示，即可对当前表的结构进行修改。

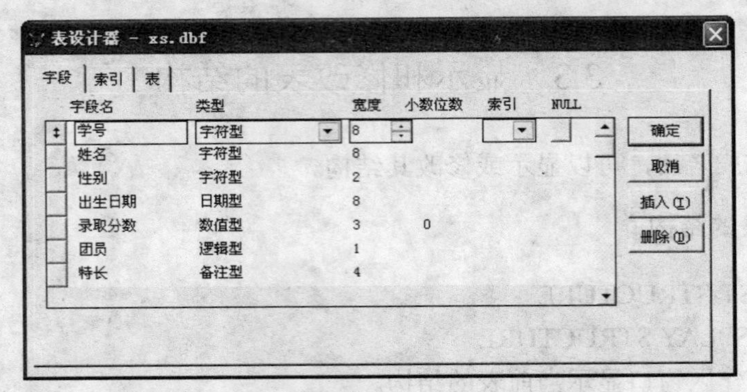

图 3-9 “表设计器-xs.dbf”对话框

通过上下左右移动光标，可以方便地修改字段的字段名、类型、宽度及小数位；用鼠标向上或向下拖动“字段名”左侧的双箭头按钮，可改变字段的次序；单击“插入”按钮，可增加新字段；单击“删除”按钮，可删除选定的字段。

（3）在“表设计器”中修改表结构后，单击“确定”按钮，或按 Ctrl+W 组合键，出现“结构更改为永久性更改？”的提示对话框，如图 3-10 所示。

图 3-10 结构修改提示对话框

（4）单击“是”或“否”按钮，对所做的修改进行确认或取消。若单击“是”按钮，表示修改有效且关闭“表设计器”；若单击“否”按钮，则修改无效并关闭“表设计器”。

2. 命令方式

【格式】MODIFY STRUCTURE

【功能】打开“表设计器”对话框，修改当前表的结构。

【例 3-7】用 MODIFY 命令修改学生表 xs.dbf 的结构。

```
USE xs Exclusive
MODIFY STRUCTURE
```

3.4 向表中输入记录

当表结构建立完成后，用户可以多种方式向表中输入数据（记录）。表中的每一行有若干个数据项，这些数据项构成了一个记录。

向表中输入数据通常有以下几种方式：

（1）在建立表结构的同时立即向表中输入数据。

（2）在追加方式下向表中输入数据。

（3）使用 APPEND 命令向表中追加记录。

下面主要介绍在追加方式下和使用 APPEND 命令向表中输入数据的操作。在输入数据时，尤其要注意备注型数据和通用型数据的输入方法。

3.4.1　以追加方式输入记录

【例 3-8】以追加方式向学生表 xs.dbf 中输入记录。

操作步骤如下：

（1）打开学生表 xs.dbf。

（2）打开“显示”菜单，单击“浏览”命令，出现学生表“浏览”窗口，如图 3-11 所示。可以看到，学生表 xs.dbf 当前是只有结构但没有任务数据的空表。

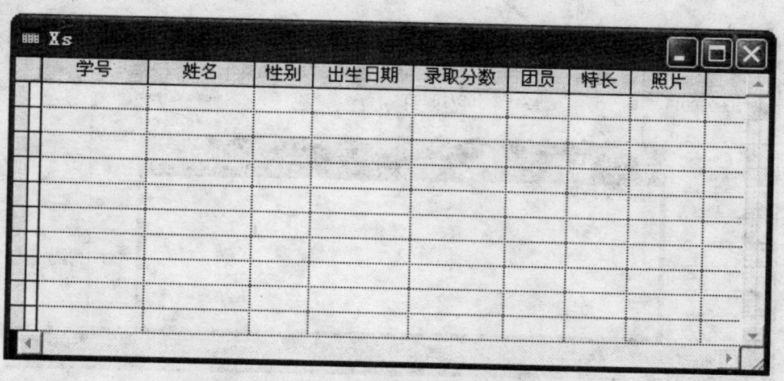

图 3-11　学生表“浏览”窗口

（3）再次打开“显示”菜单，单击“追加方式”命令。于是可以看到，光标“跳入”表中，表中同时出现一个空白记录，如图 3-12 所示。这时，用户即可开始向表中追加记录，逐个输入字段的数据。

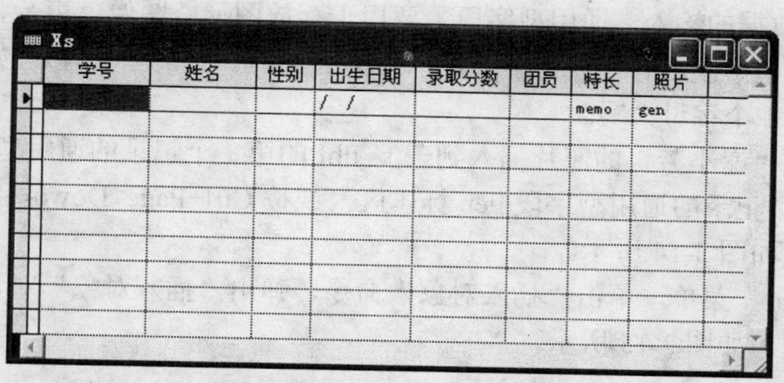

图 3-12　向表中追加记录

（4）常规性数据的输入。在输入数据时，为了提高数据输入的准确性和速度，注意事项如下：

1）如果输入的数据宽度等于字段宽度时，光标自动跳到下一个字段；如果小于字段宽度时，输完数据后应按回车键或 Tab 键跳到下一个字段。对于有小数的数值型字段，输入整数部分宽度等于所定义的整数部分宽度时，光标自动跳到小数部分；如果小于定义的宽度，按键盘右箭头键跳到小数部分。输入记录的最后一个字段的值后，按回车键，光标自动定位到下一个记录的第一个字段。

2）日期型字段的两个间隔符“/”由系统给出，不需要用户输入，可按美国日期格式 mm/dd/yy 输入日期。如果输入非法日期，系统会提示出错信息。

3）逻辑型字段只能接受 T、Y、F、N 这 4 个字母之一（不区分大小写）。T 与 Y 同义，若输入 Y 也显示 T（表示“真”）；同样 F 与 N 同义，若输入 N 也显示 F（表示“假”）。如果在此字段中不输入值，则默认为 F。

（5）备注型数据的输入。备注型字段是一个可变长的字段（最大可以到 64KB），用于存放超长文本。如果备注型字段没有任何内容，显示为 memo（第 1 个字母小写）；如果输入了内容，则显示为 Memo（第 1 个字母大写）。

例如，给表 xs.dbf 的第 1 个记录的备注型字段输入数据“唱歌，跳舞”。

1）双击备注型字段 memo 标志区（或按 Ctrl+Page Down 组合键），打开备注型字段编辑窗口，输入备注型数据“唱歌，跳舞”，如图 3-13 所示。

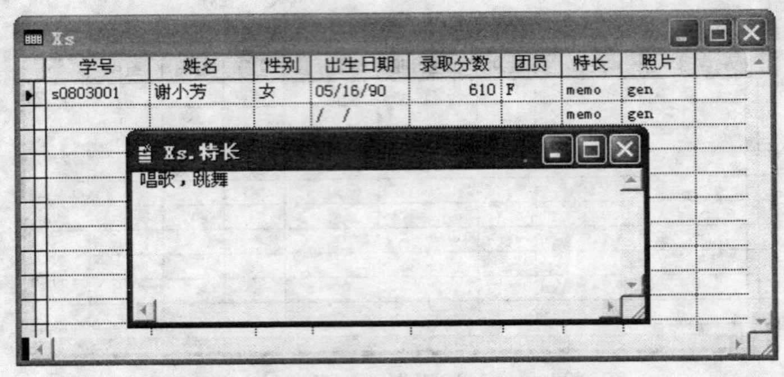

图 3-13 输入备注型数据

2）当输入完毕，按 Ctrl+W 组合键，或单击“关闭”按钮，关闭备注型字段编辑窗口，保存数据。于是，备注型字段显示为 Memo（第 1 个字母大写）。若要放弃本次输入或修改操作，则按 Esc 键或 Ctrl+Q 组合键。

（6）通用型数据的输入。通用型字段主要用于存放图形、图像、声音、电子表格等多媒体数据。如果通用型字段没有任何内容，显示为 gen（第 1 个字母小写）；如果输入了内容，则显示为 Gen（第 1 个字母大写）。

例如，将学生“谢小芳”的照片插入到表 xs.dbf 的第 1 个记录的通用型字段中。

1）双击第 1 个记录的通用型字段 gen 标志区（或按 Ctrl+Page Down 组合键），打开通用型字段编辑窗口，如图 3-14 所示。

2）打开“编辑”菜单，单击“插入对象”命令，弹出“插入对象”对话框，选中“由文件创建”单选按钮，如图 3-15 所示。

图 3-14 通用型字段编辑窗口

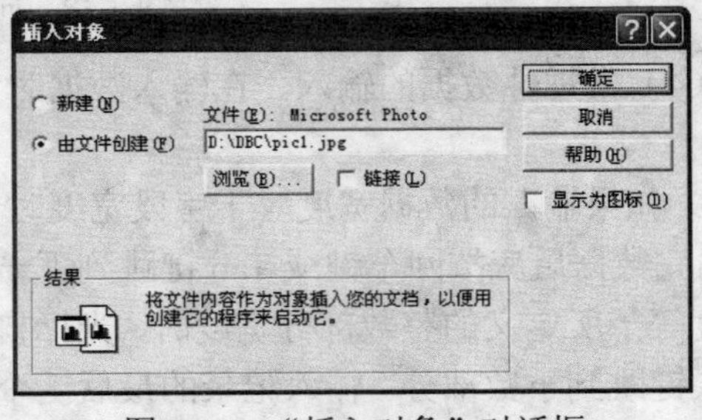

图 3-15 “插入对象”对话框

3）单击“浏览”按钮，选择照片文件，最后单击“确定”按钮，照片出现在通用型字段编辑窗口，如图 3-16 所示。

4）将照片插入到通用型字段编辑窗口后，按 Ctrl+W 组合键，或单击“关闭”按钮，关闭通用型字段编辑窗口，保存照片。于是，通用型字段显示为 Gen（第 1 个字母大写）。

图 3-16　插入照片

（7）按照上述方法，依次输入所有记录。当记录输入完成后，学生表 xs.dbf 中的数据如图 3-17 所示。

学号	姓名	性别	出生日期	录取分数	团员	特长	照片
s0803001	谢小芳	女	05/16/90	610	F	Memo	Gen
s0803002	张梦光	男	04/21/90	622	T	Memo	Gen
s0803003	罗映弘	女	11/08/90	595	F	Memo	Gen
s0803004	郑小齐	男	12/23/89	590	F	Memo	Gen
s0803005	汪雨帆	女	03/17/90	605	T	Memo	Gen
s0803006	皮大均	男	11/11/88	612	T	memo	Gen
s0803007	黄春花	女	12/08/89	618	T	memo	Gen
s0803008	林韵可	女	01/28/90	588	F	memo	Gen
s0803009	柯之伟	男	06/19/89	593	T	memo	Gen
s0803010	张嘉温	男	08/05/89	602	T	Memo	Gen
s0803011	罗丁丁	女	02/22/90	641	T	memo	Gen
s0803016	张思开	男	10/12/89	635	T	memo	Gen
s0803013	赵武乾	男	09/30/89	595	F	memo	Gen

图 3-17　学生表 xs.dbf 中的数据

3.4.2　执行 APPEND 命令追加记录

【命令】APPEND [BLANK]

【功能】在已打开的当前表的末尾追加一个或多个记录。

【说明】当使用 BLANK 时，在表的末尾追加一个空白记录，但不进入编辑窗口。

【例 3-9】执行 APPEND BLANK 命令，给表 xs.dbf 追加一个空白记录。

```
USE xs Exclusive          && 以独占方式打开学生表 xs.dbf
APPEND BLANK              && 在当前表的末尾追加一个空白记录
BROWSE                    && 浏览记录
```

于是，在表的末尾追加了一个空白记录，如图 3-18 所示。

学号	姓名	性别	出生日期	录取分数	团员	特长	照片
s0803002	张梦光	男	04/21/90	622	T	Memo	Gen
s0803003	罗映弘	女	11/08/90	595	F	Memo	Gen
s0803004	郑小齐	男	12/23/89	590	F	Memo	Gen
s0803005	汪雨帆	女	03/17/90	605	T	Memo	Gen
s0803006	皮大均	男	11/11/88	612	T	memo	Gen
s0803007	黄春花	女	12/08/89	618	T	memo	Gen
s0803008	林韵可	女	01/28/90	588	F	memo	Gen
s0803009	柯之伟	男	06/19/89	593	T	memo	Gen
s0803010	张嘉温	男	08/05/89	602	T	Memo	Gen
s0803011	罗丁丁	女	02/22/90	641	T	memo	Gen
s0803016	张思开	男	10/12/89	635	T	memo	Gen
s0803013	赵武乾	男	09/30/89	595	F	memo	Gen
			/ /			memo	gen

空白记录

图 3-18　追加一条空白记录

【例 3-10】执行 APPEND 命令追加记录。

输入并执行下列命令，可给学生表 xs.dbf 追加记录：

```
USE xs Exclusive          && 以独占方式打开学生表 xs.dbf
APPEND                    && 在当前表的末尾追加记录
```

于是，进入编辑状态，可以开始逐个字段地输入数据，如图 3-19 所示。

图 3-19 追加新记录

3.5 复制表结构和表文件

表复制是保证数据安全的措施之一。Visual FoxPro 中提供了几种复制表的命令。

3.5.1 复制表结构

【命令】COPY STRUCTURE TO <新表名> [FIELDS <字段名表>]

【功能】将当前表结构的部分或全部复制到指定的新表文件中。

【说明】若使用 FIELDS 子句，新表中只包含<字段名表>指定的字段。复制产生的新表是一个只有结构而没有任何记录的表文件。

【例 3-11】从学生表 xs.dbf 的结构中复制新表 xs1.dbf 的结构，表 xs1.dbf 的结构中包含“学号”、“姓名”、“性别”、“出生日期”和“录取分数”5 个字段。

```
USE xs Exclusive
COPY STRUCTURE TO xs1 FIELDS 学号,姓名,性别,出生日期,录取分数
USE xs1
LIST STRUCTURE                    && 显示表 xs1.dbf 的结构
```

显示结果如下：

```
数据记录数:          0
最近更新的时间:      10/08/08
代码页:              936
  字段  字段名       类型      宽度   小数位   索引   排序   Nulls
     1  学号         字符型       8                              否
     2  姓名         字符型       8                              否
     3  性别         字符型       2                              否
     4  出生日期     日期型       8                              否
     5  录取分数     数值型       3                              否
** 总计 **                       30
```

3.5.2 复制表文件

【命令】COPY TO <新表名>[<范围>][FIELDS <字段名表>] [FOR <条件 1>]

【功能】将当前表的结构和记录部分或全部复制到新表中。

【说明】若没使用任何子句，将复制出一个与当前表结构和内容完全相同的新表。对于有备注型字段或通用型字段的表文件，系统在复制.dbf 文件时，自动复制.fpt 文件。新表的结构由 FIELDS 子句的<字段名表>决定。

【例 3-12】从表 xs.dbf 复制生成文件 xs2.dbf 和 xs2.fpt。生成的新表 xs2.dbf 和原表 xs.dbf 的结构及内容完全相同。

```
USE xs Exclusive
COPY TO xs2
USE xs2
LIST STRUCTURE                    && 显示表 xs2.dbf 的结构
```

【例 3-13】从表 xs.dbf 复制生成新表 xs3.dbf，新表中含有“学号”、“姓名”、“性别”3 个字段，且姓名中包含有汉字“张”的记录。

```
USE xs Exclusive
COPY TO xs3 FIELDS 学号,姓名,性别 FOR "张"$姓名
USE xs3 Exclusive
LIST
```

显示结果如下：

记录号	学号	姓名	性别
1	s0803002	张梦光	男
2	s0803010	张嘉温	男
3	s0803016	张思开	男

```
USE
```

3.6　记录的操作

3.6.1　定位记录

表中每个记录都有一个编号，称为记录号。对于打开的表，系统会分配一个指针，称为记录指针。记录指针指向的记录称为当前记录。定位记录就是移动记录指针，使指针指向符合条件的记录的过程。使用 RECNO()函数可以获得当前记录的记录号。

表文件有两个特殊的位置：文件头（表起始标记）和文件尾（表结束标记）。文件头是表中第一个记录之前，当记录指针指向文件头时，函数 BOF()的值为.T.；文件尾在最后一个记录之后，当记录指针指向文件尾时，函数 EOF()的值为.T.，如图 3-20 所示。

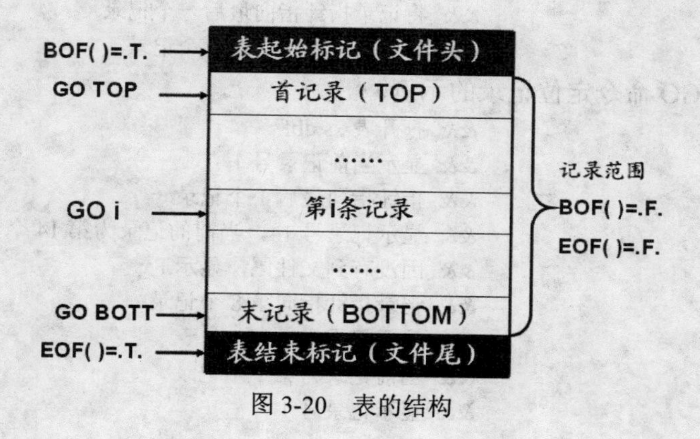

图 3-20　表的结构

1. 使用菜单方式移动记录指针

操作步骤如下：

（1）打开表。

（2）打开“显示”菜单，单击“浏览”命令，显示表的“浏览”窗口。

（3）打开“表”菜单，单击“转到记录”命令，选择移动记录指针的方式，如图 3-21 所示。

在“转到记录”命令中，有以下 6 种选择：

- 第一个：将记录指针指向表的第一个记录。
- 最后一个：将记录指针指向表的最后一个记录。
- 下一个：将记录指针移向下一个记录。
- 上一个：将记录指针移向上一个记录。
- 记录号：将记录指针指到指定的记录号上。
- 定位：将记录指针指向满足条件的记录。

当单击“定位”命令时，打开“定位记录”对话框，如图 3-22 所示。在“作用范围”下拉列表框中选择定位记录的范围，在 FOR 或 WHILE 文本框中输入定位条件，然后单击“定位”按钮，在给定范围内查找第一个符合条件的记录，并将指针指向该记录。

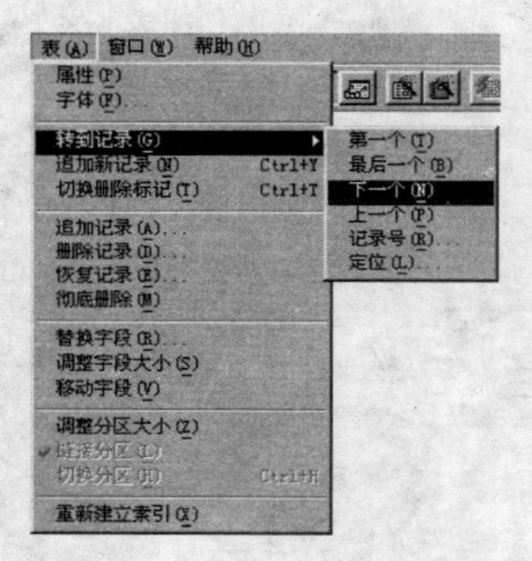

图 3-21 “转到记录”菜单

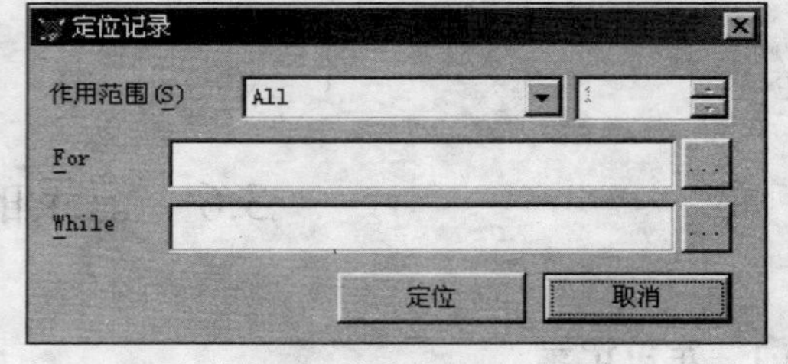

图 3-22 “定位记录”对话框

2. 使用命令方式移动记录指针

（1）绝对定位。

【命令 1】GO[TO] TOP | BOTTOM

【命令 2】[GO[TO]] <n>

【功能】将记录指针指向指定的记录位置。

```
GO TOP              && 将记录指针指向第一个记录
GO BOTTOM           && 将记录指针指向最后一个记录
GO n                && 将记录指针指向第 n 个记录
```

【例 3-14】用 GO 命令定位记录的示例。

```
USE xs Exclusive    && 打开表 xs.dbf
? RECNO()           && 显示当前记录号 1
GO BOTTOM           && 指针指向最后 1 个记录
? RECNO()           && 显示记录号 14，当前的记录为第 14 个记录
? EOF()             && 因没有到文件尾，显示.F.
GO 8                && 记录指针指向第 8 个记录
? RECNO()           && 显示记录号 8
GO TOP              && 当前记录为第 1 个记录
? RECNO()           && 显示记录号 1
```

（2）相对定位。

【命令】SKIP [<数值表达式>]

【功能】从当前记录开始向前或向后移动记录指针。

```
SKIP                        && 向文件尾方向移动1个记录
SKIP +n                     && 向文件尾方向移动n个记录
SKIP -n                     && 向文件头方向移动n个记录
```

【说明】若向文件尾方向移动，当指针指向表文件结束标记时，函数EOF()取值为真；若向文件头方向移动，当指针指向表文件起始标记时，函数BOF()取值为真。

【例3-15】用SKIP命令定位记录的示例。

```
USE xs Exclusive            && 打开表xs.dbf
? RECNO(), BOF()            && 显示1、.F.。表打开时，当前记录为第1个记录
SKIP -1                     && 记录指针向文件头移动一个位置
? RECNO(), BOF()            && 显示1、.T.
SKIP 7                      && 指针从第一个记录开始向后移动7个记录
? RECNO(), EOF()            && 显示8、.F.
SKIP 5                      && 记录指针向文件尾方向移动5个位置
? RECNO(),EOF()             && 显示13、.F.
SKIP -2                     && 记录指针向文件头移动2个记录位置
? RECNO()                   && 显示记录号11
```

3.6.2　显示记录

1. 用菜单方式浏览记录

当表的结构建立完成并输入数据后，用户可利用“显示”菜单中的“浏览”或“编辑”命令来显示和修改已打开表中的数据。用“浏览”窗口显示数据，是Visual FoxPro中最常用、功能最丰富的显示方式。

【例3-16】以浏览方式显示学生表xs.dbf中的记录。

（1）打开学生表xs.dbf。

（2）打开“显示”菜单，单击“浏览”命令，显示“浏览”窗口，如图3-23所示。

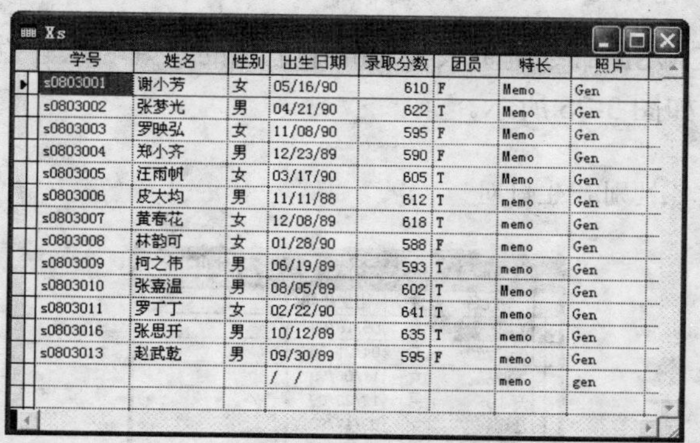

Xs

学号	姓名	性别	出生日期	录取分数	团员	特长	照片
s0803001	谢小芳	女	05/16/90	610	F	Memo	Gen
s0803002	张梦光	男	04/21/90	622	T	Memo	Gen
s0803003	罗映弘	女	11/08/90	595	F	Memo	Gen
s0803004	郑小齐	男	12/23/89	590	F	Memo	Gen
s0803005	汪雨帆	女	03/17/90	605	T	Memo	Gen
s0803006	皮大均	男	11/11/88	612	T	memo	Gen
s0803007	黄春花	女	12/08/89	618	T	memo	Gen
s0803008	林韵可	女	01/28/90	588	F	memo	Gen
s0803009	柯之伟	男	06/19/89	593	T	memo	Gen
s0803010	张嘉温	男	08/05/89	602	T	Memo	Gen
s0803011	罗丁丁	女	02/22/90	641	T	memo	Gen
s0803016	张思开	男	10/12/89	635	T	memo	Gen
s0803013	赵武乾	男	09/30/89	595	F	memo	Gen
			/ /			memo	gen

图3-23　“浏览”窗口

（3）如果打开“显示”菜单，单击“编辑”命令，则进入“编辑”窗口，此时每行显示一个字段，如图3-24所示。

2. 用BROWSE命令浏览记录

BROWSE命令的功能十分丰富，格式也比较复杂。其基本格式如下：

【命令】BROWSE [<范围>] [FIELDS <字段名表>] [FOR <条件表达式>] [LAST]

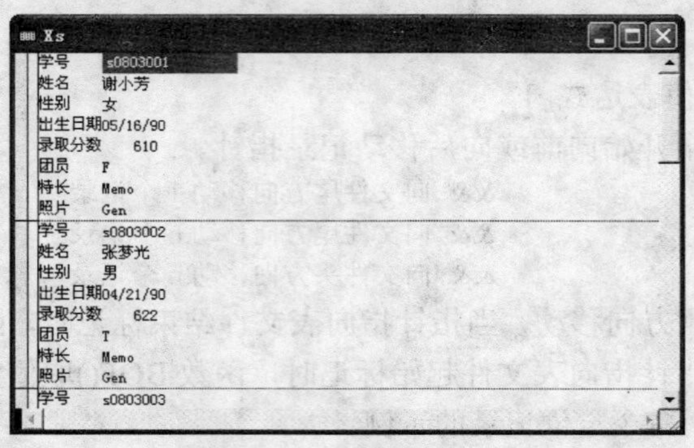

图 3-24 “编辑”窗口

【功能】在“浏览”窗口显示或修改数据。

【说明】使用 FIELDS 子句对指定的字段进行操作。使用 FOR 子句对满足条件的记录进行操作。LAST 子句指定以最后一次的配置浏览记录。

【例 3-17】用 BROWSE 命令浏览表 xs.dbf 中的记录。

```
USE xs Exclusive
BROWSE
```

【例 3-18】用 BROWSE 命令浏览表 xs.dbf 中所有录取分数在 610 分以上的学生。

```
USE xs Exclusive                  && 打开表 xs.dbf
BROWSE FOR 录取分数>=610           && 浏览表中所有录取分数在 610 分以上的记录
```

显示结果如图 3-25 所示。

学号	姓名	性别	出生日期	录取分数	团员	特长	照片
s0803001	谢小芳	女	05/16/90	610	F	Memo	Gen
s0803002	张梦光	男	04/21/90	622	T	Memo	Gen
s0803006	皮大均	男	11/11/88	612	T	memo	Gen
s0803007	黄春花	女	12/08/89	618	T	memo	Gen
s0803011	罗丁丁	女	02/22/90	641	T	memo	Gen
s0803016	张思开	男	10/12/89	635	T	memo	Gen

图 3-25 用 BROWSE 命令浏览所有录取分数在 610 分以上的学生记录

【例 3-19】用 BROWSE 命令浏览表 xs.dbf 中记录的“姓名”、“性别”、“出生日期”3 个字段的内容，显示结果如图 3-26 所示。

```
USE xs Exclusive
BROWSE FIELDS 姓名,性别,出生日期
```

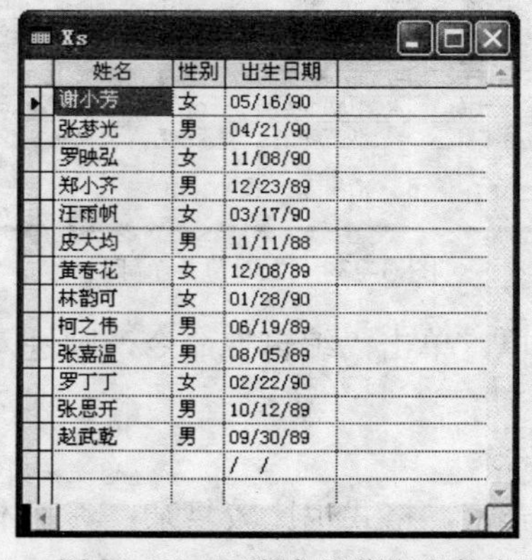

姓名	性别	出生日期
谢小芳	女	05/16/90
张梦光	男	04/21/90
罗映弘	女	11/08/90
郑小齐	男	12/23/89
汪雨帆	女	03/17/90
皮大均	男	11/11/88
黄春花	女	12/08/89
林韵可	女	01/28/90
柯之伟	男	06/19/89
张嘉温	男	08/05/89
罗丁丁	女	02/22/90
张思开	男	10/12/89
赵武乾	男	09/30/89
		/ /

图 3-26 用 BROWSE 命令浏览指定的字段内容

3. 用 LIST/DISPLAY 命令显示记录

LIST 和 DISPLAY 命令的基本格式如下：

【命令】LIST / DISPLAY [<范围>] [FIELDS <字段名表>] ;
[FOR <条件表达式>] [OFF] [TO PRINTER] [TO FILE <文件名>]

【功能】在工作区窗口显示当前表中的记录。

【说明】LIST 命令的范围默认为 ALL，DISPLAY 命令的默认范围为当前指针所指的 1 个记录。如果省略范围，使用了 FOR 子句，则默认范围为 ALL。

1）若省略 FIELDS 子句，则默认显示所有字段，其中备注型字段显示为 Memo 或 memo，通用型字段显示为 Gen 或 gen。

2）若省略 OFF 子句，显示记录号；否则，不显示记录号。

3）使用 TO PRINTER 子句，显示并打印输出记录。

4）若要显示备注型字段的内容，则需在 FIELDS 子句中写出备注型字段名。

5）TO FILE <文件名>：显示结果，同时写入指定的表中。

【例 3-20】在工作区窗口显示表 xs.dbf 的记录。

```
USE xs Exclusive                    && 打开表 xs.dbf
CLEAR                               && 清除工作区窗口
LIST                                && 显示所有记录，指针指向文件尾
```

显示结果如下：

记录号	学号	姓名	性别	出生日期	录取分数	团员	特长	照片
1	s0803001	谢小芳	女	05/16/90	610	.F.	Memo	Gen
2	s0803002	张梦光	男	04/21/90	622	.T.	Memo	Gen
3	s0803003	罗映弘	女	11/08/90	595	.F.	Memo	Gen
4	s0803004	郑小齐	男	12/23/89	590	.F.	Memo	Gen
5	s0803005	汪雨帆	女	03/17/90	605	.T.	Memo	Gen
6	s0803006	皮大均	男	11/11/88	612	.T.	memo	Gen
7	s0803007	黄春花	女	12/08/89	618	.T.	memo	Gen
8	s0803008	林韵可	女	01/28/90	588	.F.	memo	Gen
9	s0803009	柯之伟	男	06/19/89	593	.T.	memo	Gen
10	s0803010	张嘉温	男	08/05/89	602	.T.	Memo	Gen
11	s0803011	罗丁丁	女	02/22/90	641	.T.	memo	Gen
12	s0803016	张思开	男	10/12/89	635	.T.	memo	Gen
13	s0803013	赵武乾	男	09/30/89	595	.F.	memo	Gen
14				/ /		.F.	memo	gen

```
?RECNO(),EOF()                      && 显示结果为 15、.T.
GO 2                                && 将记录指针指向第 2 个记录
DISPLAY                             && 显示第 2 个记录
```

记录号	学号	姓名	性别	出生日期	录取分数	团员	特长	照片
2	s0803002	张梦光	男	04/21/90	622	.T.	Memo	Gen

```
LIST RECORD 1 FIELDS 姓名,性别       && 显示第 1 个记录的姓名和性别
```

记录号	姓名	性别
1	谢小芳	女

```
?RECNO(),EOF()                      && 显示结果为 1、.F.
LIST 姓名,性别 FOR 学号="s0803011"
```

记录号	姓名	性别
11	罗丁丁	女

【例 3-21】显示表 xs.dbf 中所有男生的记录。

```
USE xs Exclusive
```

LIST FOR 性别="男"

记录号	学号	姓名	性别	出生日期	录取分数	团员	特长	照片
2	s0803002	张梦光	男	04/21/90	622	.T.	Memo	Gen
4	s0803004	郑小齐	男	12/23/89	590	.F.	Memo	Gen
6	s0803006	皮大均	男	11/11/88	612	.T.	memo	Gen
9	s0803009	柯之伟	男	06/19/89	593	.T.	memo	Gen
10	s0803010	张嘉温	男	08/05/89	602	.T.	Memo	Gen
12	s0803016	张思开	男	10/12/89	635	.T.	memo	Gen
13	s0803013	赵武乾	男	09/30/89	595	.F.	memo	Gen

【例 3-22】显示表 xs.dbf 中 1990 年 1 月 1 日以后出生的学生的姓名、性别、出生日期。

```
USE xs Exclusive
LIST 姓名,性别,出生日期 FOR 出生日期>{^1990-01-01}
```

记录号	姓名	性别	出生日期
1	谢小芳	女	05/16/90
2	张梦光	男	04/21/90
3	罗映弘	女	11/08/90
5	汪雨帆	女	03/17/90
8	林韵可	女	01/28/90
11	罗丁丁	女	02/22/90

【例 3-23】显示表 xs.dbf 中录取分数大于等于 610 分的团员。

```
USE xs Exclusive
LIST FOR 录取分数>=610 AND 团员=.T.
```

记录号	学号	姓名	性别	出生日期	录取分数	团员	特长	照片
2	s0803002	张梦光	男	04/21/90	622	.T.	Memo	Gen
6	s0803006	皮大均	男	11/11/88	612	.T.	memo	Gen
7	s0803007	黄春花	女	12/08/89	618	.T.	memo	Gen
11	s0803011	罗丁丁	女	02/22/90	641	.T.	memo	Gen
12	s0803016	张思开	男	10/12/89	635	.T.	memo	Gen

3.6.3 修改记录

1. 在浏览窗口中修改记录

以独占方式打开表，在“浏览”窗口中，可对表中的记录直接进行修改。用户可使用鼠标调整“浏览”窗口的大小，还可以调整表中字段的显示顺序和显示的宽度。修改完毕，直接关闭“浏览”窗口，或按 Ctrl+W 组合键，保存所做的修改。

2. EDIT/CHANG 命令

【格式】EDIT/CHANG [<范围>] [FIELDS <字段名表>] [FOR <条件表达式>]

【功能】修改满足条件的记录中指定字段的数据。

【例 3-24】用 EDIT 命令修改表 xs.dbf 中的记录。

```
USE xs Exclusive
EDIT 2                           && 直接进入第 2 个记录进行修改
EDIT FIELDS 学号,姓名            && 只显示学号、姓名 2 个字段供修改
EDIT FOR 团员=.F.                && 只修改所有非团员的记录
```

3. REPLACE 命令

【格式】REPLACE [<范围>] <字段名 1> WITH <表达式 1> ;
　　[<字段名 2> WITH <表达式 2> … <字段名 n> WITH <表达式 n>] ;
　　[FOR <条件表达式>]

【功能】用表达式的值替换指定字段的值，即：用表达式 1 的值替换字段名 1 的原来值；用表达式 2 的值替换字段名 2 的原来值，……。

【例 3-25】先从表 xs.dbf 复制一个新表 xs4.dbf，然后将表 xs4.dbf 的学号为"s0803016"的姓名由“张思开”改为“桑伯前”，出生日期改为 1990 年 9 月 18 日，录取分数改为 600 分。

```
USE xs Exclusive
COPY TO xs4                        && 建立新表 xs4.dbf
USE xs4 Exclusive                  && 打开表 xs4.dbf
REPLACE ALL FOR 学号="s0803016" 姓名 WITH "桑伯前", ;
出生日期 WITH {^1990-09-18},录取分数 WITH 600
BROWSE
```

执行上述命令序列后，显示结果如图 3-27 所示。

学号	姓名	性别	出生日期	录取分数	团员	特长	照片
s0803002	张梦光	男	04/21/90	622	T	Memo	Gen
s0803003	罗映弘	女	11/08/90	595	F	Memo	Gen
s0803004	郑小齐	男	12/23/89	590	F	Memo	Gen
s0803005	汪雨帆	女	03/17/90	605	T	Memo	Gen
s0803006	皮大均	男	11/11/88	612	T	memo	Gen
s0803007	黄春花	女	12/08/89	618	T	memo	Gen
s0803008	林韵可	女	01/28/90	588	F	memo	Gen
s0803009	柯之伟	男	06/19/89	593	T	memo	Gen
s0803010	张嘉温	男	08/05/89	602	T	Memo	Gen
s0803011	罗丁丁	女	02/22/90	641	T	memo	Gen
s0803016	桑伯前	男	09/18/90	600	T	memo	Gen
s0803013	赵武乾	男	09/30/89	595	F	memo	Gen
			/ /			memo	gen

图 3-27　用 REPLACE 命令修改记录

【例 3-26】给表 xs.dbf 最后一个空白记录填写“学号”、“姓名”、“性别”、“出生日期”、“录取分数”、“团员”等字段的值。

```
USE xs Exclusive
GO Bottom
REPLACE 学号 WITH "s0803020", 姓名 WITH "刘萌萌", 性别 WITH "女", ;
出生日期 WITH {^1989-10-08},录取分数 WITH 650 ,团员 WITH .T.
BROWSE
```

执行以上命令后，显示结果如图 3-28 所示。

学号	姓名	性别	出生日期	录取分数	团员	特长	照片
s0803001	谢小芳	女	05/16/90	610	F	Memo	Gen
s0803002	张梦光	男	04/21/90	622	T	Memo	Gen
s0803003	罗映弘	女	11/08/90	595	F	Memo	Gen
s0803004	郑小齐	男	12/23/89	590	F	Memo	Gen
s0803005	汪雨帆	女	03/17/90	605	T	Memo	Gen
s0803006	皮大均	男	11/11/88	612	T	memo	Gen
s0803007	黄春花	女	12/08/89	618	T	memo	Gen
s0803008	林韵可	女	01/28/90	588	F	memo	Gen
s0803009	柯之伟	男	06/19/89	593	T	memo	Gen
s0803010	张嘉温	男	08/05/89	602	T	Memo	Gen
s0803011	罗丁丁	女	02/22/90	641	T	memo	Gen
s0803016	张思开	男	10/12/89	635	T	memo	Gen
s0803013	赵武乾	男	09/30/89	595	F	memo	Gen
s0803020	刘萌萌	女	10/08/89	650	T	memo	gen

图 3-28　在表 xs.dbf 中填写新记录

3.6.4　删除与恢复记录

在 Visual FoxPro 中，删除记录的方法是：先逻辑删除，即给记录作上删除标记，然后再物理删除记录。用 DISPLAY 或 LIST 命令显示时，凡是被逻辑删除的记录，在第一个字段名前显示一个逻辑删除标记（*），但这样的记录并未从磁盘上删除。当用户发现删除有误时，可将其恢复成正常记录。物理删除是删除磁盘上表文件中的记录，物理删除以后的记录不能恢复。

1. 逻辑删除表中的记录

逻辑删除记录就是给记录作上一个删除标记，但这些记录并没有真正从表中删除。给记录加删除标记可通过菜单方式或命令方式来实现。被加上删除标记的记录，就是已完成逻辑删除操作的记录。在对表进行操作时，如果执行 SET DELETE ON 命令，有删除标记的记录不予显示。

（1）用菜单方式逻辑删除记录。

【例 3-27】给表 xs.dbf 中的第 2 个记录作上删除标记。

1）打开表 xs.dbf。

2）打开"显示"菜单，单击"浏览"命令，打开表"浏览"窗口。

3）单击第 2 个记录前的白色小框，使其变为黑色，表示逻辑删除，如图 3-29 所示。

Xs

删除标记

学号	姓名	性别	出生日期	录取分数	团员	特长	照片
s0803001	谢小芳	女	05/16/90	610	F	Memo	Gen
s0803002	张梦光	男	04/21/90	622	T	Memo	Gen
s0803003	罗映弘	女	11/08/90	595	F	Memo	Gen
s0803004	郑小齐	男	12/23/89	590	F	Memo	Gen
s0803005	汪雨帆	女	03/17/90	605	T	Memo	Gen
s0803006	皮大均	男	11/11/88	612	T	memo	Gen
s0803007	黄春花	女	12/08/89	618	T	memo	Gen
s0803008	林韵可	女	01/28/90	588	F	memo	Gen
s0803009	柯之伟	男	06/19/89	593	T	memo	Gen
s0803010	张嘉温	男	08/05/89	602	T	Memo	Gen
s0803011	罗丁丁	女	02/22/90	641	T	memo	Gen
s0803016	张思开	男	10/12/89	635	T	memo	Gen
s0803013	赵武乾	男	09/30/89	595	F	memo	Gen
s0803020	刘萌萌	女	10/08/89	650	T	memo	gen

图 3-29 逻辑删除记录

如果再次单击第 2 个记录前的小框，使该框由黑色变为白色，表示去掉删除标记，使该记录恢复成正常记录。

（2）逻辑删除多个记录。如果要同时删除多个记录，可使用"表"菜单中的"删除记录…"命令来完成。其操作步骤如下：

1）打开表。打开"显示"菜单，单击"浏览"命令，打开表"浏览"窗口。

2）打开"表"菜单，单击"删除记录"命令，打开"删除"对话框，如图 3-30 所示。

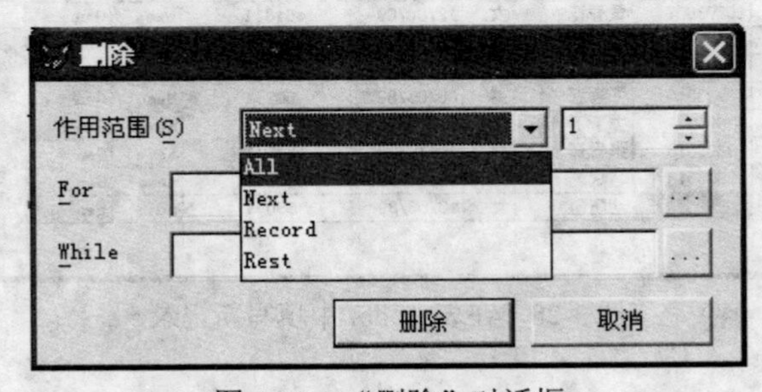

图 3-30 "删除"对话框

3）在"作用范围"中设定删除记录的范围，输入 FOR 或 WHILE 的删除条件。

4）单击“删除”按钮，删除所选择的记录。

（3）用命令方式逻辑删除记录。

【命令】DELETE [<范围>] [FOR <条件表达式>]

【功能】逻辑删除指定范围内所有符合条件的记录。删除标记用星号“*”表示。

【例 3-28】逻辑删除表 xs.dbf 中第 3 个和第 5 个记录。

```
USE xs Exclusive
GO 3                    && 将记录指针指向第 3 个记录
DELETE                  && 删除当前记录（即第 3 个记录）
GO 5                    && 将记录指针指向第 5 个记录
DELETE                  && 删除当前记录（即第 5 个记录）
LIST
```

显示结果如下：

记录号	学号	姓名	性别	出生日期	录取分数	团员	特长	照片
1	s0803001	谢小芳	女	05/16/90	610	.F.	Memo	Gen
2	s0803002	张梦光	男	04/21/90	622	.T.	Memo	Gen
3	*s0803003	罗映弘	女	11/08/90	595	.F.	Memo	Gen
4	s0803004	郑小齐	男	12/23/89	590	.F.	Memo	Gen
5	*s0803005	汪雨帆	女	03/17/90	605	.T.	Memo	Gen
6	s0803006	皮大均	男	11/11/88	612	.T.	memo	Gen
7	s0803007	黃春花	女	12/08/89	618	.T.	memo	Gen
8	s0803008	林韵可	女	01/28/90	588	.F.	memo	Gen
9	s0803009	柯之伟	男	06/19/89	593	.T.	memo	Gen
10	s0803010	张嘉温	男	08/05/89	602	.T.	Memo	Gen
11	s0803011	罗丁丁	女	02/22/90	641	.T.	memo	Gen
12	s0803016	张思开	男	10/12/89	635	.T.	memo	Gen
13	s0803013	赵武乾	男	09/30/89	595	.F.	memo	Gen
14	s0803020	刘萌萌	女	10/08/89	650	.T.	memo	gen

从显示的结果看到，第 3 个记录和第 5 个记录的前面都有一个星号“*”，这个星号就是逻辑删除标记。

【例 3-29】逻辑删除表 xs.dbf 中所有非团员的记录。

```
USE xs Exclusive
RECALL ALL              && 将以前逻辑删除的记录恢复成正常记录
LIST
```

记录号	学号	姓名	性别	出生日期	录取分数	团员	特长	照片
1	s0803001	谢小芳	女	05/16/90	610	.F.	Memo	Gen
2	s0803002	张梦光	男	04/21/90	622	.T.	Memo	Gen
3	s0803003	罗映弘	女	11/08/90	595	.F.	Memo	Gen
4	s0803004	郑小齐	男	12/23/89	590	.F.	Memo	Gen
5	s0803005	汪雨帆	女	03/17/90	605	.T.	Memo	Gen
6	s0803006	皮大均	男	11/11/88	612	.T.	memo	Gen
7	s0803007	黃春花	女	12/08/89	618	.T.	memo	Gen
8	s0803008	林韵可	女	01/28/90	588	.F.	memo	Gen
9	s0803009	柯之伟	男	06/19/89	593	.T.	memo	Gen
10	s0803010	张嘉温	男	08/05/89	602	.T.	Memo	Gen
11	s0803011	罗丁丁	女	02/22/90	641	.T.	memo	Gen
12	s0803016	张思开	男	10/12/89	635	.T.	memo	Gen
13	s0803013	赵武乾	男	09/30/89	595	.F.	memo	Gen
14	s0803020	刘萌萌	女	10/08/89	650	.T.	memo	gen

```
DELETE FOR .NOT. 团员   && 为所有非团员记录加上删除标记
LIST
```

显示结果如下：

记录号	学号	姓名	性别	出生日期	录取分数	团员	特长	照片
1	*s0803001	谢小芳	女	05/16/90	610	.F.	Memo	Gen
2	s0803002	张梦光	男	04/21/90	622	.T.	Memo	Gen
3	*s0803003	罗映弘	女	11/08/90	595	.F.	Memo	Gen
4	*s0803004	郑小齐	男	12/23/89	590	.F.	Memo	Gen
5	s0803005	汪雨帆	女	03/17/90	605	.T.	Memo	Gen
6	s0803006	皮大均	男	11/11/88	612	.T.	memo	Gen
7	s0803007	黄春花	女	12/08/89	618	.T.	memo	Gen
8	*s0803008	林韵可	女	01/28/90	588	.F.	memo	Gen
9	s0803009	柯之伟	男	06/19/89	593	.T.	memo	Gen
10	s0803010	张嘉温	男	08/05/89	602	.T.	Memo	Gen
11	s0803011	罗丁丁	女	02/22/90	641	.T.	memo	Gen
12	s0803016	张思开	男	10/12/89	635	.T.	memo	Gen
13	*s0803013	赵武乾	男	09/30/89	595	.F.	memo	Gen
14	s0803020	刘萌萌	女	10/08/89	650	.T.	memo	gen

表中第 1、3、4、8、13 共 5 个记录被作上了删除标记。

2. 恢复表中逻辑删除的记录

恢复逻辑删除的记录，实际上就是取消记录前面的逻辑删除标记。

（1）用菜单方式恢复记录。

1）如果要恢复某个记录，在表“浏览”窗口，单击该记录的删除标记处，即可取消其删除标记。

2）如果要同时恢复多个记录，可按以下步骤操作：

- 打开表的“浏览”窗口。
- 打开“表”菜单，单击“恢复记录”命令，打开“恢复记录”对话框，如图 3-31 所示。
- 选择作用范围，输入恢复记录条件表达式。
- 单击“恢复记录”按钮，即可恢复记录。

图 3-31 “恢复记录”对话框

（2）用命令方式恢复记录。

【命令】RECALL [<范围>] [FOR <条件表达式>]

【功能】恢复指定范围内所有符合条件的被逻辑删除的记录为正常记录。

【说明】RECALL 命令仅恢复当前一个记录；RECALL ALL 命令恢复所有记录。

【例 3-30】恢复例 3-29 中被逻辑删除的记录。

操作步骤如下：

1）打开表 xs.dbf，进入表的“浏览”窗口。

2）在表“浏览”窗口，分别单击第 1、3、4、8、13 个记录的删除标记栏，取消给这 5 个记录的逻辑删除标记，将它们恢复成正常记录。

3. 物理删除表中的记录

物理删除记录就是把记录从表中彻底地删除掉。

（1）用菜单方式物理删除记录。操作步骤如下：

1）打开表“浏览”窗口。打开“表”菜单，单击“彻底删除”命令，出现提示信息对话框。

2）单击“是”按钮，将逻辑删除的记录进行物理删除。

（2）用命令方式物理删除记录。

1）物理删除记录。

【命令】PACK

【功能】物理删除当前表中所有被逻辑删除的记录。

2）物理删除所有的记录。

【命令】ZAP

【功能】物理删除表中所有记录。删除后，表中只保留结构，没有数据。

【例 3-31】删除表 xs.dbf 中第 14 个记录。

```
USE xs Exclusive
RECALL ALL                    && 将以前逻辑删除的记录全部恢复成正常记录
GO 14
DELETE
PACK
BROWSE
```

执行以上命令后，表中第 14 个记录被物理删除掉了，如图 3-32 所示。

Xs

学号	姓名	性别	出生日期	录取分数	团员	特长	照片
s0803001	谢小芳	女	05/16/90	610	F	Memo	Gen
s0803002	张梦光	男	04/21/90	622	T	Memo	Gen
s0803003	罗映弘	女	11/08/90	595	F	Memo	Gen
s0803004	郑小齐	男	12/23/89	590	F	Memo	Gen
s0803005	汪雨帆	女	03/17/90	605	T	Memo	Gen
s0803006	皮大均	男	11/11/88	612	T	memo	Gen
s0803007	黄春花	女	12/08/89	618	T	memo	Gen
s0803008	林韵可	女	01/28/90	588	F	memo	Gen
s0803009	柯之伟	男	06/19/89	593	T	memo	Gen
s0803010	张嘉温	男	08/05/89	602	T	Memo	Gen
s0803011	罗丁丁	女	02/22/90	641	T	memo	Gen
s0803016	张思开	男	10/12/89	635	T	memo	Gen
s0803013	赵武乾	男	09/30/89	595	F	memo	Gen

图 3-32　表 xs.dbf 的“浏览”窗口

3.7　表的过滤

在实际应用时，表的记录或字段数目非常大，处理起来很不方便。Visual FoxPro 提供了表的过滤功能，可以只对部分满足条件的记录和部分字段进行操作。

3.7.1　过滤字段

所谓过滤字段，就是只对部分字段进行操作。可以通过设置“字段选择器”来完成限制字段的访问。下面用实际例子来介绍字段过滤的操作方法。

【例 3-32】只显示表 xs.dbf 中的“学号”、“姓名”、“性别”和“团员”4 个字段的内容，其余的字段被屏蔽掉。

操作步骤如下：

（1）打开表 xs.dbf。

（2）打开“显示”菜单，单击“浏览”命令，进入表“浏览”窗口。

（3）打开“表”菜单，单击“属性”命令，出现“工作区属性”对话框，选中“字段筛选指定的字段”单选按钮，如图 3-33 所示。

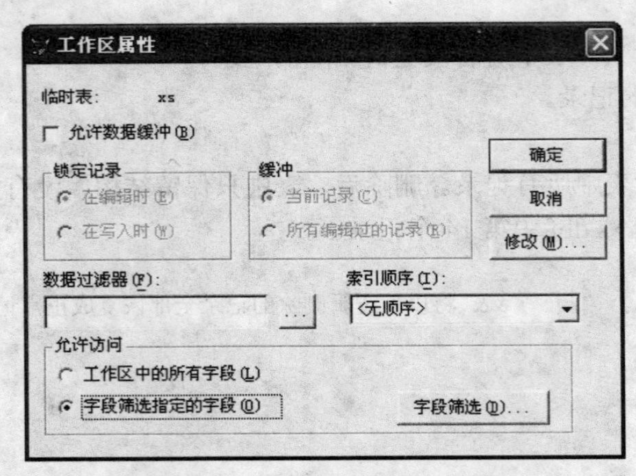

图 3-33 “工作区属性”对话框

在“工作区属性”对话框的“允许访问”选项组下面包含两个单选按钮：

- 工作区中的所有字段：可对所有的字段进行操作。
- 字段筛选指定的字段：显示“字段筛选”中选定的字段。

（4）单击“字段筛选”按钮，打开“字段选择器”对话框，如图 3-34 所示。对话框的左边列表框列出表中的所有字段，右边列表框里显示选定的字段。利用中间 4 个功能按钮，可将“所有字段”列表框的字段“添加”或“全部”添加到“选定字段”列表框，也可将“选定字段”列表框的字段“移去”或“全部移去”到“所有字段”列表框。

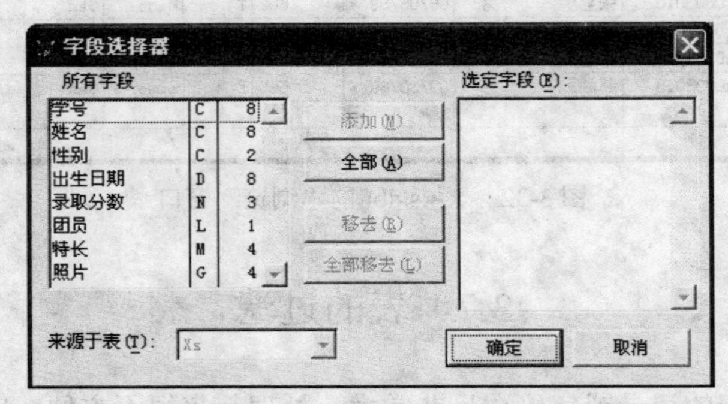

图 3-34 “字段选择器”对话框

（5）将左侧列表框中的字段“学号”、“姓名”、“性别”和“团员”依次添加到右侧的列表框中，如图 3-35 所示。

（6）单击“确定”按钮，退出“字段选择器”对话框，回到“工作区属性”对话框。

（7）再次单击“确定”按钮，回到表“浏览”窗口。屏幕上显示的仍然是原“浏览”窗口的内容，所以应关闭该“浏览”窗口。

（8）打开“显示”菜单，单击“浏览”命令，此时显示经过字段筛选后的“学号”、“姓名”、“性别”和“团员”4 个字段的值，如图 3-36 所示。

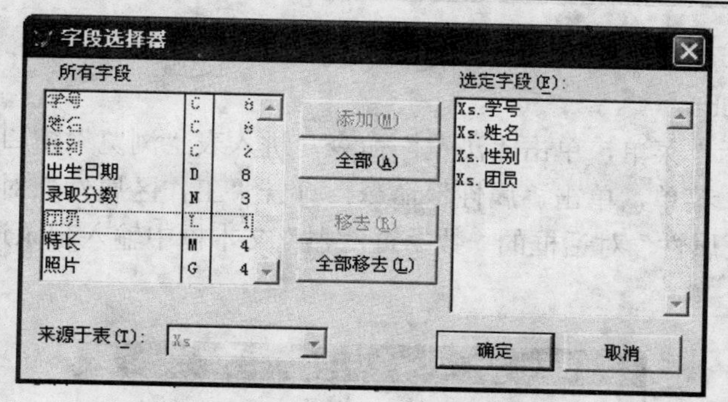

图 3-35　选择字段

Xs

学号	姓名	性别	团员
s0803001	谢小芳	女	F
s0803002	张梦光	男	T
s0803003	罗映弘	女	F
s0803004	郑小齐	男	F
s0803005	汪雨帆	女	T
s0803006	皮大均	男	T
s0803007	黄春花	女	T
s0803008	林韵可	女	F
s0803009	柯之伟	男	T
s0803010	张嘉温	男	T
s0803011	罗丁丁	女	T
s0803016	张思开	男	T
s0803013	赵武乾	男	F

图 3-36　字段选择后显示的结果

若继续按以下步骤操作，可以取消前面的过滤：

（9）打开“表”菜单，单击“属性”命令，出现“工作区属性”对话框。

（10）单击“字段筛选”按钮，打开“字段选择器”对话框，然后单击“全部”按钮，选择所有字段，如图 3-37 所示。

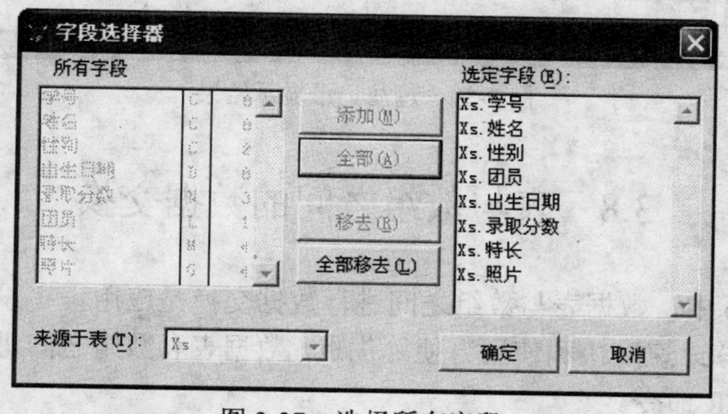

图 3-37　选择所有字段

（11）单击“确定”按钮，退出“字段选择器”对话框，回到“工作区属性”对话框。

（12）再次单击“确定”按钮，回到表“浏览”窗口。屏幕上显示的仍然是原“浏览”窗口的内容，所以应关闭该“浏览”窗口。

（13）打开“显示”菜单，单击“浏览”命令，于是显示所有记录的全部字段。

3.7.2　过滤记录

所谓过滤记录，就是对某些满足条件的记录进行操作。

【例 3-33】只显示表 xs.dbf 中所有团员的记录。

（1）打开表 xs.dbf。

（2）打开“显示”菜单，单击“浏览”命令，进入表“浏览”窗口。

（3）打开“表”菜单，单击“属性”命令，打开“工作区属性”对话框。

（4）在“工作区属性”对话框的“数据过滤器”文本框中输入记录过滤条件“团员=.T.”，如图 3-38 所示。

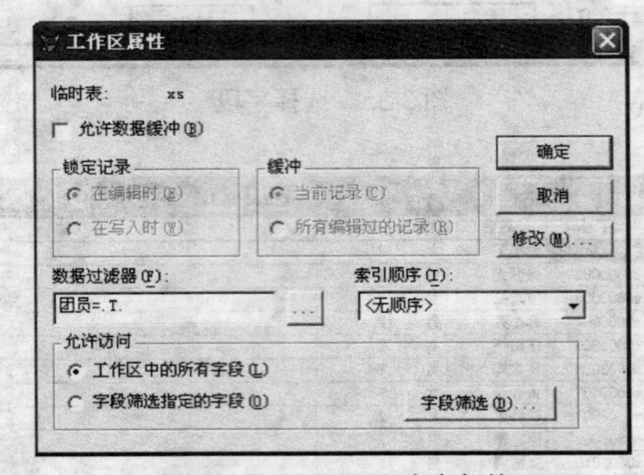

图 3-38　设定记录过滤条件

（5）单击“确定”按钮，返回“浏览”窗口，浏览结果如图 3-39 所示。

Xs

学号	姓名	性别	团员	出生日期	录取分数	特长	照片
s0803002	张梦光	男	T	04/21/90	622	Memo	Gen
s0803005	汪雨帆	女	T	03/17/90	605	Memo	Gen
s0803006	皮大均	男	T	11/11/88	612	memo	Gen
s0803007	黄春花	女	T	12/08/89	618	memo	Gen
s0803009	柯之伟	男	T	06/19/89	593	memo	Gen
s0803010	张嘉温	男	T	08/05/89	602	Memo	Gen
s0803011	罗丁丁	女	T	02/22/90	641	memo	Gen
s0803016	张思开	男	T	10/12/89	635	memo	Gen

图 3-39　过滤记录显示结果

3.8　表与数组之间的数据交换

在 Visual FoxPro 中，数据表与数组之间进行数据交换是应用程序设计中经常使用的一种操作，具有传送数据多、速度快和使用方便等优点。数据表和数组之间进行数据交换可以使用 SCATTER 和 GATHER 命令。

3.8.1　将当前记录复制到数组中

使用命令 SCATTER 将当前记录按字段顺序复制到指定的数组或内存变量中，命令格式如下：

【命令】SCATTER [FIELDS <字段名表>] [MEMO]

TO <数组名> [BLANK] | MEMVAR [BLANK]

【功能】将当前记录的字段值按<字段名表>顺序依次送入数组元素中，或依次送入一组内存变量。

【说明】

（1）若选择 FIELDS 子句，则只传送字段名表中的字段值，否则将传送所有字段值（备注型字段除外）。若传送备注型字段值，还需使用 MEMO 选项。

（2）使用 TO<数组名>子句能将数据复制到<数组名>所示的数组元素中，如果已定义的数组长度不够，Visual FoxPro 会自动扩大数组长度。

（3）使用 MEMVAR 可将数据复制到一组变量名与字段名相同的内存变量中；如果使用 BLANK，则创建一组与各字段名同名、数据类型相同的空内存变量。

【例 3-34】SCATTER 命令的使用示例。

```
USE xs Exclusive
GO 7
DIMENSION SZ1(8)                && 定义一个含有 8 个元素的一维数组 SZ1
SCATTER TO SZ1                  && 将第 7 个记录各字段值复制到数组 SZ1 中
?SZ1(1),SZ1(2),SZ1(3),SZ1(4),SZ1(5),SZ1(6)
s0803007 黄春花   女 12/08/89        618 .T.
```

3.8.2　将数组的数据复制到当前记录中

将数组或内存变量的数据复制到当前记录可以使用命令 GATHER，命令格式如下：

【命令】GATHER FROM<数组名>|MEMVAR[FIELDS<字段名表>][MEMO]

【功能】将数组或内存变量的数据依次复制到当前记录，以替换相应字段值。

【说明】

（1）修改记录前需确定记录指针位置。

（2）若使用 FIELDS 子句，仅<字段名表>中的字段才会被数组元素值替代，缺省 MEMO 子句时将忽略备注型字。

（3）内存变量值将传送给与它同名的字段，若某字段无同名的内存变量则不对该字段进行数据替换。

（4）若数组元素多于字段数，则多出的数组元素不传送；而数组元素少于字段数，则多出的字段其值不会改变。

【例 3-35】GATHER 命令的使用示例。

```
USE xs Exclusive
COPY STRUCTURE TO xs5
USE xs5
BROWSE
```

浏览结果如图 3-40 所示，表中没有任何记录。

Xs5

学号	姓名	性别	出生日期	录取分数	团员	特长	照片

图 3-40　空表

```
APPEND BLANK          && 添加一个空记录
GATHER FROM SZ1       && 将例 3-34 的数组 SZ1 的相关数据复制到当前空记录中
BROWSE
```

此时的浏览结果如图 3-41 所示，表中增加了一个新记录。

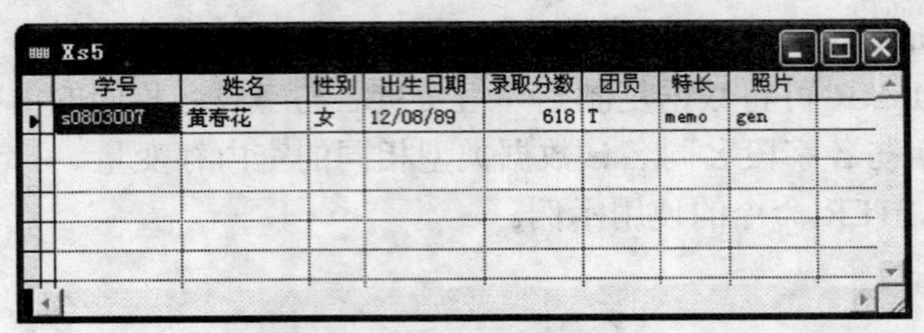

图 3-41　增加了一个新记录

习题三

一、选择题

1．设计数据表时，需要由用户根据实际需要设置适当宽度的字段是______。
   A．字符型、日期型、数值型和浮点型字段
   B．字符型、日期型、逻辑型和数值型
   C．字符型、逻辑型、数值型和浮点型字段
   D．字符型、数值型和浮点型字段
2．设计数据表时，由 Visual FoxPro 自动规定其宽度的字段是______。
   A．日期型、逻辑型、备注型、通用型
   B．字符型、日期型、备注型、通用型
   C．数值型、逻辑型、备注型、通用型
   D．日期型、数值型、逻辑型、备注型
3．备注型字段是一种特殊字段，下列有关它的叙述中，错误的是______。
   A．备注型字段存储一个指针，指针指向备注内容存放地的地址
   B．备注内容存放在与表同名、扩展名为.FPT 的文件中
   C．如果有多个备注型字段，则对应有多个.FPT 文件
   D．该字段由 Visual FoxPro 规定其宽度为 4
4．通用型字段是一种特殊字段，下列有关它的叙述中，错误的是______。
   A．通用型字段存储一个指针，指针指向存储通用型字段内容的地址
   B．通用型字段内容存放在与表同名、扩展名为.GPT 的文件中
   C．如果既有备注型字段，也有通用型字段，则只有一个.FPT 文件
   D．该.FPT 文件随表的打开而自动打开
5．如果备注型字段中显示为 memo，则说明______。
   A．备注型字段没有任何内容　　B．备注型字段已输入字符"memo"
   C．备注型字段已输入内容　　D．输入内容有错误
6．如果通用型字段中已输入数据，则相应字段中显示______。
   A．gen　　B．Gen　　C．Memo　　D．空白
7．用 USE 命令打开表时，如果使用 Exclusive 选项，则表示______。
   A．以“独占”方式打开表，打开的表可读可写
   B．以“独占”方式打开表，打开的表只能读不可写

C．以“共享”方式打开表，打开的表可读可写

D．以“共享独占”方式打开表，打开的表可读可写

8．当函数EOF()的值为真时，说明记录指针指向______。

A．文件末尾

B．文件中的最后一条记录

C．文件中的第一条记录

D．文件中的某一条记录

9．执行BROWSE LAST命令时，系统显示______。

A．按最后一次的配置浏览

B．第一条记录

C．剩余的记录

D．最后一条记录

10．下列命令中，显示结果不相同的命令是______。

A．LIST ALL 和 LIST

B．DISP ALL 和 LIST

C．LIST RECORD 3 和 DISP RECORD 3

D．DISP 和 LIST

11．打开学生表，显示1986年出生的学生记录，正确的命令是______。

A．LIST FOR 出生日期=1986

B．LIST FOR 出生日期="1986"

C．LIST FOR YEAR(出生日期)=1986

D．LIST FOR YEAR(出生日期)= "1986"

12．在打开的数据表中包含有字符型字段“姓名”和备注型字段“特长”，下列命令中，可以显示备注型字段内容的命令是______。

A．LIST

B．DISP

C．LIST FIELDS 姓名 特长

D．LIST FIELDS 特长

13．在打开的表中，包含有字符型字段“学号”、“姓名”，数值型字段“录取分数”，要求显示录取分数小于580分的学生的学号和姓名，应使用的命令是______。

A．LIST FIELDS 学号，姓名 FOR 录取分数<100

B．LIST FIELDS 学号，姓名 录取分数<100

C．LIST FIELDS 学号　姓名 FOR 录取分数<100

D．LIST FIELDS 学号，姓名 FOR<100

14．在打开的学生表中包含有字符型字段“学号”、“姓名”和日期型字段“出生日期”，下列命令中，可显示1987年1月2日出生的学生记录的命令是______。

A．LIST 出生日期={^1987/01/02}

B．LIST FOR 出生日期=1987/01/02

C．LIST FOR 出生日期="1987/01/02"

D．LIST FOR 出生日期={^1987/01/02}

15．在Visual FoxPro中，删除记录的方法可以分成两步______。

A．先逻辑删除，再物理删除记录

B．先物理删除，再逻辑删除记录

C．先选择记录，再逻辑删除记录

D．先显示记录，再物理删除记录

16．下列有关ZAP命令的叙述中，错误的是______。

A．物理删除表中所有记录

B．删除后表中仍保留结构，但没有数据

C．文件完全被删除

D．删除后的记录不能恢复

17．在打开的数据表中包含有字符型字段“学号”、“姓名”，数值型字段“录取分数”，使用REPLACE

命令将“学号”为“s0803016”学生的分数增加 20 分，可以使用的命令是______。

A．REPLACE ALL 录取分数 WITH 录取分数+20

B．REPLACE FOR 学号="s0803016" 录取分数+20

C．REPLACE FOR 学号=s0803016 录取分数 WITH 录取分数+20

D．REPLACE FOR 学号="s0803016" 录取分数 WITH 录取分数+20

18．在 Visual FoxPro 命令窗口中键入 CREATE DATA 命令后，屏幕出现一个创建对话框，要想完成同样的工作，也可以采取如下步骤，单击“文件”菜单中的“新建”按钮，______。

A．在“新建”对话框中选定“数据库”单选按钮，再单击“新建文件”命令按钮

B．在“新建”对话框中选定“数据库”单选按钮，再单击“向导”命令按钮

C．在“新建”对话框中选定“表”单选按钮，再单击“新建文件”命令按钮

D．在“新建”对话框中选定“表”单选按钮，再单击“向导”命令按钮

19．在 Visual FoxPro 的表中，可以链接或嵌入 OLE 对象的字段类型是______。

A．备注型字段　　B．通用型和备注型字段

C．通用型字段　　D．任何类型的字段

20．在 Visual FoxPro 的表中，如果要用一个字段来存放图形、电子表格、声音等多媒体数据，应将该字段的类型定义成______。

A．浮动型　　B．通用型　　C．字符型　　D．备注型

21．在 Visual FoxPro 中，通用型字段和备注型字段在表中的宽度都是______。

A．2 个字节　　B．4 个字节　　C．8 个字节　　D．10 个字节

22．当前表中有 3 个备注型字段和 1 个通用型字段，它的备注文件有______。

A．3 个　　B．2 个　　C．1 个　　D．10 个

23．设学生表 STUDENT 中含有通用型字段，表中通用型字段中的数据均存储到另一个文件中，该文件名为______。

A．STUDENT.DOC　　B．STUDENT.MEM

C．STUDENT.DBT　　D．STUDENT.FPT

24．不能显示 1985 年及其以前出生的职工记录的命令是______。

A．LIST FOR YEAR(出生日期)<=1985

B．LIST FOR SUBSTR(DTOC(出生日期),7,2)<="85"

C．LIST FOR LEFT(DTOC(出生日期),7,2)<= "85"

D．LIST FOR RIGHT(DTOC(出生日期),2)<= "85"

25．当前打开的图书表中有字符型字段“图书号”，要求将图书号以字母 A 开头的记录全部打上删除标记，可以使用命令______。

A．DELETE FOR 图书号="A"　　B．DELETE WHILE 图书号="A"

C．DELETE FOR 图书号="A*"　　D．DELETE FOR 图书号 LIKE "A%"

二、填空题

1．Visual FoxPro 把处理的数据看成是由若干行和列所组成的______，该表中的每一行称为一个______，每一列称为一个______。将该表以文件的形式存储在磁盘上，这样的文件被称为______。

2．设当前表中共有 10 条记录（记录未进行任何索引），写出下列三种情况的结果：

① 当前记录号为 1 时，?RECNO()显示的结果是______。

② 函数 EOF()为真时，?RECNO()显示的结果是______。

③ 函数 BOF()为真时，?RECNO()显示的结果是______。

3．备注型字段的内容存放在与表同名、扩展名为______的文件中。

4．设计数据表时，可使用______命令打开“表设计器”。

5．如果备注型字段中显示为______，则说明备注型字段没有任何内容。

6．如果通用型字段中已输入数据，则相应字段中显示______。

7．用 USE 命令打开表时，如果使用______选项，则表示以“独占”方式打开表，打开的表可读可写。

8．如果只显示打开表中的“姓名”、“性别”字段，可输入命令 BROWSE FIELDS______。

9．______删除是指删除磁盘上表文件的记录，删除后的记录不能恢复。

10．______删除记录，是指为记录标上逻辑删除标记，以后可恢复成正常记录。

11．在建立表 QQ 的结构时，如果定义了一个备注型字段，将产生两个文件，一个文件是 QQ.DBF，另一个文件是______。

12．设数据表已在当前工作区打开，若要在当前记录的前面增加一条空记录，应使用命令______。

13．设表 xs.dbf 中有性别字段（C 型）和平均分字段（N 型），若要显示平均分超过 90 分和不及格的全部女生的记录，应使用的命令是______。

14．把当前表当前记录的学号、姓名字段值复制到数组 A 的命令是：

SCATTER FIELDS 学号,姓名______。

15．在 Visual FoxPro 的表中，当某记录的备注型或通用型字段非空时，其字段标志首字母将以______显示。

三、思考题

1．Visual FoxPro 中的自由表和数据库表有何区别？

2．建立新表时，表的基本结构由几部分组成？

3．什么是记录号、记录指针、当前记录、记录定位、文件头、文件尾？

4．Visual FoxPro 提供了几种命令查看记录？

5．逻辑删除记录和物理删除记录有什么不同？如何恢复逻辑删除的记录？

6．Visual FoxPro 命令中的范围包括几种限定方法？

7．向表中添加记录可以采用哪些命令实现？

8．修改表记录可以采用哪些命令实现？

9．Visual FoxPro 有什么表的过滤功能？

10．如何实现数组与表之间的数据传递？

第4章　排序、索引与统计

【学习目标】

（1）熟悉排序的作用及其基本操作。

（2）理解索引的概念及其作用，掌握索引的基本操作。

（3）熟悉查询、统计与汇总的基本操作。

（4）了解工作区的作用，熟悉简单的多表操作。

4.1　排序

所谓物理排序，是按某个指定字段的值，将表中的记录从大到小（降序）或从小到大（升序）物理地按顺序进行重新排列，然后将排序的结果存入一个新表中，这个新表可称为排序文件。经过物理排序之后，新表中记录的编号将按重新排列后的顺序依次编号。

物理排序的命令是 SORT，该命令的常用格式如下：

【命令】SORT TO <新表名> ON <字段名 1> [/A] [/D] [/C] ;
　　　　[, <字段名 2>[/A] [/D] [/C]…] [<范围>] ;
　　　　[FOR <条件>] [FIELDS <字段名表>]

【功能】对当前表中指定范围内的所有符合条件的记录进行重新排列，排序结果存放到一个新表中。新表的扩展名默认为.dbf。

【说明】

（1）不能对备注和通用型字段排序。带删除标记的记录也不参加排序。

（2）参加排序的字段可以有多个。排序的过程是：先对字段 1 排序，对字段 1 的值相同的记录再按字段 2 的值排序，对字段 2 的值相同的记录再按字段 3 的值排序，依此类推。

（3）[/A][/D][/C]：用于指定排序中的每个字段值是按升序还是按降序排列。

/A：按升序排序（系统默认排序方式）。

/D：按降序排序。

/C：表示排序时，不区分字母的大小写。

（4）FOR <条件>：对满足条件的那些记录进行排序。

（5）FIELDS <字段名表>：指定新表中记录所包含的字段名。

【例 4-1】对学生表 xs.dbf 中的记录按“录取分数”字段的值进行升序排列，排序后的记录存入新表 px1.dbf 中。

```
CLOSE ALL                      && 关闭在所有工作区中打开的表
USE xs Exclusive               && 以独占方式打开表 xs.dbf
SORT TO px1 ON  录取分数/A     && 按“录取分数”字段的值进行升序排列
USE px1                        && 打开新表（排序文件）
LIST
```

记录号	学号	姓名	性别	出生日期	录取分数	团员	特长	照片
1	s0803008	林韵可	女	01/28/90	588	.F.	memo	Gen
2	s0803004	郑小齐	男	12/23/89	590	.F.	Memo	Gen
3	s0803009	柯之伟	男	06/19/89	593	.T.	memo	Gen
4	s0803003	罗映弘	女	11/08/90	595	.F.	Memo	Gen
5	s0803013	赵武乾	男	09/30/89	595	.F.	memo	Gen
6	s0803010	张嘉温	男	08/05/89	602	.T.	Memo	Gen
7	s0803005	汪雨帆	女	03/17/90	605	.T.	Memo	Gen
8	s0803001	谢小芳	女	05/16/90	610	.F.	Memo	Gen
9	s0803006	皮大均	男	11/11/88	612	.T.	memo	Gen
10	s0803007	黄春花	女	12/08/89	618	.T.	memo	Gen
11	s0803002	张梦光	男	04/21/90	622	.T.	Memo	Gen
12	s0803016	张思开	男	10/12/89	635	.T.	memo	Gen
13	s0803011	罗丁丁	女	02/22/90	641	.T.	memo	Gen

【例 4-2】对学生表 xs.dbf 中的记录按“录取分数”字段的值进行降序排列，排序后的记录存入新表 px2.dbf 中。

```
CLOSE ALL                       && 关闭在所有工作区中打开的表
USE xs Exclusive                && 以独占方式打开表 xs.dbf
SORT TO px2 ON 录取分数/D       && 按“录取分数”字段的值进行降序排列
USE px2                         && 打开新表（排序文件）
LIST
```

记录号	学号	姓名	性别	出生日期	录取分数	团员	特长	照片
1	s0803011	罗丁丁	女	02/22/90	641	.T.	memo	Gen
2	s0803016	张思开	男	10/12/89	635	.T.	memo	Gen
3	s0803002	张梦光	男	04/21/90	622	.T.	Memo	Gen
4	s0803007	黄春花	女	12/08/89	618	.T.	memo	Gen
5	s0803006	皮大均	男	11/11/88	612	.T.	memo	Gen
6	s0803001	谢小芳	女	05/16/90	610	.F.	Memo	Gen
7	s0803005	汪雨帆	女	03/17/90	605	.T.	Memo	Gen
8	s0803010	张嘉温	男	08/05/89	602	.T.	Memo	Gen
9	s0803003	罗映弘	女	11/08/90	595	.F.	Memo	Gen
10	s0803013	赵武乾	男	09/30/89	595	.F.	memo	Gen
11	s0803009	柯之伟	男	06/19/89	593	.T.	memo	Gen
12	s0803004	郑小齐	男	12/23/89	590	.F.	Memo	Gen
13	s0803008	林韵可	女	01/28/90	588	.F.	memo	Gen

【例 4-3】对学生表 xs.dbf 中的所有团员记录按“录取分数”字段的值升序排列，排序的结果保存到表 px3.dbf 中，并要求新表 px3.dbf 中的记录只包含有“学号”、“姓名”、“性别”、“录取分数”和“团员”5 个字段。

```
USE xs Exclusive
CLEAR
SORT TO px3 ON 录取分数;
FIELDS 学号, 姓名, 性别, 录取分数, 团员 FOR 团员
USE px3
LIST
```

记录号	学号	姓名	性别	录取分数	团员
1	s0803009	柯之伟	男	593	.T.
2	s0803010	张嘉温	男	602	.T.
3	s0803005	汪雨帆	女	605	.T.
4	s0803006	皮大均	男	612	.T.
5	s0803007	黄春花	女	618	.T.
6	s0803002	张梦光	男	622	.T.
7	s0803016	张思开	男	635	.T.
8	s0803011	罗丁丁	女	641	.T.

4.2 索引

在 Visual FoxPro 中，表记录的顺序有物理顺序和逻辑顺序两种。记录在表中储存的顺序，称为物理顺序。在输入记录时，记录的先后顺序通过记录号表示出来，这个顺序反映了存放记录的先后顺序，是物理顺序。按索引关键字的值升序或降序排列，每个值对应原表中的一个记录号，这样确定的记录的顺序称为逻辑顺序。

在实际操作中所处理的记录顺序，称为使用顺序，使用顺序可以是物理顺序，也可以是逻辑顺序。记录指针在表记录中的移动是按使用顺序进行的。

4.2.1 索引的概念及类型

1. 索引的概念

索引是按索引关键字的值对表中的记录进行排序的一种方法。索引的目的是加快查询的速度。通过索引产生表的逻辑顺序。索引关键字是指在表中建立索引时用的字段或字段表达式，必须是数值型、字符型、日期型或逻辑型表达式。它可以是表中的单个字段，也可以是表中几个字段组成的表达式。索引关键字的值是确定记录逻辑顺序的依据。

索引实际上是一种逻辑排序，但它不改变表中数据的物理顺序。索引排序不需复制出一个和原表内容相同的有序文件，而只按索引关键字（如“学号”）排序后，建立关键字和记录号之间的对应关系，并把其存储到一个“索引文件”中。表中使用索引就如使用一本书的目录一样，通过搜索索引找到特定关键字的值，由指针指向包含此数据的行。

创建索引是创建一个由指向表.dbf 中记录的指针构成的文件。索引文件和表.dbf 文件分别存储。在 Visual FoxPro 中，可以为一个表建立一个或多个索引，每一个索引确定了一种表记录的逻辑顺序。若要根据特定顺序处理表记录，可以选择一个相应的索引。

索引并不生成新的表，而是仅仅使表中记录的逻辑顺序发生了变化，而物理顺序并没有变化。对数据表建立索引之后将生成一个索引文件（扩展名为.idx 或.cdx）。

索引文件不能单独使用，它必须同表一起使用。

2. 索引文件的分类

根据索引文件包含索引的个数和索引文件的打开方式，分为单索引文件（独立的索引文件）和复合索引文件两种类型。

（1）单索引文件。单索引文件的扩展名是.idx。单索引文件中只能包含一个索引，索引文件的名称既可以与表名相同，也可以不相同。单索引文件需用菜单方式或命令方式打开，不随表的打开而自动打开。

（2）复合索引文件。复合索引文件的扩展名是.cdx，复合索引文件中可以包含多个索引标识（Index Tag）。复合索引文件分为结构复合索引文件和非结构复合索引文件。结构复合索引文件的文件名与表的主文件名相同，该文件随表的打开而自动打开。非结构复合索引文件的文件名与表的主文件名不同，该文件不会随表的打开而自动打开。用户主要使用的是结构复合索引文件。

3. 索引的类型

Visual FoxPro 提供了主索引、候选索引、普通索引和唯一索引这 4 种索引类型。索引类型是依靠表中索引字段的数据是否有重复值而定的。

（1）主索引。索引关键字值不允许出现重复值的索引，其索引关键字的值能够唯一确定表中每个记录的处理顺序。只有在数据库表中才能建立主索引，且一个表中只能建立一个主索引。自由表不能建立主索引。主索引主要用于建立永久关系的主表中。

（2）候选索引。像主索引一样，它的索引关键字的值不允许有重复值。如果在一个表中有多个字段值都可以唯一确定每个记录的处理顺序，但表中已建立了主索引，则这些字段可以建立候选索引。数据库表和自由表均可建立多个候选索引。一个表中可以建立多个候选索引。

（3）普通索引。此类索引同样可以决定记录的处理顺序，它将索引关键字值和对应的记录号存入索引文件中，允许索引关键字出现重复值。建立普通索引时，不同的索引关键字值按顺序排列，而对有相同索引关键字值的记录按原来的先后顺序集中排列在一起。在一个表中可以建立多个普通索引。可用普通索引进行表中记录的排序或搜索。

（4）唯一索引。指索引文件对每一个特定的索引关键字值和对应的记录号只存储一次。如果表中记录的索引关键字值相同，则只在索引文件中保存第一次出现的索引关键字值和对应的记录号。该类索引是为了保持同早期版本的兼容性。数据库表和自由表均可以建立多个唯一索引。

4.2.2　建立索引

利用“表设计器”或命令可以建立索引（文件）。

1．利用“表设计器”建立索引

利用“表设计器”建立索引的操作方法如下：

（1）打开表。

（2）打开“显示”菜单，单击“表设计器”命令，弹出“表设计器”对话框。

（3）在“表设计器”对话框中，单击“索引”选项卡。“索引”选项卡包括有“排序”、“索引名”、“类型”、“表达式”和“筛选”5 个参数，如图 4-1 所示。

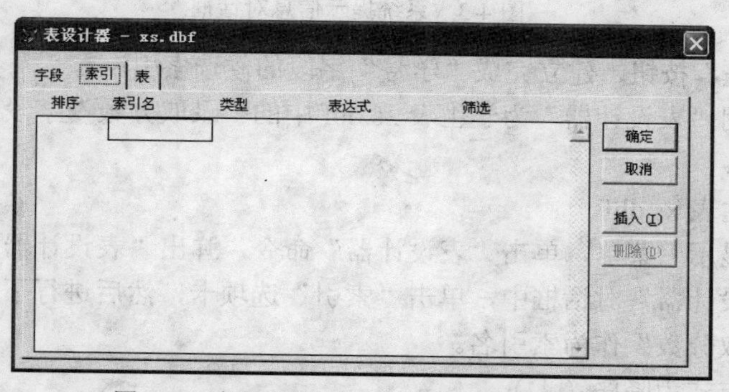

图 4-1　建立或修改索引的“索引”选项卡

设置下列参数来完成索引的建立或撤消操作：

1）排序：选择排序方式，有升序（↑）或降序（↓）两种选择。

2）索引名：给本索引取一个名字。

3）类型：选择索引类型。自由表的索引类型有候选索引、唯一索引和普通索引 3 种。只有数据库表才能建立主索引。

4）表达式：确定索引的字段。

5）筛选：限制记录的输出范围。

【例 4-4】利用“表设计器”为学生表 xs.dbf 中的“学号”字段建立候选索引。

操作步骤如下：

（1）打开学生表 xs.dbf。

（2）打开“显示”菜单，单击“表设计器”命令，弹出“表设计器”对话框。

（3）在“表设计器”对话框中，单击“索引”选项卡，然后进行下列设置：

1）输入“学号”作为索引名。

2）选择排序方式为升序（↑）。

3）选择“候选索引”作为索引类型。

4）输入“学号”作为索引表达式（即索引关键字），如图 4-2 所示。

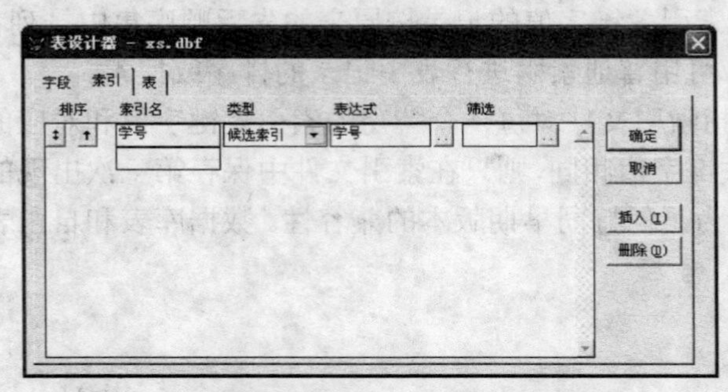

图 4-2　建立“学号”字段的候选索引

（4）单击“确定”按钮，显示系统提示信息对话框，如图 4-3 所示。

图 4-3　系统提示信息对话框

（5）单击“是”按钮，建立完成“学号”字段的候选索引。

【例 4-5】利用“表设计器”为学生表 xs.dbf 中的“录取分数”字段建立普通索引。

操作步骤如下：

（1）打开学生表 xs.dbf。

（2）打开“显示”菜单，单击“表设计器”命令，弹出“表设计器”对话框。

（3）在“表设计器”对话框中，单击“索引”选项卡，然后进行下列设置：

1）输入“录取分数”作为索引名。

2）选择排序方式为降序（↓）。

3）选择“普通索引”作为索引类型。

4）输入“录取分数”作为索引表达式（即索引关键字），如图 4-4 所示。

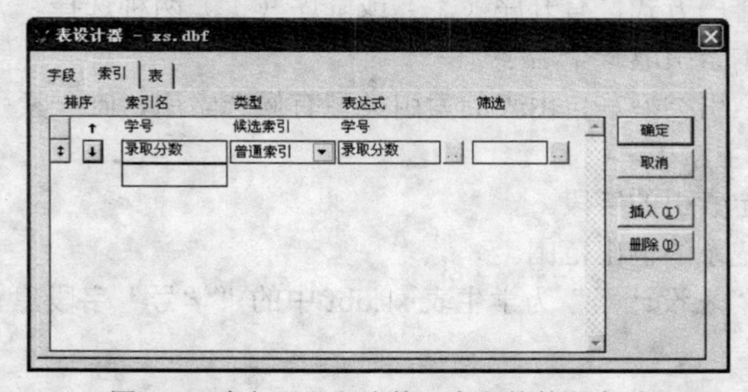

图 4-4　建立“录取分数”字段的普通索引

（4）单击“确定”按钮，显示系统提示信息对话框。

（5）单击“是”按钮，建立完成“录取分数”字段的普通索引。

2. 使用命令建立索引

（1）建立单索引文件。

【命令1】INDEX ON <索引表达式> TO <索引文件名> [FOR <条件表达式>]; [UNIQUE] [ADDITIVE]

【功能】创建单索引文件，其扩展名为.idx。

【说明】UNIQUE 指定建立唯一索引。ADDITIVE 指定在建立新索引时，不关闭先前的索引。

（2）建立结构复合索引文件。

【命令2】INDEX ON <索引表达式> TAG <索引名> [FOR <条件表达式>]; [ASCENDING] [DESCENDING] [UNIQUE] [CANDIDATE]

【功能】创建结构复合索引文件，其扩展名为.cdx。

【说明】ASCENDING 指定按索引表达式的值升序排列，DESCENDING 指定按索引表达式的值降序排列，默认为按升序排列。UNIQUE 指定建立唯一索引。CANDIDATE 指定建立候选索引。默认为普通索引。

【例4-6】利用 INDEX 命令为课程表 kc.dbf 中的“课程号”字段建立候选索引。

```
USE kc Exclusive
INDEX ON 课程号 TAG 课程号 CANDIDATE
```

【例4-7】利用 INDEX 命令为选课表 xk.dbf 中的“学号”字段建立索引名为“学号”的降序、普通索引；为“学号”字段建立索引名为“学号唯一”的唯一索引。

```
USE xk Exclusive
INDEX ON 学号 TAG 学号 DESCENDING
LIST                                      && 显示表中的所有记录
```

显示结果如下：

记录号	学号	课程号	成绩
22	s0803011	c150	97
21	s0803011	c140	87
20	s0803011	c120	88
19	s0803010	c160	75
18	s0803010	c140	67
17	s0803009	c150	72
16	s0803009	c140	95
15	s0803009	c130	70
14	s0803009	c120	82
13	s0803009	c110	66
12	s0803008	c130	64
11	s0803007	c160	75
10	s0803007	c110	80
9	s0803007	c130	65
8	s0803006	c110	95
7	s0803005	c140	80
6	s0803005	c120	72
5	s0803004	c110	86
4	s0803003	c140	53
3	s0803003	c130	92
2	s0803002	c150	65
1	s0803002	c110	78
25	s0803001	c120	74
24	s0803001	c130	89
23	s0803001	c110	61

```
INDEX ON 学号 TAG 学号唯一 UNIQUE
LIST
```

显示结果如下：

记录号	学号	课程号	成绩
23	s0803001	c110	61
1	s0803002	c110	78
3	s0803003	c130	92
5	s0803004	c110	86
6	s0803005	c120	72
8	s0803006	c110	95
9	s0803007	c130	65
12	s0803008	c130	64
13	s0803009	c110	66
18	s0803010	c140	67
20	s0803011	c120	88

【例 4-8】利用 INDEX 命令为选课表 xk.dbf 建立普通索引，要求记录以学号升序排列，学号相同则按成绩升序排列。

```
USE xk Exclusive
INDEX ON 学号+STR(成绩) TAG XSCJ
LIST
```

显示结果如下：

记录号	学号	课程号	成绩
23	s0803001	c110	61
25	s0803001	c120	74
24	s0803001	c130	89
2	s0803002	c150	65
1	s0803002	c110	78
4	s0803003	c140	53
3	s0803003	c130	92
5	s0803004	c110	86
6	s0803005	c120	72
7	s0803005	c140	80
8	s0803006	c110	95
9	s0803007	c130	65
11	s0803007	c160	75
10	s0803007	c110	80
12	s0803008	c130	64
13	s0803009	c110	66
15	s0803009	c130	70
17	s0803009	c150	72
14	s0803009	c120	82
16	s0803009	c140	95
18	s0803010	c140	67
19	s0803010	c160	75
21	s0803011	c140	87
20	s0803011	c120	88
22	s0803011	c150	97

4.2.3 使用索引

索引主要用于快速查询及建立表间的关联。在使用索引前必须打开表、打开索引文件、确定主控索引文件或主控索引。表打开的同时就打开了对应的结构复合索引文件。对于结构复合索引文件而言，任何时刻只有一个索引标识控制记录顺序，当前起控制作用的索引标识称为主控索引。确定主控索引可以用菜单方式和命令方式来实现。以下通过实例来介绍用菜单方式确定主控索引的方法。

1. 菜单方式

【例 4-9】将按“学号”字段建立的候选索引设置为学生表 xs.dbf 的主控索引，并显示其索引结果。

操作步骤如下：

（1）打开学生表 xs.dbf。

（2）打开“显示”菜单，单击“浏览”命令，进入表的“浏览”窗口。

（3）打开“表”菜单，单击“属性”命令，弹出“工作区属性”对话框，接着单击“索引顺序”下拉列表框，选择索引顺序“xs:学号”，如图 4-5 所示。

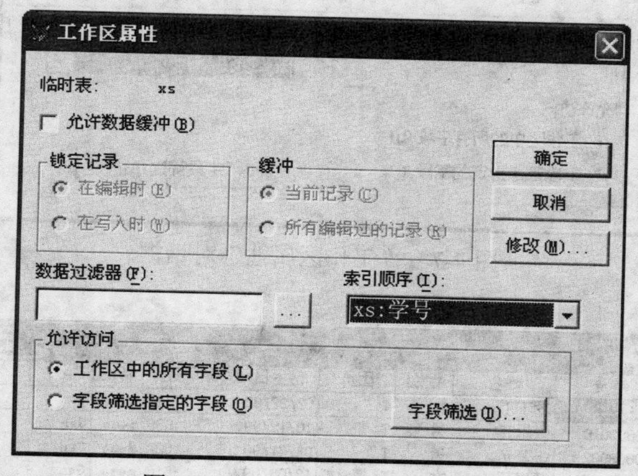

图 4-5 “工作区属性”对话框

（4）单击“确定”按钮，学生表中的记录按索引字段“学号”的值升序排序，如图 4-6 所示。

Xs

学号	姓名	性别	团员	出生日期	录取分数	特长	照片
s0803001	谢小芳	女	F	05/16/90	610	Memo	Gen
s0803002	张梦光	男	T	04/21/90	622	Memo	Gen
s0803003	罗映弘	女	F	11/08/90	595	Memo	Gen
s0803004	郑小齐	男	F	12/23/89	590	Memo	Gen
s0803005	汪雨帆	女	T	03/17/90	605	Memo	Gen
s0803006	皮大均	男	T	11/11/88	612	memo	Gen
s0803007	黄春花	女	T	12/08/89	618	memo	Gen
s0803008	林韵可	女	F	01/28/90	588	memo	Gen
s0803009	柯之伟	男	T	06/19/89	593	memo	Gen
s0803010	张嘉温	男	T	08/05/89	602	Memo	Gen
s0803011	罗丁丁	女	T	02/22/90	641	memo	Gen
s0803013	赵武乾	男	F	09/30/89	595	memo	Gen
s0803016	张思开	男	T	10/12/89	635	memo	Gen

图 4-6 按“学号”字段建立的候选索引（升序）的显示结果

【例 4-10】将按“录取分数”字段建立的普通索引设置为学生表 xs.dbf 的主控索引，并显示其索引结果。

操作步骤如下：

（1）打开学生表 xs.dbf。

（2）打开“显示”菜单，单击“浏览”命令，进入表的“浏览”窗口。

（3）打开“表”菜单，单击“属性”命令，弹出“工作区属性”对话框，接着单击“索引顺序”下拉列表框，选择索引顺序“xs:录取分数”，如图 4-7 所示。

（4）单击“确定”按钮，学生表中的记录按索引字段“录取分数”的值降序排序，如图 4-8 所示。

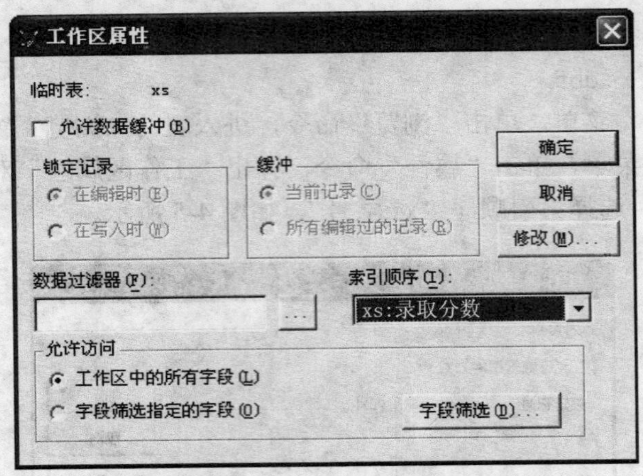

图 4-7　“工作区属性”对话框

Xs

学号	姓名	性别	团员	出生日期	录取分数	特长	照片
s0803011	罗丁丁	女	T	02/22/90	641	memo	Gen
s0803016	张思开	男	T	10/12/89	635	memo	Gen
s0803002	张梦光	男	T	04/21/90	622	Memo	Gen
s0803007	黄春花	女	T	12/08/89	618	memo	Gen
s0803006	皮大均	男	T	11/11/88	612	memo	Gen
s0803001	谢小芳	女	F	05/16/90	610	Memo	Gen
s0803005	汪雨帆	女	T	03/17/90	605	Memo	Gen
s0803010	张嘉温	男	T	08/05/89	602	Memo	Gen
s0803013	赵武乾	男	F	09/30/89	595	memo	Gen
s0803003	罗映弘	女	F	11/08/90	595	Memo	Gen
s0803009	柯之伟	男	T	06/19/89	593	memo	Gen
s0803004	郑小齐	男	F	12/23/89	590	Memo	Gen
s0803008	林韵可	女	F	01/28/90	588	memo	Gen

图 4-8　按“录取分数”字段建立的普通索引（降序）的显示结果

2. 命令方式

确定主控索引可以用命令方式来实现。

【命令】SET ORDER TO [<数值表达式> | [TAG]<索引标识名>]；
　　　　[ASCENDING | DESCENDING]

【功能】在打开的复合索引文件中设置主控索引。

【说明】

（1）<数值表达式>表示已打开的索引的序号。

（2）索引标识名确定该索引标识为主控索引。

（3）短语 ASCENDING 或 DESCENDING 是在确定主控索引的同时指定表记录的操作显示顺序，该选项不影响索引文件的内部顺序。

（4）用 SET ORDER TO 或 SET ORDER TO 0 命令取消主控索引，表中记录将按物理顺序输出。

【例 4-11】用命令方式将学生表 xs.dbf 的“学号”确定为主控索引。

```
USE xs Exclusive
SET ORDER TO TAG 学号
LIST
```

当对表文件进行插入、删除、添加或更新等操作后，打开的索引会自动更新。

4.2.4　删除索引

不再使用的索引可将其删除。

【命令】DELETE TAG ALL | <索引标识 1>[,<索引标识 2>…]

【功能】删除索引标识。

与该命令等价的菜单操作方法为：在“表设计器”的“索引”选项卡中选中某一索引标识，再单击“删除”按钮，即可删除所选择的索引。

【例 4-12】删除前面分别为表 xs.dbf、kc.dbf、xk.dbf 建立的索引。

```
USE xs Exclusive
DELETE TAG 学号                && 删除索引标识“学号”所表示的索引
DELETE TAG 录取分数            && 删除索引标识“录取分数”所表示的索引
USE kc Exclusive
DELETE TAG ALL                 && 删除表 kc.dbf 中的所有索引
USE xk Exclusive
DELETE TAG ALL                 && 删除表 xk.dbf 中的所有索引
```

4.3　查询

所谓查询，就是按指定的查询条件查找符合条件的记录。本节介绍顺序查询和索引查询两种传统方法。

4.3.1　顺序查询

顺序查询的思想是从指定范围的第 1 条记录开始按记录的顺序依次查询符合条件的记录。Visual FoxPro 提供顺序查询命令 LOCATE 和继续查询命令 CONTINUE 来实现查询。

LOCATE 命令的基本格式如下：

【命令】LOCATE [<范围>] [FOR <条件>]

……

CONTINUE

【功能】LOCATE 命令的功能是：在当前表中，从指定范围内的第 1 个记录开始，按记录号的顺序依次查找符合指定条件的第 1 个记录。当找到符合条件的第 1 个记录时，将记录指针指向该记录，使其成为当前记录，且函数 FOUND()的值为逻辑真.T.。如果需要继续查找符合相同条件的下一个记录，则必须使用 CONTINUE 命令来实现。LOCATE 命令用于查找符合指定条件的第 1 个记录，CONTINUE 命令则可连续查找后面符合条件的各个记录，直到文件结束为止。

如果没找到符合条件的记录，Visual FoxPro 在主屏幕的状态条中显示“已到定位范围末尾”，此时函数 FOUND()的值为逻辑假.F.，而函数 EOF()的值为逻辑真.T.。

【例 4-13】按顺序查询学生表 xs.dbf 中所有非团员。

```
USE xs Exclusive
LOCATE FOR 团员=.F.            && 按顺序查找第 1 个非团员
?EOF(), FOUND()                && 分别显示.F.和.T.
DISPLAY                        && 显示当前记录
记录号  学号      姓名    性别  出生日期   录取分数  团员  特长  照片
     1  s0803001  谢小芳  女    05/16/90        610  .F.   Memo  Gen
```

```
CONTINUE                                  && 继续查找下一个非团员
?EOF(), FOUND()                           && 分别显示.F.和.T.
DISPLAY                                   && 显示当前记录
记录号  学号        姓名     性别  出生日期   录取分数  团员  特长  照片
     3  s0803003   罗映弘   女    11/08/90        595  .F.   Memo  Gen
CONTINUE                                  && 继续查找下一个非团员
DISPLAY                                   && 显示当前记录
记录号  学号        姓名     性别  出生日期   录取分数  团员  特长  照片
     4  s0803004   郑小齐   男    12/23/89        590  .F.   Memo  Gen
CONTINUE                                  && 继续查找下一个非团员
DISPLAY                                   && 显示当前记录
记录号  学号        姓名     性别  出生日期   录取分数  团员  特长  照片
     8  s0803008   林韵可   女    01/28/90        588  .F.   memo  Gen
CONTINUE                                  && 继续查找下一个非团员
DISPLAY                                   && 显示当前记录
记录号  学号        姓名     性别  出生日期   录取分数  团员  特长  照片
    13  s0803013   赵武乾   男    09/30/89        595  .F.   memo  Gen
CONTINUE                                  && 继续查找下一个非团员
?EOF(), FOUND()                           && 分别显示.T.和.F.，表示“已到定位范围末尾”
```

4.3.2 索引查询

索引查询又称快速查询，是按照表记录的逻辑位置查询。因此，索引查询要求被查询表文件建立并打开索引。Visual FoxPro 为用户提供了 SEEK 和 FIND 两条命令用来索引查询，其中 FIND 是为了与旧版本兼容而保留的。在此只介绍 SEEK 命令。该命令的语法如下：

【命令】SEEK<表达式> [ORDER <索引号>|<单索引文件名>]|[TAG]<索引标识>

【功能】在打开的索引文件中查找主索引关键字与<表达式>相匹配的第一个记录，并将记录指针定位在此。

【说明】

（1）SEEK 命令只能对已建立并打开的索引文件的表文件进行检索。如果查找成功，记录指针定位在符合条件的第一个记录上，并停止继续查找，FOUND()函数值为.T.；否则，屏幕显示“没有找到”，FOUND()函数值为.F.，EOF()函数值为.T.。

（2）SEEK 命令可以查找 C 型、N 型、D 型、L 型数据。如果查找 C 型常量，必须用定界符将 C 型常量引起来。

（3）利用 SET EXACT ON 命令可以实现对 C 型数据的精确查找，即要求 C 型数据精确匹配；利用 SET EXACT OFF 命令可以实现对 C 型数据的模糊查找，即不要求 C 型数据精确匹配。

（4）SEEK 命令只查找符合条件的第一个记录，与 SKIP 命令配套使用可继续查找。

【例 4-14】在学生表 xs.dbf 中查找团员。

```
USE xs Exclusive
INDEX ON 团员 TAG ty
SEEK .T.
DISPLAY
记录号  学号        姓名     性别  出生日期   录取分数  团员  特长  照片
     2  s0803002   张梦光   男    04/21/90        622  .T.   Memo  Gen
SKIP
```

```
DISPLAY
记录号  学号      姓名    性别  出生日期  录取分数  团员  特长  照片
     5  s0803005  汪雨帆  女    03/17/90       605  .T.   Memo  Gen
SKIP
DISPLAY
记录号  学号      姓名    性别  出生日期  录取分数  团员  特长  照片
     6  s0803006  皮大均  男    11/11/88       612  .T.   memo  Gen
```

可按此方法继续查询其他团员记录。

【例 4-15】在学生表 xs.dbf 中查找年龄为 19 岁的记录，如图 4-9 所示。

```
USE xs Exclusive
INDEX ON 出生日期 TAG nl FOR YEAR(DATE())-YEAR(出生日期)=19
BROWSE
```

Xs

学号	姓名	性别	出生日期	录取分数	团员	特长	照片
s0803009	柯之伟	男	06/19/89	593	T	memo	Gen
s0803010	张嘉温	男	08/05/89	602	T	Memo	Gen
s0803013	赵武乾	男	09/30/89	595	F	memo	Gen
s0803016	张思开	男	10/12/89	635	T	memo	Gen
s0803007	黄春花	女	12/08/89	618	T	memo	Gen
s0803004	郑小齐	男	12/23/89	590	F	Memo	Gen

图 4-9　查找年龄为 19 岁的记录

执行以下命令，可删除学生表 xs.dbf 中所建立的索引：

```
DELETE TAG ALL                         && 删除表 xs.dbf 中所有索引
```

4.4　统计与汇总

4.4.1　计数命令

【命令】COUNT [<范围>] [FOR <条件 1>] [WHILE <条件 2>][TO <内存变量>]

【功能】统计当前表中指定范围内符合条件的记录个数，并存入指定的内存变量中。

【说明】如果在 COUNT 命令中未指定范围和条件，统计当前表中所有记录。如果使用了范围和条件，则只统计指定范围内且满足条件的记录。默认范围是表的所有记录。如果使用了 TO <内存变量>子句，将统计的结果存入内存变量中，否则将统计结果显示在屏幕上。

【例 4-16】对学生表 xs.dbf 进行统计操作。

```
USE xs Exclusive                       && 打开表 xs.dbf
COUNT                                  && 统计表中的记录个数，显示的结果是 13
COUNT FOR 录取分数>=620                && 统计表中录取分数大于等于 620 分的记录个数
COUNT FOR 性别="男" TO M               && 统计表中男生的记录个数，并存入内存变量 M
COUNT FOR 性别="女" AND 团员           && 统计表中女团员的记录个数
```

4.4.2　求和命令

【命令】SUM [<数值表达式表>] [<范围>] [FOR <条件 1>];
　　　　[WHILE <条件 2>] [TO <内存变量表>]

【功能】对<数值表达式表>中的各个表达式分别求和，并把结果依次存放到<内存变量表>指定的各个变量中。

【例 4-17】对学生表 xs.dbf 和选课表 xk.dbf 进行求和操作。

```
USE xs Exclusive                          && 打开表 xs.dbf
SUM 录取分数                               && 对表中所有记录的录取分数累加求和
 录取分数
 7906.00
SUM 录取分数 FOR 性别="女"                  && 对表中所有女生的录取分数累加求和
 录取分数
 3657.00
SUM 录取分数 FOR 团员 TO sh1                && 对所有团员的录取分数累加求和，并存入 sh1
 录取分数
 4928.00
USE xk Exclusive                          && 打开表 xs.dbf
SUM                                       && 对表中数值型字段（成绩）求和
   成绩
 1928.0
```

4.4.3 求平均值命令

【命令】AVERAGE [<数值表达式表>] [<范围>] [FOR <条件 1>] ;
[WHILE <条件 2>] [TO <内存变量表>]

【功能】对<数值表达式表>中的各个表达式分别求平均值，把结果依次存放到<内存变量表>指定的各个变量中。

【例 4-18】对学生表 xs.dbf 和选课表 xk.dbf 进行求平均值操作。

```
USE xs Exclusive                          && 打开表 xs.dbf
AVERAGE 录取分数                           && 对表中所有记录的录取分数求平均值
 录取分数
  608.15
AVERAGE 录取分数 FOR 性别="女"              && 对表中所有女生的录取分数求平均值
 录取分数
  609.50
AVERAGE 录取分数 FOR 团员 TO sh2            && 对团员的录取分数求平均值，并存入 sh2
 录取分数
  616.00
USE xk Exclusive                          && 打开表 xk.dbf
AVERAGE                                   && 对表中数值型字段求平均值
  成绩
 77.12
```

4.4.4 计算命令

【命令】CALCULATE [<函数名表>] [<范围>] [FOR <条件 1>] ;
[WHILE <条件 2>] [TO <内存变量表>]

【功能】对当前表中的字段进行财务统计，其计算工作主要由<函数名表>中的函数来完成，计算结果可分别存放到由<内存变量表>指定的变量中。

【说明】<函数名表>中至少必须包含 8 个规定函数之一。若用了多个函数，相互之间用逗号分隔。<函数名表>中可使用的 8 个系统规定函数及其功能如下：

（1）CNT()：统计记录个数。

（2）SUM()：计算总和。

（3）AVG()：计算平均值。

（4）MAX()：求最大值。

（5）MIN()：求最小值。

（6）NPV()：计算净现值。

（7）STD()：计算标准偏差。

（8）VAR()：计算均方差。

【例 4-19】求出学生表 xs.dbf 中录取分数的最大值和最小值。

```
USE xs Exclusive
CALCULATE MAX(录取分数), MIN(录取分数) TO d, x
```

MAX(录取分数)	MIN(录取分数)
641	588

4.4.5 汇总命令

【命令】TOTAL ON <关键字>TO <汇总文件名> [FIELDS <数值型字段表>] ;
[<范围>] [FOR <条件 1>] [WHILE <条件 2>]

【功能】在当前表中，分别对<关键字>值相同的记录的数值型字段值求和，并将结果存入一个新表。一组关键字值相同的记录在新表中只产生一个记录；对于非数值型字段，只将关键字相同的第一个记录的字段值存入该记录。

【说明】<关键字>指排序字段或索引关键字。使用 TOTAL 命令之前，当前表必须按关键字进行过排序或索引，保证当前表是有序的。FIELDS 子句指出要汇总的字段。分类求和的结果生成新表，其结构与当前表相同，但没有备注和通用型字段。

【例 4-20】在选课表 xk.dbf 中，按学号汇总成绩。

```
CLOSE ALL
USE xk Exclusive
INDEX ON  学号  TAG xh
TOTAL ON  学号  TO xhcj FIELDS  成绩
USE xhcj
LIST
```

记录号	学号	课程号	成绩
1	s0803001	c110	224
2	s0803002	c110	143
3	s0803003	c130	145
4	s0803004	c110	86
5	s0803005	c120	152
6	s0803006	c110	95
7	s0803007	c130	220
8	s0803008	c130	64
9	s0803009	c110	385
10	s0803010	c140	142
11	s0803011	c120	272

执行以下命令，可删除选课表 xk.dbf 中所建立的索引：

```
USE xk Exclusive
DELETE TAG ALL                    && 删除表 xk.dbf 中所有索引
```

4.5 多个表的同时使用

4.5.1 使用工作区

1. 工作区的概念

在 Visual FoxPro 中，工作区是为当前正在使用的表开辟的一个内存区域。系统提供了多达 32767 个工作区，每个工作区都有一个工作区号，分别用 1～32767 表示。正在使用的工作区称为当前工作区。系统启动后，默认 1 号工作区为当前工作区。一个工作区只能打开一个表，如果再打开第二个表，系统将自动关闭第一个表。这种只能对一个表进行的操作称为单表操作。如果需要同时使用多个表，则需在不同的工作区分别打开，这种操作称为多表操作。

每个表打开后都有两个默认的别名，一个是表名自身，另一个是工作区所对应的别名。编号为 1～10 的前 10 个工作区的默认别名用 A～J 这 10 个字母表示，工作区 11～32767 中指定的别名是 W11～W32767。另外，还可以在 USE 命令中使用 ALIAS 子句来指定别名。

注意：单个字母 A～J 不能用来作为表的文件名，它是系统的保留字。

2. 选择工作区命令

【命令】SELECT <工作区号|别名>

【功能】选择需要使用的工作区。

【说明】

（1）用该命令选中的工作区称为当前工作区。Visual FoxPro 默认 1 号工作区为当前工作区。函数 SELECT()可以返回当前工作区的区号。

例如：

```
CLOSE ALL                    && 关闭在所有工作区中打开的表
?SELECT ()                   && 显示 1
```

（2）别名可以是工作区别名，也可以是表的别名，是表示表的一个简短的文件名。定义别名的格式如下：

USE <表名> ALIAS <别名>

例如：

```
SELECT A                     && 选择 1 号工作区
USE xs ALIAS 读书            && 在 1 号工作区中打开表 xs.dbf，指定别名为“读书”
SELECT 2                     && 选择 2 号工作区
USE xk ALIAS 学分            && 在 2 号工作区中打开表 xk.dbf，指定别名为“学分”
SELECT 读书                  && 选择 1 号工作区
?SELECT ()                   && 显示 1
SELECT B                     && 选择 2 号工作区
?SELECT ()                   && 显示 2
```

（3）当前工作区的表文件的字段名可以被直接引用，如果使用其他工作区的字段名，需要使用别名，其使用格式如下：

【格式 1】别名.字段名

【格式 2】别名->字段名

（4）SELECT 0 表示选择未被使用的最小工作区。

例如：

```
CLOSE ALL                    && 关闭在所有工作区中打开的表
```

```
SELECT 1              && 选择 1 号工作区
?SELECT ()            && 显示 1
USE xs                && 在 1 号工作区中打开表 xs.dbf
SELECT 0              && 选择 2 号工作区
?SELECT ()            && 显示 2
USE xk                && 在 2 号工作区中打开表 xk.dbf
SELECT 0              && 选择 3 号工作区
?SELECT ()            && 显示 3
```

4.5.2　建立表间临时关系

表间的临时关系是指在不同工作区的两个表间建立记录指针同步移动的关系，这种关系是仅在两个表间建立一种逻辑关系，即建立记录指针之间的联系，而不产生一个新的表。这种逻辑关系是一种临时联系，又称为关联。建立关联需要有关联条件，关联条件通常要求比较不同表的两个字段表达式值是否相等。建立关联的两个表，一个称父表，另一个称子表。父表是关系中的主表或主控表。子表是在关系中的相关表或受控表。

在对两个关联表进行操作时，随着父表记录指针的移动，子表记录的指针会自动移到满足关联条件的记录上。在移动指针时，子表需要按关联条件进行查询。为了提高查询速度，Visual FoxPro 采用索引查找。因此在使用关联时，通常要先为子表的字段表达式建立索引。

父表和子表的关系有两种：多对一关系和一对多关系。多对一关系是父表有多个记录对应子表中的一个记录。一对多关系是父表中的一个记录对应子表中的多个记录。

【命令】SET RELATION TO [<关键字表达式> | <数值型表达式> ;
INTO <别名> [ADDITIVE]]

【功能】在父表和子表之间建立关联。用 SET RELATION 命令建立的是临时关联。

【说明】

（1）<关键字表达式>用来指定父表的字段表达式。<别名>是子表的工作区别名或子表别名。如果选择<关键字表达式>，则<别名>表文件已按<关键字表达式>建立了索引，并且该索引是主控索引。

（2）<数值型表达式>可以是记录号函数 RECNO()。此时，两个或多个关联表之间的联系是根据记录号来进行关联的，父表与子表之间当前记录号保持相等。如果父表记录的记录号大于子表的记录总数，则子表的当前记录指针指向最后一个记录的下一个记录，函数 EOF()值为逻辑真.T.。

（3）ADDITIVE 表示建立关联时仍然保留该工作区和其他工作区已经建立的关联，如果要建立多个关联，则使用该选项。

（4）当两表建立关联后，如果是一对多关系，则子表具有多个关键字相同的记录，指针只指向关键字相同的第一个记录。需要找其他记录，可以使用 SET SKIP TO 命令。

【命令】SET SKIP TO [<表别名 1>[,<表别名 2>]…]

【功能】如果已经建立了一父多子的关联，并且父表与每个子表都要建立“一对多”的关联，那么只要在 SET SKIP TO 命令中分别写出子表所在的<工作区号>或者<别名>即可。

（5）如果子表中没有找到匹配的记录，指针指向文件末尾。

（6）使用 SET RELATION TO 命令建立关联之后，当移动父表的记录指针时，子表的记录指针也随之移动，并且将引起读/写磁盘操作，这样会降低系统的性能。因此，当某些关联不再使用或暂时不用时，应及时删除关联，以提高系统的运行速度。

【例 4-21】建立学生表 xs.dbf 与选课表 xk.dbf 之间的关联，查询成绩。

```
CLOSE ALL                          && 关闭在所有工作区中打开的表
SELECT 2                           && 选择 2 号工作区
USE xk Exclusive                   && 打开子表 xk.dbf
INDEX ON 学号 TAG 学号              && 按“学号”字段值建立普通索引
SELECT 1                           && 选择 1 号工作区
USE xs Exclusive                   && 打开父表 xs.dbf
SET RELATION TO 学号 INTO xk        && 按字段“学号”建立两表之间的关联
GO 3
DISP 学号,姓名,性别,B.课程号,B.成绩
记录号  学号       姓名    性别  B->课程号  B->成绩
     3  s0803003  罗映弘  女    c130           92
GO 8
DISP 学号,姓名,性别,B.课程号,B.成绩
记录号  学号       姓名    性别  B->课程号  B->成绩
     8  s0803008  林韵可  女    c130           64
SELECT 2
DELETE TAG 学号                     && 删除表 xs.dbf 中按“学号”字段值建立的普通索引
```

【例 4-22】建立授课表 sk.dbf 与课程表 kc.dbf 之间的关联，列出教师号、课程号、课程名及课时。

此例建立授课表 sk.dbf 和课程表 kc.dbf 两个表之间的关联。若将 sk.dbf 作为父表，kc.dbf 作为子表，则建立“多对一”关系；若将 kc.dbf 作为父表，sk.dbf 作为子表，则建立“一对多”关系。

方法 1：以 sk.dbf 为父表，kc.dbf 作为子表，建立“多对一”关系。

```
CLOSE ALL                          && 关闭在所有工作区中打开的表
SELECT 2                           && 选择 2 号工作区
USE kc Exclusive                   && 打开子表 kc.dbf
INDEX ON 课程号 TAG 课程号 CANDIDATE   && 以“课程号”字段建立候选索引
SELECT 1                           && 选择 1 号工作区
USE sk Exclusive                   && 打开父表 sk.dbf
SET RELATION TO 课程号 INTO B       && 按字段“课程号”建立两表之间的关联
BROWSE FIELDS 教师号,课程号,kc.课程名,kc.课时
```

执行上述命令后，显示结果如图 4-10 所示。

Sk

教师号	课程号	课程名	课时
t6001	c110	大学英语	80
t6002	c150	数据结构	64
t6002	c160	大学物理	64
t6003	c120	数学分析	80
t6003	c140	计算机导论	32
t6003	c160	大学物理	64
t6004	c130	程序设计	48
t6005	c120	数学分析	80
t6005	c140	计算机导论	32
t6005	c160	大学物理	64

图 4-10 “多对一”查询结果

```
SELECT 2
DELETE TAG ALL                     && 删除表 kc.dbf 中的所有索引
```

方法 2：以 kc.dbf 作为父表，sk.dbf 为子表，建立"一对多"关系。

```
CLOSE ALL                                 && 关闭在所有工作区中打开的表
SELECT 2                                  && 选择 2 号工作区
USE sk Exclusive                          && 打开子表 sk.dbf
INDEX ON 课程号 TAG 课程号                && 以"课程号"字段建立普通索引
SELECT 1                                  && 选择 1 号工作区
USE kc Exclusive                          && 打开父表 kc.dbf
SET RELATION TO 课程号 INTO B             && 按字段"课程号"建立两表之间的关联
SET SKIP TO B                             && 指出子表 sk.dbf 为多方
BROWSE FIELDS sk.教师号,sk.课程号,课程名,课时
```

执行以上命令后，显示结果如图 4-11 所示。

Kc

教师号	课程号	课程名	课时
t6001	c110	大学英语	80
t6003	c120	数学分析	80
t6005	c120	************************	
t6004	c130	程序设计	48
t6003	c140	计算机导论	32
t6005	c140	************************	
t6002	c150	数据结构	64
t6002	c160	大学物理	64
t6003	c160	************************	
t6005	c160	************************	

图 4-11　"一对多"查询结果

```
SELECT 2
DELETE TAG ALL                            && 删除表 sk.dbf 中的所有索引
```

4.5.3　表的连接

表的连接是将两个表的相关字段连接起来，生成一个新表。

【命令】JOIN WITH <工作区号> | <别名> TO <新表名> ;

　　[FIELDS <字段名表>] FOR <连接条件>

【功能】按<连接条件>将当前工作区的表与<工作区号>|<别名>指定工作区的表进行连接，生成一个新表。

【说明】FIELDS <字段名表>指定新表包含的字段，如无此选项，则新表文件的字段是原来两个表的所有字段，字段名相同的只保留一项。

连接过程是：从当前表的第一个记录开始，逐条与被连接的表的全部记录比较，连接条件为真时，就把这两个记录连接起来，作为一个记录存放到新表文件中，否则，进行下一个记录的比较。重复上述过程，直到所有记录比较完毕为止。

【例 4-23】将课程表 kc.dbf 和授课表 sk.dbf 连接成一个新表 kcsk.dbf，要求该新表中包含有课程号、课程名、课时和教师号。

```
CLOSE ALL
SELECT 2
USE sk
LIST
```

```
记录号  教师号   课程号
     1  t6001   c110
     2  t6002   c150
     3  t6002   c160
     4  t6003   c120
     5  t6003   c140
     6  t6003   c160
     7  t6004   c130
     8  t6005   c120
     9  t6005   c140
    10  t6005   c160
GO TOP
SELECT 1
USE kc
LIST
记录号  课程号  课程名          课时
     1  c110   大学英语          80
     2  c120   数学分析          80
     3  c130   程序设计          48
     4  c140   计算机导论        32
     5  c150   数据结构          64
     6  c160   大学物理          64
GO TOP
JOIN WITH sk TO kcsk FIELDS 课程号,课程名,课时,B.教师号;
FOR A.课程号=B.课程号
USE kcsk
LIST
记录号  课程号  课程名          课时 教师号
     1  c110   大学英语          80 t6001
     2  c120   数学分析          80 t6003
     3  c120   数学分析          80 t6005
     4  c130   程序设计          48 t6004
     5  c140   计算机导论        32 t6003
     6  c140   计算机导论        32 t6005
     7  c150   数据结构          64 t6002
     8  c160   大学物理          64 t6002
     9  c160   大学物理          64 t6003
    10  c160   大学物理          64 t6005
```

习题四

一、选择题

1．在 Visual FoxPro 中，建立索引的作用之一是______。

A．节省存储空间　　B．便于管理

C．提高查询速度　　D．提高查询和更新的速度

2．在 Visual FoxPro 中，相当于主关键字的索引是______。

A．主索引　　B．普通索引　　C．唯一索引　　D．排序索引

3．使用 INDEX ON bh TAG index_bh 命令建立索引，其索引类型是______。

A．主索引　　B．候选索引　　C．普通索引　　D．唯一索引

4．执行 INDEX ON bh TAG index_bh 命令建立索引后，下列叙述错误的是______。

A．此命令建立的索引将保留在.IDX 文件中

B．此命令建立的索引是当前有效索引

C．表中记录按索引表达式升序排序

D．此命令的索引表达式是 bh，索引名是 index_bh

5．两表之间"临时性"联系称为关联，在两个表之间的关联已经建立的情况下，有关"关联"的正确叙述是______。

A．建立关联的两个表一定在同一个数据库中

B．两表之间"临时性"联系是建立在两表之间"永久性"联系基础之上的

C．当关闭父表时，子表自动被关闭

D．当父表记录指针移动时，子表记录指针按一定的规则跟随移动

6．以下关于主索引和候选索引的叙述正确的是______。

A．主索引和候选索引都可以建立在数据库表和自由表上

B．主索引和候选索引都能保证表记录的唯一性

C．主索引可以保证表记录的唯一性，而候选索引不能

D．主索引和候选索引是相同的概念

7．在自由表中不能建立的索引是______。

A．唯一索引　　B．主索引　　C．候选索引　　D．普通索引

8．在指定字段或表达式中，不允许出现重复值的索引是______。

A．唯一索引、候选索引　　B．候选索引、主索引

C．唯一索引、主索引　　D．唯一索引、候选索引

9．以下关于索引的说法中，不正确的是______。

A．索引可以提高数据表记录的查询速度

B．索引字段可以被更新

C．索引可提高数据记录的更新速度

D．索引和排序具有不同的含义

10．命令 SELECT 0 的功能是______。

A．选择区号最大的空闲工作区为当前工作区

B．选择区号最小的空闲工作区为当前工作区

C．选择工作区的区号加 1 为当前工作区

D．随机选择空闲工作区为当前工作区

11．命令 SET SKIP TO 的作用是______。

A．说明一多关系的多方子表别名

B．说明多一关系的多方子表别名

C．取消一多关系，多一关系仍然保留

D．取消一多关系与多一关系

12．设表 TS.DBF 中有字段：书名（C(6)）、出版日期（D），要求按书名降序排列，书名相同者按出版日期降序排列，在建立索引文件应使用的命令是______。

A．INDEX ON 书名+出版日期 TAG smrq

B．INDEX ON 书名+DTOS(出版日期) TAG smrq DESENDING

C．INDEX ON 书名+出版日期 TAG smrq DESENDING

D．INDEX ON 书名+DTOS(出版日期) TAG smrq

13．当主数据表的索引字段的类型是候选索引，子数据表的索引字段的类型是普通索引时，两个数据表间的关联关系是______。

A．一对一　　B．一对多　　C．多对一　　D．多对多

14．下面有关索引的描述，正确的是______。

A．修改索引以后，原来的表文件中记录的物理顺序将被改变

B．使用索引并不能加快对表的查询操作

C．创建索引是创建一个指向表文件记录的指针构成的文件

D．索引与表的数据存储在一个文件中

15．使用 SET RELATION 命令建立的关联操作是一种______。

A．物理连接　　B．逻辑连接　　C．物理排序　　D．逻辑排序

二、填空题

1．在 Visual FoxPro 中选择一个没有使用的且编号最小的工作区的命令是______。

2．在 Visual FoxPro 系统中，最多可使用______个工作区，通常使用______命令来选择当前工作区。

3．同一个表的多个索引可以创建在一个索引文件中，索引文件名与相关的表同名，索引文件的扩展名是______。

4．要实现先按班级(BJ,N,1)顺序排序，同班的同学再按性别(XB,C,2)顺序排序，同班且性别相同的再按出生日期(CSRQ,D)顺序排序，其索引表达式为______。

5．建立索引的作用之一是提高______速度。

6．建立临时关系时，子表需要事先建立______。

7．自由表的索引类型没有______。

8．在 Visual FoxPro 中，实体完整性约束可以通过建立______来实现。

三、思考题

1．什么是表的物理顺序和逻辑顺序？二者有何区别？

2．什么是索引？单索引文件与复索引文件有何异同？

3．索引类型有几种？各自有什么特点？

4．什么是工作区？工作区具有哪些特点？

5．如何选择工作区和关闭工作区？

6．什么是关联？建立关联需要什么关联条件？

第 5 章　数据库操作

【学习目标】

（1）掌握数据库的建立、管理以及数据库表的基本操作。

（2）掌握在数据库中建立表间的永久关系和设置参照完整性操作。

（3）掌握视图的建立及使用。

（4）掌握查询的建立及使用。

5.1　建立和管理数据库

数据库是指存储在外存上的有结构的数据集合。数据库中的表称为数据库表。数据库通过一组系统文件将相互联系的数据库表及其相关的数据库对象进行统一组织和管理。Visual FoxPro 中的数据库是一种容器，用于存储数据库表的属性与组织，以及所包含的表之间的联系和依赖于表的视图等信息。

5.1.1　建立数据库

建立 Visual FoxPro 数据库时，数据库文件的扩展名为.dbc，同时还会自动建立一个扩展名为.dct 的数据库备注文件和一个扩展名为.dcx 的数据库索引文件。利用“数据库设计器”、“项目管理器”或执行 CREATE DATABASE 命令都可以建立数据库。

1．利用“数据库设计器”创建数据库

【例 5-1】利用“数据库设计器”建立学生学籍数据库 xsxj.dbc。

操作步骤如下：

（1）打开“文件”菜单，单击“新建”命令，弹出“新建”对话框。在“新建”对话框中，选择“数据库”单选按钮，如图 5-1 所示。

（2）单击“新建文件”按钮，打开“创建”对话框，输入学生学籍数据库名 xsxj.dbc，如图 5-2 所示。

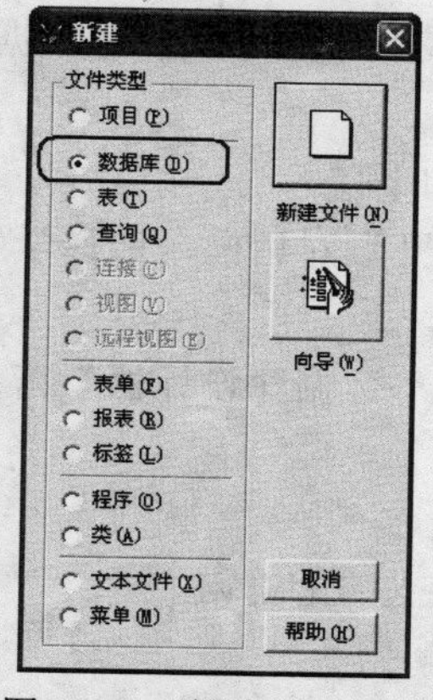

图 5-1　“新建”对话框

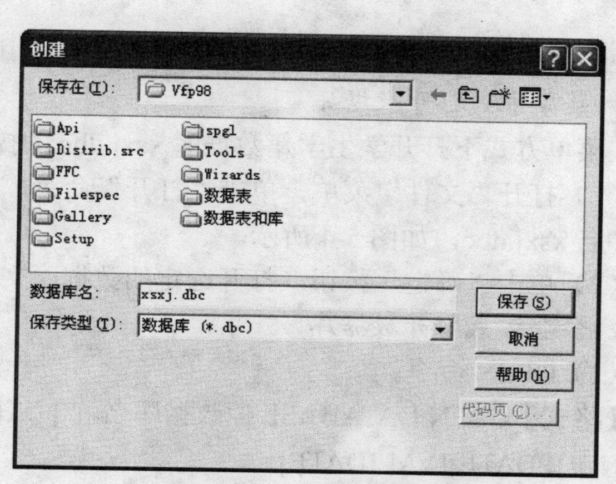

图 5-2　“创建”对话框

（3）单击“保存”按钮，进入“数据库设计器”窗口，如图 5-3 所示。学生学籍数据库文件 xsxj.dbc 创建完成，同时自动建立该文件的数据库备注文件 xsxj.dct 和数据库索引文件 xsxj.dcx。

图 5-3　“数据库设计器”窗口

2．用命令创建数据库

【格式】CREATE DATABASE <数据库名>

【功能】创建一个以<数据库名>为文件名的数据库。

【例 5-2】用命令方式创建学生学籍数据库 xsxj.dbc。

```
CREATE DATABASE xsxj
```

3．在项目中创建数据库

在项目中创建数据库的步骤如下：

（1）打开“文件”菜单，单击“新建”命令，弹出“新建”对话框。

（2）在“新建”对话框中，选择“项目”单选按钮，单击“新建文件”按钮，打开“创建”对话框。

（3）在“创建”对话框中，输入项目文件名，单击“保存”按钮，进入“项目管理器”窗口。

（4）在“项目管理器”中，单击“数据”选项卡，选中“数据库”项，单击“新建”按钮，打开“新建数据库”对话框。

（5）在“新建数据库”对话框中，单击“新建数据库”按钮，打开“创建”对话框，输入数据库名，单击“保存”按钮，进入“数据库设计器”窗口。

5.1.2　打开数据库

使用数据库之前，需要打开数据库。用户可利用菜单方式或命令方式打开数据库。

1．菜单方式打开数据库

在菜单方式下打开学生学籍数据库 xsxj.dbc 的操作步骤如下：

（1）打开“文件”菜单，单击“打开”命令，弹出“打开”对话框，选择学生学籍数据库文件名 xsxj.dbc，如图 5-4 所示。

（2）单击“确定”按钮，打开选定的数据库文件，进入“数据库设计器”窗口。

2．命令方式打开数据库

（1）OPEN 命令。

【格式】OPEN DATABASE [<数据库名>|?] [SHARED] [EXCLUSIVE]；
[NOUPDATE][VALIDATE]

【功能】打开以<数据库名>为文件名的数据库，但不打开“数据库设计器”。

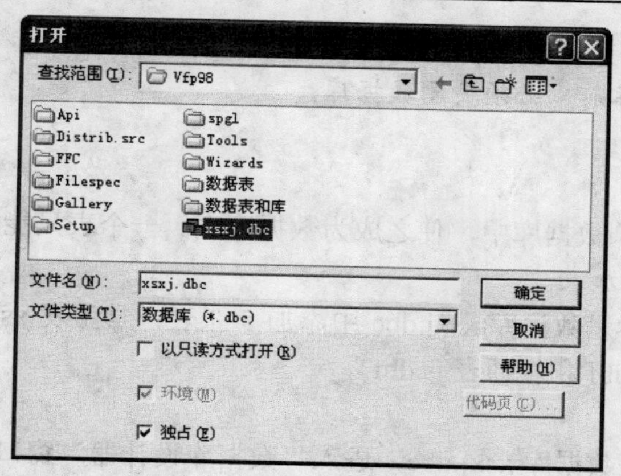

图 5-4　“打开”对话框

【说明】如果缺省数据库名或使用“?”，则出现“打开”对话框。

SHARED：以共享方式打开数据库。

EXCLUSIVE：以独占方式打开数据库。

NOUPDATE：以只读方式打开数据库。

VALIDATE：检查在数据库中引用的对象是否合法。

注意：这里的 NOUPDATE 选项实际并不起作用。只有在打开表时使用了只读选项，才能设置数据库表是只读的。当数据库打开时，并不打开包含在数据库中的数据表。除非使用 USE 命令打开表或在数据库设计器中对数据表进行过浏览或修改操作，数据表才会打开。

【例 5-3】打开学生学籍数据库 xsxj.dbc。

```
OPEN DATABASE xsxj
```

（2）MODIFY 命令。

【格式】MODIFY DATABASE <数据库名>

【功能】打开以<数据库名>为文件名的数据库，同时打开“数据库设计器”窗口，允许修改当前数据库。

【例 5-4】打开学生学籍数据库 xsxj.dbc，允许对其进行修改。

```
MODIFY DATABASE xsxj
```

3. 在“项目管理器”中打开数据库

在“项目管理器”中，只要选中数据库文件，即可打开该数据库。单击“项目管理器”的“修改”按钮，可进入“数据库设计器”窗口。

5.1.3　关闭数据库

关闭数据库的命令如下：

【格式】CLOSE DATABASE ALL

【功能】关闭所有数据库。

5.1.4　删除数据库

删除数据库的命令如下：

【格式】DELETE DATABASE <数据库名> [DELETETABLES][RECYCLE]

【功能】删除指定的数据库。如果没有参数 DELETETABLES 和 RECYCLE，数据库中的表将变为自由表。如果使用参数 DELETETABLES，将从磁盘上删除数据库中的表文件。如果使用参数 RECYCLE，将数据库中的表文件放入回收站。

注意：在删除数据库前，必须关闭数据库。

5.1.5 添加数据表

可以将自由表添加到数据库中，使之成为数据库表。一个表只能添加到一个数据库中。

1. 在菜单方式下添加表

【例 5-5】向学生学籍数据库 xsxj.dbc 中添加 5 张表：学生表 xs.dbf、选课表 xk.dbf、课程表 kc.dbf、授课表 sk.dbf 和教师表 js.dbf。

操作步骤如下：

（1）打开学生学籍数据库 xsxj.dbc，进入“数据库设计器”窗口。

（2）在“数据库设计器”窗口内，右击，弹出“数据库”快捷菜单。

（3）单击快捷菜单中的“添加表”命令，出现“打开”对话框，如图 5-5 所示。

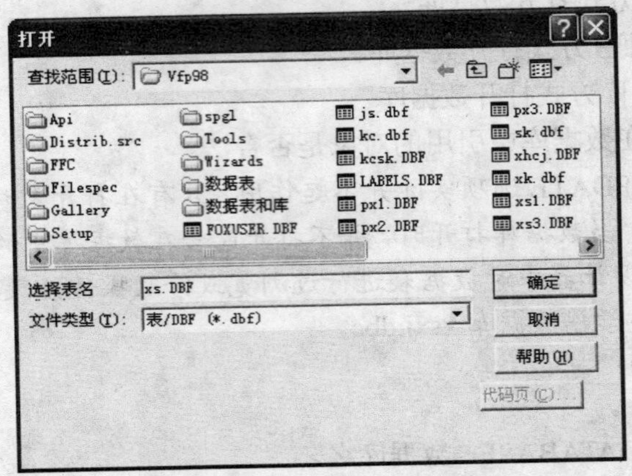

图 5-5 “打开”对话框

（4）在“打开”对话框中，选择学生表 xs.dbf，单击“确定”按钮，返回“数据库设计器”窗口，学生表 xs.dbf 被添加到学生学籍数据库 xsxj.dbc 中。

（5）重复（2）～（4）步骤的操作，再依次将选课表 xk.dbf、课程表 kc.dbf、授课表 sk.dbf 和教师表 js.dbf 添加到学生学籍数据库 xsxj.dbc 中。

经过上述步骤操作后，学生学籍数据库 xsxj.dbc 中包含 5 张表，如图 5-6 所示。

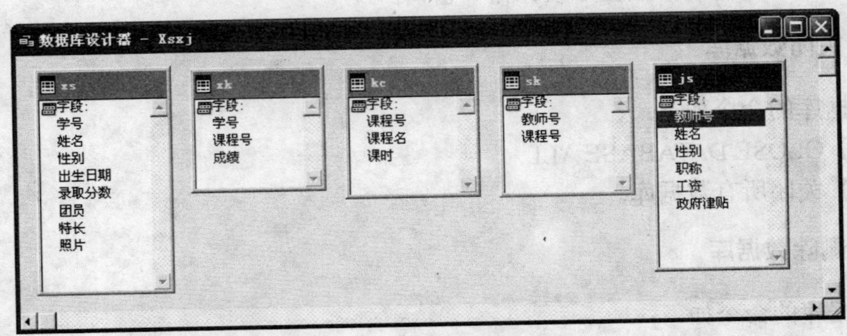

图 5-6 学生学籍数据库 xsxj.dbc

2. 在命令方式下添加表

【格式】ADD TABLE <表名>

【功能】向当前数据库中添加指定的表。

【例 5-6】向学生学籍数据库 xsxj.dbc 中添加 5 张表：学生表 xs.dbf、选课表 xk.dbf、课程表 kc.dbf、授课表 sk.dbf 和教师表 js.dbf。

执行以下命令，实现与例 5-5 相同的功能，即向学生学籍数据库 xsxj.dbc 中添加 5 张表：学生表 xs.dbf、选课表 xk.dbf、课程表 kc.dbf、授课表 sk.dbf 和教师表 js.dbf。

```
OPEN DATABASE xsxj             && 打开学生学籍数据库 xsxj.dbc
ADD TABLE xs                   && 添加学生表 xs.dbf
ADD TABLE xk                   && 添加选课表 xk.dbf
ADD TABLE kc                   && 添加课程表 kc.dbf
ADD TABLE sk                   && 添加授课表 sk.dbf
ADD TABLE js                   && 添加教师表 js.dbf
MODIFY DATABASE xsxj           && 打开数据库 xsxj.dbc，出现“数据库设计器”窗口
```

5.1.6　移去和删除表

可以移去或删除数据库中不需要的数据表。移去的表将成为自由表。操作方法如下：

（1）打开数据库文件，进入“数据库设计器”窗口。

（2）选择要删除的表并右击，在弹出的快捷菜单中选择“删除”命令，打开系统信息提示框，显示提示信息“把表从数据库中移去还是从磁盘上删除？”，如图 5-7 所示。

图 5-7　系统信息提示框

（3）如果单击“移去”按钮，将表从当前数据库中移出，使其成为自由表。表文件在磁盘上仍然存在，以后还可以再添加到数据库中；如果单击“删除”按钮，则将表文件从磁盘上彻底删除且不放入回收站，以后无法恢复。

5.2　建立永久关系

前面建立的数据库中存放了多张相互之间有关系的表。为了更有效地查询数据库中各张表的数据，应建立起这些表之间的关系，使表与表之间都联系起来。

表之间的永久关系是基于索引建立的一种关系，永久关系被作为数据库的一部分而保存在数据库中，只要不作删除或变更就一直保留，每次使用不需要重新建立。永久关系在查询和视图中能自动成为联接条件，可作为表单和报表默认数据环境的关系，并允许建立参照完整性。而用 SET RELATION TO 命令建立的关联关系是临时关系，临时关系每次使用时需要重新建立。

5.2.1　建立表间的永久关系

为了创建和说明永久关系，通常把数据库中的表分为父表和子表。父表必须按关键字建立主索引或候选索引，子表则可建立主索引、候选索引、唯一索引和普通索引中的一种。建立数据库表间永久关系时，一是要保证建立关联的表都具有相同属性的字段；二是每个表都要以

该字段建立索引。

在永久关系中，常用“一对多”关系。父表是“一对多”关系中的“一”方，子表是其“多”方。建立两个表之间的“一对多”关系时，应使用两个表都具有相同属性的字段，并且用父表中该字段建立主索引（字段值是唯一的），用子表中的同名字段建立普通索引（有重复值）。在“数据库设计器”中，两表间的关系通过连线表示。连线的方法是：在父表的主索引或候选索引处按下鼠标左键，并将鼠标拖曳到子表的普通索引上，然后松开鼠标，即可在父表和子表之间建立起“一对多”永久关系。在连线的两端，子表方显示三叉。若删除连线，即删除表间永久关系。

【例 5-7】在“数据库设计器”中，建立学生学籍数据库 xsxj.dbc 中各表之间的永久关系。依据“学号”字段，建立学生表 xs.dbf 与选课表 xk.dbf 的“一对多”关系；依据“课程号”字段，建立课程表 kc.dbf 与选课表 xk.dbf 的“一对多”关系，同时建立课程表 kc.dbf 与授课表 sk.dbf 的“一对多”关系；依据“教师号”字段，建立教师表 js.dbf 与授课表 sk.dbf 的“一对多”关系。为了建立它们的关系，应先按表 5-1 建立各表的索引。

表 5-1 学生学籍数据库 xsxj.dbc 中各表的索引

数据库表	索引关键字	索引类型
xs.dbf	学号	主索引
xk.dbf	学号	普通索引
kc.dbf	课程号	候选索引
xk.dbf	课程号	普通索引
sk.dbf	课程号	普通索引
sk.dbf	教师号	普通索引
js.dbf	教师号	候选索引

操作步骤如下：

（1）打开学生学籍数据库 xsxj.dbc，进入“数据库设计器”窗口。

（2）按表 5-2 建立各表的索引，如图 5-8 所示。

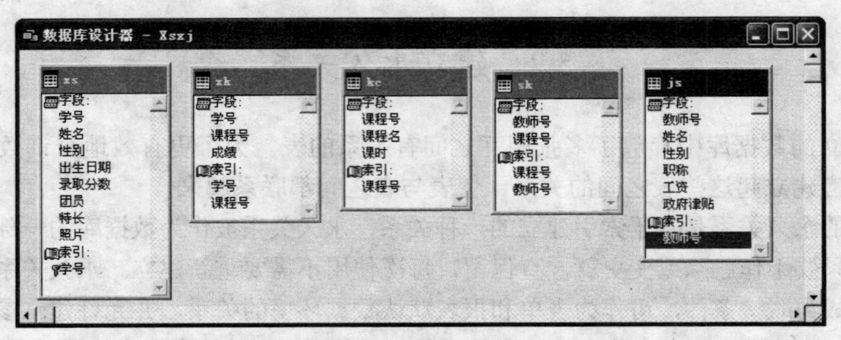

图 5-8 建立各表的索引

（3）画出连线，建立表间永久关系。

1）鼠标指向学生表 xs.dbf 索引部分中的索引字段“学号”，按住左键拖向选课表 xk.dbf 的索引部分中的索引字段“学号”处，然后松开鼠标左键，在两表之间产生一条连线，建立学生表 xs.dbf 与选课表 xk.dbf 之间的“一对多”关系。

2）鼠标指向课程表 kc.dbf 索引部分中的索引字段“课程号”，按住左键拖向选课表 xk.dbf

的索引部分中的索引字段"课程号"处，然后松开鼠标左键，在两表之间产生一条连线，建立课程表 kc.dbf 与选课表 xk.dbf 之间的"一对多"关系。

3）鼠标指向课程表 kc.dbf 索引部分中的索引字段"课程号"，按住左键拖向授课表 sk.dbf 的索引部分中的索引字段"课程号"处，然后松开鼠标左键，在两表之间产生一条连线，建立课程表 kc.dbf 与授课表 sk.dbf 之间的"一对多"关系。

4）鼠标指向教师表 js.dbf 索引部分中的索引字段"教师号"，按住左键拖向授课表 sk.dbf 的索引部分中的索引字段"教师号"处，然后松开鼠标左键，在两表之间产生一条连线，建立教师表 js.dbf 与授课表 sk.dbf 之间的"一对多"关系。

学生学籍数据库 xsxj.dbc 中各表之间的永久关系如图 5-9 所示。

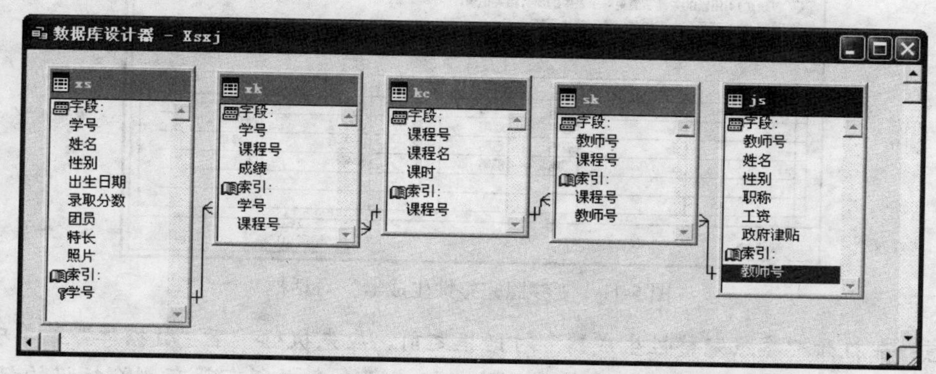

图 5-9　建立数据库表间的永久关系

5.2.2 设置参照完整性

参照完整性 RI（Referential Integrity）是控制数据一致性的规则，当对表中的数据进行插入、更新或删除操作时，通过参照引用相互关联的另一个表中的数据来检查对表的数据操作是否正确，以保持已定义的表间关系。如果实施参照完整性规则，Visual FoxPro 可以确保：

（1）当父表中没有关联记录时，记录不得添加到相关表中。

（2）如果父表的值改变，将导致相关表中出现孤立记录，则父表的值不能改变。

（3）若父表记录在相关表中有匹配记录，则该父表记录不能被删除。

RI 生成器是设置参照完整性的一种工具。RI 生成器可以帮助用户建立规则，控制记录如何在相关表中被插入、更新或删除。当使用 RI 生成器为数据库生成规则时，Visual FoxPro 把生成的代码作为触发器保存在存储过程中。打开存储过程的文本编辑器，可显示这些代码。

参照完整性是建立在表间关系的基础上的。设置参照完整性，必须先建立表间关系。

打开参照完整性 RI 生成器的方法如下：

【方法 1】打开"数据库"菜单，单击"编辑参照完整性"命令，打开"参照完整性生成器"对话框。

【方法 2】在"数据库设计器"中，双击两表间的连线，打开"编辑关系"对话框。例如，双击学生表 xs.dbf 与选课表 xk.dbf 之间的连线，打开如图 5-10 所示的"编辑关系"对话框，然后单击"参照完整性"按钮，打开"参照完整性生成器"对话框。

【方法 3】在"数据库设计器"中，右击，在弹出的快捷菜单中选择"编辑参照完整性"命令，打开"参照完整性生成器"对话框。

按以上方法操作，都会打开"参照完整性生成器"对话框，如图 5-11 所示。

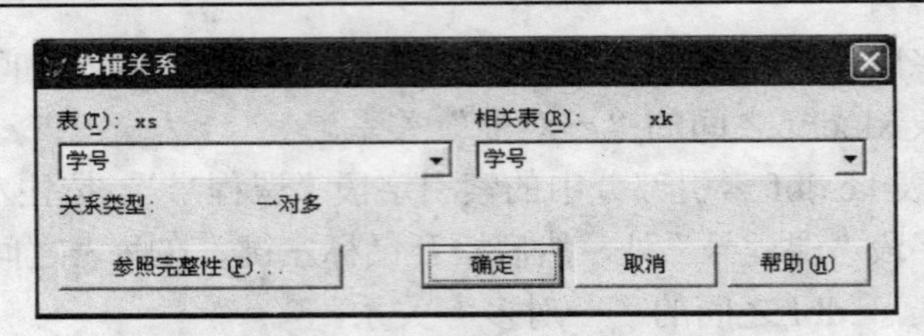

图 5-10　“编辑关系”对话框

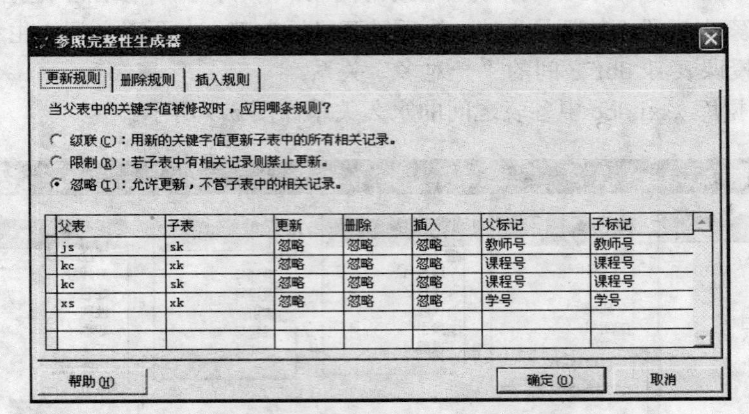

图 5-11　“参照完整性生成器”对话框

注意：在打开“参照完整性生成器”对话框之前，应先执行一下“数据库”菜单中的“清理数据库”命令。所谓清理数据库是物理删除数据库各个表中所有带有删除标记的记录。

参照完整性 RI 生成器分为“更新规则”、“删除规则”和“插入规则”3 个选项卡，分别设置表的更新、删除和插入规则。在“更新规则”和“删除规则”选项卡上有“级联”、“限制”和“忽略”3 个单选按钮。在“插入规则”选项卡上，有“限制”和“忽略”2 个单选按钮。它们的功能如表 5-2 所示。

表 5-2　RI 生成器的各选项卡的单选按钮功能

选项卡 选项卡的单选按钮	更新规则	删除规则	插入规则
级联	用父表中新的关键字值更新子表中的所有相关记录	删除父表中的记录时，会自动删除子表中的所有相关记录	
限制	如果子表中有相关记录，则禁止更新	如果子表中有相关记录，则禁止删除	若父表中不存在匹配的关键字值，在子表中禁止插入
忽略	允许父表更新，与子表无关	允许父表删除，与子表无关	允许子表插入，与父表无关

1. 更新规则

“更新规则”选项卡用来指定修改父表中关键字值时所用的规则。更新规则的处理方式有“级联”、“限制”和“忽略”。例如，在学生学籍数据库 xsxj.dbc 中，如果父表 xs.dbf 中的“学号”字段的值被修改，要求子表 xk.dbf 中的“学号”字段值也随之被修改，则将学生表 xs.dbf 和选课表 xk.dbf 的更新规则设置成“级联”，如图 5-12 所示。

2. 删除规则

“删除规则”选项卡用来指定删除父表记录时所用的规则。删除规则的处理方式有“级联”、“限制”和“忽略”。例如，在学生学籍数据库 xsxj.dbc 中，如果在子表 xk.dbf 中有相应的“学号”字段值的记录，则父表 xs.dbf 中对应的“学生”字段值的记录不能被删除，那么应将学生表 xs.dbf 和选课表 xk.dbf 的删除规则设置成“限制”，如图 5-13 所示。

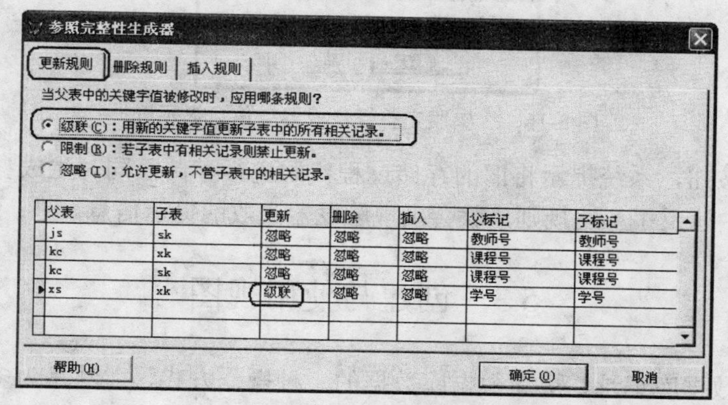

图 5-12　设置更新规则

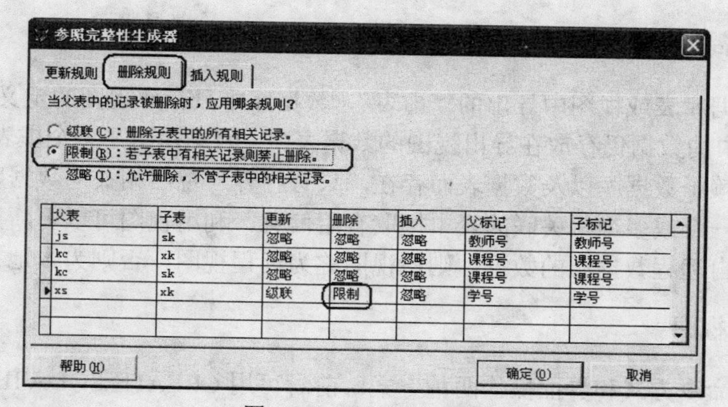

图 5-13　设置删除规则

3．插入规则

“插入规则”选项卡用于指定在子表中插入记录时所用的规则。若父表中不存在匹配的关键字值，则在子表中禁止插入。例如，在学生学籍数据库 xsxj.dbc 中，如果在子表 xk.dbf 中插入一个记录，在父表 xs.dbf 中必须有与之匹配的关键字“学号”字段值，这样才能控制输入关键字的正确性。因此，应将学生表 xs.dbf 和选课表 xk.dbf 的插入规则设置成“限制”，如图 5-14 所示。

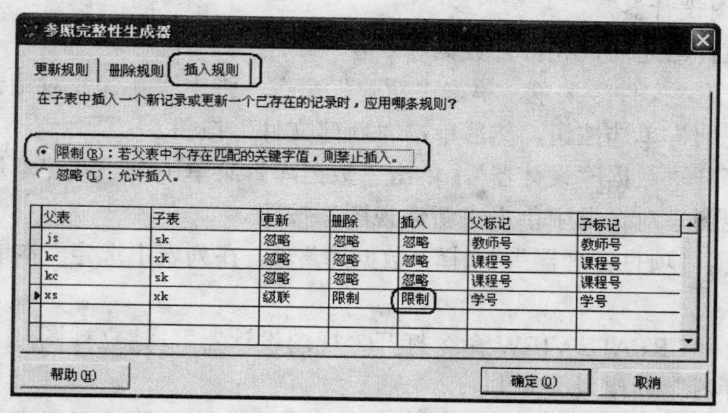

图 5-14　设置插入规则

当所有的规则设置完毕，单击“确定”按钮，出现系统信息提示框，如图 5-15 所示。

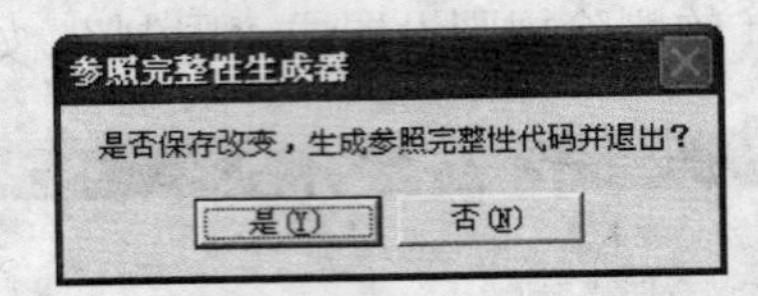

图 5-15 “参照完整性生成器”信息提示框

单击“是”按钮，系统提示将旧的存储过程代码进行存储，同时生成参照完整性代码。如果在实际操作中违反了上述规则，就会出现触发器失败的提示信息。

5.3 创建与使用视图

视图是提取数据库记录、更新数据库数据的一种操作方式，尤其是为多表数据库信息的显示、更新和编辑提供了简便的方法。

5.3.1 视图简述

视图是从数据库表或视图中导出的“虚表”，数据库中只存放视图的定义而不存放视图对应的数据。视图中的数据仍存放在导出视图的数据表中，因此视图是一个虚表。视图是不能单独存在的，它依赖于数据库以及数据表而存在，只有打开与视图相关的数据库才能使用视图。通过视图可以从一个或多个相关联的表中提取有用信息。利用视图可以更新数据表中的数据。如果视图中有取自远程数据源的数据，则该视图称为远程视图，否则为本地视图。

5.3.2 创建视图

创建视图有命令方式和界面操作两种方式。前者可用 CREATE SQL VIEW 命令来实现，后者可用视图向导、视图设计器来完成。

使用命令方式创建视图的命令如下：

【格式】CREATE SQL VIEW <视图名> [REMOTE]；
[CONNECTION<新建连接名>] [SHARE] | [<已连接数据源名>]；
[AS SELECT SQL 命令]

【功能】按照 AS 子句中的 SELECT SQL 命令的查询要求，创建一个本地或远程 SQL 视图。命令中的<视图名>指定视图的名字。

1. 启动“视图设计器”

在启动视图设计器之前，先打开数据库。

【方法 1】打开“文件”菜单，单击“新建”命令，弹出“新建”对话框。在“新建”对话框中，选中“视图”单选按钮，然后单击“新建文件”按钮。

【方法 2】打开“数据库设计器”，单击“数据库”菜单中的“新建本地视图”命令，然后在“新建本地视图”对话框中单击“新建视图”按钮。

【方法 3】打开“项目管理器”，选择“数据库”项，在列表中选定“本地视图”，单击“新建”按钮。

【方法 4】使用 CREATE VIEW 命令打开“视图设计器”，建立视图。

2. “视图设计器”的组成

“视图设计器”分上部窗格和下部窗格两部分，上部窗格用于显示表或视图，下部窗格包含“字段”、“联接”、“筛选”、“排序依据”、“分组依据”、“更新条件”、“杂项”7个选项卡及对应功能实现的界面。

“字段”选项卡：“可用字段列表框”列出已打开表的所有字段，供用户选用。当查询输出的不是单个字段信息，而是由字段构成的表达式，用“函数和表达式”文本框来指定表达式；“添加按钮”用于将“字段列表框”或“函数和表达式”中选定项添入“选定字段”列表框；“移去”按钮则用于反向操作；“选定字段列表框”用于列出输出的表达式。

“联接”选项卡：视图的数据源如果来自多表，需将多个表建立联接。该选项用于指定联接条件。

“筛选”选项卡：指定选择记录的筛选条件。

“排序依据”选项卡：指定排序字段或排序表达式，选定排序种类为升序或降序。

“分组依据”选项卡：根据指定的字段和条件进行分组排序。

“更新条件”选项卡：用于设置更新条件。

“杂项”选项卡：指定在视图中是否出现重复记录等限制。

3. 利用“视图设计器”创建视图

【例5-8】在学生学籍数据库xsxj.dbc中，利用学生表xs.dbf创建单表本地视图“xs视图1”，要求该视图中包含“学号”、“姓名”、“性别”、“出生日期”、“团员”5个字段的内容。

操作步骤如下：

（1）打开学生学籍数据库xsxj.dbc，进入“数据库设计器”窗口，如图5-16所示。

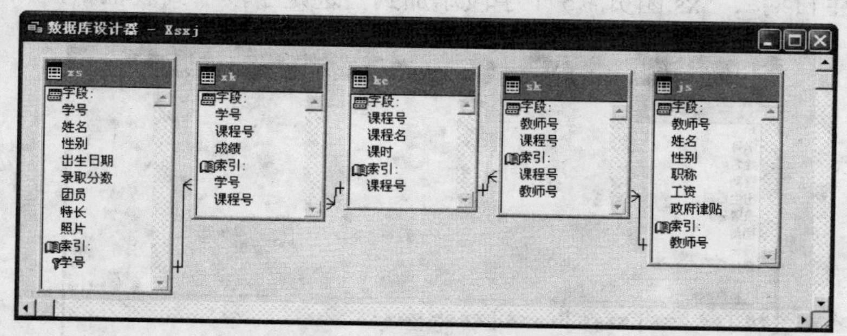

图5-16　“数据库设计器”窗口

（2）打开“文件”菜单，单击“新建”命令，弹出“新建”对话框，选中“视图”单选按钮，如图5-17所示。

（3）单击“新建文件”按钮，进入“视图设计器”窗口，同时打开“添加表或视图”对话框，如图5-18所示。

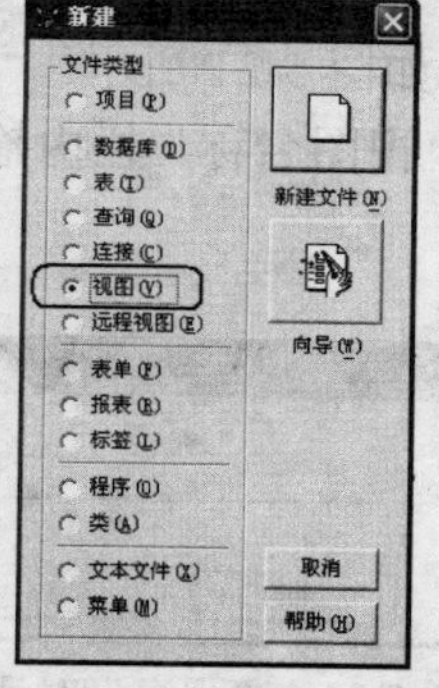

图5-17　“新建”对话框

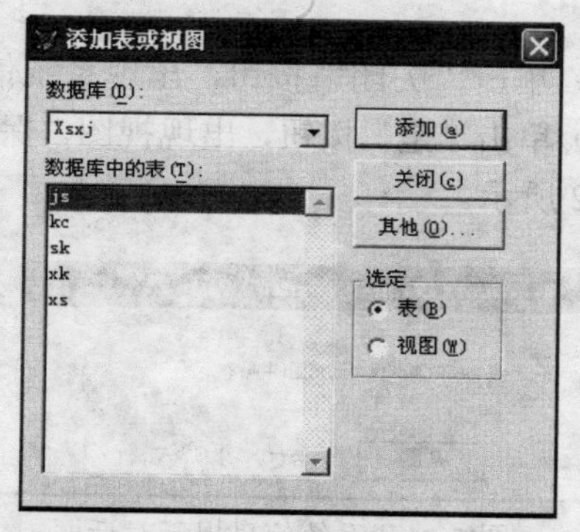

图5-18　“添加表或视图”对话框

（4）在“添加表或视图”对话框中，选择学生表 xs.dbf，单击“添加”按钮，将学生表 xs.dbf 添加到“视图设计器”窗口中。单击“关闭”按钮，回到“视图设计器”窗口，如图 5-19 所示。

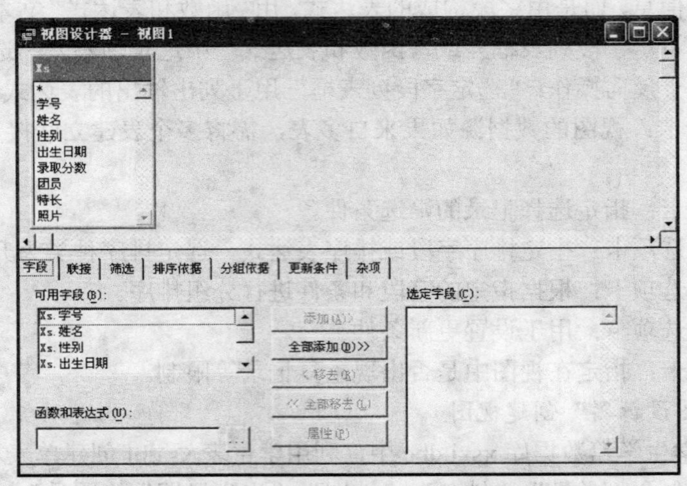

图 5-19 “视图设计器”窗口

（5）单击“字段”选项卡，将“可用字段”列表框内的字段“xs.学号”、“xs.姓名”、“xs.性别”、“xs.出生日期”、“xs.团员”5 个字段添加到“选定字段”列表框中，如图 5-20 所示。

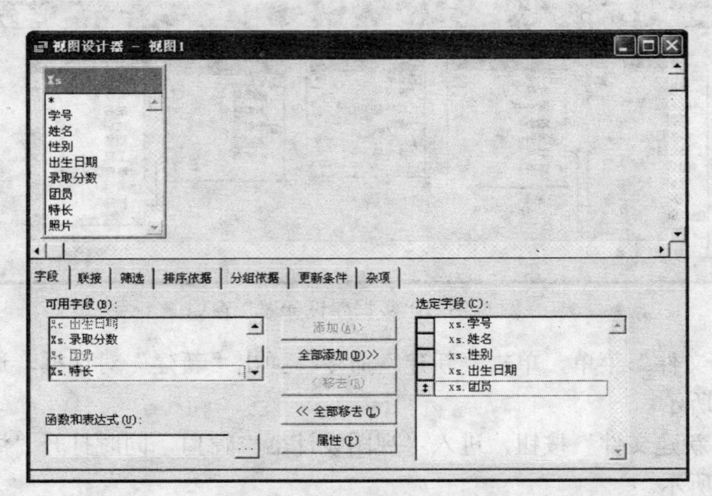

图 5-20 选定字段

（6）单击“关闭”按钮，出现系统信息提示对话框，如图 5-21 所示。

（7）单击“是”按钮，出现视图“保存”对话框，在“视图名称”栏内输入“xs 视图 1”，如图 5-22 所示。

图 5-21 系统信息提示对话框

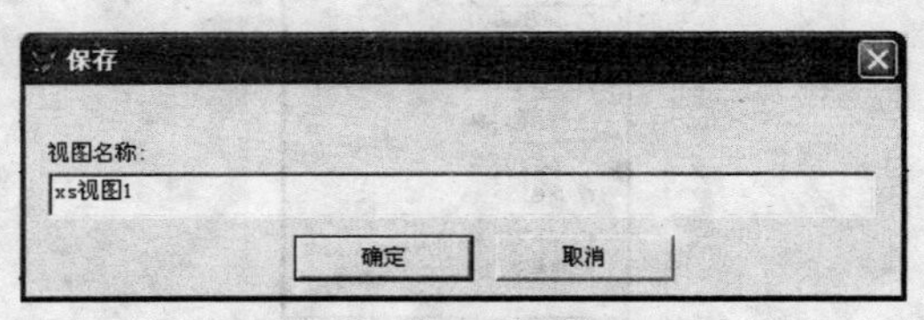

图 5-22 “保存”对话框

（8）单击“确定”按钮，将视图“xs 视图 1”保存在当前数据库中，并返回到“数据库设计器”窗口，如图 5-23 所示。

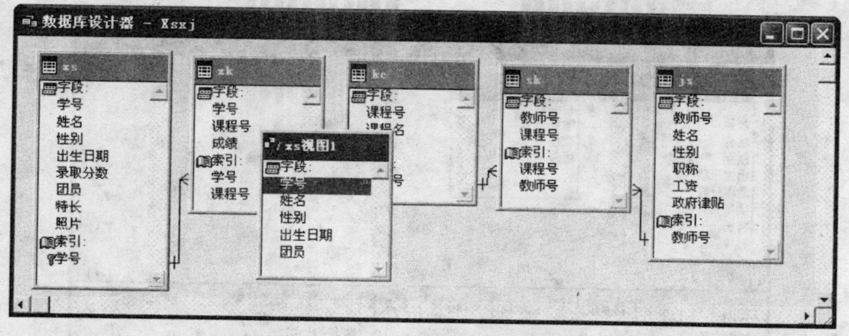

图 5-23　将视图保存到数据库中

（9）双击数据库中的视图“xs 视图 1”，打开视图的“浏览”窗口，如图 5-24 所示。

Xs视图1

学号	姓名	性别	出生日期	团员
s0803001	谢小芳	女	05/16/90	F
s0803002	张梦光	男	04/21/90	T
s0803003	罗映弘	女	11/08/90	F
s0803004	郑小齐	男	12/23/89	F
s0803005	汪雨帆	女	03/17/90	T
s0803006	皮大均	男	11/11/88	T
s0803007	黄春花	女	12/08/89	T
s0803008	林韵可	女	01/28/90	F
s0803009	柯之伟	男	06/19/89	T
s0803010	张嘉温	男	08/05/89	T
s0803011	罗丁丁	女	02/22/90	T
s0803016	张思开	男	10/12/89	T
s0803013	赵武乾	男	09/30/89	F

图 5-24　“xs 视图 1”浏览窗口

【例 5-9】在学生学籍数据库 xsxj.dbc 中，利用学生表 xs.dbf 和选课表 xk.dbf 创建多表本地视图“xs 和 xk 视图 2”，要求该视图中包含“学号”、“姓名”、“性别”、“出生日期”、“课程号”、“成绩”6 个字段的内容。

操作步骤如下：

（1）打开学生学籍数据库 xsxj.dbc，进入“数据库设计器”窗口。

（2）打开“数据库”菜单，单击“新建本地视图”命令，弹出“新建本地视图”对话框，如图 5-25 所示。

（3）在“新建本地视图”对话框中，单击“新建视图”按钮，进入“视图设计器”窗口，同时打开“添加表或视图”对话框，如图 5-26 所示。

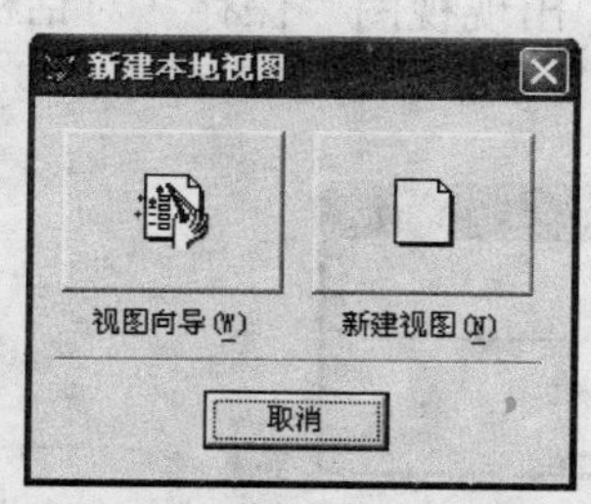

图 5-25　“新建本地视图”对话框

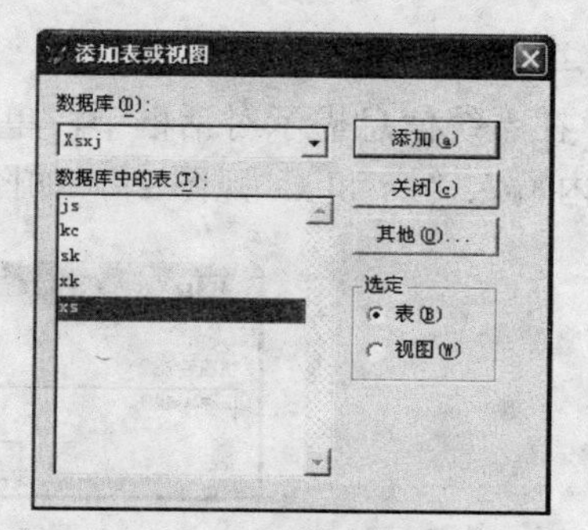

图 5-26　“添加表或视图”对话框

（4）在“添加表或视图”对话框中，将学生表 xs.dbf 和选课表 xk.dbf 添加到“视图设计器”窗口中，然后单击“关闭”按钮，回到“视图设计器”窗口，如图 5-27 所示。

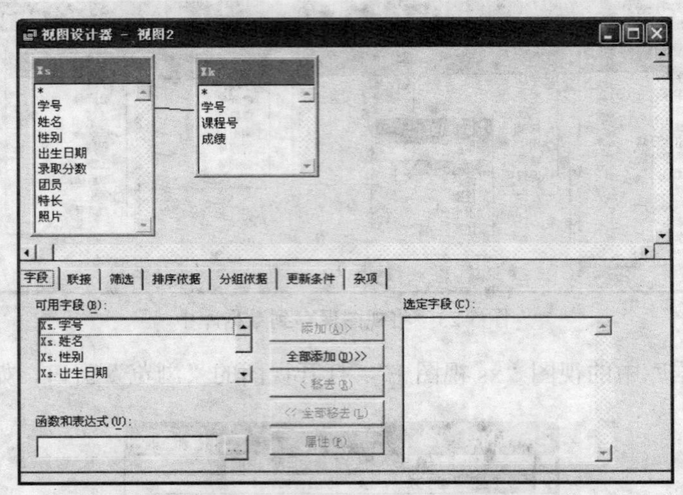

图 5-27　“视图设计器”窗口

（5）单击“字段”选项卡，将“可用字段”列表框内的字段“xs.学号”、“xs.姓名”、“xs.性别”、“xs.出生日期”、“xk.课程号”、“xk.成绩” 6 个字段添加到“选定字段”列表框中，如图 5-28 所示。

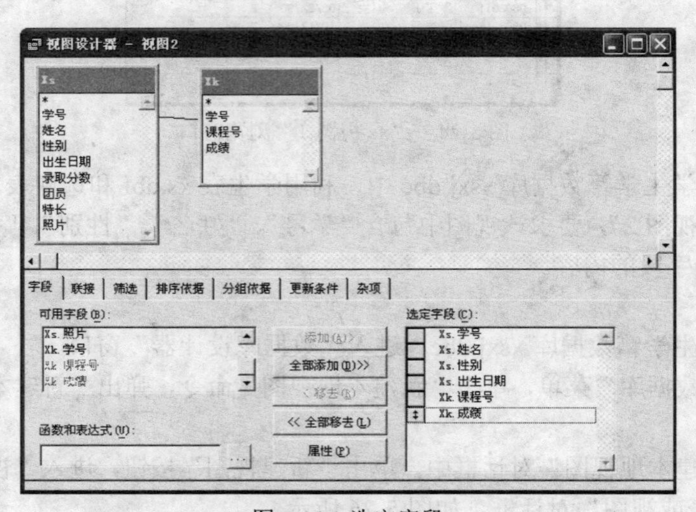

图 5-28　选定字段

（6）单击“视图设计器”窗口的“关闭”按钮，出现系统信息提示对话框。

（7）在系统信息提示对话框中，单击“是”按钮，出现视图“保存”对话框，在“视图名称”栏内输入“xs 和 xk 视图 2”，如图 5-29 所示。

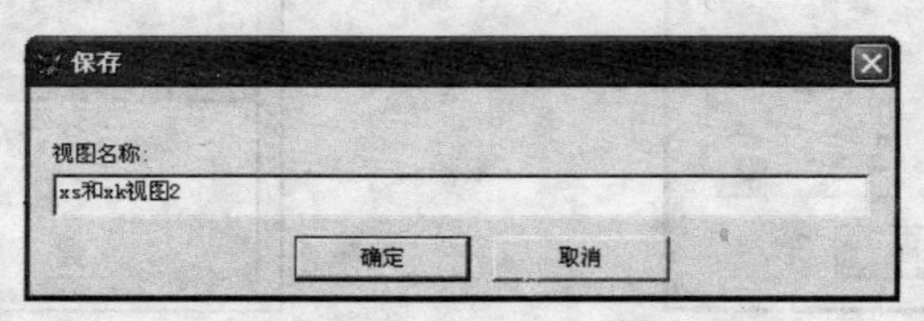

图 5-29　“保存”对话框

（8）单击“确定”按钮，将视图“xs 和 xk 视图 2”保存在当前数据库中，并返回到“数据库设计器”，如图 5-30 所示。

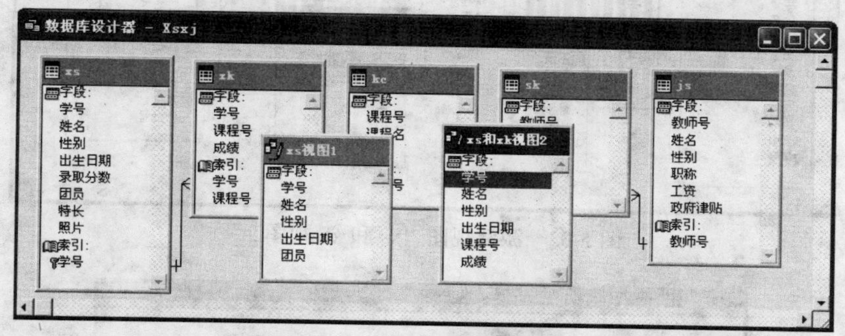

图 5-30　“数据库设计器”窗口

（9）双击视图“xs 和 xk 视图 2”，打开该视图“浏览”窗口，如图 5-31 所示。

学号	姓名	性别	出生日期	课程号	成绩
s0803002	张梦光	男	04/21/90	c110	78
s0803002	张梦光	男	04/21/90	c150	65
s0803003	罗映弘	女	11/08/90	c130	92
s0803003	罗映弘	女	11/08/90	c140	53
s0803004	郑小齐	男	12/23/89	c110	86
s0803005	汪雨帆	女	03/17/90	c120	72
s0803005	汪雨帆	女	03/17/90	c140	80
s0803006	皮大均	男	11/11/88	c110	95
s0803007	黄春花	女	12/08/89	c130	65
s0803007	黄春花	女	12/08/89	c110	80
s0803007	黄春花	女	12/08/89	c160	75
s0803008	林韵可	女	01/28/90	c130	64
s0803009	柯之伟	男	06/19/89	c110	66
s0803009	柯之伟	男	06/19/89	c120	82
s0803009	柯之伟	男	06/19/89	c130	70
s0803009	柯之伟	男	06/19/89	c140	95
s0803009	柯之伟	男	06/19/89	c150	72
s0803010	张嘉温	男	08/05/89	c140	67
s0803010	张嘉温	男	08/05/89	c160	75
s0803011	罗丁丁	女	02/22/90	c120	88
s0803011	罗丁丁	女	02/22/90	c140	87
s0803011	罗丁丁	女	02/22/90	c150	97
s0803001	谢小芳	女	05/16/90	c110	61
s0803001	谢小芳	女	05/16/90	c130	89
s0803001	谢小芳	女	05/16/90	c120	74

图 5-31　“xs 和 xk 视图 2”浏览窗口

5.3.3　使用视图

在 Visual FoxPro 中，通过视图可以更新数据表中的数据，但这种更新是否反映到基本表中，取决于视图更新属性的设置。

下面用实例说明如何设置视图更新属性，以通过视图的更新实现对基本表数据的更新。

【例 5-10】利用本地视图“xs 和 xk 视图 2”更新选课表 xk.dbf 的“成绩”字段值。

操作步骤如下：

（1）打开学生学籍数据库 xsxj.dbc，进入“数据库设计器”窗口，激活视图“xs 和 xk 视图 2”，如图 5-32 所示。

（2）打开“数据库”菜单，单击“修改”命令，弹出“视图设计器”窗口，如图 5-33 所示。

（3）设置更新条件。在“视图设计器”窗口，选定“更新条件”选项卡。

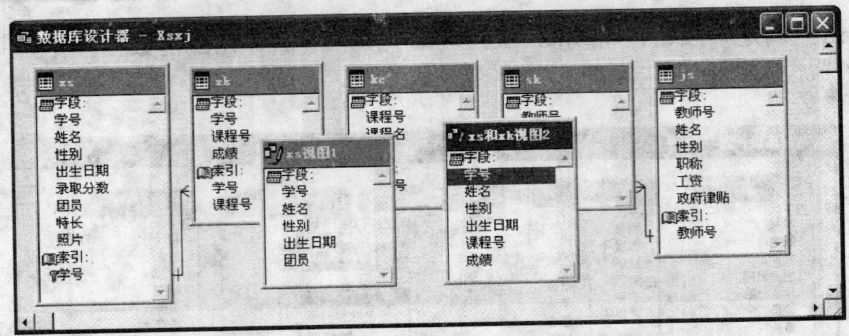

图 5-32　激活视图“xs 和 xk 视图 2”

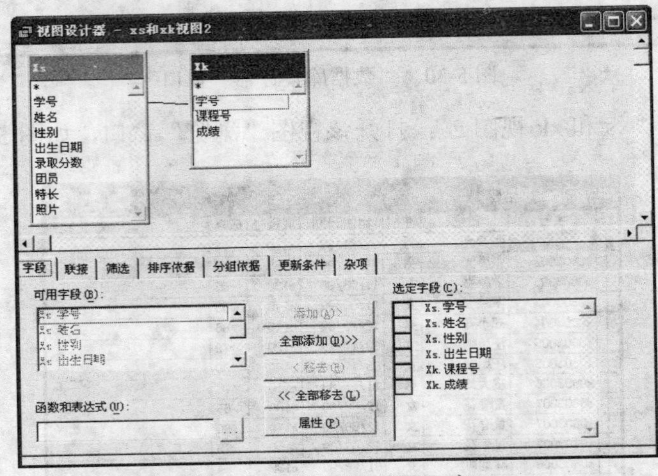

图 5-33　“视图设计器”窗口

单击“更新条件”选项卡，“字段名”区域中列出了视图文件用到的字段。此区域前面有两个符号，左边钥匙图标为关键字段。若要使表的数据可以因视图数据的更新而更新，就必须在此处设置关键字段，而且关键字段必须是唯一的。右边的图标表示可以修改的字段，此处可以选择哪些字段是可以修改的，并传回到原表中自动更新。选定可修改的字段后，应选定“发送 SQL 更新”复选框，如图 5-34 所示。“发送 SQL 更新”用来设定是否把视图文件中修改的结果传回到原表中。

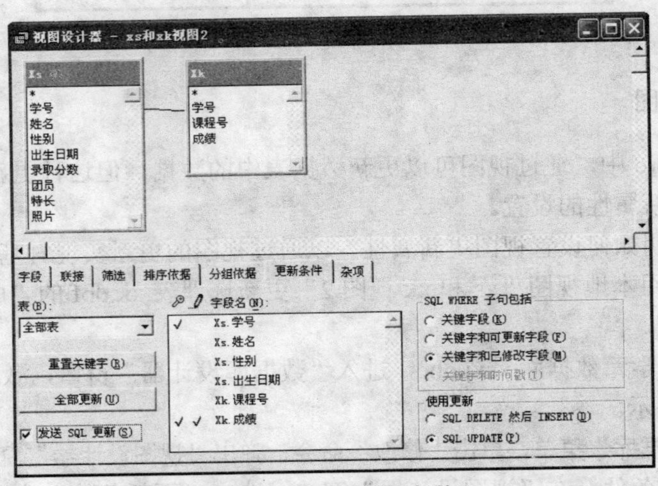

图 5-34　设置“更新条件”

（4）当确定需要更新数据的字段名后，单击“视图设计器”窗口的“退出”按钮，出现系统信息提示框，如图 5-35 所示。

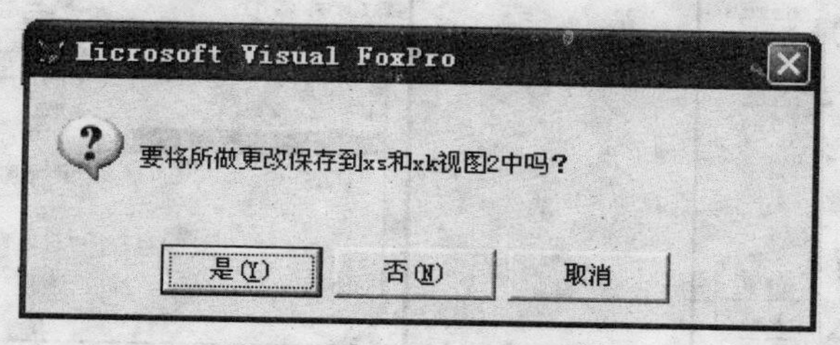

图 5-35　系统信息提示框

（5）单击“是”按钮，结束更新条件的设置，返回到“数据库设计器”窗口。以后即可利用本地视图“xs 和 xk 视图 2”更新选课表 xk.dbf 的“成绩”字段值。

5.4　创建与使用查询

查询和视图有很多类似之处，创建视图与创建查询的步骤也非常相似。视图兼有表和查询的特点，查询可以根据表或视图定义，所以查询和视图有很多交叉的概念和作用。

5.4.1　查询的概念

查询是从指定的表或视图中提取所需的结果，然后按照希望得到的输出类型定向输出查询结果。利用查询可以实现对数据库中数据的浏览、筛选、排序、检索、统计以及加工等操作。利用查询可为其他数据库提供新的数据表。

5.4.2　创建查询

查询可用 SQL 语言创建，也可用“查询设计器”创建。下面主要介绍通过“查询设计器”来创建查询。“查询设计器”和“视图设计器”类似，只比“视图设计器”少一个“更新”选项卡。利用“查询设计器”查询数据的基本步骤如下：

（1）打开“查询设计器”。

（2）进行查询设置，即设置被查询的表、联接条件、字段等输出要求和查询结果的去向。

（3）保存和执行查询。

【例 5-11】利用“查询设计器”创建单表查询“xs 查询 1”，该查询中包含团员的“学号”、“姓名”、“性别”、“录取分数”、“团员” 5 个字段的内容。这些字段来自于学生表 xs.dbf。

操作步骤如下：

（1）打开学生学籍数据库 xsxj.dbc，进入“数据库设计器”窗口。

（2）打开“文件”菜单，单击“新建”命令，弹出“新建”对话框，然后选中“查询”单选按钮，如图 5-36 所示。

（3）单击“新建文件”按钮，进入“查询设计器”窗口，同时打开“添加表或视图”对话框，如图 5-37 所示。

（4）在“添加表或视图”对话框中，选择学生表 xs.dbf，单击“添加”按钮，将学生表 xs.dbf 添加到“查询设计器”窗口，单击“关闭”按钮，回到“查询设计器”窗口，如图 5-38 所示。

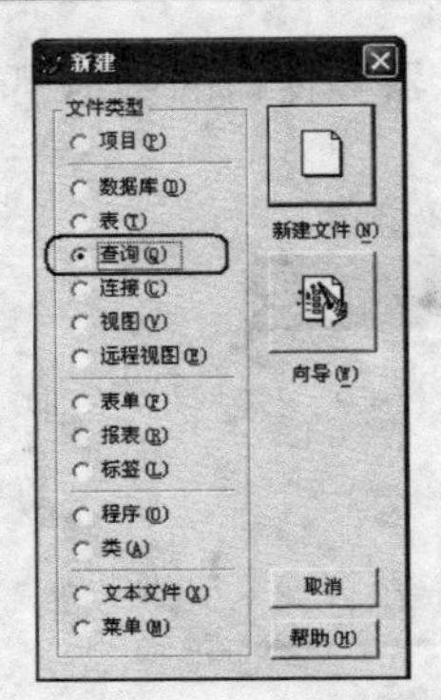

图 5-36 “新建”对话框

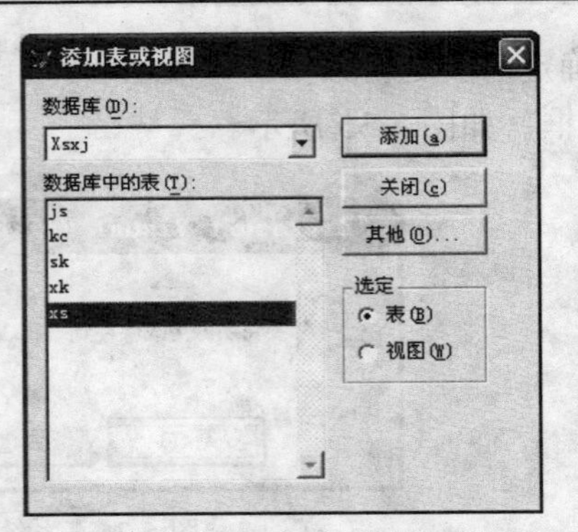

图 5-37 “添加表或视图”对话框

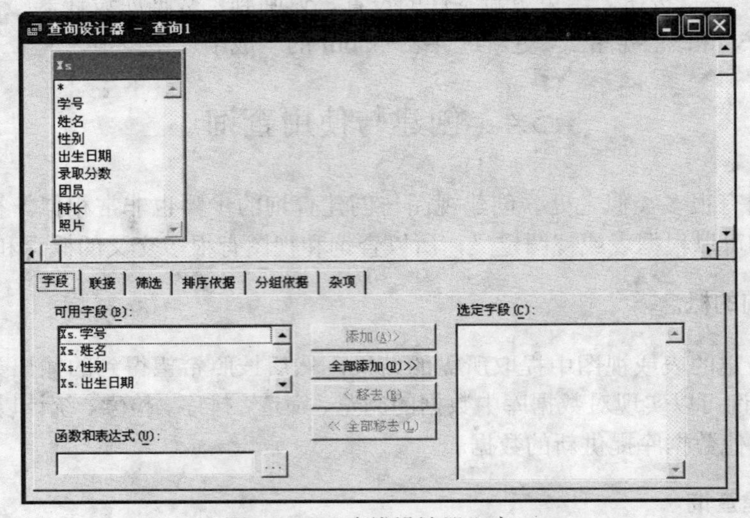

图 5-38 “查询设计器”窗口

（5）单击“查询设计器”的“字段”选项卡，将“可用字段”列表框内的字段“xs.学号”、“xs.姓名”、“xs.性别”、“xs.录取分数”、“xs.团员”5 个字段添加到“选定字段”列表框中，如图 5-39 所示。

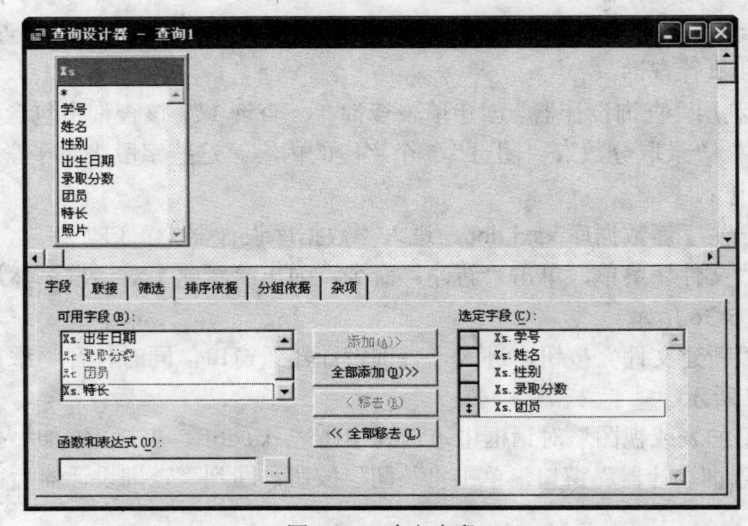

图 5-39 选定字段

（6）单击“查询设计器”的“筛选”选项卡，在“字段名”列表框内选择“xs.团员”，“条件”列表框选择“=”，在“实例”文本框中输入“.T.”，如图5-40所示。

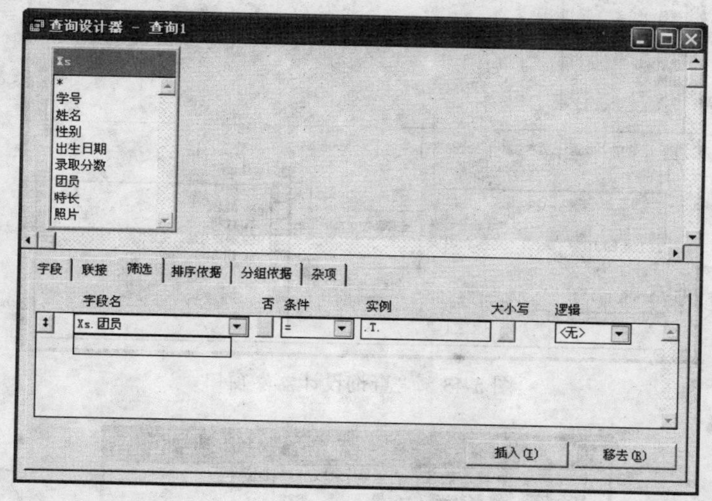

图5-40　设置条件

（7）单击“查询设计器”窗口的“关闭”按钮，出现系统信息提示对话框，如图5-41所示。

（8）单击“是”按钮，打开“另存为”对话框，输入查询文件名“xs查询1”，如图5-42所示。

图5-41　系统信息提示对话框

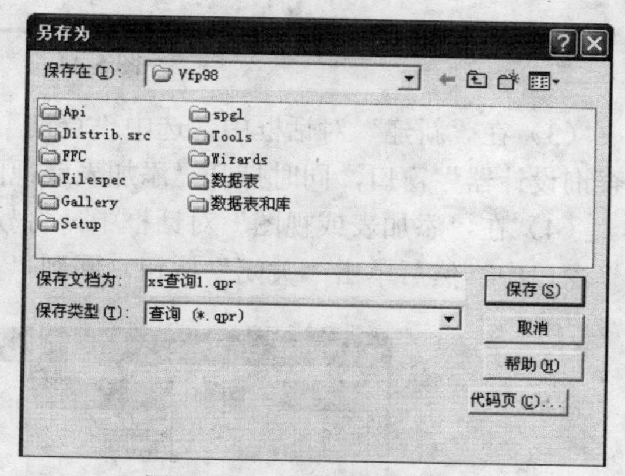

图5-42　“另存为”对话框

（9）单击“保存”按钮，完成查询文件“xs查询1.qpr”的建立。

（10）打开“文件”菜单，单击“打开”命令，出现“打开”对话框，选中查询文件“xs查询1.qpr”，然后单击“确定”按钮，进入“查询设计器”窗口，如图5-43所示。

（11）打开“查询”菜单，单击“运行查询”命令，出现“查询”窗口，如图5-44所示。

【例5-12】利用“查询设计器”创建多表查询“js和sk查询2”，该查询中包含“教师号”、“姓名”、“性别”、“职称”、“课程号”5个字段的内容。这些字段来自于教师表js.dbf和授课表sk.dbf。

操作步骤如下：

（1）打开学生学籍数据库xsxj.dbc，进入“数据库设计器”窗口。

（2）打开“文件”菜单，单击“新建”命令，打开“新建”对话框。

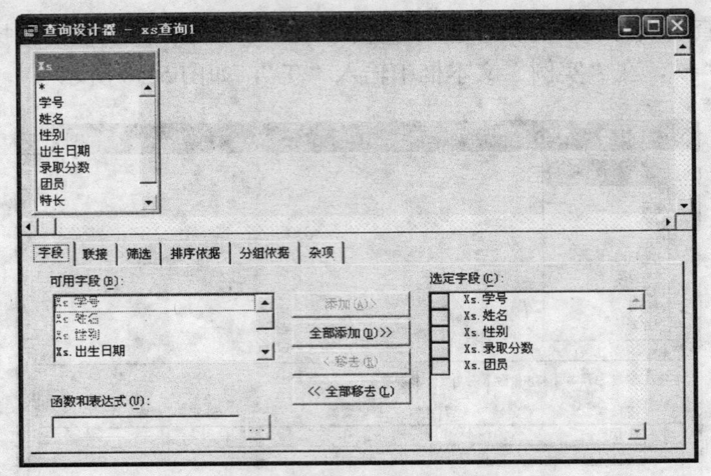

图 5-43 “查询设计器”窗口

查询

学号	姓名	性别	录取分数	团员
s0803002	张梦光	男	622	T
s0803005	汪雨帆	女	605	T
s0803006	皮大均	男	612	T
s0803007	黄春花	女	618	T
s0803009	柯之伟	男	593	T
s0803010	张嘉温	男	602	T
s0803011	罗丁丁	女	641	T
s0803016	张思开	男	635	T

图 5-44 “查询”窗口

（3）在“新建”对话框中，选中“查询”单选按钮，然后单击“新建文件”按钮，进入“查询设计器”窗口，同时打开“添加表或视图”对话框。

（4）在“添加表或视图”对话框中，将教师表 js.dbf 和授课表 sk.dbf 添加到“查询设计器”窗口中，然后单击“关闭”按钮，回到“查询设计器”窗口，如图 5-45 所示。

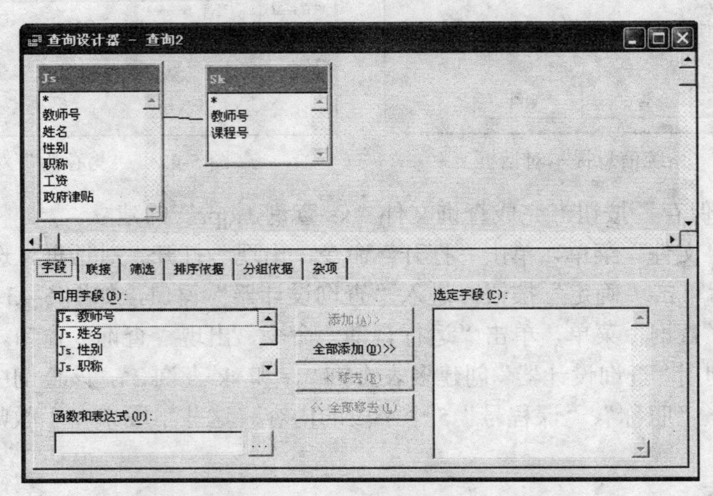

图 5-45 “查询设计器”窗口

（5）单击“字段”选项卡，将“可用字段”列表框内的字段“js.教师号”、“js.姓名”、“js.性别”、“js.职称”、“sk.课程号”5 个字段添加到“选定字段”列表框中，如图 5-46 所示。

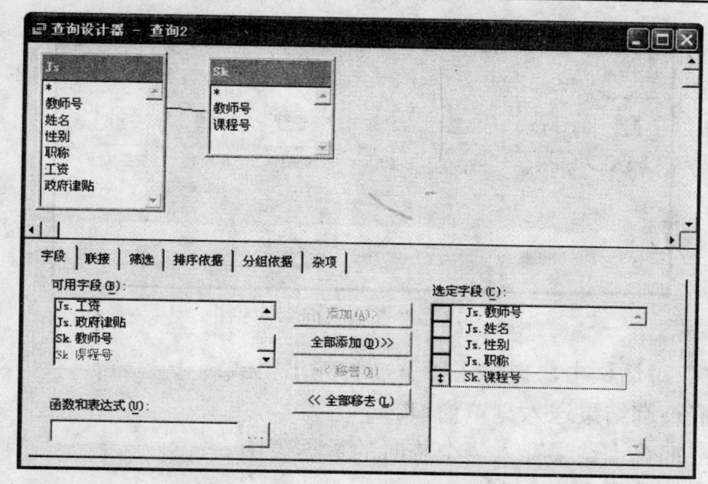

图 5-46　选定字段

（6）单击“查询设计器”窗口的“关闭”按钮，出现系统信息提示对话框。

（7）在系统信息提示对话框中，单击“是”按钮，出现“另存为”对话框。

（8）输入查询文件名“js 和 sk 查询 2”，单击“保存”按钮，完成查询文件“js 和 sk 查询 2.qpr”的建立。

（9）打开“文件”菜单，单击“打开”命令，弹出“打开”对话框，选中查询文件“js 和 sk 查询 2.qpr”，然后单击“确定”按钮，进入“查询设计器”窗口。

（10）打开“查询”菜单，单击“运行查询”命令，出现“查询”窗口，如图 5-47 所示。

查询

教师号	姓名	性别	职称	课程号
t6001	孙倩倩	女	讲师	c110
t6002	赵洪康	男	教授	c150
t6002	赵洪康	男	教授	c160
t6003	张欧瑛	女	教授	c120
t6003	张欧瑛	女	教授	c140
t6003	张欧瑛	女	教授	c160
t6004	李叙真	男	副教授	c130
t6005	肖灵疆	男	助教	c120
t6005	肖灵疆	男	助教	c140
t6005	肖灵疆	男	助教	c160

图 5-47　“查询”窗口

5.4.3　使用查询

【例 5-13】利用前面建立的查询文件“xs 查询 1”，按图形方式定制查询结果的输出格式，形成“团员录取分数示意图”。

操作步骤如下：

（1）打开“文件”菜单，单击“打开”命令，弹出“打开”对话框。

（2）在“打开”对话框中，输入查询文件名“xs 查询 1”，单击“确定”按钮，进入“查询设计器”窗口。

（3）打开“查询”菜单，单击“查询去向”命令，弹出“查询去向”对话框，如图 5-48 所示。

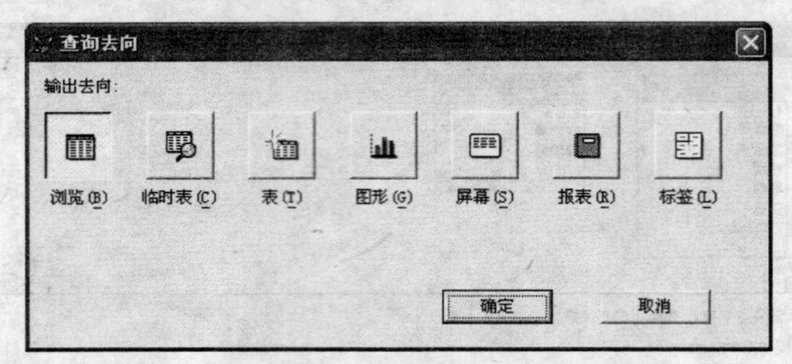

图 5-48 “查询去向”对话框

在“查询去向”对话框中，提供了以下 7 种输出格式：

1）“浏览”：把查询结果送入浏览窗口。

2）“临时表”：把查询结果存入一个临时的数据表中。

3）“表”：把查询结果存入一个数据表中。

4）“图形”：把查询结果以图形方式输出。

5）“屏幕”：把查询结果输出到屏幕上。

6）“报表”：把查询结果输出到报表中。

7）“标签”：把查询结果输出到标签中。

（4）在“查询去向”对话框中，选择“图形”输出格式，单击“确定”按钮。

（5）打开“查询”菜单，单击“运行查询”命令，出现“图形向导”（步骤 2—定义布局）对话框。接着定义图形的布局，即确定横坐标和纵坐标的数据来源。这里确定“学号”为横坐标，“录取分数”为纵坐标，如图 5-49 所示。

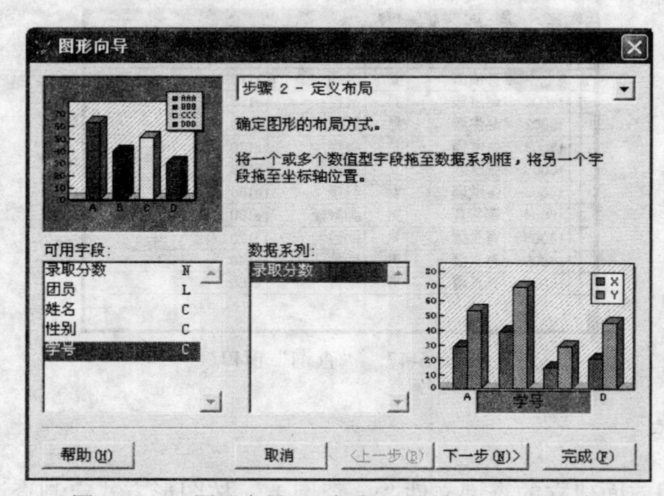

图 5-49 “图形向导”（步骤 2—定义布局）对话框

（6）确定横坐标和纵坐标后，单击“下一步”按钮，进入“图形向导”（步骤 3—选择图形样式）对话框，然后选择一种图形样式，如图 5-50 所示。

（7）选定图形样式后，单击“下一步”按钮，进入“图形向导”（步骤 4—完成）对话框，输入图形的标题“团员录取分数示意图”，如图 5-51 所示。

（8）输入图形的标题后，单击“完成”按钮，打开“另存为”对话框，输入图形文件名“团员录取分数查询图形 1.scx”，然后单击“保存”按钮，出现“表单设计器”窗口，如图 5-52 所示。

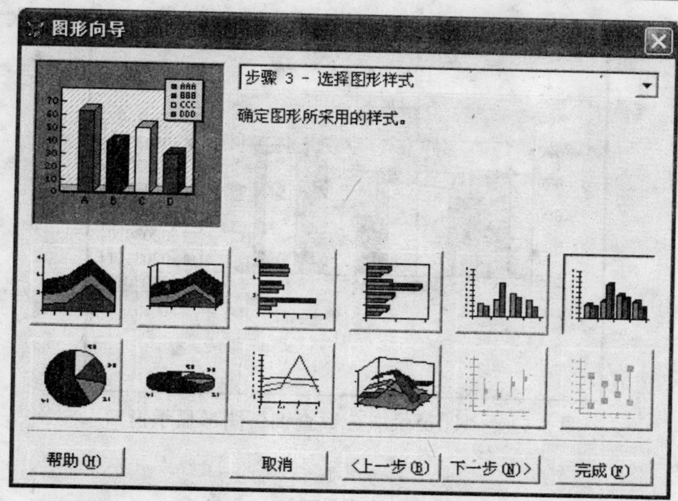

图 5-50 “图形向导”（步骤3－选择图形样式）对话框

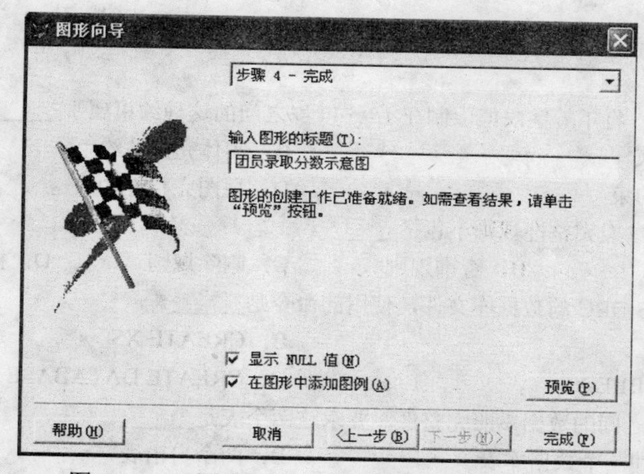

图 5-51 “图形向导”（步骤4－完成）对话框

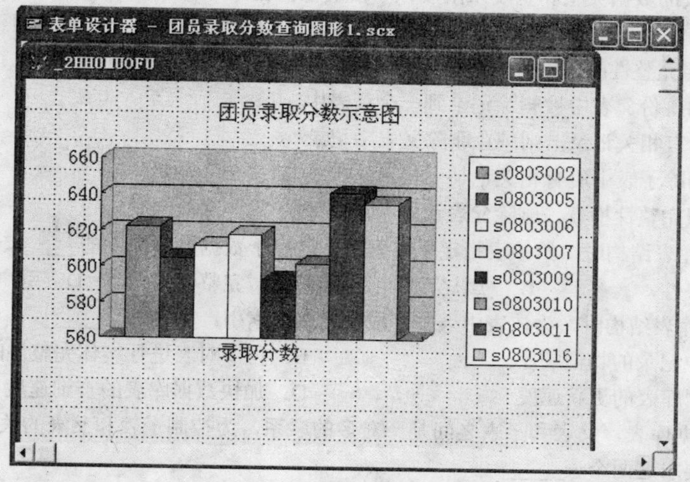

图 5-52 “表单设计器”窗口

（9）打开“表单”菜单，单击“执行表单”命令，运行结果如图 5-53 所示。

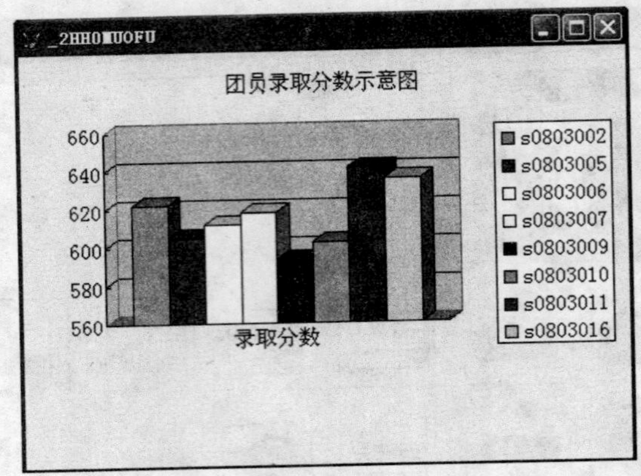

图 5-53 “团员录取分数查询”图形显示窗口

习题五

一、选择题

1．建立数据库表时，将年龄字段值限制在 15～40 岁之间的这种约束属于_____。

A．域完整性约束　　B．实体完整性约束

C．参照完整性约束　　D．视图完整性约束

2．Visual FoxPro 的参照完整性规则不包括______。

A．更新规则　　B．查询规则　　C．删除规则　　D．插入规则

3．创建一个名为 XS.DBC 的数据库文件，使用的命令是______。

A．CREATE　　B．CREATE XS

C．CREATE TABLE XS　　D．CREATE DATABASE XS

4．为了设置两个表之间的数据参照完整性，要求这两个表是______。

A．一个自由表和一个数据库表　　B．两个自由表

C．同一个数据库中的两个表　　D．没有限制

5．通过指定字段的数据类型和宽度来限制该字段的取值范围，这属于数据完整性中的______。

A．字段完整性　　B．域完整性　　C．实体完整性　　D．参照完整性

6．如果指定参照完整性的删除规则为“级联”，则当删除父表中的记录时_____。

A．系统自动备份父表中被删除记录到一个新表中

B．若子表中有相关记录，则禁止删除父表中记录

C．会自动删除子表中所有相关记录

D．不作参照完整性检查，删除父表记录与子表无关

7．在创建数据库表结构时，给该表指定了主索引，这属于数据完整性中的_____。

A．参照完整性　　B．实体完整性　　C．域完整性　　D．用户定义完整性

8．在创建数据库表结构时，为该表中一些字段建立普通索引，其目的是_____。

A．改变表中记录的物理顺序　　B．为了对表进行实体完整性的约束

C．加快数据库表的更新速度　　D．加快数据库表的查询速度

9．设有两个数据库表，父表和子表之间是一对多的联系，为控制子表和父表的关联，可以设置“参照完整性规则”，为此要求这两个表_____。

A．在父表连接字段上建立普通索引，在子表连接字段上建立主索引

B．在父表连接字段上建立主索引，在子表连接字段上建立普通索引

C．在父表连接字段上不需要建立任何索引，在子表连接字段上建立普通索引

D．在父表和子表的连接字段上都要建立主索引

10．打开数据库“职工.dbc”的正确命令是_____。

A．OPEN DATABASE 职工　　B．USE 职工
C．USE DATABASE 职工　　D．OPEN 职工

11．Visual FoxPro 的“参照完整性”中“插入规则”包括的选择是______。

A．级联和忽略　　B．级联和删除　　C．限制和忽略　　D．限制和删除

12．下列的完整性约束_____是唯一性约束。

A．CHECK　　B．UNIQUE　　C．NULL　　D．PRIMARY KEY

13．下列关于数据库表的说法中，正确的是_____。

A．不可设置长表名，但可设置长字段名
B．不可设置匹配字段类型，但可设置字段验证和记录验证以及触发器
C．可设置主索引和候选索引关键字
D．不可用 USE 命令直接打开

14．有一数据库名为“图书销售.DBC”，若要打开该数据库设计器，应使用命令_____。

A．OPEN 图书销售　　B．OPEN DATABASE 图书销售
C．MODIFY 图书销售　　D．MODIFY DATABASE 图书销售

15．当父表的索引类型是主索引，子表的索引类型是普通索引时，两个数据表间建立的永久关系是_____。

A．一对一　　B．一对多　　C．多对一　　D．多对多

16．查询设计器默认的查询去向是______。

A．浏览　　B．临时表　　C．屏幕　　D．报表

17．如果要在屏幕上直接看到查询结果，“查询去向”应该选择______。

A．临时表　　B．浏览　　C．临时表或屏幕　　D．浏览或屏幕

18．运行查询文件 cx.qpr 的命令是______。

A．USE cx　　B．USE cx.qpr　　C．DO cx.qpr　　D．DO cx

19．在 Visual FoxPro 中，关于视图的正确叙述是______。

A．在视图上不能进行更新操作
B．视图是从一个或多个数据库表导出的虚拟表
C．视图不能同数据库表进行连接操作
D．视图与数据库表相同，用来存储数据

20．在 Visual FoxPro 中，以下关于视图描述中错误的是______。

A．通过视图可以对表进行查询　　B．通过视图可以对表进行更新
C．视图是一个虚表　　D．视图就是一种查询

21．在 Visual FoxPro 中以下叙述正确的是______。

A．利用视图可以修改数据　　B．利用查询可以修改数据
C．查询和视图具有相同的作用　　D．视图可以定义输出去向

22．以下关于“查询”的描述正确的是______。

A．查询保存在项目文件中　　B．查询保存在数据库文件中
C．查询保存在表文件中　　D．查询保存在查询文件中

23．下列关于查询的描述不正确的是______。

A．查询只能在数据库表内进行
B．查询实际上就是一个定义好的 SQL SELECT 语句，在不同的场合可以直接使用
C．查询可以在自由表和数据库表之间进行
D．查询文件的扩展名为. QPR

24．视图设计器和查询设计器的界面很相似，它们的工具栏也基本一样，其中可以在查询设计器中使用而在视图设计器中没有的是______。

A．查询条件 B．查询去向 C．查询目标 D．查询字段

25．下列选项中视图不能够完成的是______。

A．指定可更新的表 B．指定可更新的字段

C．检查更新合法性 D．删除和视图相关联的表

26．下列关于视图的说法中不正确的是______。

A．可以用视图使数据暂时从数据库中分离成为自由数据

B．视图建立之后，可以脱离数据库单独使用

C．视图兼有表和查询的特点

D．视图可分为本地视图和远程视图

27．下列不是视图优点的是______。

A．视图可提高查询速度

B．视图可提高更新速度

C．视图减少了用户对数据库物理结构的依赖

D．视图提高了数据库应用的灵活性

28．关于查询和视图说法正确的是______。

A．查询可以定义查询去向，而视图不可以

D．查询和视图都可以修改数据库表的数据

C．视图可以定义查询去向，而查询不可以

D．查询和视图都不可以修改数据库表的数据

29．视图对应于数据库三级模式中的______。

A．模式 B．内模式 C．外模式 D．全部模式

30．在查询设计器的“查询去向”设置中，不能实现的输出是______。

A．表 B．报表 C．图形 D．视图

31．在Visual FoxPro中，查询设计器和视图设计器的主要不同表现在于______。

A．视图设计器有“更新条件”选项卡，有“查询去向”选项

B．视图设计器没有“更新条件”选项卡，没有“查询去向”选项

C．查询设计器没有“更新条件”选项卡，有“查询去向”选项

D．查询设计器有“更新条件”选项卡，没有“查询去向”选项

32．实现多表查询的数据不能是______。

A．多个数据表 B．多个自由表 C．本地视图 D．远程视图

33．在视图设计器中有的、而查询设计器中没有的选项卡是______。

A．更新条件 B．排序依据 C．分组依据 D．筛选

34．以下关于查询描述正确的是______。

A．不能根据自由表建立查询

B．只能根据自由表建立查询

C．只能根据数据库表建立查询

D．可以根据数据库表和自由表建立查询

35．在“添加表和视图”窗口，“其他”按钮的作用是让用户选择______。

A．数据库表 B．数据库 C．查询 D．不属于数据库的表

二、填空题

1．在Visual FoxPro中建立数据库文件时，其数据库文件的扩展名是______，同时会自动建立一个扩展名为______的数据库备注文件和一个扩展名为______的数据库索引文件。

2．建立名为“图书销售.DBC”的数据库，可在命令窗口中执行命令______。

3．打开数据库设计器的命令是______ DATABASE。

4．在 Visual FoxPro 中通过建立______来实现实体完整性约束。

5．在 Visual FoxPro 中，______规则包括更新规则、删除规则和插入规则。

6．执行 CREATE DATABASE 命令，可创建一个扩展名为______的数据库文件。

7．数据库表之间的一对多联系可通过主表的______索引和子表的______索引来实现。

8．在视图和查询中，利用______可以修改数据，利用______可以定义输出去向，但不能修改数据。

9．查询的设置保存在扩展名为______的查询文件中，而视图的定义则保存在______的文件中。

10．视图包括本地视图和______。

11．查询中的分组依据是将记录分组，每个组生成查询结果中的______条记录。

12．通过查询设计器中的______选项卡可以设定条件，从而实现多表查询。

13．在 Visual FoxPro 中，查询的数据可以来自于数据库表、临时表和______。

14．查询设计器中的“字段”选项卡，可以控制查询显示结果中的_____个数，并且可以通过 AS 子句来改变显示结果中的显示标题。

三、思考题

1．什么是数据库？数据库具有哪些特点？由哪些对象组成？

2．如何创建、打开和修改数据库？

3．如何向数据库添加表、移去表？

4．什么是数据库表？什么是自由表？二者的异同？

5．在 Visual FoxPro 的命令窗口，使用 SET RELATION TO 命令可以建立两个表之间的关联，这种关联是什么关联？这种关联与数据库表之间和永久关系有何区别？

6．参照完整性有何作用？

7．什么是视图？视图有何特点？

8．视图设计器与查询设计器有何异同？

9．如何建立视图？如何建立查询？

10．查询和视图有何异同？

11．在“查询去向”对话框中，提供了多少种输出格式？写出其名字和含义。

12．在查询设计器中，怎样查看查询操作所产生的 SQL 命令？

13．查询设计器默认查询的输出形式是什么？

第 6 章　SQL 查询语言的使用

【学习目标】

（1）了解 SQL 的基本知识。

（2）掌握 SQL 的数据查询操作。

（3）熟悉 SQL 的数据定义功能。

（4）熟悉 SQL 的数据操纵功能。

6.1　SQL 基础知识

SQL（Structured Query Language）是结构化查询语言，它是一种介于关系代数与关系演算之间的语言。SQL 是一种通用的、功能强大的关系数据库查语言。SQL 语言的版本包括 SQL-89、SQL-92 和 SQL-99。

SQL 语言主要包括下列特点：

（1）综合统一。SQL 语言集数据定义语言 DDL、数据操纵语言 DML、数据控制语言 DCL 的功能于一体，语言风格统一。

（2）高度非过程化。SQL 是非过程化的语言，用 SQL 语言进行数据操作，用户无需了解存取路径，存取路径的选择。SQL 语句的操作过程由系统自动完成。

（3）面向集合的操作方式。SQL 语言采用集合操作方式，不仅查找结果可以是元组的集合，而且一次插入、删除、更新操作的对象也可以是元组的集合。

（4）以同一种语法结构提供两种使用方式。SQL 语言既是自含式语言，又是嵌入式语言。在两种不同的使用方式下，SQL 语言的语法结构基本上是一致的。

（5）语言简洁，易学易用。SQL 语言功能极强，但十分简洁。完成数据定义、数据操纵、数据控制的核心功能只用了 9 个动词，如表 6-1 所示。

表 6-1　SQL 的语言动词

SQL 功能	动词
数据查询	SELECT
数据定义	CREATE，DROP，ALTER
数据操纵	INSERT，UPDATE，DELETE
数据控制	GRANT，REVOKE

6.2　SQL 的数据定义功能

关系数据库系统支持三级模式结构，其模式、外模式和内模式中的基本对象有表、视图和索引。因此 SQL 的数据定义功能包括定义表、定义视图和定义索引，如表 6-2 所示。

表 6-2　SQL 的数据定义

操作对象 \ 操作方式	创建	删除	修改
表	CREATE　TABLE	DROP　TABLE	ALTER　TABLE
视图	CREATE　VIEW	DROP　VIEW	无
索引	CREATE　INDEX	DROP　INDEX	无

6.2.1　创建表

1. 创建表的基本命令

在 SQL 语言中，使用 CREATE TABLE 命令创建数据表。

【命令】CREATE TABLE <表名> (<字段名 1> <类型>[(宽度 [,小数点位数])] ;
[,<字段名 2> <类型>[(宽度 [,小数点位数])]])

【功能】创建一个以<表名>为表的名字、以指定的字段属性定义的数据表。

【说明】定义表的各个属性时，需要指明其数据类型及长度。常用数据类型说明如表 6-3 所示。

表 6-3　数据类型说明

字段类型	定义格式	字段宽度
字符型	C(n)	n
日期型	D	系统定义 8
日期时间型	T	系统定义 8
数值型	N(n,d)	长度为 n，小数位数为 d
整型	I	系统定义 4
货币型	Y	系统定义 8
逻辑型	L	系统定义 1
备注型	M	系统定义 4
通用型	G	系统定义 4

【例 6-1】创建新表 xs01.dbf，其结构和学生表 xs.dbf 完全相同。

操作步骤如下：

（1）在命令窗口输入并执行以下命令建立数据表 xs01.dbf。

```
CREATE TABLE xs01(学号 C(8),姓名 C(8),性别 C(2), 出生日期 D,;
    录取分数 N(3,0),团员 L,特长 M,照片 G)
```

（2）执行 CREATE TABLE 命令后，新建表成为当前打开的表。

（3）在命令窗口输入并执行 Modify Structure 命令，或单击“显示”菜单的“表设计器”命令，打开“表设计器”对话框，即可看到表 xs01.dbf 的结构，如图 6-1 所示。

2. 创建表的同时定义完整性规则

对于数据库表，在创建表的时候，可通过以下命令格式对表的完整性规则进行定义。

【命令】CREATE TABLE <表名>(<字段名 1> <类型>[(宽度 [,小数点位数])] ;
[NOT NULL|NULL][PRIMARY KEY] ;
[DEFAULT 表达式 1] [CHECK 逻辑表达式 1] ;
[ERROR 字符串表达式 1] [,<字段名 2> <类型>;

[(宽度 [,小数点位数])] [NOT NULL|NULL] ;
[PRIMARY KEY] [DEFAULT 表达式 2] ;
[CHECK 逻辑表达式 2] [ERROR 字符串表达式 2]]…)

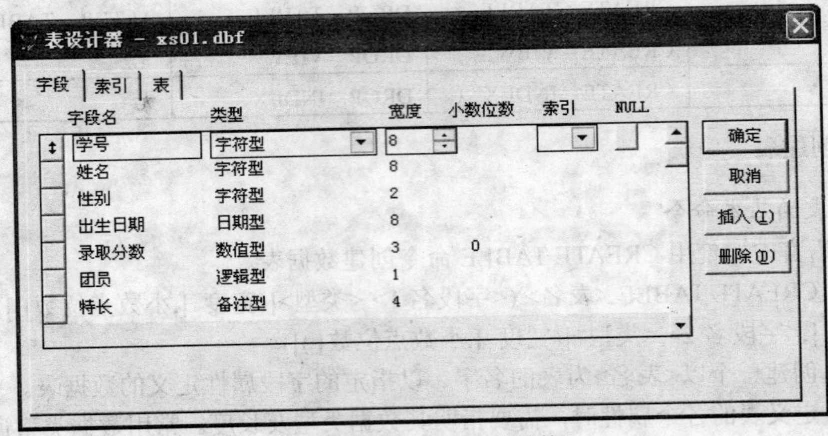

图 6-1 表 xs01.dbf 的结构

【功能】创建一个表。

【说明】

（1）NULL 子句定义字段可以为空值。

（2）NOT NULL 子句定义字段不能为空值。

（3）PRIMARY KEY 子句定义表的主索引。

（4）DEFAULT 子句定义字段的默认值。定义的默认值的类型应和字段的类型相同。

（5）CHECK 子句定义字段的有效性规则。定义的有效性规则必须是一个逻辑表达式。

（6）ERROR 子句定义当表中的记录违反有效性规则时系统提示的出错信息。ERROR 定义的出错提示信息必须是字符串表达式，字符串定界符不能省略。

【例 6-2】首先建立学生学籍数据库 xsxj.dbc，然后在该数据库中创建新表 xs02.dbf，其结构和学生表 xs.dbf 相同。其中，定义学号为表 xs02.dbf 的主关键字；出生日期的默认值是当前系统时间；录取分数的有效性规则是>0，如果违反有效性规则，系统提示“录取分数必须大于 0”。

操作步骤如下：

（1）在命令窗口输入并执行以下命令建立学生学籍数据库 xsxj.dbc。

```
CREATE DATABASE xsxj                    && 建立学生学籍数据库 xsxj.dbc
```

（2）在该数据库中创建新表 xs02.dbf，其结构和学生表 xs.dbf 相同。

```
CREATE TABLE xs02(学号 C(8) PRIMARY KEY, 姓名 C(8),性别 C(2), ;
出生日期 D DEFAULT DATE(), ;
录取分数 N(3,0) CHECK 录取分数>0 ERROR "录取分数必须大于 0",;
团员 L,特长 M,照片 G)
```

（3）在命令窗口输入并执行以下命令打开“表设计器”对话框。

```
MODIFY STRUCTURE
```

（4）在“表设计器”对话框的“字段”选项卡中，选择“录取分数”字段，可以看到该字段的有效性，如图 6-2 所示；选择“出生日期”字段，可以看到该字段的默认值是“DATE()”。选择“索引”选项卡，可以看到学号为主索引。

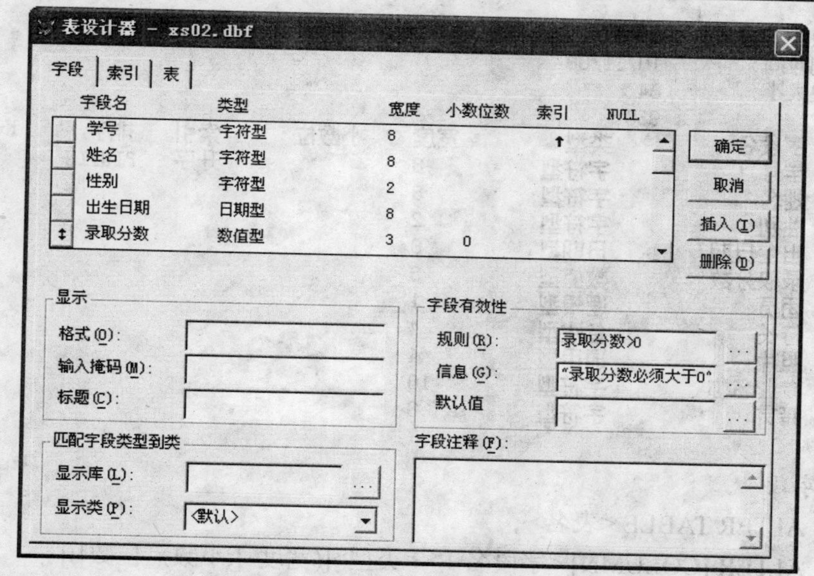

图 6-2　表 xs02.dbf 的结构

6.2.2　修改表的结构

在 SQL 语言中，使用 ALTER TABLE 命令修改表的结构，包括增加字段、删除字段、修改字段。对于数据库表，可以使用 ALTER TABLE 命令增加数据完整性规则、删除数据完整性规则和修改数据完整性规则。

1．增加字段

【命令】ALTER TABLE <表名>；

　　ADD [COLUMN] <字段名 1> <类型>[(宽度 [,小数点位数])]；

　　ADD [COLUMN] <字段名 2> <类型>[(宽度 [,小数点位数])]…

【功能】在表中增加新字段，并定义字段的属性。

【例 6-3】在表 xs02.dbf 中增加两个字段：专业名称 C(10)，籍贯 C(8)。

```
USE xs02
LIST STRUCTURE
数据记录数:          0
最近更新的时间:      10/11/08
备注文件块大小:      64
代码页:              936
  字段  字段名      类型      宽度  小数位  索引  排序    Nulls
    1   学号        字符型      8          升序  PINYIN   否
    2   姓名        字符型      8                         否
    3   性别        字符型      2                         否
    4   出生日期    日期型      8                         否
    5   录取分数    数值型      3                         否
    6   团员        逻辑型      1                         否
    7   特长        备注型      4                         否
    8   照片        通用型      4                         否
** 总计 **                     39
ALTER TABLE xs02 ADD 专业名称 C(10) ADD 籍贯 C(8)
LIST STRUCTURE
```

```
数据记录数:           0
最近更新的时间:       10/11/08
备注文件块大小:       64
代码页:               936
  字段  字段名        类型       宽度   小数位   索引  排序    Nulls
    1   学号          字符型      8              升序  PINYIN   否
    2   姓名          字符型      8                             否
    3   性别          字符型      2                             否
    4   出生日期      日期型      8                             否
    5   录取分数      数值型      3                             否
    6   团员          逻辑型      1                             否
    7   特长          备注型      4                             否
    8   照片          通用型      4                             否
    9   专业名称      字符型     10                             否
   10   籍贯          字符型      8                             否
** 总计 **                       57
```

2. 修改字段

【命令】ALTER TABLE <表名>;

ALTER [COLUMN] <字段名 1> <类型>[(宽度 [,小数点位数])];

ALTER [COLUMN] <字段名 2> <类型>[(宽度 [,小数点位数])]…

【功能】修改表中字段的属性。

【例 6-4】将表 xs02.dbf 的专业名称字段修改为 C(20)，录取分数字段修改为 N(7,2)。

```
ALTER TABLE xs02 ALTER 专业名称 C(20) ALTER 录取分数 N(7,2)
```

3. 删除字段

【命令】ALTER TABLE <表名>;

DROP [COLUMN]<字段名 1>;

[DROP [COLUMN] <字段名 2>]…

【功能】删除表中指定的字段。

【例 6-5】删除表 xs02.dbf 中的“专业名称”和“籍贯”两个字段。

```
ALTER TABLE xs02 DROP 专业名称 DROP 籍贯
```

4. 修改字段名

【命令】ALTER TABLE <表名> RNAME [COLUMN]<字段名 1> TO <字段名 2>

【功能】将表中<字段名 1>的名字修改为<字段名 2>。

【例 6-6】将表 xs02.dbf 的“姓名”字段的名称修改为“学生姓名”。

```
ALTER TABLE xs02 RENAME 姓名 TO 学生姓名
```

5. 定义或修改数据完整性

ALTER TABLE 语句操作数据库表的数据完整性的命令格式主要有两种。

（1）在增加字段的时候定义数据完整性。

【命令】ALTER TABLE <表名> ADD [COLUMN]<字段名>;

[NOT NULL|NULL][PRIMARY KEY];

[DEFAULT 表达式] [CHECK 逻辑表达式];

[ERROR 字符串表达式]

【功能】在表中增加新的字段，并且定义新字段的完整性规则。

【例 6-7】在表 xs02.dbf 中增加一个字段：附加分 N(6,2)，定义其有效性规则是“附加分>0”并且“附加分<录取分数”。

```
ALTER TABLE xs02 ADD 附加分 N(6,2) CHECK 附加分>0 AND 附加分<录取分数 ;
ERROR "附加分必须在 0 和录取分数之间"
```

（2）在修改字段的时候定义数据完整性。

【命令】ALTER TABLE <表名> ALTER [COLUMN]<字段名>；
　　[NOT NULL|NULL][PRIMARY KEY]；
　　[SET DEFAULT 表达式]；
　　[SET CHECK 逻辑表达式]；
　　[ERROR 字符串表达式]

【功能】在表中修改字段的数据完整性规则。

【例 6-8】设置表 xs02.dbf 中“团员”字段的默认值为.T.。

```
ALTER TABLE xs02 ALTER 团员 SET DEFAULT .T.
```

6.2.3 删除表

在 SQL 语言中，删除表的命令是 DROP TABLE。

【命令】DROP TABLE 表名

【功能】直接从磁盘上删除指定的表文件。如果删除的是数据库表，则需要打开相应的数据库，然后使用 DROP TABLE 命令删除数据库表。

【例 6-9】删除数据库表 xs02.dbf。

```
OPEN DATABASE xsxj
DROP TABLE xs02
```

6.2.4 视图的定义和删除

1. 定义视图

【命令】CREATE VIEW 视图名 AS SELECT 查询语句

【功能】根据 SELECT 查询语句查询的结果，定义一个视图。视图中的字段名将和 SELECT 查询语句中指定的字段名相同。

【例 6-10】在学生学籍数据库 xsxj.dbc 中定义一个视图 shsview，视图中包括团员的学号、姓名、性别和出生日期。

```
OPEN DATABASE xsxj
CREATE VIEW shsview AS SELECT 学号,姓名,性别,出生日期;
FROM xs WHERE 团员
```

执行以上语句后，在学生学籍数据库 xsxj.dbc 中创建一个新视图 shsview，如图 6-3 所示。

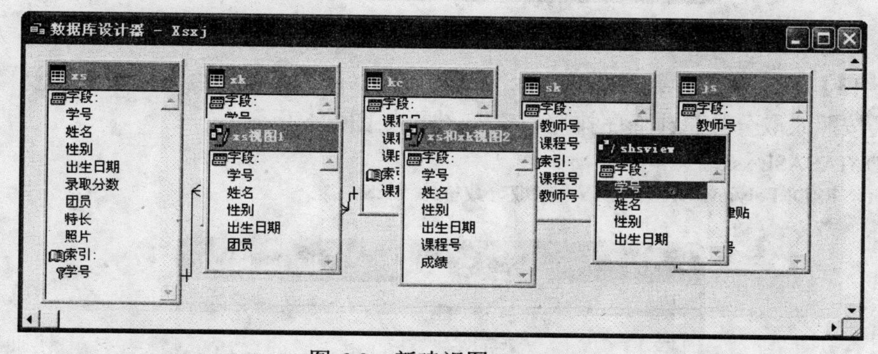

图 6-3　新建视图 shsview

【例 6-11】在学生学籍数据库 xsxj.dbc 中定义一个视图 cjview，视图中分别计算男女生录取分数的总计，要求定义视图的显示列名分别是性别和录取分数总计。

```
OPEN DATABASE xsxj
CREATE VIEW cjview AS;
SELECT  性别,SUM(录取分数) AS  录取分数总计;
FROM xs GROUP BY  性别
```

执行以上语句后，在学生学籍数据库 xsxj.dbc 中创建一个新视图 cjview，如图 6-4 所示。

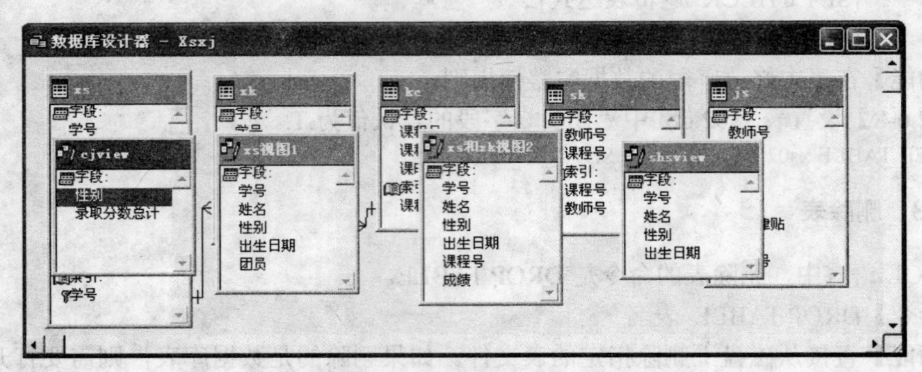

图 6-4　新建视图 cjxsv

2. 查询视图

可以对视图进行查询，查询的方法与查询表中的记录是一致的。

【例 6-12】查询学生学籍数据库 xsxj.dbc 中的 shsview 视图，查询结果显示学号、姓名、性别和出生日期，查询结果如图 6-5 所示。

```
OPEN DATABASE xsxj
SELECT  学号,姓名,性别,出生日期  FROM shsview
```

查询

学号	姓名	性别	出生日期
s0803002	张梦光	男	04/21/90
s0803005	汪雨帆	女	03/17/90
s0803006	皮大均	男	11/11/88
s0803007	黄春花	女	12/08/89
s0803009	柯之伟	男	06/19/89
s0803010	张嘉温	男	08/05/89
s0803011	罗丁丁	女	02/22/90
s0803016	张思开	男	10/12/89

图 6-5　查询视图 shsview 的结果

【例 6-13】查询学生学籍数据库 xsxj.dbc 中的 cjview 视图，查询结果包括视图中所有的字段，并且按照录取分数总计降序排序，查询结果如图 6-6 所示。

```
OPEN DATABASE xsxj
SELECT * FROM cjview ORDER BY   录取分数总计  DESC
```

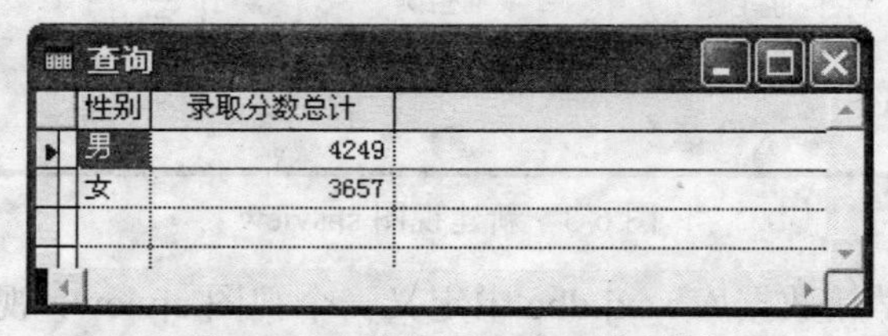

查询

性别	录取分数总计
男	4249
女	3657

图 6-6　查询视图 cjview 的结果

3. 删除视图

【命令】DROP VIEW 视图名

【功能】删除数据库中指定的视图。

【例 6-14】删除学生学籍数据库 xsxj.dbc 中的视图 shsview 和 cjview。

```
OPEN DATABASE xsxj
DROP VIEW shsview
DROP VIEW cjview
```

6.3 SQL 的数据查询功能

数据查询是对数据库中的数据按指定条件和顺序进行检索输出。使用数据查询可以对数据源进行各种组合，有效地筛选记录、统计数据，并对结果进行排序；使用数据查询可以让用户以需要的方式显示数据表中的数据，并控制显示数据表中的某些字段、某些记录及显示记录的顺序等。

数据查询是数据库的核心操作。虽然 SQL 语言的数据查询只有一条 SELECT 语句，但是该语句却是用途最广泛的一条语句，具有灵活的使用方法和丰富的功能。

6.3.1 SELECT 语句格式

SELECT 语句的一般格式如下：

【命令】
```
SELECT [ALL|DISTINCT] ;
    [TOP <表达式> [PERCENT]][<别名>.]<列表达式> ;
    [AS <栏名>][,[<别名.>]<列表达式>[AS <栏名>]…] ;
    FROM [<数据库名!>]<表名>[,[<数据库名!>]<表名>…] ;
    [INNER|LEFT|RIGHT|FULL JOIN [<数据库名!>]<表名> ;
    [ON <连接条件>…]] ;
    [[INTO TABLE<新表名>]|[TO FILE <文件名>|TO PRINTER|TO SCREEN]] ;
    [WHERE <连接条件>[AND <连接条件>…] ;
    [AND|OR<筛选条件>[AND|OR<筛选条件>…]]] ;
    [GROUP BY <列名>[,<列名>…]][HAVING <筛选条件>] ;
    [ORDER BY <列名>[ASC|DESC][,<列名>[ASC|DESC]…]]
```

【功能】实现数据查询。

【说明】

（1）SELECT 语句的执行过程为：根据 WHERE 子句的连接和检索条件，从 FROM 子句指定的基本表或视图中选取满足条件的记录，再按照 SELECT 子句中指定的列表达式，选出记录中的字段值形成结果表。

（2）ALL|DISTINCT：此两项分别代表显示全部满足条件的记录或消除重复的记录。TOP<表达式>[PERCENT]：指定查询结果包括特定数目的行数，或者包括全部行数的百分比。使用 TOP 子句时必须同时使用 ORDER BY 子句。

（3）[<别名>.]<列表达式>[AS <栏名>]：<列表达式>可以是 FROM 子句中指定数据表（可用<别名>引用）中的字段名，也可以是表达式。AS <栏名>表示可以给查询结果的列名重新命名。

（4）FROM [<数据库名!>]<表名>：列出查询要用到的所有数据表。<数据库名!>指定包含该表的非当前数据库。

（5）INNER|LEFT|RIGHT|FULL JOIN [<数据库名!>]<表名> [ON <连接条件>…]：INNER JOIN 是内连接查询；LEFT JOIN 是左外连接查询；RIGHT JOIN 是右外连接查询；FULL JOIN 是全外连接查询；ON <连接条件>指定表的连接条件。

（6）[INTO TABLE<新表名>]|[TO FILE <文件名>|TO PRINTER|TO SCREEN]：指定查询结果存放的地方。INTO TABLE<新表名>用来输出到数据表；TO FILE <文件名>用来输出到文本文件；TO PRINTER 用来输出到打印机，TO SCREEN 用来在屏幕上显示。

（7）WHERE <连接条件>[AND <连接条件>…][AND|OR<筛选条件>[AND|OR<筛选条件>…]]：在多表查询时，WHERE <连接条件>用于指定数据表之间连接的条件；WHERE <筛选条件>指定查询结果中的记录必须满足的条件。

（8）GROUP BY <列名>[,<列名>…] [HAVING <筛选条件>]：GROUP 子句将查询结果按照指定一个列或多个列上相同的值进行分组；HAIVING 指定查询结果中各组应满足的条件。

（9）ORDER BY <列名>[ASC|DESC][,<列名>[ASC|DESC]…]：指定一个或多个字段数据作为排序的基准，ASC 为升序；DESC 为降序，默认为升序。没有此项，查询结果不排序。

SELECT 语句中各子句的使用可分为投影查询、条件查询、统计查询、分组查询、查询排序、连接查询、嵌套查询和集合查询。

6.3.2 投影查询

投影查询是指从表中查询全部列或部分列。

1. 查询部分字段

如果用户只需要查询表的部分字段，可以在 SELECT 之后列出需要查询的字段名，字段名之间以英文逗号“,”分隔。

【例 6-15】从学生表 xs.dbf 中查询学号、姓名、性别和出生日期，如图 6-7 所示。

```
SELECT 学号,姓名,性别,出生日期 FROM xs
```

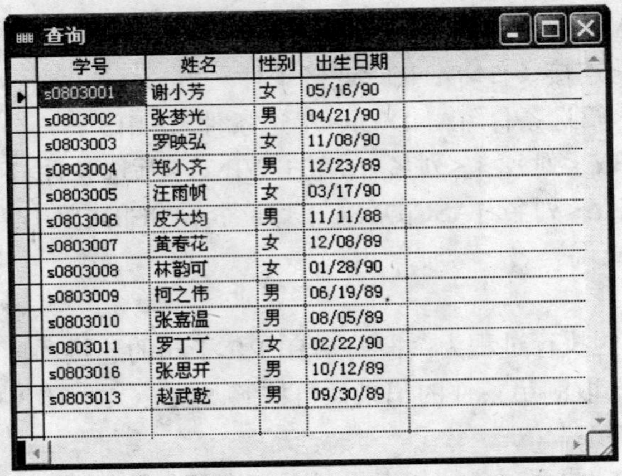

查询

学号	姓名	性别	出生日期
s0803001	谢小芳	女	05/16/90
s0803002	张梦光	男	04/21/90
s0803003	罗映弘	女	11/08/90
s0803004	郑小齐	男	12/23/89
s0803005	汪雨帆	女	03/17/90
s0803006	皮大均	男	11/11/88
s0803007	黄春花	女	12/08/89
s0803008	林韵可	女	01/28/90
s0803009	柯之伟	男	06/19/89
s0803010	张嘉温	男	08/05/89
s0803011	罗丁丁	女	02/22/90
s0803016	张思开	男	10/12/89
s0803013	赵武乾	男	09/30/89

图 6-7 查询结果

2. 查询全部字段

如果用户需要查询表的全部字段，可在 SELECT 之后列出表中所有字段，也可在 SELECT 之后直接用星号“*”来表示表中所有字段，而不必逐一列出。

【例 6-16】查询教师表 js.dbf 的全部数据，查询结果如图 6-8 所示。

```
SELECT * FROM js
```

以上查询等价于下面的查询语句：

SELECT 教师号,姓名,性别,职称,工资,政府津贴 FROM js

3. 取消重复记录

在 SELECT 语句中，可以使用 DISTINCT 来取消查询结果中重复的记录。

【例 6-17】查询选课表 xk.dbf 中有成绩记录的学号，查询结果如图 6-9 所示。

SELECT DISTINCT 学号 FROM xk

教师号	姓名	性别	职称	工资	政府津贴
t6001	孙倩倩	女	讲师	1600.00	F
t6002	赵洪康	男	教授	3000.00	T
t6003	张欧瑛	女	教授	3000.00	T
t6004	李叙真	男	副教授	2100.00	F
t6005	肖灵疆	男	助教	1200.00	F
t6006	江全岸	男	副教授	1820.00	F

图 6-8　查询表“教师.dbf”的全部数据

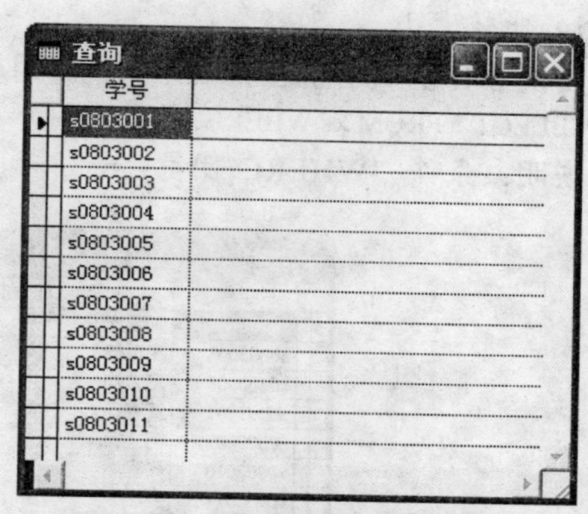

学号
s0803001
s0803002
s0803003
s0803004
s0803005
s0803006
s0803007
s0803008
s0803009
s0803010
s0803011

图 6-9　查询有成绩记录的学号

4. 查询经过计算的表达式

在 SELECT 语句中，查询的列，可以是字段，也可以是计算表达式。

【例 6-18】从教师表 js.dbf 中查询教师号、姓名、职称、工资和翻一番的工资，如图 6-10 所示。

SELECT 教师号,姓名,职称,工资,工资*2 AS 工资翻一番 FROM js

说明： AS 用来修改查询结果中指定列的列名。AS 可以省略。

教师号	姓名	职称	工资	工资翻一番
t6001	孙倩倩	讲师	1600.00	3200.00
t6002	赵洪康	教授	3000.00	6000.00
t6003	张欧瑛	教授	3000.00	6000.00
t6004	李叙真	副教授	2100.00	4200.00
t6005	肖灵疆	助教	1200.00	2400.00
t6006	江全岸	副教授	1820.00	3640.00

图 6-10　工资翻一番

6.3.3 条件查询

若要在数据表中找出满足某些条件的行时，则需使用 WHERE 子句来指定查询条件。常用的比较运算符如表 6-4 所示。

表 6-4　查询条件中常用运算符

运算符	含义	举例
=、>、<、>=、<=、!=、<>	比较大小	录取分数<590
NOT、AND、OR	多重条件	录取分数>0 AND 录取分数<600
BETWEEN AND、NOT BETWEEN AND	确定范围	录取分数 BETWEEN 0 AND 600

续表

运算符	含义	举例
IN、NOT IN	确定集合	性别 IN ("女","男")
LIKE、NOT LIKE	字符匹配	商品名称 LIKE "%电脑%"
IS NULL、IS NOT NULL	空值查询	商品名称 IS NOT NULL

1. 比较大小

【例 6-19】从学生表 xs.dbf 中查询团员的信息，查询结果如图 6-11 所示。

SELECT * FROM xs WHERE 团员

说明：条件“WHERE 团员”等价于“WHERE 团员=.T.”。

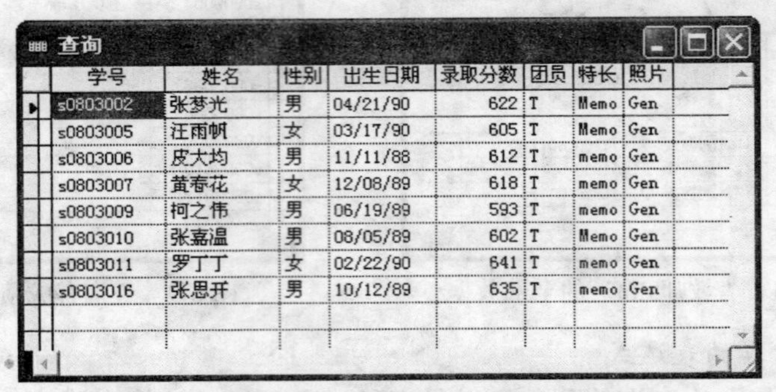

查询

学号	姓名	性别	出生日期	录取分数	团员	特长	照片
s0803002	张梦光	男	04/21/90	622	T	Memo	Gen
s0803005	汪雨帆	女	03/17/90	605	T	Memo	Gen
s0803006	皮大均	男	11/11/88	612	T	memo	Gen
s0803007	黄春花	女	12/08/89	618	T	memo	Gen
s0803009	柯之伟	男	06/19/89	593	T	memo	Gen
s0803010	张嘉温	男	08/05/89	602	T	Memo	Gen
s0803011	罗丁丁	女	02/22/90	641	T	memo	Gen
s0803016	张思开	男	10/12/89	635	T	memo	Gen

图 6-11 从学生表 xs.dbf 中查询团员的信息

【例 6-20】从学生表 xs.dbf 中查询 11 月份出生的学生的学号、姓名、性别和出生日期，查询结果如图 6-12 所示。

SELECT 学号,姓名,性别,出生日期 FROM xs WHERE MONTH(出生日期)=11

查询

学号	姓名	性别	出生日期
s0803003	罗映弘	女	11/08/90
s0803006	皮大均	男	11/11/88

图 6-12 查询 11 月份出生的学生

【例 6-21】从学生表 xs.dbf 中查询录取分数大于等于 620 分的学生的学号、姓名、性别、录取分数，查询结果如图 6-13 所示。

SELECT 学号,姓名,性别,录取分数 FROM xs WHERE 录取分数>=620

查询

学号	姓名	性别	录取分数
s0803002	张梦光	男	622
s0803011	罗丁丁	女	641
s0803016	张思开	男	635

图 6-13 查询录取分数大于等于 620 分的学生

2. 多重条件查询

当 WHERE 子句需要指定一个以上的查询条件时，则需要使用逻辑运算符 AND 和 OR 将其连接成复合逻辑表达式，AND 的运算优先级高于 OR。用户可使用括号改变优先级。

【例 6-22】从学生表 xs.dbf 中查询录取分数大于等于 600 分的男生的学号、姓名、性别、录取分数，查询结果如图 6-14 所示。

```
SELECT 学号,姓名,性别,录取分数 FROM xs ;
WHERE 录取分数>=600 AND 性别="男"
```

查询

学号	姓名	性别	录取分数
s0803002	张梦光	男	622
s0803006	皮大均	男	612
s0803010	张嘉温	男	602
s0803016	张思开	男	635

图 6-14 AND 条件查询

【例 6-23】从学生表 xs.dbf 中查询姓名中含有“张”或“小”字的学生的学号、姓名、性别、出生日期，查询结果如图 6-15 所示。

```
SELECT 学号,姓名,性别,出生日期 FROM xs WHERE "张"$姓名 OR "小"$姓名
```

查询

学号	姓名	性别	出生日期
s0803001	谢小芳	女	05/16/90
s0803002	张梦光	男	04/21/90
s0803004	郑小齐	男	12/23/89
s0803010	张嘉温	男	08/05/89
s0803016	张思开	男	10/12/89

图 6-15 OR 条件查询

【例 6-24】从学生表 xs.dbf 中查询 1990 年 1 月 1 日以后出生，且录取分数大于等于 600 分或小于等于 590 分的学生的信息，查询结果如图 6-16 所示。

```
SELECT * FROM xs WHERE 出生日期>{^1990-01-01} ;
AND (录取分数>=600 OR 录取分数<=590)
```

思考：条件“出生日期>{^1990-01-01} AND (录取分数>=600 OR 录取分数<=590)”和条件“出生日期>{^1990-01-01} AND 录取分数>=600 OR 录取分数<=590”是不同的，为什么？

查询

学号	姓名	性别	出生日期	录取分数	团员	特长	照片
s0803001	谢小芳	女	05/16/90	610	F	Memo	Gen
s0803002	张梦光	男	04/21/90	622	T	Memo	Gen
s0803005	汪雨帆	女	03/17/90	605	T	Memo	Gen
s0803008	林韵可	女	01/28/90	588	F	memo	Gen
s0803011	罗丁丁	女	02/22/90	641	T	memo	Gen

图 6-16 组合条件查询

3. 确定范围

确定范围的子句格式如下：

【格式】BETWEEN 下界表达式 AND 上界表达式

其含义是“在下界表达式和上界表达式之间，且包含上界表达式的值和下界表达式的值”。

确定不在某个范围的子句的格式如下：

【格式】NOT BETWEEN 下界表达式 AND 上界表达式

其含义是不在下界表达式和上界表达式之间的值。

【例 6-25】从选课表 xk.dbf 中查询成绩在 85 分到 100 分（含 85 分和 100 分）之间的学

号、课程号和成绩。

SELECT * FROM xk WHERE 成绩 BETWEEN 85 AND 100

等价于下列 SELECT 语句：

SELECT * FROM xk WHERE 成绩>=85 AND 成绩<=100

查询结果如图 6-17 所示。

【例 6-26】从选课表 xk.dbf 中查询成绩不在 85 分到 100 分之间的记录。

SELECT * FROM xk WHERE 成绩 NOT BETWEEN 85 AND 100

等价于下列 SELECT 语句：

SELECT * FROM xk WHERE 成绩<85 OR 成绩>100

查询结果如图 6-18 所示。

查询

学号	课程号	成绩
s0803003	c130	92
s0803004	c110	86
s0803006	c110	95
s0803009	c140	95
s0803011	c120	88
s0803011	c140	87
s0803011	c150	97
s0803001	c130	89

图 6-17 查询结果

查询

学号	课程号	成绩
s0803002	c110	78
s0803002	c150	65
s0803003	c140	53
s0803005	c120	72
s0803005	c140	80
s0803007	c130	65
s0803007	c110	80
s0803007	c160	75
s0803008	c130	64
s0803009	c110	66
s0803009	c120	82
s0803009	c130	70
s0803009	c150	72
s0803010	c140	67
s0803010	c160	75
s0803001	c110	61
s0803001	c120	74

图 6-18 查询成绩不在 85 分到 100 分之间的记录

4. 确定集合

利用 IN 操作可以查询字段值属于指定集合的记录，利用 NOT IN 操作可以查询字段值不属于指定集合的记录。

【例 6-27】从学生表 xs.dbf 中查询学号为 s0803003、s0803008 或 s0803016 的记录。

SELECT * FROM xs WHERE 学号 IN ("s0803003","s0803008","s0803016")

等价于下列 SELECT 语句：

SELECT * FROM xs ;
WHERE 学号="s0803003" OR 学号="s0803008" OR 学号="s0803016"

查询结果如图 6-19 所示。

查询

学号	姓名	性别	出生日期	录取分数	团员	特长	照片
s0803003	罗映弘	女	11/08/90	595	F	Memo	Gen
s0803008	林韵可	女	01/28/90	588	F	memo	Gen
s0803016	张思开	男	10/12/89	635	T	memo	Gen

图 6-19 集合 IN 查询

【例 6-28】从学生表 xs.dbf 中查询学号不属于 s0803003、s0803008 或 s0803016 的记录。

SELECT * FROM xs WHERE 学号 NOT IN ("s0803003","s0803008","s0803016")

查询结果如图 6-20 所示。

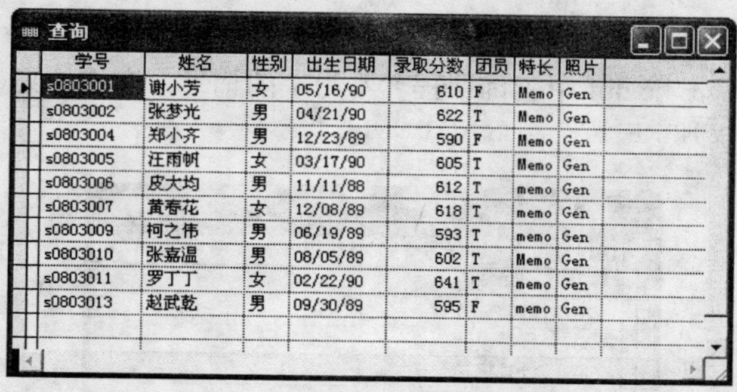

查询

学号	姓名	性别	出生日期	录取分数	团员	特长	照片
s0803001	谢小芳	女	05/16/90	610	F	Memo	Gen
s0803002	张梦光	男	04/21/90	622	T	Memo	Gen
s0803004	郑小齐	男	12/23/89	590	F	Memo	Gen
s0803005	汪雨帆	女	03/17/90	605	T	Memo	Gen
s0803006	皮大均	男	11/11/88	612	T	memo	Gen
s0803007	黄春花	女	12/08/89	618	T	memo	Gen
s0803009	柯之伟	男	06/19/89	593	T	memo	Gen
s0803010	张嘉温	男	08/05/89	602	T	Memo	Gen
s0803011	罗丁丁	女	02/22/90	641	T	memo	Gen
s0803013	赵武乾	男	09/30/89	595	F	memo	Gen

图 6-20　集合 NOT IN 查询

5. **部分匹配查询**

当用户不知道完全精确的查询条件时，可以使用 LIKE 或 NOT LIKE 进行字符串匹配查询（也称模糊查询）。

LIKE 定义的一般格式为：<字段名> LIKE <字符串常量>

说明：字段类型必须为字符型。字符串常量的字符可以包含如下 2 个特殊符号：

%：表示任意长度的字符串。

_：表示任意一个字符。

注意：在 Visual FoxPro 中，一个汉字用一个字符"_"表示。

【例 6-29】从学生表 xs.dbf 中查询所有姓名中包含有"小"字的学生的记录，查询结果如图 6-21 所示。

```
SELECT * FROM xs WHERE 姓名 LIKE "%小%"
```

等价于下面的查询语句：

```
SELECT * FROM xs WHERE "小"$姓名
```

或等价于下面的查询语句：

```
SELECT * FROM xs WHERE AT("小",姓名)>0
```

查询

学号	姓名	性别	出生日期	录取分数	团员	特长	照片
s0803001	谢小芳	女	05/16/90	610	F	Memo	Gen
s0803004	郑小齐	男	12/23/89	590	F	Memo	Gen

图 6-21　查询所有姓名中包含有"小"字的学生的记录

【例 6-30】从学生表 xs.dbf 中查询姓名中第二个汉字是"梦"字的记录，如图 6-22 所示。

```
SELECT * FROM xs WHERE 姓名 LIKE "_梦%"
```

等价于下面的查询语句：

```
SELECT * FROM xs WHERE SUBSTR(姓名,3,2)="梦"
```

查询

学号	姓名	性别	出生日期	录取分数	团员	特长	照片
s0803002	张梦光	男	04/21/90	622	T	Memo	Gen

图 6-22　查询姓名中第二个汉字是"梦"字的记录

6. **涉及空值查询**

在 SELECT 语句中，使用 IS NULL 和 IS NOT NULL 来查询某个字段的值是否为空值。

这里，IS 不能用等号“=”代替。

【例 6-31】从课程表 kc.dbf 中查询课程名不为空的记录，查询结果如图 6-23 所示。

SELECT * FROM kc WHERE 课程名 IS NOT NULL

查询

课程号	课程名	课时
c110	大学英语	80
c120	数学分析	80
c130	程序设计	48
c140	计算机导论	32
c150	数据结构	64
c160	大学物理	64

图 6-23 查询课程名不为空的记录

6.3.4 统计查询

在实际应用中，往往不仅要求将表中的记录查询出来，还需要在原有数据的基础上，通过计算来输出统计结果。SQL 提供了许多统计函数，增强了检索功能，一些常用函数如表 6-5 所示。在这些函数中，可以使用 DISTINCT 或 ALL。如果指定了 DISTINCT，在计算时取消指定列中的重复值；如果不指定 DISTINCT 或 ALL，则取默认值 ALL，不取消重复值。

表 6-5 常用统计函数及其功能

函数名称	功能
AVG	按列计算平均值
SUM	按列计算值的总和
COUNT	按列统计个数
MAX	求一列中的最大值
MIN	求一列中的最小值

注意：函数 SUM 和 AVG 只能对数值型字段进行计算。

【例 6-32】计算选课表 xk.dbf 中的最高成绩、最低成绩和平均成绩。

SELECT MAX(成绩) AS 最高成绩,MIN(成绩) AS 最低成绩,AVG(成绩) AS 平均成绩;
FROM xk

查询结果如图 6-24 所示。

【例 6-33】从学生表 xs.dbf 中，统计团员的人数，查询结果如图 6-25 所示。

SELECT COUNT(*) AS 团员的人数 FROM xs WHERE 团员

注意：COUNT(*)用来统计记录的个数，不消除重复行，不允许使用 DISTINCT。

查询

最高成绩	最低成绩	平均成绩
97	53	77.12

图 6-24 函数 MAX、MIN、AVG 的使用

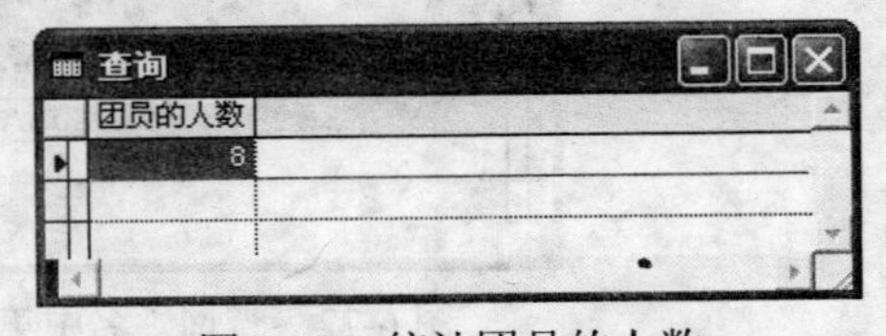

查询

团员的人数
8

图 6-25 统计团员的人数

【例 6-34】统计选课表 xk.dbf 中有成绩的学生人数，查询结果如图 6-26 所示。

SELECT COUNT(DISTINCT 学号) AS 有成绩的学生人数 FROM xk

思考：这里的 DISTINCT 为什么不能省略？

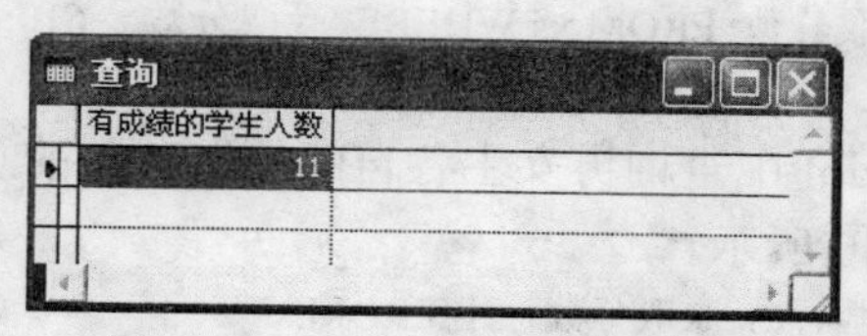

图 6-26　统计有成绩的学生人数

6.3.5　分组查询

1．分组查询

GROUP BY 子句可以将查询结果按照某个字段值或多个字段值的组合进行分组，每组在某个字段值或多个字段值的组合上具有相同的值。

如果没有对查询结果分组，使用统计函数是对查询结果中的所有记录进行统计。对查询结果分组以后，使用统计函数是对相同分组的记录进行统计。

【例 6-35】从选课表 xk.dbf 中查询学生选修同一门课程的人数。

```
SELECT 课程号,COUNT(*) AS 选修该课程的人数 FROM xk GROUP BY 课程号
```

查询结果如图 6-27 所示。

2．限定分组查询

如果查询要求分组满足某些条件，则需要使用 HAVING 子句来限定分组。HAVING 子句总是在 GROUP BY 子句之后，不可以单独使用。

【例 6-36】从选课表 xk.dbf 中查询学生选修同一门课程超过 4 人的课程号和人数。

```
SELECT 课程号,COUNT(学号) AS 选修该课程的人数 ;
FROM xk GROUP BY 课程号;
HAVING 选修该课程的人数>=4
```

说明："HAVING 选修该课程的人数>=40" 可用 "HAVING COUNT(学号)>=4" 代替。

查询结果如图 6-28 所示。

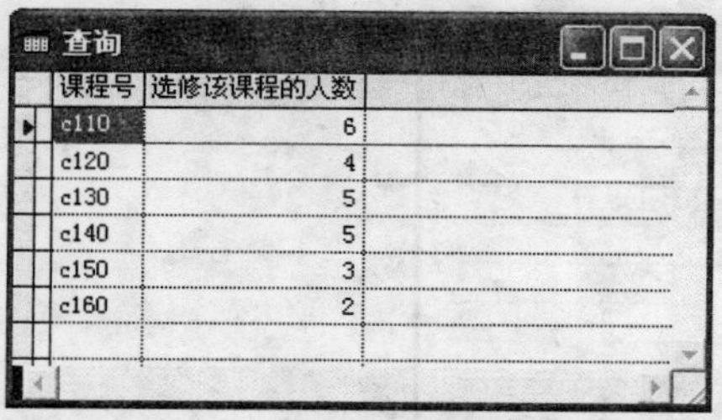

课程号	选修该课程的人数
c110	6
c120	4
c130	5
c140	5
c150	3
c160	2

图 6-27　查询学生选修同一门课程的人数

课程号	选修该课程的人数
c110	6
c120	4
c130	5
c140	5

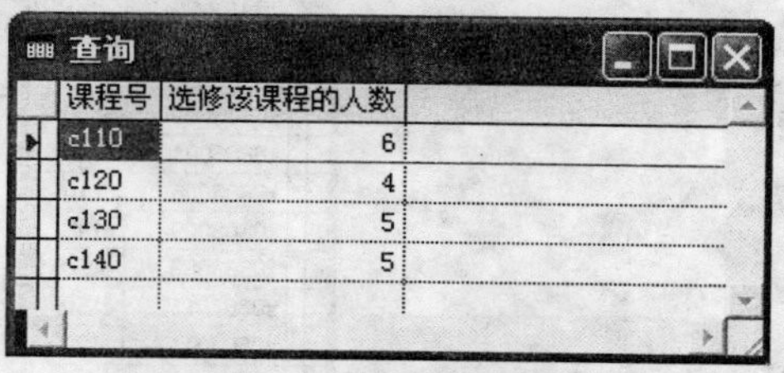

图 6-28　限定分组查询

6.3.6　查询的排序

当用户需要对查询结果排序时，可用 ORDER BY 子句对查询结果按一个或多个查询列的升序（ASC）或降序（DESC）排列，默认值为升序。ORDER BY 之后可以是查询列，也可以是查询列的序号。

1．单列排序

使用 ORDER BY 子句可对查询结果按一个查询列进行排序。

【例 6-37】从学生表 xs.dbf 中查询录取分数大于等于 610 分的学生的学号、姓名、性别

和录取分数，将查询结果按录取分数降序排列，查询结果如图 6-29 所示。

```
SELECT 学号,姓名,性别,录取分数 FROM xs WHERE 录取分数>=610;
ORDER BY 录取分数 DESC
```

【例 6-38】从学生表 xs.dbf 中查询男女生各自的录取分数的总计，并按照录取分数的总计升序排序，查询结果如图 6-30 所示。

```
SELECT 性别,SUM(录取分数) AS 录取分数总计 FROM xs ;
GROUP BY 性别 ORDER BY 录取分数总计
```

说明：这里“ORDER BY 录取分数总计”可以用“ORDER BY 2”代替（2 表示查询列的列序号），但不能“用 ORDER BY SUM(录取分数)”代替。

学号	姓名	性别	录取分数
s0803011	罗丁丁	女	641
s0803016	张思开	男	635
s0803002	张梦光	男	622
s0803007	黄春花	女	618
s0803006	皮大均	男	612
s0803001	谢小芳	女	610

图 6-29 按录取分数降序排列的查询

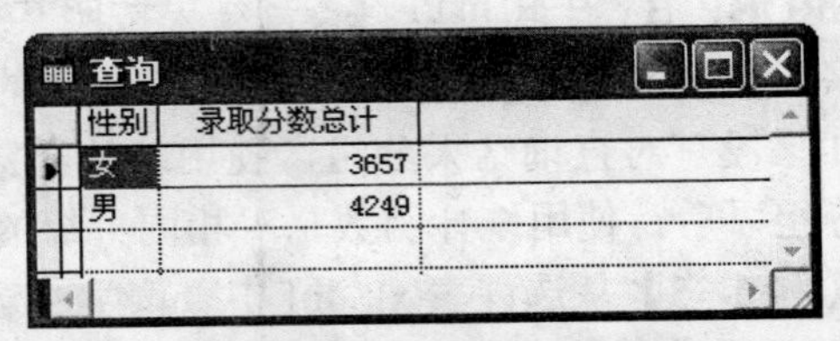

性别	录取分数总计
女	3657
男	4249

图 6-30 查询结果按照录取分数的总计升序排序

2. 多列排序

使用 ORDER BY 子句可以对查询结果按照多个查询列进行排序。多列排序的格式如下：

ORDER BY 列名 1 [ASC|DESC][，列名 2 [ASC|DESC]…]

多列排序的含义是：将查询结果首先按<列名 1>排序，在<列名 1>的值相同的情况下，按<列名 2>排序。

【例 6-39】从选课表 xk.dbf 中查询成绩大于 80 分的学号、课程号和成绩，查询结果按学号升序排序，学号相同的按照成绩降序排序。

```
SELECT * FROM xk WHERE 成绩>80 ORDER BY 学号,成绩 DESC
```

查询结果如图 6-31 所示。

学号	课程号	成绩
s0803001	c130	89
s0803003	c130	92
s0803004	c110	86
s0803006	c110	95
s0803009	c140	95
s0803009	c120	82
s0803011	c150	97
s0803011	c120	88
s0803011	c140	87

图 6-31 查询结果按多列排序

3. 查询前面部分记录

在排序的基础上，可以使用 TOP N [PERCENT]子句查询满足条件的前面部分记录，其中 N 是数值型表达式。如果没有 PERCENT，数值型表达式是 1 到 32767 之间的整数，表示显示前面 N 个记录；如果有 PERCENT，数值型表达式是 0.01 到 99.99 之间的实数，则显示前面百分之 N 的记录。

【例 6-40】从学生表 xs.dbf 中查询出录取分数最高的 2 个学生的记录，查询结果如图

6-32 所示。

```
SELECT * TOP 2 FROM xs ORDER BY 录取分数 DESC
```

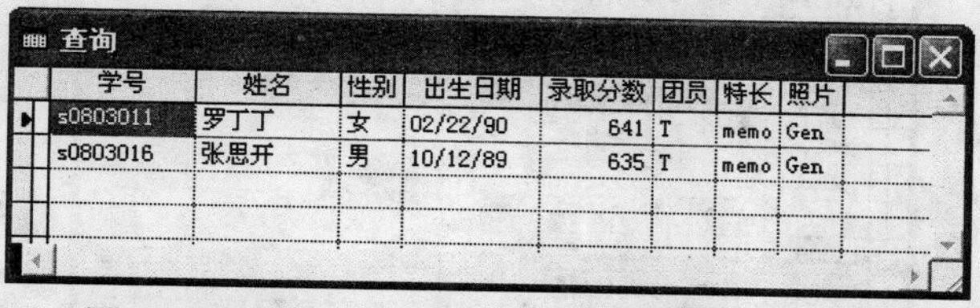

查询

学号	姓名	性别	出生日期	录取分数	团员	特长	照片
s0803011	罗丁丁	女	02/22/90	641	T	memo	Gen
s0803016	张思开	男	10/12/89	635	T	memo	Gen

图 6-32　查询出录取分数最高的 2 个学生的记录

【例 6-41】从学生表 xs.dbf 中查询出录取分数最低的后 30%的学生记录，查询结果如图 6-33 所示。

```
SELECT * TOP 30 PERCENT FROM xs ORDER BY 录取分数
```

查询

学号	姓名	性别	出生日期	录取分数	团员	特长	照片
s0803008	林韵可	女	01/28/90	588	F	memo	Gen
s0803004	郑小齐	男	12/23/89	590	F	Memo	Gen
s0803009	柯之伟	男	06/19/89	593	T	memo	Gen
s0803003	罗映弘	女	11/08/90	595	F	Memo	Gen
s0803013	赵武乾	男	09/30/89	595	F	memo	Gen

图 6-33　查询出录取分数最低的后 30%的学生记录

6.3.7　内连接查询

前面的查询都是针对一个表进行的。当一个查询同时涉及多个（两个以上）表时，称为连接查询。连接查询主要包括内连接查询和外连接查询。下面主要介绍内连接查询。

内连接查询是多个表中满足连接条件的记录才出现在结果表中的查询。在 Visual FoxPro 中，实现两个表的内连接查询的格式有以下两种：

（1）SELECT 查询列 FROM 表 1,表 2 WHERE 连接条件 AND 查询条件

（2）SELECT 查询列 FROM 表 1 [INNER] JOIN 表 2 ON 连接条件 WHERE 查询条件

说明：INNER 可以省略。常用的连接条件是：表 1.公共字段=表 2.公共字段。

DBMS 在执行连接查询的过程是：首先在表 1 中找到第 1 个记录，然后从表头开始扫描表 2，逐一查找满足条件的记录，找到后就将该记录和表 1 中的第 1 个记录进行拼接，形成查询结果中的一个记录；表 2 中的记录全部查找以后，再找表 1 中的第 2 个记录，然后再从头开始扫描表 2，逐一查找满足连接条件的记录，找到后将该记录和表 1 中的第 2 个记录进行拼接，形成查询结果中的一个记录。重复上述操作，直到表 1 中的记录全部处理完毕。

【例 6-42】从授课表 sk.dbf 和课程表 kc.dbf 中，查询各个教师担任课程的课程号及课程名，查询结果如图 6-34 所示。

分析：查询中涉及授课表 sk.dbf 和课程表 kc.dbf，两个表之间通过公共字段“课程号”建立连接。实现查询的命令如下：

```
SELECT sk.教师号,sk.课程号,kc.课程名 FROM sk,kc ;
WHERE sk.课程号=kc.课程号
```

说明：查询表中不同表同名字段，需要用别名或表名加以限定。

【例 6-43】从学生表 xs.dbf 和选课表 xk.dbf 中，查询学号为 s0803007 或 s0803009 的学生的选课情况及其成绩，显示其学号、课程号和成绩，查询结果如图 6-35 所示。

教师号	课程号	课程名
t6001	c110	大学英语
t6002	c150	数据结构
t6002	c160	大学物理
t6003	c120	数学分析
t6003	c140	计算机导论
t6003	c160	大学物理
t6004	c130	程序设计
t6005	c120	数学分析
t6005	c140	计算机导论
t6005	c160	大学物理

图 6-34 查询各个教师担任的课程

```
SELECT xs.学号, xk.课程号,xk.成绩 FROM xs,xk ;
WHERE xs.学号=xk.学号 AND (xs.学号="s0803007" OR xs.学号="s0803009")
```

注意：查询中的(xs.学号="s0803007" OR xs.学号="s0803009")中的括号不能少。

学号	课程号	成绩
s0803007	c130	65
s0803007	c110	80
s0803007	c160	75
s0803009	c110	66
s0803009	c120	82
s0803009	c130	70
s0803009	c140	95
s0803009	c150	72

图 6-35 查询学号为 s0803007 或 s0803009 的学生的选课情况

【例 6-44】查询学号为 s0803009 的学生的选课情况，要求显示学号、课程号和课程名，查询结果如图 6-36 所示。

分析：该查询要使用 xs.dbf、xk.dbf、kc.dbf 三个表，学生表 xs.dbf 和选课表 xk.dbf 之间通过公共字段“学号”建立连接；课程表 kc.dbf 和选课表 xk.dbf 之间通过公共字段“课程号”建立连接。

实现查询的命令如下：

```
SELECT xs.学号,xk.课程号,kc.课程名 FROM xs,xk,kc;
WHERE xs.学号=xk.学号 AND kc.课程号=xk.课程号;
AND xs.学号="s0803009"
```

学号	课程号	课程名
s0803009	c110	大学英语
s0803009	c120	数学分析
s0803009	c130	程序设计
s0803009	c140	计算机导论
s0803009	c150	数据结构

图 6-36 3 张表的连接查询

6.3.8 自连接查询

前面介绍的连接查询涉及多个不同的表，SQL 还支持将同一个表与其自身进行连接，这种连接查询称为自连接查询。在自连接查询中，必须将查询涉及的表名定义为别名。在查询涉及的字段前面，用别名加以限定。

定义表的别名的语法是：<表名>.<别名>

【例 6-45】查询录取分数大于“谢小芳”的录取分数的学生的学号、姓名和录取分数。

```
SELECT a.学号, a.姓名, a.录取分数  FROM xs a, xs b;
WHERE a.录取分数>b.录取分数  and b.姓名="谢小芳"
```

查询结果如图 6-37 所示。

查询

学号	姓名	录取分数
s0803002	张梦光	622
s0803006	皮大均	612
s0803007	黄春花	618
s0803011	罗丁丁	641
s0803016	张思开	635

图 6-37　自连接查询

6.3.9　修改查询去向

SELECT 语句默认的输出去向是在浏览窗口中显示查询结果。可以使用特殊的子句来修改 SELECT 语句的查询结果的输出去向。

1. 将查询结果存放到永久表中

使用子句 INTO DBF | TABLE <表名>，可以将查询结果存放到永久表中（.DBF 文件）。查询语句执行结束后，永久表自动打开，成为当前文件。

【例 6-46】查询所有女生的选课情况，将女生的学号、姓名、性别以及所选课程的课程号和成绩保存在表 nsxk.dbf 中。

```
SELECT xs.学号,xs.姓名,xs.性别,xk.课程号,xk.成绩  FROM xs,xk ;
WHERE xs.学号=xk.学号  AND xs.性别="女" INTO TABLE nsxk
```

执行该 SELECT 语句后，将在当前目录中生成一个永久表 nsxk.dbf，该表中存放的是 SELECT 语句的查询结果。打开表 nsxk.dbf，然后打开“显示”菜单，单击“浏览”命令，或执行 BROWSE 命令，可以看到表 nsxk.dbf 的记录，如图 6-38 所示。

Nsxk

学号	姓名	性别	课程号	成绩
s0803003	罗映弘	女	c130	92
s0803003	罗映弘	女	c140	53
s0803005	汪雨帆	女	c120	72
s0803005	汪雨帆	女	c140	80
s0803007	黄春花	女	c130	65
s0803007	黄春花	女	c110	80
s0803007	黄春花	女	c160	75
s0803008	林韵可	女	c130	64
s0803011	罗丁丁	女	c120	88
s0803011	罗丁丁	女	c140	87
s0803011	罗丁丁	女	c150	97
s0803001	谢小芳	女	c110	61
s0803001	谢小芳	女	c130	89
s0803001	谢小芳	女	c120	74

图 6-38　SELECT 语句生成的永久表 nsxk.dbf

【例 6-47】使用 SELECT 语句将学生表 xs.dbf 复制到表 xs1.dbf 中。

```
SELECT * FROM xs INTO TABLE xs1
```

执行该 SELECT 语句后，生成表 xs1.dbf，该表的结构和记录与 xs.dbf 完全相同。

2. 将查询结果存放在临时文件中

使用子句 INTO CURSOR <临时表文件名>，将查询结果存放到临时数据表文件中。该子句生成的临时文件是一个只读的.dbf 文件，当查询结束后，该临时文件是当前文件，可以像一般的.dbf 文件一样使用（当然是只读）。当关闭查询相关的表文件时，该临时文件自动删除。

【例 6-48】查询各学生的学号和实际选课门数，将查询结果保存在临时表 xsxk.dbf 中。

```
SELECT xs.学号,COUNT(xk.课程号) AS 实际选课门数 FROM xs,xk ;
WHERE xs.学号=xk.学号 GROUP BY xk.学号;
INTO CURSOR xsxk
```

临时表 xsxk.dbf 的记录如图 6-39 所示。

Xsxk

学号	实际选课门数
s0803001	3
s0803002	2
s0803003	2
s0803004	1
s0803005	2
s0803006	1
s0803007	3
s0803008	1
s0803009	5
s0803010	2
s0803011	3

图 6-39　SELECT 语句生成的临时表

3. 将查询结果存放到文本文件中

使用子句 TO FILE <文本文件名>[ADDITIVE]，可将查询结果存放到文本文件（默认扩展名是.txt）。如果使用 ADDITIVE，结果将追加到原文件的尾部，否则将覆盖原有文件。

【例 6-49】查询选修了“程序设计”课程的学生的学号、课程号、课程名和成绩，将查询结果保存在文本文件 jsj.txt 中。

```
SELECT xk.学号,xk.课程号,kc.课程名,xk.成绩 FROM xk,kc ;
WHERE xk.课程号=kc.课程号;
AND 课程名="程序设计" TO FILE jsj
```

文本文件 jsj.txt 的内容如下：

学号	课程号	课程名	成绩
s0803003	c130	程序设计	92
s0803007	c130	程序设计	65
s0803008	c130	程序设计	64
s0803009	c130	程序设计	70
s0803001	c130	程序设计	89

4. 将查询结果存放到数组中

可以使用子句 INTO ARRAY <数组名>，将查询结果存放到<数组名>指定的数组中。一般将存放查询结果的数组作为二维数组来使用，数组的每行对应一个记录，每列对应于查询结果的一列。查询结果存放在数组中，可以非常方便地在程序中使用。注意：SELECT 语句不能将查询结果保存到一个简单变量中。

【例 6-50】查询选修了“程序设计”课程的学生的学号、课程号和成绩，将查询结果保存在数组 a1 中。

```
SELECT xk.学号,xk.课程号,xk.成绩 FROM xk,kc ;
```

```
WHERE xk.课程号=kc.课程号;
AND 课程名="程序设计" INTO ARRAY a1
```

执行下列命令，可以显示数组 a1 中的部分元素：

```
?a1(1,1),a1(1,2),a1(1,3)
s0803003 c130        92
```

5. 将查询结果直接输出到打印机

使用子句 TO PRINTER [PROMPT]，将查询结果输出到打印机。如果增加 PROMPT 选项，在开始打印之前，系统会弹出打印机设置对话框。

6.3.10 嵌套查询

在 SELECT 语句中，一个 SELECT-FROM-WHERE 语句称为一个查询块。一个查询块（子查询）嵌套在另一个查询块（父查询）中的 WHERE 条件或 HAVING 子句的查询称为嵌套查询。系统在处理嵌套查询时，首先查询出子查询的结果，然后将子查询的结果用于父查询的查询条件中。

1. 带比较运算符号的子查询

在嵌套查询中，当子查询的结果是一个单值（只有一个记录，一个字段值），可以用>、<、>=、<=、<>等比较运算符来生成父查询的查询条件。

【例 6-51】查询录取分数大于“谢小芳”的录取分数的学生的学号、姓名和录取分数。

```
SELECT 学号,姓名,录取分数 FROM xs WHERE 录取分数>;
(SELECT 录取分数 FROM xs WHERE 姓名="谢小芳")
```

查询结果如图 6-40 所示。

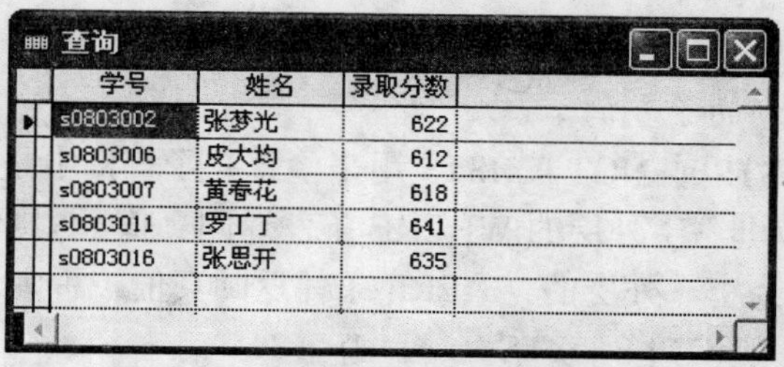

查询

学号	姓名	录取分数
s0803002	张梦光	622
s0803006	皮大均	612
s0803007	黄春花	618
s0803011	罗丁丁	641
s0803016	张思开	635

图 6-40　查询结果

【例 6-52】查询录取分数最高的学生的学号、姓名和录取分数，查询结果如图 6-41 所示。

```
SELECT 学号,姓名,录取分数 FROM xs;
WHERE 录取分数=(SELECT MAX(录取分数) FROM xs)
```

查询

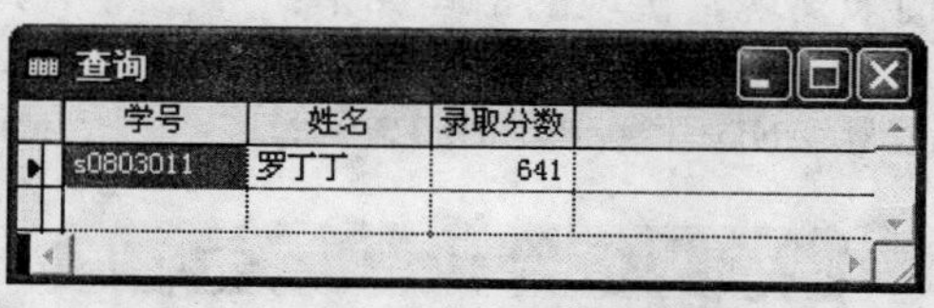

学号	姓名	录取分数
s0803011	罗丁丁	641

图 6-41　查询录取分数最高分

2. IN 谓词子查询

在嵌套查询中，子查询的结果一般是一个集合，因此在外层查询中，可以用 IN 谓词来作为查询条件。IN 谓词的使用格式如下：

父查询 WHERE 字段 IN (子查询)

【例 6-53】查询有选课记录的学生的信息，查询结果如图 6-42 所示。

SELECT * FROM xs WHERE 学号 IN (SELECT 学号 FROM xk)

本查询可以用连接查询来实现，实现的语句如下：

SELECT DISTINCT xs.* FROM xs,xk WHERE xs.学号=xk.学号

查询

学号	姓名	性别	出生日期	录取分数	团员	特长	照片
s0803001	谢小芳	女	05/16/90	610	F	Memo	Gen
s0803002	张梦光	男	04/21/90	622	T	Memo	Gen
s0803003	罗映弘	女	11/08/90	595	F	Memo	Gen
s0803004	郑小齐	男	12/23/89	590	F	Memo	Gen
s0803005	汪雨帆	女	03/17/90	605	T	Memo	Gen
s0803006	皮大均	男	11/11/88	612	T	memo	Gen
s0803007	黄春花	女	12/08/89	618	T	memo	Gen
s0803008	林韵可	女	01/28/90	588	F	memo	Gen
s0803009	柯之伟	男	06/19/89	593	T	memo	Gen
s0803010	张嘉温	男	08/05/89	602	T	Memo	Gen
s0803011	罗丁丁	女	02/22/90	641	T	memo	Gen

图 6-42　查询有选课记录的学生的信息

【例 6-54】查询没有选课记录的学生的信息，查询结果如图 6-43 所示。

SELECT * FROM xs WHERE 学号 NOT IN (SELECT 学号 FROM xk)

查询

学号	姓名	性别	出生日期	录取分数	团员	特长	照片
s0803016	张思开	男	10/12/89	635	T	memo	Gen
s0803013	赵武乾	男	09/30/89	595	F	memo	Gen

图 6-43　查询没有选课记录的学生的信息

3. 带有 EXISTS 谓词的子查询

在嵌套查询中，EXISTS 或 NOT EXISTS 用来检查在子查询中是否有结果返回。使用谓词 EXSITS，若子查询结果为非空，外层的 WHERE 条件返回真值，否则返回假值；使用谓词 NOT EXSITS，若子查询结果为空，外层的 WHERE 条件返回真值，否则返回假值。

该类查询的格式为：[NOT] EXISTS (子查询)

【例 6-55】查询学号为 s0803007 的学生选修的课程名称，查询结果如图 6-44 所示。

本查询涉及选课表 xk.dbf 和 kc.dbf。

```
SELECT 课程名 FROM kc WHERE EXISTS ;
(SELECT * FROM xk WHERE xk.课程号=kc.课程号 AND 学号="s0803007")
```

本查询可以用连接查询来实现，实现的语句如下：

```
SELECT 课程名 FROM kc,xk ;
WHERE xk.课程号=kc.课程号 AND 学号="s0803007"
```

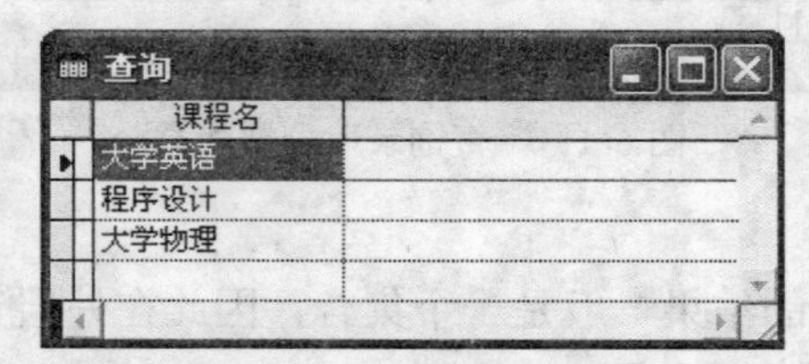

查询

课程名
大学英语
程序设计
大学物理

图 6-44　查询学号为 s0803007 的学生选修的课程名称

【例 6-56】查询学号为 s0803007 的学生没有选修的课程名称，查询结果如图 6-45 所示。

```
SELECT 课程名 FROM kc WHERE NOT EXISTS ;
(SELECT * FROM xk WHERE xk.课程号=kc.课程号 AND 学号="s0803007")
```

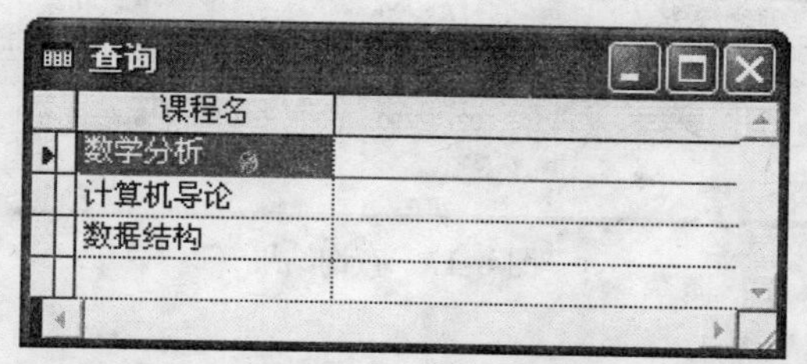

图 6-45　查询学号为 s0803007 的学生没有选修的课程名称

4. 带有 ANY、ALL 或 SOME 量词的子查询

ANY、ALL 或 SOME 是量词，其中 ANY 和 SOME 是相同的，其用法如表 6-6 所示。

表 6-6　ANY，ALL 量词运算的含义

量词运算	含义
>[=]ANY	大于[等于]子查询结果中某个记录的值
>[=]ALL	大于[等于]子查询结果中所有记录的值
<[=]ANY	小于[等于]子查询结果中某个记录的值
<[=]ALL	小于[等于]子查询结果中所有记录的值

该类查询的格式是：<表达式><比较运算符>[ANY|SOME|ALL]

【例 6-57】查询其工资大于所有副教授的工资并享受政府津贴的女教师的信息，查询结果如图 6-46 所示。

```
SELECT * FROM js ;
WHERE 工资>ALL(SELECT 工资 FROM js WHERE 职称="副教授") ;
AND 政府津贴 AND 性别="女"
```

本查询可以用 MAX()函数来实现，其查询语句如下：

```
SELECT * FROM js ;
WHERE 工资>(SELECT MAX(工资) FROM js WHERE 职称="副教授");
AND 政府津贴 AND 性别="女"
```

教师号	姓名	性别	职称	工资	政府津贴
t8003	张欧瑛	女	教授	3000.00	T

图 6-46　查询结果

【例 6-58】查询录取分数大于某个团员的女生的信息，查询结果如图 6-47 所示。

```
SELECT * FROM xs ;
WHERE 录取分数>ANY(SELECT 录取分数 FROM xs WHERE 团员);
AND 性别="女"
```

本查询可以用 MIN()函数来实现，其查询语句如下：

```
SELECT * FROM xs WHERE 录取分数>;
(SELECT MIN(录取分数) FROM xs WHERE 团员);
AND 性别="女"
```

查询

学号	姓名	性别	出生日期	录取分数	团员	特长	照片
s0803001	谢小芳	女	05/16/90	610	F	Memo	Gen
s0803003	罗映弘	女	11/08/90	595	F	Memo	Gen
s0803005	汪雨帆	女	03/17/90	605	T	Memo	Gen
s0803007	黄春花	女	12/08/89	618	T	memo	Gen
s0803011	罗丁丁	女	02/22/90	641	T	memo	Gen

图 6-47　查询结果

6.3.11　集合查询

SELECT 语句的查询结果是记录的集合，因此多个 SELECT 语句的查询结果可以进行集合操作。这里主要介绍集合的并操作 UNION。参加 UNION 操作的各个查询的结果的字段数目必须相同，对应的数据类型也必须相同。

【例 6-59】查询录取分数大于 620 分或小于 590 分的学生记录，查询结果如图 6-48 所示。

```
SELECT * FROM xs WHERE 录取分数>620;
UNION ;
SELECT * FROM xs WHERE 录取分数<590
```

本查询可以使用运算符 OR 来实现，其查询语句如下：

```
SELECT * FROM xs WHERE 录取分数>620 OR 录取分数<590
```

查询

学号	姓名	性别	出生日期	录取分数	团员	特长	照片
s0803002	张梦光	男	04/21/90	622	T	Memo	Gen
s0803008	林韵可	女	01/28/90	588	F	memo	Gen
s0803011	罗丁丁	女	02/22/90	641	T	memo	Gen
s0803016	张思开	男	10/12/89	635	T	memo	Gen

图 6-48　查询录取分数大于 620 分或小于 590 分的学生记录

【例 6-60】查询选修了 c110 或 c160 课程的学号，查询结果如图 6-49 所示。

```
SELECT 学号 FROM xk WHERE 课程号="c110";
UNION;
SELECT 学号 FROM xk WHERE 课程号="c160"
```

说明：使用 UNION 进行多个查询的并运算时，系统会自动取消重复的记录。

查询

学号
s0803001
s0803002
s0803004
s0803006
s0803007
s0803009
s0803010

图 6-49　查询选修了 c110 或 c160 课程的学号

6.4　SQL 的数据操纵功能

SQL 语言的数据操纵也称为数据更新，主要包括插入数据、修改数据和删除数据 3 种语句。

6.4.1　插入记录

插入数据是把新的记录插入到一个存在的表中。插入数据使用语句 INSERT INTO。

【命令】INSERT INTO <表名>[(<字段名 1>[,<字段名 2>…])] ;
　　　　VALUES(<值 1>[,<值 2>…])

【功能】将新记录插入到指定的表中，分别用值 1、值 2 等为字段名 1、字段名 2 等赋值。

【说明】<表名>指定要插入新记录的表；<字段名>是可选项，指定待添加数据的列；VALUES 子句指定待插入记录的各个字段的值。

INSERT 语句中字段的排列顺序不一定要和表结构中字段的顺序一致。但当指定字段名时，VALUES 子句值的排列顺序必须和指定字段名的排列顺序一致，个数相等，数据类型一一对应。

INTO 语句中没有出现的字段名，新记录在这些字段上将取空值（如果在表定义时说明了 NOT NULL 的字段可以取空值）。如果 INTO 子句没有带任何字段名，则插入的新记录的字段的值顺序必须在和表结构的字段顺序一致，而且必须在每个字段上均有值。

【例 6-61】在课程表 kc.dbf 中插入一条新的记录("c170","商务智能",32)。

```
INSERT INTO kc VALUES("c170","商务智能",32)
```

注意：*各列名和数据必须用逗号分开，字符型数据要用字符定界符括起来。*

插入记录以后，执行以下命令查询课程表 kc.dbf 中的记录，如图 6-50 所示。

```
SELECT * FROM kc
```

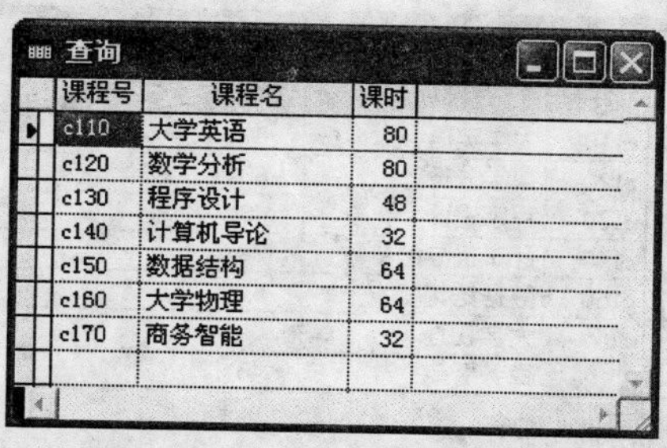

查询

课程号	课程名	课时
c110	大学英语	80
c120	数学分析	80
c130	程序设计	48
c140	计算机导论	32
c150	数据结构	64
c160	大学物理	64
c170	商务智能	32

图 6-50　INSERT INTO 语句的应用

6.4.2　更新记录

可以使用 UPDATE 语句对表中的一个或多个记录的某些列值进行修改。

【命令】UPDATE <表名> ;
　　　　SET <字段名 1>=<表达式> [,<字段名 2>=<表达式>]… [WHERE <条件>]

【功能】对表中的一个或多个记录的某些字段值进行修改。

【说明】<表名>指定要修改的表；SET 子句给出要修改的字段及其修改以后的值；WHERE 子句指定需要修改的记录应当满足的条件，WHERE 子句省略时，则修改表中所有记录。

【例 6-62】将课程表 kc.dbf 中课程号为 c170 的课时修改为 48。

```
UPDATE kc ;
```

```
SET 课时=48;
WHERE 课程号="c170"
```

修改课时后，课程表kc.dbf中的记录如图6-51所示。

查询

课程号	课程名	课时
c110	大学英语	80
c120	数学分析	80
c130	程序设计	48
c140	计算机导论	32
c150	数据结构	64
c160	大学物理	64
c170	商务智能	48

图6-51　修改课程号为c170的课时

6.4.3　删除记录

使用DELETE语句可逻辑删除表中的一个或多个记录。

【命令】DELETE FROM<表名> [WHERE <条件>]

【功能】逻辑删除表中的一个或多个记录。

【说明】<表名>指定要删除数据的表。WHERE子句指定待删除的记录应当满足的条件。WHERE子句省略时，则删除表中的所有记录。

【例6-63】逻辑删除课程表kc.dbf中课程号为c170的记录。

```
DELETE FROM kc WHERE 课程号="c170"
```

此命令执行后，课程表kc.dbf的浏览结果如图6-52所示。

查询

课程号	课程名	课时
c110	大学英语	80
c120	数学分析	80
c130	程序设计	48
c140	计算机导论	32
c150	数据结构	64
c160	大学物理	64
c170	商务智能	48

图6-52　给课程号为c170的记录做上删除标记

注意：使用DELETE语句只能逻辑删除表中的记录。若要物理删除表中的记录，需要执行PACK命令。

习题六

一、选择题

1. 在SQL查询时，使用WHERE子句指出的是______。

　A. 查询目标　　B. 查询结果　　C. 查询条件　　D. 查询视图

2．在 SQL 语句中，修改数据表的命令是______。

A．MODIFY STRUCTURE　　B．MODI TABLE
C．ALTER STRUCTURE　　D．ALTER TABLE

3．在 SQL 语句中，删除数据表的命令是______。

A．DROP TABLE　　B．ERASE TABLE
C．DELETE TABLE　　D．DELETE DBF

4．SQL 中的 INSERT 语句可以用于______。

A．插入一条记录　　B．插入一个索引
C．插入一个表　　D．插入一个字段

5．在 SQL 语言中，创建数据表应当使用的语句是______。

A．ALTER TABLE　　B．ADD TABLE
C．CREATE TABLE　　D．MODIFY TABLE

6．在 SQL_SELECT 语句中，消除重复的记录是______。

A．ERASE　　B．DISTINCT　　C．EDIT　　D．DELETE

7．在 SQL 的 ALTER TABLE 语句中，删除字段的子句是______。

A．ALTER　　B．DELETE　　C．RELEASE　　D．DROP

8．在 SQL 语言中，数据操作语句不包括______。

A．INSERT　　B．DELETE　　C．CHANGE　　D．UPDATA

9．在 SQL 语言中，视图定义的命令是______。

A．ALTER VIEW　　B．SELECT VIEW
C．CREATE VIEW　　D．MODIFY VIEW

10．用 SELECT_SQL 语句查询商品表中所有商品名称时，使用的是______。

A．投影查询　　B．条件查询　　C．分组查询　　D．连接查询

11．如果利用 SQL 语句创建部门核算表：

CREATE TABLE 部门核算表(部门编号 C(3), 部门名称 C(8),销售金额 N(10,2), 奖金 N(8,2)，现插入一条记录，使用的命令是______。

A．INSERT　INTO 部门核算表 VALUES(001,第 3 小组,20000,300)
B．INSERT　INTO 部门核算表 VALUES(" 001","第 3 小组",20000,300)
C．INSERT　INTO 部门核算表(001,第 3 小组) VALUES(20000,300)
D．INSERT　INTO 部门核算表 VALUES(001,第 3 小组) VALUES(20000,300)

12．使用 UPDATE_SQL 命令，如果省略 WHERE 条件时，是对数据库______。

A．首记录更新　　B．当前记录更新
C．指定字段类型更新　　D．全部记录更新

13．在 SELECT_SQL 语句中，不能使用的函数是______。

A．AVG　　B．COUNT　　C．SUM　　D．TOTAL

14．有一图书库存表，如图 6-53 所示。

图书库存表

书目编号	书名	作者	出版社	附光盘	内容简介	封面	单价	数量	金额	盘点日期
A001	C++面向对象程序设计	谭浩强	清华大学出版社	F	memo	gen	26.00	5000	130000	08/10/06
A101	Visual FoxPro程序设计	张艳诊	电子科技大学出版	F	memo	gen	26.00	2000	52000	08/09/06
A102	Visual FoxPro程序设计基础	卢湘鸿	清华大学出版社	F	memo	gen	30.00	3800	114000	08/10/06
A103	Visual FoxPro应用教程	匡松	电子科技大学出版	F	memo	gen	28.00	1800	50400	08/10/06
A201	Visual Basic程序设计	唐大仕	清华大学出版社	F	memo	gen	29.00	6000	174000	08/10/06
B003	计算机应用教程	卢湘鸿	清华大学出版社	F	memo	gen	36.00	2600	93600	08/09/06
C001	计算机网络	谢希仁	四川科技出版社	T	memo	gen	35.00	100	3500	08/08/06
B001	计算机基础及应用教程	匡松	机械工业出版社	F	memo	gen	35.00	2600	91000	08/09/06

图 6-53　图书库存表.DBF 数据

使用 SELECT_SQL 语句，查询图书库存表中书名、作者、出版社、单价的情况，使用的语句是______。

A．SELECT 书名,作者,出版社,单价 FROM 图书库存表

B．SELECT * FROM 图书库存表

C．SELECT 书名,作者,出版社,单价 USE 图书库存表

D．SELECT 书名,作者,出版社,单价 WHERE 图书库存表

15．在 SELECT_SQL 语句中，查询图书库存表中所有单价小于 30 元的图书书名及单价，使用的语句是______。

A．SELECT 书名,单价 FROM 图书库存表

B．SELECT 书名,单价 FROM 图书库存表 WHERE 单价<30

C．SELECT 书名,单价 FROM 图书库存表 ON 单价<30

D．SELECT 书名,单价 FROM 图书库存表 单价<=30

16．在 SELECT_SQL 语句中，对图书库存表中所有图书按单价降序排列，使用的语句是______。

A．SELECT * FROM 图书库存表 ORDER BY 单价

B．SELECT * FROM 图书库存表 ORDER BY 单价 DESC

C．SELECT * FROM 图书库存表 WHERE 单价 DESC

D．SELECT * FROM 图书库存表 GROUP BY 单价 DESC

17. 使用 SELECT_SQL 语句，从图书库存表中查询所有书名中含有“程序”的图书，使用的语句是______。

A．SELECT * FROM 图书库存表 WHERE LEFT(书名,4)= "程序"

B．SELECT * FROM 图书库存表 WHERE RIGHT(书名,4)= "程序"

C．SELECT * FROM 图书库存表 WHERE TRIM(书名,4) ="程序"

D．SELECT * FROM 图书库存表 WHERE "程序" $ 书名

18．用 SELECT-SQL 语句中，统计女生的人数应使用的函数是______。

A．IF　　B．COUNT　　C．SUM　　D．MIN

19．下列叙述中，错误的是______。

A．SELECT_SQL 语句可以为输出的字段重新命名

B．SELECT_SQL 语句可以为输出的记录进行排序

C．SELECT_SQL 语句不能重新指定列的顺序

D．SELECT_SQL 语句不能省略 FROM 子句

20．若要查询比王力同学总分高的学生姓名和总分，应使用的 SELECT_SQL 语句是______。

A．SELECT 姓名,总分 FROM 成绩表;
WHERE 总分>(总分 WHERE 姓名="王平")

B．SELECT 姓名,总分 FROM 成绩表;
WHERE 总分>(SELECT 总分 FOR 姓名="王平")

C．SELECT X.姓名,X.总分 FROM 成绩表 AS X, 成绩 AS Y;
WHERE X.总分>Y.总分 AND Y.姓名="王平"

D．SELECT 姓名,总分 FROM 成绩表
WHERE 成绩总分 IN (SELECT 成绩总分 WHERE 姓名="王平")

21．当子查询返回的值是一个集合时，使用______可以完全代替 ANY。

A．EXISTS　　B．IN　　C．ALL　　D．BETWEEN

22．在 SELECT_SQL 语句中，要将查询结果保存到文本文件中的选项是______。

A．INTO <新表名>　　B．TO FILE <文件名>

C．TO PRINTER　　D．TO SCREEN

23．下列叙述中，错误的是______。

A．SELECT_SQL 语句可以将查询的结果追加到已有的数据表

B．SELECT_SQL 语句可以将查询的结果输出到一个新的数据表

C．SELECT_SQL 语句可以将查询的结果输出到一个文本文件

D．SELECT_SQL 语句可以将查询的结果输出到屏幕

24．下列运算符中，属于字符匹配的是______。

A．! =　　B．BETWEEN　　C．IN　　D．LIKE

25．用 SELECT_SQL 语句查询学生表中所有学生的姓名中，使用的是______。

A．投影查询　　B．条件查询　　C．分组查询　　D．查询排序

26．为了在选课表中查询选修了“K130”和“K150”课程的学号，SELECT-SQL 语句的 WHERE 子句的格式为______。

A．WHERE 课程号 BETWEEN "K130" AND "K150"

B．WHERE 课程号="K130" AND "K150"

C．WHERE 课程号 IN("K130","K150")

D．WHERE 课程号 LIKE"K130","K150"

27．在使用命令“INSERT INTO <表名> [列名…]] VALUSE<值>”时，下列描述中，错误的是______。

A．INSERT_SQL 语句中列名的顺序可以与表定义时的列名顺序一致

B．INSERT_SQL 语句中列名的顺序可以与表定义时的列名顺序不一致

C．INSERT_SQL 语句中值的顺序可以与列名的顺序不一致

D．INSERT_SQL 语句中值的顺序必须与列名的顺序一致

28．下列不正确的搭配是______。

A．COUNT(学号)与 DISTINCT

B．COUNT(课程号)与 DISTINCT

C．COUNT(教师号)与 DISTINCT

D．COUNT(*)与 DISTINCT

29．统计选课门数在两门以上学生的学号的 SELECT-SQL 语句为______。

A．SELECT 学号 FROM 选课表 HAVING COUNT(*)>=2

B．SELECT 学号 FROM 选课表 GROUP BY 学号 HAVING COUNT(*)>=2

C．SELECT 学号 FROM 选课表 WHERE COUNT(*)>=2

D．SELECT 学号 FROM 选课表 GROUP BY 学号 WHERE COUNT(*)>=2

30．UPDATE_SQL 语句的功能是______。

A．定义数据　　B．修改数据　　C．查询数据　　D．删除数据

31．ALTER_SQL 语句的功能是______。

A．增加数据表　　B．修改数据表　　C．查询数据表　　D．删除数据表

32．下列描述中，错误的是______。

A．SQL 中的 DELETE 语句可以删除一条记录

B．SQL 中的 DELETE 语句可以删除多条记录

C．SQL 中的 DELETE 语句可以用子查询选择要删除的行

D．SQL 中的 DELETE 语句可以删除子查询的结果

33．不属于数据定义功能的 SQL 语句是______。

A．CREATE TABLE　　B．CREATE VIEW

C．UPDATE　　D．ALTER TABLE

34．在 ALTER_SQL 语句中，用于增加字段长度的子句是______。

A．ADD　　B．ALTER　　C．MODIFY　　D．DROP

35．在 SELECT_SQL 语句中，表示查询目标使用的子句是______。

A．ALL　　B．INTO　　C．JOIN　　D．DESE

二、填空题

1．SQL 语言包括了数据定义、数据操纵、数据控制和______。

2．在 SQL 语句中，将查询结果存放在一个文本文件中，应该使用______短语。

3．设有学生选课表 SC(学号,课程号,成绩)，用 SQL 语言检索成绩大于 80 分的课程的语句是：SELECT 学号,课程号,AVG（成绩）FROM SC______。

4．在 SQL 的 CREATE TABLE 语句中，为属性说明取值范围（约束）的是______短语。

5．在 SQR 的嵌套查询中，量词 ANY 和______是同义词。

6．在 SQL 查询时，使用______子句指出的是查询条件。

7．从职工数据库表中计算工资合计的 SQL 语句是 SELECT______FROM 职工。

8．在 SQL SELECT 语句中，将查询结果存放在一个表中，应该使用______子句。

9．将学生表 STUDENT 中的学生年龄（字段名是 AGE）增加 1 岁，应该使用的 SQL 命令是：UPDATE STUDENT______。

10．在 SQR 语句中，修改表结构的命令是______。

11．在 SQR 语句中，从表文件中派生出视图的命令是______。

12．在 SQR 语句中，将查询的结果存放在数组中，使用的短语是______。

三、思考题

1．什么是 SQL？SQL 有何主要特点？

2．SQL 的数据定义主要包括哪些功能？

3．利用 SQL 语言如何创建表、修改表的结构、删除字段和增加字段？

4．SELECT 语句的功能是什么？可实现哪些查询？

5．利用 SELECT 语句进行条件查询时，在其 WHERE 子句中可使用哪些运算符？

6．什么叫统计查询？在统计查询时可使用哪些库函数？

7．SQL 语言的数据操纵主要有哪些功能？

第 7 章　程序设计初步

【学习目标】

（1）了解程序设计的方法及原则。

（2）掌握程序文件的建立、编辑与运行。

（3）熟悉程序中的常用命令和程序的基本结构。

（4）了解子程序、过程与自定义函数。

7.1　程序设计的基本方法

程序是为完成某一任务而编写的指令集合。Visual FoxPro 程序设计包括结构化程序设计和面向对象的程序设计，前者是传统的程序设计方法，需要记忆大量命令，编写程序和调试程序相当不便。后者是面向对象的用户界面，用户可以利用 Visual FoxPro 提供的辅助工具来设计界面，应用程序可自动生成，但仍需要用户编写一些过程代码来实现具体的功能。因此，过程化程序设计是面向对象程序设计的基础。

Visual FoxPro 程序是为实现某一任务，将若干条 Visual FoxPro 命令和程序控制语句按一定的结构组成命令序列，保存在一个以.PRG 为扩展名的文件中。这种文件就称为程序文件或命令文件。程序文件必须从外存调入内存才能执行。

7.1.1　Visual FoxPro 程序的语法成分

编写 Visual FoxPro 程序时，允许用户在程序中输入以下内容：

（1）命令。指在 Visual FoxPro 中可以执行的命令，例如 LIST、LOCATE 等。

（2）函数。Visual FoxPro 系统已经定义的实现某一个特定功能的标准模块。例如，MAX()是求最大值函数，STR()是将数值型转换成字符型的函数。

（3）交互命令。在程序执行中可以实现人机对话的命令，例如 WAIT、INPUT 等。

（4）语句。一条命令或由关键字引导的具有一定功能的文本行。

（5）表达式。由常量、变量及 Visual FoxPro 系统函数构成，用以实现各种运算的式子。例如，100*X，SUBSTR("程序设计实用教程",5,3)。

（6）过程或过程文件。实现某一特定功能的语句序列。

（7）参数。在调用子程序、过程或函数时传递的数据。

7.1.2　程序的书写原则

编写 Visual FoxPro 程序时，应注意以下几点：

（1）程序中的每一行只能书写一条命令，每条命令都以回车键结束。

（2）如果一条命令较长，可以分成多行书写，在本行末键入续行标志“;”，然后按回车键，在下一行继续书写。在执行程序时 Visual FoxPro 把由续行标志连接的多个文本行解释为一个命令行。

（3）为了提高程序的可读性，可在程序中加入以注释符“*”开头的注释语句，说明程序段的功能；也可以在每一条命令的行尾添加注释，这种注释以注释符“&&”开头，注明每条语句的功能及含义。

7.2 程序文件的基本操作

程序文件是一个文本文件，可用任何一种文本文件编辑软件建立和编辑。Visual FoxPro提供了程序代码编辑器。用户可在命令方式和菜单方式下建立程序文件。

7.2.1 建立和编辑程序文件

1. 在命令方式下建立和编辑程序文件

【格式】MODIFY COMMAND <程序文件名>

【功能】打开程序文件编辑窗口，建立、编辑一个指定的程序文件，如果没有指定文件的扩展名，系统默认其扩展名为.prg。

当程序输入或修改完成后，按Ctrl+W键将文件存盘并退出编辑窗口。若要放弃当前的编辑内容，则按Ctrl+Q键或Esc键退出。

【例7-1】建立程序文件prog1.prg，该程序的功能是：在屏幕上显示信息“欢迎使用学生学籍管理系统”。

操作步骤如下：

（1）在命令窗口中输入命令MODIFY COMMAND prog1，如图7-1所示。

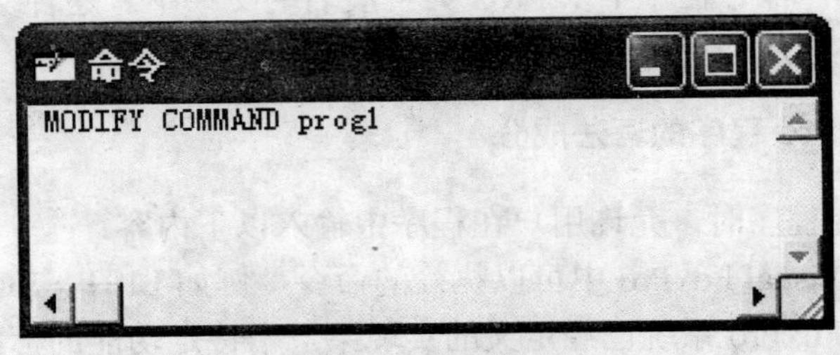

图7-1 命令窗口

（2）输入命令后按回车键，进入程序编辑窗口。接着在程序编辑窗口中逐条输入3条程序命令行，如图7-2所示。

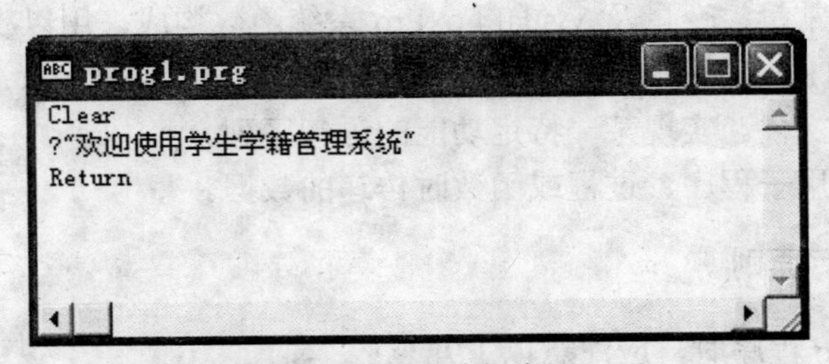

图7-2 程序编辑窗口

（3）输入完语句后，按Ctrl+W组合键将程序存盘，程序文件prog1.prg建立完成，并返回到命令窗口。

2. 用菜单方式建立和编辑程序文件

【例7-2】利用菜单方式建立程序文件prog1.prg，该程序的功能是：在屏幕上显示信息“欢迎使用学生学籍管理系统”。

操作步骤如下：

（1）打开“文件”菜单，单击“新建”命令，弹出“新建”对话框，选中“程序”单选按钮，如图 7-3 所示。

（2）单击“新建文件”按钮，进入程序编辑窗口，然后逐条输入、编辑程序命令行。如图 7-4 所示。

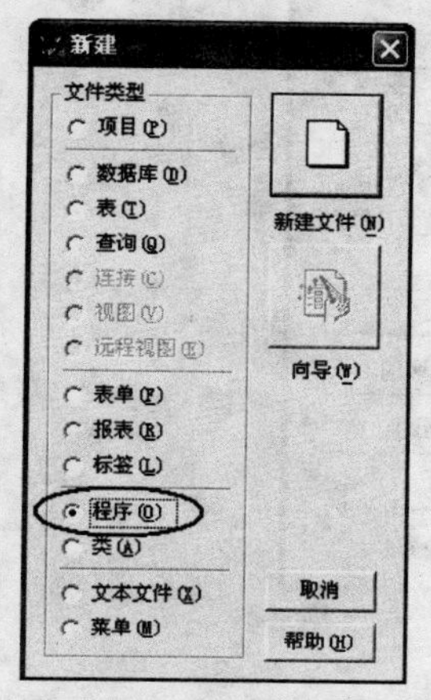

图 7-3　“新建”对话框

图 7-4　程序编辑窗口

（3）程序输入完毕，按 Ctrl+W 组合键存盘，或打开“文件”菜单，单击“保存”按钮（或“另存为”命令），弹出“另存为”对话框，如图 7-5 所示。

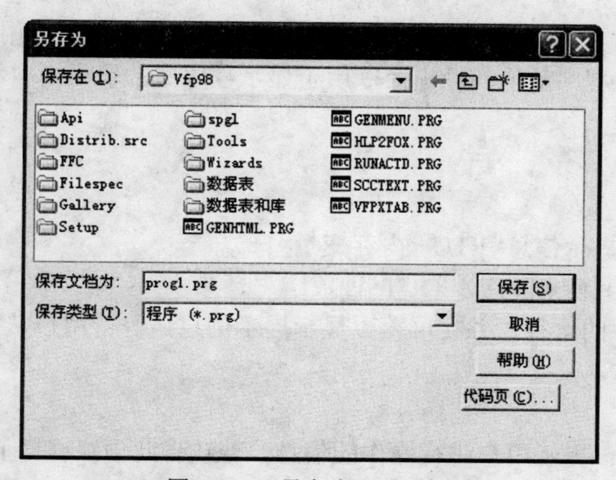

图 7-5　“另存为”对话框

（4）选择盘符及文件夹，输入程序文件名 prog1，单击“保存”按钮，保存当前程序文件；单击“取消”按钮，则返回到程序编辑窗口，继续编辑。

7.2.2　程序文件的运行

1. 用命令方式运行程序文件

运行程序即逐条执行程序文件中的命令行。

【格式】DO <程序文件名>

【功能】将程序文件从外存调入内存并执行。

例如，在命令窗口输入命令 DO prog1 并按回车键，运行结果显示在屏幕上。

2. 用菜单方式运行程序文件

在 Visual FoxPro 的菜单方式下运行程序文件的操作步骤如下：

（1）打开“程序”菜单，单击“运行”命令，弹出“运行”对话框，如图 7-6 所示。

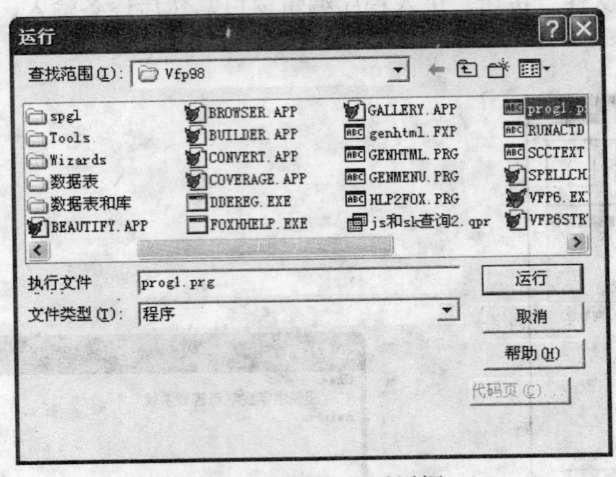

图 7-6 “运行”对话框

（2）在“运行”对话框中，选择程序文件名，然后单击“运行”按钮，运行程序。

7.3 常用命令的使用

在程序文件中常常要用到一些输入命令、输出命令和程序结束专用命令。输入命令用于在程序的执行过程中给程序赋值。输出命令用于显示程序中的输出内容和结果。

7.3.1 输入命令

1. WAIT 命令

【格式】WAIT [<提示信息>][TO <内存变量>]；

[WINDOW [AT <行,列>]] [TIMEOUT 秒数]

【功能】暂停程序的运行，并在屏幕上显示提示信息，等待用户从键盘上输入一个字符，然后继续执行程序。

【说明】

（1）<提示信息>：提示用户进行操作的信息。若缺省此项，屏幕上显示系统产生的提示信息“按任意键继续……”，用户按任意键后，程序继续执行。

（2）TO <内存变量>：将输入的字符保存到指定的内存变量中。否则，输入的字符不予以保存。

（3）WINDOW [AT <行,列>]：在屏幕上显示一个 WAIT 提示窗口。提示窗口的位置也可由 AT 中的行、列值指定。

（4）TIMEOUT 秒数：指定在中断 WAIT 命令之前，等待键盘或鼠标输入的秒数，该子句必须是 WAIT 命令的最后一个子句，否则 Visual FoxPro 将产生一个语法错误信息。

【例 7-3】WAIT 命令的应用举例。

WAIT

```
WAIT "请按任意键继续!"
WAIT "请按任意键继续!" WINDOW               && 在屏幕右上角显示提示信息
WAIT "请按任意键继续!" WINDOW AT 16,20      && 在 16 行 20 列显示提示信息
WAIT "请按任意键继续!" WINDOW TIMEOUT 5     && 5 秒后提示窗口自动关闭
```

2. INPUT 命令

【格式】INPUT [<提示信息>] TO <内存变量>

【功能】首先显示提示信息，然后等待用户从键盘上输入数据到指定的内存变量中。数据类型可以是数值型、字符型、逻辑型和日期型等，输入数据必须符合 Visual FoxPro 规定的数据格式。

【例 7-4】显示学生表 xs.dbf 中指定出生日期的学生记录。

```
CLEAR                                  && 清除屏幕
USE xs Exclusive                       && 打开表 xs.dbf
INPUT "请输入出生日期:" TO RQ           && 输入出生日期
LIST FOR YEAR(出生日期)=RQ              && 显示指定出生日期的学生记录
```

3. ACCEPT 命令

【格式】ACCEPT [<提示信息>] TO <内存变量>

【功能】先显示提示信息，然后等待用户从键盘上输入字符型数据到指定的内存变量中。输入时不能使用字符串定界符。该命令将任何输入都作为字符型数据保存。

【例 7-5】显示学生表 xs.dbf 中指定学号的学生记录。

```
CLEAR                                  && 清除屏幕
USE xs Exclusive                       && 打开表 xs.dbf
ACCEPT "请输入学号:" TO XH              && 输入学号
LIST FOR  学号=XH                       && 显示指定学号的学生记录
```

4. SAY…GET…READ 命令

【命令】@<行,列> SAY <提示信息> GET <变量>
　　　　READ

【功能】在屏幕指定的行列位置上输入数据。

【说明】命令中的各选项说明如下：

<行,列>：是指屏幕窗口的位置。

SAY <提示信息>：给出提示信息。

GET <变量>：取得变量的值。其中<变量>可以是字段变量或内存变量，如果是字段变量，应先打开表文件，如果是内存变量，应先赋值。GET 子句必须使用命令 READ 激活。在带有多个 GET 子句的命令后，必须遇到 READ 命令才能编辑 GET 中的变量。当光标移出这些 GET 变量组成的编辑区时，READ 命令才执行结束。

7.3.2　输出命令

1. ?/??命令

【命令 1】?<内存变量名表>

【命令 2】??<内存变量名表>

【功能】显示内存变量、常量或表达式的值。

【说明】?是在光标所在行的下一行开始显示。??则在当前光标位置开始显示。

2. @…SAY 命令

【命令】@ <行,列> SAY <表达式>

【功能】按指定的坐标位置在屏幕上输出表达式的值。

【说明】输出<表达式>的位置由<行,列>指定，<表达式>的内容可以是数值、字符、内存变量和字段变量。

3. TEXT 与 ENDTEXT 命令

【命令】TEXT

<文本信息>

ENDTEXT

【功能】把 TEXT 与 ENDTEXT 之间的文本信息按书写形式的原样显示在屏幕上。

【说明】TEXT 与 ENDTEXT 之间的文本信息可为一行或多行，可以是字符串或汉字信息。TEXT 与 ENDTEXT 必须成对出现。即使在<文本信息>含有宏替换函数，Visual FoxPro 也不进行替换。

【例 7-6】编写程序 prog2.prg，利用 TEXT 与 ENDTEXT 命令显示信息。

```
* 程序名：prog2.prg
Clear
TEXT
        ****************************
        *        计算机等级考试       *
        ****************************
ENDTEXT
Return
```

7.3.3 其他命令

1. CLEAR 命令

【格式】CLEAR

【功能】清除屏幕上的内容。

2. RETURN 命令

【格式】RETURN

【功能】结束当前程序的运行。

【说明】如果当前程序无上级程序，该命令用于结束程序的运行，返回到命令窗口。如果当前程序是一个子程序，该命令用于结束当前程序运行，返回到调用该程序的上级程序中。如果程序或过程中没有包含 RETURN 语句，则 Visual FoxPro 在程序或过程结束时自动执行 RETURN 命令。

3. CANCEL 命令

【格式】CANCEL

【功能】终止程序执行，但不关闭打开的数据文件，返回到 Visual FoxPro 命令窗口。

4. QUIT 命令

【格式】QUIT

【功能】可以终止程序的运行，关闭所有打开的文件，正常退出 Visual FoxPro 系统，返回到 Windows 环境。该命令与 Visual FoxPro“文件”菜单中的“退出”命令功能相同。

5. 注释命令

【命令 1】NOTE <注释内容>

【命令 2】* <注释内容>

【命令 3】&& <注释内容>

【功能】用于在程序中加入说明，以注明程序的名称、功能或其他备忘标记。

【说明】注释命令为非执行语句。其中前两个命令格式作为独立的一行语句，第三条命令放在某一个语句的右边。

7.4　程序的基本结构

Visual FoxPro 程序有三种基本结构：顺序结构、分支结构和循环结构。

7.4.1　顺序结构

顺序结构是程序中最简单、最常用的基本结构。在这种结构中，包含在一个程序中的命令（语句）按照书写的先后顺序逐条地从上至下依次执行，直到最后一条命令或遇到 RETURN 命令时为止。

【例 7-7】编写程序 prog3.prg，根据输入的半径值计算圆的面积。

```
CLEAR                          && 清屏
INPUT "输入半径值:" TO R       && 从键盘输入半径值
S=PI()*R*R                     && 计算圆面积，PI()是圆周率函数，表示 3.1416
? "半径是:",R                  && 显示半径的值
? "圆面积是:",S                && 显示圆面积的值
RETURN                         && 程序结束
```

【例 7-8】编写程序 prog4.prg，在屏幕上显示系统当前日期。

```
CLEAR                          && 清屏
RQ=DATE()                      && 将系统日期存入内存变量中
Y=STR(YEAR(RQ),4)              && 从 RQ 中取出年份，并转换为字符型
M=STR(MONTH(RQ),2)             && 从 RQ 中取出月份，并转换为字符型
D=STR(DAY(RQ),2)               && 从 RQ 中取出日期，并转换为字符型
MESSAGEBOX("今天是:"+Y+"年"+M+"月"+D+"日")      && 在屏幕上显示日期
RETURN                         && 程序结束
```

7.4.2　分支结构

所谓分支结构，是指在程序执行时，根据不同的条件，选择执行不同的程序语句。

Visual FoxPro 提供了以下 3 种分支结构语句：

- 单向分支语句：IF-ENDIF
- 双向分支语句：IF-ELSE-ENDIF
- 多向分支语句：DO CASE-ENDCASE

1. 单向分支

【格式】IF <条件表达式>

　　<命令行序列>

　　ENDIF

【功能】首先计算<条件表达式>的值，若其值为真，执行<命令行序列>中的各条命令，然后执行 ENDIF 后面的命令；若其值为假，则直接执行 ENDIF 后面的命令。

【说明】单向分支语句的执行流程图如图 7-7 所示。

（1）IF…ENDIF 语句必须成对使用，且只能在程序中使用。

（2）<条件表达式>可以是各种表达式或函数的组合，其值必须是逻辑值。

（3）<命令行序列>可由一条或多条命令组成，但至少要有一条命令。

（4）IF 语句可以嵌套使用。

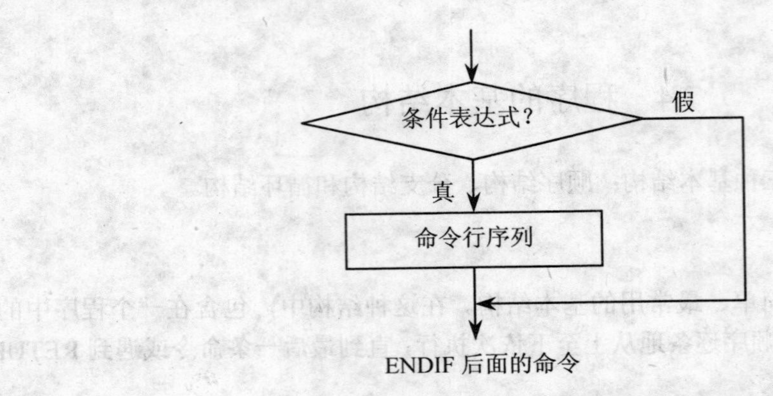

图 7-7 单向分支语句的执行流向

【例 7-9】编写程序 prog5.prg，将学生表 xs.dbf 中学号为 s0803006 的学生的录取分数由 612 分修改为 630 分。

```
USE xs Exclusive                         && 打开表 xs.dbf
LIST                                     && 显示表中的所有记录
WAIT                                     && 暂停执行，按任意键后继续执行
LOCATE FOR 学号="s0803006"               && 查找学号为 s0803006 的记录
IF 录取分数=612                          && 判断录取分数是否等于 612 分
   REPLACE 录取分数 WITH 630             && 将学号为 s0803006 的录取分数改为 630 分
ENDIF
BROWSE LAST                              && 浏览表中记录
USE                                      && 关闭表 xs.dbf
```

【例 7-10】编写程序 prog6.prg，在学生表 xs.dbf 中查找指定学号的学生记录。

```
CLEAR                                    && 清屏
USE xs Exclusive                         && 打开表 xs.dbf
ACCEPT "输入学生的姓名: " TO XM          && 从键盘上输入待查学生的姓名
LOCATE FOR 姓名=XM                       && 根据输入的姓名在表中查找学生记录
IF FOUND()                               && 若函数 FOUND()的值为真，表示找到记录
   DISPLAY                               && 显示该记录
ENDIF
USE                                      && 关闭表 xs.dbf
```

2. 双向分支

【格式】IF <条件表达式>

```
IF <条件表达式>
     <命令行序列 1>
ELSE
     <命令行序列 2>
ENDIF
```

【功能】首先计算<条件表达式>的值，若其值为真，执行<命令行序列 1>，然后执行 ENDIF 后面的命令；若其值为假，执行<命令行序列 2>，然后执行 ENDIF 后面的命令。

【说明】参见关于单向分支语句的说明。双向分支语句的执行流程图如图 7-8 所示。

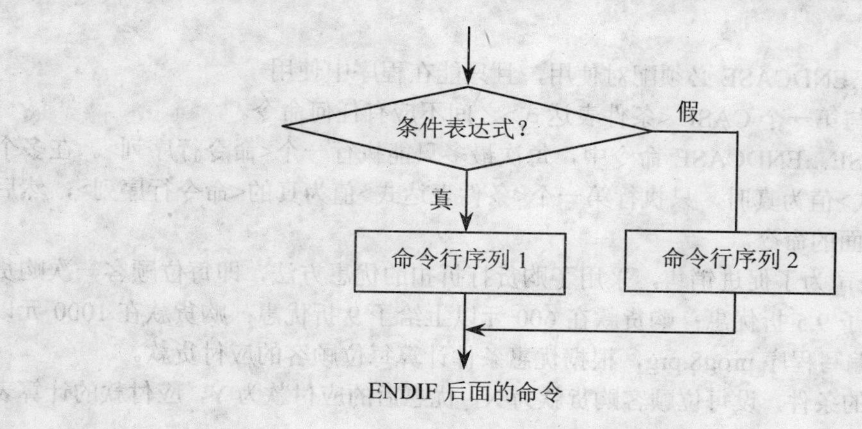

图 7-8　双向分支语句的执行流向

【例 7-11】编写程序 prog7.prg，在学生表 xs.dbf 中按姓名查找学生的记录。如果找到了，显示该学生记录，否则显示“表中无此学生！”。

```
CLEAR
USE xs Exclusive
ACCEPT "输入学生的姓名: " TO XM          && 从键盘上输入待查学生的姓名
LOCATE FOR 姓名=XM                      && 根据输入的名称在表中查找该记录
IF FOUND()                              && 若函数 FOUND()的值为真，表示找到记录
DISPLAY                                 && 显示记录
ELSE
? "表中无此学生! "                       && 若函数 FOUND()的值为假，则表中无此记录
ENDIF
USE                                     && 关闭表 xs.dbf
```

该程序运行时，要求用户从键盘上输入待查学生的姓名，然后程序根据所输入的姓名在表中查找该学生的记录，如果找到相应的记录，则函数 FOUND()的值为真，显示相应记录；反之函数 FOUND()的值为假，表示未找到，显示信息“表中无此学生！”。

3. 多向分支

【格式】
```
DO CASE
CASE  <条件表达式 1>
<命令行序列 1>
CASE  <条件表达式 2>
<命令行序列 2>
…
CASE  <条件表达式 n>
<命令行序列 n>
[OTHERWISE
<命令行序列 n+1>]
ENDCASE
```

【功能】系统将依次判断条件表达式是否为真，若某个条件表达式的值为真，则执行该 CASE 段对应的命令序列，然后执行 ENDCASE 后面的命令。当所有 CASE 中的<条件表达式>值均为假时，如果有 OTHERWISE，则执行<命令行序列 n+1>，然后再执行 ENDCASE 后面的命令。否则直接执行 ENDCASE 后面的命令。

【说明】

（1）DO CASE…ENDCASE 必须配对使用，且只能在程序中使用

（2）DO CASE 与第一个 CASE <条件表达式>之间不应有任何命令。

（3）在 DO CASE…ENDCASE 命令中，每次最多只能执行一个<命令行序列>。在多个 CASE 的<条件表达式>值为真时，只执行第一个<条件表达式>值为真的<命令行序列>，然后执行 ENDCASE 的后面的命令。

【例 7-12】某公司为了促进销售，采用了购货打折扣的优惠方法，即每位顾客一次购货款在 300 元以上，给予 9.5 折优惠；购货款在 600 元以上给予 9 折优惠；购货款在 1000 元以上给予 8.5 折优惠。编写程序 prog8.prg，根据优惠条件计算每位顾客的应付货款。

分析：根据给定的条件，设每位顾客购货款为 X，优惠后的应付款为 Y，应付款的计算表达式如下：

$$y=\begin{cases} x & x<300 \\ 0.95x & 300\leqslant x<600 \\ 0.9x & 600\leqslant x<1000 \\ 0.85x & x\geqslant 1000 \end{cases}$$

程序如下：

```
CLEAR
INPUT "输入每位顾客购货款:" TO X          && 从键盘上输入顾客购货款到变量 X 中
DO CASE                                  && 进入多分支语句
    CASE X<300
        Y=X
    CASE X<600
        Y=0.95*X
    CASE X<1000
        Y=0.9*X
    OTHERWISE
        Y=0.85*X
ENDCASE
?"每位顾客购货款:",X
?"优惠后顾客应付款:",Y
RETURN
```

程序运行时，首先从键盘输入每位顾客购货款，并存入变量 X 中，然后依次进行条件判断，当某一条件表达式的逻辑值为真时，就执行下列满足条件的表达式。当 CASE 的条件都为假时，就执行 OTHERWISE 下面的命令，然后到 ENDCASE 后面执行，最后显示顾客的购货款和优惠后的应付款。

7.4.3 循环结构

顺序结构和分支结构在程序执行时，每条命令只能执行一次，循环结构则能够使某些命令或程序段重复执行若干次。循环结构的特点是：当给出的循环条件为真时，反复执行一组命令，这组被重复执行的命令序列称为循环体。当循环条件为假时，则终止循环体的执行。简言之，循环结构就是由循环条件控制循环体是否重复执行的一种语句结构。

常用的循环语句有以下 3 种：

（1）条件型循环：DO WHILE-ENDDO

（2）计数型循环：FOR-TO-ENDFOR | NEXT

（3）扫描型循环：SCAN-ENDSCAN

1. 条件型循环语句

条件型循环语句是根据<条件表达式>的值决定循环体命令的执行次数。这是一种常用的循环方式，也称为当型循环结构。

【格式】
```
DO WHILE <条件表达式>
      <命令行序列>
        [LOOP]
      <命令行序列>
        [EXIT]
      <命令行序列>
ENDDO
```

【功能】当<条件表达式>的值为真时，重复执行 DO WHILE 与 ENDDO 之间的<命令行序列>（即循环体），否则结束循环，执行 ENDDO 后面的第一条命令。<条件表达式>为循环条件。条件循环的执行流程图如图 7-9 所示。

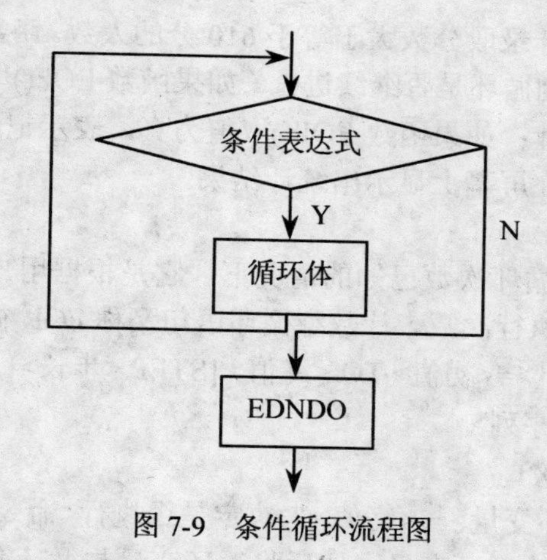

图 7-9　条件循环流程图

【说明】

（1）DO WHILE 与 ENDDO 语句必须成对使用，且只能在程序文件中使用。

（2）DO WHILE <条件表达式>是循环的入口，ENDDO 是循环的出口，中间的命令行是循环体。

（3）LOOP 与 EXIT 只能用在循环语句之间，其中 LOOP 是返回到循环入口的语句，EXIT 是强行退出循环的语句。LOOP 与 EXIT 使用时，都需要一个条件加以限制，否则没有意义。

【例 7-13】编写程序 prog9.prg，逐条显示学生表 xs.dbf 中所有团员的记录。

```
CLEAR                                  && 清除屏幕
  USE xs Exclusive                     && 打开表 xs.dbf
   LOCATE FOR 团员                     && 查找第 1 个团员的记录
   DO WHILE FOUND()                    && 若函数 FOUND()的值为真，表示找到团员
      DISPLAY                          && 显示团员记录
      WAIT "按任意键继续显示! "         && 暂停执行，按任意键后继续执行
      CONTINUE                         && 查找下一个团员记录
   ENDDO
USE                                    && 关闭表 xs.dbf
```

本程序中的循环体包含 DISPLAY、WAIT 和 CONTINUE 三条命令。循环条件则是函数 FOUND()。若函数 FOUND()的值为真，表示找到团员，进入循环体，执行 DISPLAY 命令，显示团员记录，然后执行 CONTINUE 命令，查找下一个团员记录；若函数 FOUND()的值为假，表示已到表的末尾，此时结束循环，执行 USE 命令关闭表。

【例 7-14】编写程序 prog10.prg，统计学生表 xs.dbf 中录取分数大于等于 610 分的学生人数。

```
CLEAR
USE xs Exclusive
n=0                                  && n 用于统计录取分数大于等于 610 分的人数
DO WHILE .NOT. EOF()                 && 判断记录指针是否指向表的结束标记
        IF 录取分数>=610             && 逐条判断记录的录取分数是否大于等于 610 分
            n=n+1                    && 统计录取分数大于等于 610 分的人数
        ENDIF
        SKIP                         && 指针向下跳一个记录
    ENDDO
?" 录取分数大于等于 610 分的学生人数:", n
RETURN
```

程序中的变量 n 用于统计录取分数大于等于 610 分的人数。函数 EOF()用于测试记录指针是否指向表的结束标记，控制循环是否继续进行。如果函数 EOF()取值为假，表示记录指针未指向表的结束标记，继续统计；如果函数 EOF()取值为真，表示记录指针指向表的结束标记，停止循环，结束统计操作，在屏幕上显示出统计结果。

2. 计数型循环语句

计数型循环语句适用于循环次数已知的情况下，它是根据用户设置的循环变量的初值、终值和步长来决定循环体的执行次数。计数型循环语句又称 FOR 循环语句。

【格式】FOR <循环变量>=<初值> TO <终值> [STEP <步长>]

<命令行序列>

ENDFOR | NEXT

【功能】通过比较<循环变量>与<终值>来决定是否执行<命令行序列>。执行 FOR 语句时，首先将循环变量初值赋给循环变量，然后将循环变量与循环变量终值比较，当<步长>为正数时，若<循环变量>的值不大于<终值>，执行循环体；当<步长>为负数时，若<循环变量>的值不小于<终值>，执行循环体。一旦遇到 ENDFOR 或 NEXT 语句，<循环变量>值自动加上<步长>，然后返回到 FOR 语句，重新与<终值>进行比较。直到循环变量超过或小于循环终值时，结束循环。如果没用 STEP 子句，步长的默认值为 1。

【说明】

（1）FOR 与 ENDFOR | NEXT 必须成对使用，且只能在程序中使用。

（2）FOR 语句中的循环变量即内存变量。步长值可以是正值，也可以是负值，当步长值为 1 时，可以省略。步长值不能为 0，否则会造成死循环。

（3）FOR 语句中可以使用 LOOP 与 EXIT 语句，方法与前面所述相同。

【例 7-15】编写程序 prog11.prg，计算 S=1+2+3+…+100。

```
CLEAR
S=0                                  && 设 S 为存放求和结果的变量，初值为 0
FOR X=1 TO 100                       && 循环的初值为 1，终值为 100
S=S+X                                && S 也是求和累加器，即每次累加 X 后的值
```

```
ENDFOR
? "1+2+3+…+100=",S                                    && 显示计算的结果
RETURN
```

程序的执行结果如下：

```
1+2+3+…+100=          5050
```

3. 指针型循环语句

指针型循环语句是在数据表中建立的循环，它是根据用户在表中设置的当前记录指针来对一组记录进行循环操作，是 Visual FoxPro 中特有的一种循环语句。

【格式】SCAN [<范围>] [FOR <条件表达式 1>] [WHILE <条件表达式 2>]
　　<命令行序列>
　　ENDSCAN

【功能】该语句主要针对当前表进行循环，用记录指针控制循环次数。执行该语句时，首先将记录指针指向第一个记录，判断记录指针是否指向末尾。如果函数 EOF()的值为真，则跳出循环，执行 ENDSCAN 后面的命令。否则，判断表中是否有满足 FOR 或 WHILE 条件的记录，若满足条件，则对每一个满足条件的记录执行循环体内的语句，直到记录指针指向文件末尾；若不满足条件，则不执行循环语句。

【说明】

（1）SCAN 与 ENDSCAN 循环语句中隐含了 EOF()函数和 SKIP 命令处理。

（2）当执行 ENDSCAN 时，记录指针自动移到 SCAN 命令指定的下一个记录。

（3）<范围>表示记录范围，默认值为 ALL。在指定的<范围>中依次寻找满足 FOR 条件或 WHILE 条件的记录，并对找到的记录执行<命令行序列>中的命令。

（4）SCAN 语句中可以使用 LOOP 与 EXIT 语句，方法与前面所述相同。

【例 7-16】编写程序 prog12.prg，显示学生表 xs.dbf 中录取分数大于等于 620 分的所有学生记录。

```
CLEAR
USE xs Exclusive
SCAN FOR 录取分数>=620
      DISPLAY
  ENDSCAN
USE
```

以上程序的执行结果如下：

记录号	学号	姓名	性别	出生日期	录取分数	团员	特长	照片
2	s0803002	张梦光	男	04/21/90	622	.T.	Memo	Gen

记录号	学号	姓名	性别	出生日期	录取分数	团员	特长	照片
11	s0803011	罗丁丁	女	02/22/90	641	.T.	memo	Gen

记录号	学号	姓名	性别	出生日期	录取分数	团员	特长	照片
12	s0803016	张思开	男	10/12/89	635	.T.	memo	Gen

7.5　子程序、过程与自定义函数

7.5.1　子程序

在编制程序时，经常会遇到有些运算或某段程序在程序运行中被多次调用的情况，为了

有效解决上述重复调用，设计相对独立并能完成特定功能的程序段，这种程序段称为子程序。用于调用子程序的程序称为调用程序（有时也称为主程序）。对于一个子程序而言，除了可以被主程序调用以外，该子程序还可以调用其他子程序。此时，该子程序便成为其子程序的调用程序。在一个应用系统中，处于最高层次的调用程序称为主程序。

1. 子程序的建立

子程序作为一个独立程序，与其他程序一样可以用 MODIFY COMMAND 命令、菜单方法或项目管理器等多种方法建立和调试，并以独立的程序文件名.PRG 形式存盘。

2. 子程序的调用

子程序的调用是通过调用语句来实现的。

【格式】DO <子程序文件名>

【功能】调用并执行子程序文件的内容。

【说明】

（1）调用程序可以调用任何子程序，子程序不能调用其调用程序。

（2）子程序可以调用下一级子程序，子程序可以返回调用它的子程序中，也可以直接返回到调用程序中。

（3）DO 命令可以在命令窗口中执行，也可以放在调用的程序文件中执行。

3. 子程序的返回

子程序执行后，可以采用下面语句返回到调用程序。

【格式】RETURN [TO MASTER]

【功能】该语句可以终止程序执行，返回到调用程序的下一个语句执行或者返回命令窗口。若选择[TO MASTER]选项时，则直接返回到最高层次的主程序。

【说明】

（1）子程序中的 RETURN 语句，可自动返回到上一级调用程序的下一个语句执行。

（2）为了区别调用程序和子程序，一般在调用程序中使用 CANCEL 语句作为结束语句。在子程序的尾部用 RETURN 语句作为结束语句。

7.5.2 内存变量的作用域和参数传递

1. 内存变量作用域

在程序设计中，特别是在多模块程序中，往往会用到许多内存变量，这些内存变量有的在整个程序运行过程中起作用，而有的仅在某些程序模块中起作用，内存变量的这些作用范围称为内存变量作用域。内存变量的作用域根据作用范围可以分为三类：全局变量、局部变量和本地变量。

2. 全局变量

全局变量又称为公共变量，在程序运行中，上下各级程序或任何程序模块中都可以使用该内存变量。当程序执行完毕返回到命令窗口后，其值仍然保存。

【格式】PUBLIC <内存变量表>

【功能】将<内存变量表>中指定的变量定义为全局内存变量。

【说明】

（1）用 PUBLIC 语句定义的内存变量系统设置初值为逻辑型.F.。

（2）一个 PUBLIC 语句可以定义多个内存变量，每个内存变量之间均用“,”隔开。

（3）全局变量必须先定义后赋值，故称为建立全局变量。

（4）在程序中已被定义成全局变量的变量也可以在下一级程序中进一步定义成局部变量；但已定义成局部变量的，却不可反过来再定义成全局变量。

（5）在 Visual FoxPro 的命令窗口中所定义的内存变量，系统默认为是全局变量。

（6）由于全局变量的作用范围为整个系统，当程序执行完毕后，全局变量仍占用内存，不会自动清除。因此，不再使用全局变量时，可以使用以下语句清除：

RELEASE <内存变量表>

CLEAR ALL

3. 局部变量

局部变量又称私有变量。在 Visual FoxPro 的程序中，未加 PUBLIC 语句定义的内存变量，系统默认为局部变量，局部变量的作用域限制在定义它的程序和被该程序所调用的下级程序过程中，一旦定义它的程序运行完毕，局部变量将从内存中自动清除。

【格式】PRIVATE [<内存变量表][ALL[LIKE|EXCEPT<通配符>]]

【功能】声明局部变量并隐藏上级程序中的同名内存变量。将<内存变量表>中所列的内存变量定义为本级程序和下一级程序中专用的局部变量。

【说明】

（1）用 PRIVATE 定义的局部变量只对本级程序及下级子程序有效，当返回上级程序时，这种局部变量便自动被消除。

（2）当下级程序或过程中定义了与上级程序中同名的局部变量时，上级程序中的同名变量将被隐藏起来，一旦含有 PRIVATE 的内存变量程序运行完毕，上级程序被隐藏的同名变量自行恢复原来的状态。

（3）用 PRIVATE 定义的内存变量仅指明变量的作用域类型，Visual FoxPro 不为局部变量设置默认初值。

（4）PRIVATE ALL 表示将所有位于本级程序中的内存变量定义为局部变量。

（5）PRIVATE ALL LIKE | EXCEPT <通配符>是将位于本级程序中符合<通配符>（或不符合<通配符>）的变量定义为局部变量。

4. 本地变量

本地变量只能在定义它的程序中使用，一旦定义它的程序运行完毕，本地变量将从内存中释放。

【格式】LOCAL <内存变量表>

【功能】将<内存变量表>中指定的变量定义为本地变量。

【说明】用 LOCAL 定义的本地变量，系统自动将其初值赋以逻辑型.F.。LOCAL 与 LOCATE 前 4 个字母相同，故不可缩写。本地型内存变量只能在定义它的程序中使用，不能在上级或下级的调用程序中使用。

5. 参数传递

在调用过程子程序或自定义函数时，有时需要将数据传递到调用程序中，有时又需要从调用程序中传给被调用程序，这种数据传递可以通过参数传递来实现。

（1）参数传递语句。

【格式】DO <过程名> WITH <参数表>

【功能】实现对参数的传递，将 WITH<参数表>的数据传递到<过程名>的程序中。

（2）接收参数语句。

【格式】PARAMETERS <内存变量名表>

【功能】用于接收 DO…WITH<参数表>语句传递到 PARAMETERS<内存变量名表>中的数据。

【说明】

（1）<内存变量表>是用于被调用程序中需要接收的参数，一般放在子程序或过程的首行。

（2）如果<内存变量表>中的变量个数少于 DO 语句中<参数表>的个数，则<参数表>的多余参数取值为逻辑型.F.；如果<内存变量表>中的变量个数多于 DO 语句中<参数表>的个数，则 Visual FoxPro 产生错误语法错误信息。

（3）DO…WITH 中的参数可以是常量、变量、表达式、函数等，在进行传递时是将它们的值传递到被调用的子程序或过程中。

（4）参数接收语句中所定义的<内存变量名表>称为形式参数，而过程调用 DO 语句的<参数表>称为实际参数，形式参数的取值是从上级程序 DO 语句中的实际参数传递过来的值。

【例 7-17】编写程序 prog13.prg，计算长方形面积，用参数实现数据传递。

```
* 主程序 prog13.prg 如下：
CLEAR
INPUT "输入长方形长:"TO X
INPUT "输入长方形高:" TO Y
MJ=0
DO T1 WITH X,Y,MJ
? "面积=",MJ
CANCEL
* 子程序 T1.PRG 程序如下:
PARAMETERS    X,Y,S
S=X*Y
RETURN
```

运行主程序时，从键盘给变量 X，Y 输入数值。当执行 DO 语句时，将 X，Y 作为实参分别与子程序中两个形参对应传递数据，当子程序 S 计算完成后，返回主程序时将 S 的值又传递到主程序中对应的变量 MJ 中。

7.5.3　过程文件

由于子程序是独立存放在磁盘上的，每次程序执行时，必须将程序调入内存。为了减少磁盘文件打开的次数，提高系统运行效率，可以将多个子程序写到一个过程文件中。这样，在系统执行过程中，只需打开相应的过程文件即可调用其中的多个子程序，放入过程文件中的子程序称为过程。过程文件的扩展名仍然是.PRG。

1．过程定义

【格式】PROCEDURE <过程名>
　　　　<命令行序列>
　　　　[RETURN]
　　　　[ENDPROC]

【功能】建立一个过程。

【说明】过程名和过程文件是两个不同的概念，每个过程是具有独立功能的一段子程序，过程名是一个没有扩展名的过程名称。一个过程文件可以由一个或多个过程构成。在 PROCEDURE 与 ENDPROC 之间如果使用 RETURN 命令，可以返回到上一层程序。

2. 调用过程

【格式】DO <过程名>

【功能】用于调用<过程名>指定的子程序段。

3. 过程文件的打开和关闭

调用过程时，首先应打开包含被调用过程的过程文件，过程文件使用后需要及时关闭。

（1）打开过程文件。

【格式】SET PROCEDURE TO <过程文件名>

【功能】打开一个过程文件。

（2）关闭过程文件。

【格式】CLOSE PROCEDURE

【功能】关闭当前打开的过程文件。

【例 7-18】编写一个能够调用 3 个过程的程序 prog14.prg。

```
* 主程序 prog14.prg 如下：
SET TALK OFF
SET PROCEDURE TO P123
A=1
DO P1
DO P2
DO P3
CLOSE PROCEDURE
SET TALK ON
CANCEL
* 过程文件 P123.PRG 如下：
PROCEDURE P1
A=A+1
?"A=",A
RETURN
PROCEDURE P2
A=A*A
?"A=",A
RETURN
PROCEDURE P3
A=A*A*A
?"A=",A
RETURN
```

运行主程序 prog14.prg 时，首先打开过程文件 P123，然后分别调用过程文件中 P1、P2、P3 三个过程，这些过程的运行结果分别是：

```
A= 2
A= 4
A= 64
```

【例 7-19】下面程序 prog15.prg 实现内存变量作用域的应用。

```
SET TALK OFF
SET PROCEDURE TO PR123
PUBLIC I,J
I=1
DO PR1
```

```
? "I="+STR(I,2)
J=1
K=1
DO PR2
? "J="+STR(J,2)
? "K="+STR(K,2)
SET TALK ON
CANCEL
```

过程文件 PR123.PRG 如下：

```
PROCEDURE PR1
    I=I*2+1
    RETURN
ENDPROC
PROCEDURE PR2
    PRIVATE J
J=I*2+1
K=K*2+1
DO PR3
RETURN
ENDPROC
PROCEDURE PR3
K=K*K
RETURN
ENDPROC
```

运行主程序时打开过程文件 PR123，首先将 I，J 两个变量定义为全局变量，并将 I 的初值赋值为 1。当 DO 语句调用过程 PR1 时，I 的值为 3，返回主程序显示 I 的值；又将 J 和 K 的初值分别赋值为 1，然后用 DO 语句调用过程 PR2，在过程 PR2 中重新将 J 定义为局部变量，J 的值计算后为 7，K 的值为 3；在过程 PR2 中又去调用过程 PR3，K 的值计算后为 9；通过 RETURN 返回到过程 PR2，PR2 中的 RETURN 语句又返回到主程序中，这时 J 在过程 PR2 中的值自动清除，J 仍然恢复原来的值为 1，由于 K 是未定义变量作用域，因此它的值可在主程序或子程序中调用，K 的值为 9。

程序运行后的结果如下：

```
I = 3
J = 1
K = 9
```

7.5.4　自定义函数

Visual FoxPro 提供了数百个系统函数供用户使用，但有时这些系统函数仍然不能满足用户的需要，所以往往还需用户自行定义函数满足其需求。

【格式】FUNCTION<自定义函数名>

RARAMETERS<参数表>

<语句序列>

[RETURN<表达式>]

[ENDFUNC]

【功能】定义函数供用户使用。

【说明】

（1）FUNCTION 语句是用于指出函数的名字，以便在调用它时使用<自定义函数名>，但其函数名不能与系统函数名和内存变量名相同。

（2）RETURN 语句是用于返回函数值，其中<表达式>的值就是函数值，若缺省该语句，则返回的函数值为.T.。

（3）自定义函数与系统函数调用方法相同，其格式如下：

<函数名>（参数表）

【例 7-20】利用自定义函数计算圆面积。

```
SET TALK OFF
R=0
INPUT "请输入半径的值：  " TO R
?"圆面积="
??S(R)
SET TALK ON
FUNCTION S(R)                  && 定义 S 函数，参数为半径 R
M=PI()*R*R                     && PI()表示圆周率
RETURN(M)                      && 返回函数值，即圆面积的值
ENDFUNC
```

运行程序后屏幕显示为：

```
请输入半径的值：10
圆面积=       314.16
```

习题七

一、选择题

1．结构化程序设计的三种基本逻辑结构是______。

A．顺序结构、选择结构、循环结构

B．顺序结构、选择结构、模块结构

C．选择结构、模块结构、网状结构

D．顺序结构、循环结构、模块结构

2．要运行一个程序，可以使用的命令是______。

A．打开“项目管理器”，选择要运行的文件，单击“运行”按钮

B．选择“程序”菜单中的“运行”命令，然后在文件列表框中选择要运行程序

C．在命令窗口中键入命令：DO <程序名>

D．以上三种说法均正确

3．关于分支（条件）语句 IF-ENDIF 的说法不正确的是______。

A．IF 和 ENDIF 语句必须成对出现

B．分支语句可以嵌套，但不能交叉

C．IF 和 ENDIF 语句可以无 ELSE 子句

D．IF 和 ENDIF 语句必须有 ELSE 子句

4．在 DO WHILE-ENDDO 循环结构中，EXIT 的作用是_____。

A．退出过程，返回程序开始处

B．转移 DO WHILE 语句行，开始下一个判断和循环

C．终止程序执行

D．终止循环，将控制转移到本循环结构 ENDDO 后面的第一条语句继续

5．在 DO WHILE-ENDDO 循环结构中，LOOP 命令的作用是______。

A．退出过程，返回程序开始处

B．转移到 DO WHILE 语句行，开始下一个判断和循环

C．终止循环，将控制转移到本循环结构 ENDDO 后面的第一条语句继续执行

D．终止程序执行

6．下面关于声明变量的说法正确的是______。

A．在程序中用 PRIVATE 声明的变量是公共变量

B．在被调用下级程序中用 LOCAL 命令声明的变量是本地变量

C．在命令窗口中被赋值的变量是为局部变量

D．在命令窗口中用 LOCAL 命令声明的变量是私有变量

7．将内存变量定义为全局变量的 Visual FoxPro 命令是______。

A．LOCAL　　B．PRIVATE　　C．PUBLIC　　D．GLOBAL

8．在 Visual FoxPro 中，如果希望一个内存变量只限于在本过程中使用，说明这种内存变量的命令是______。

A．PRIVATE　　B．PUBLIC　　C．LOCAL　　D．DIMENSION

9．“图书库存表.dbf” 的记录如图 7-10 所示。阅读下面程序。

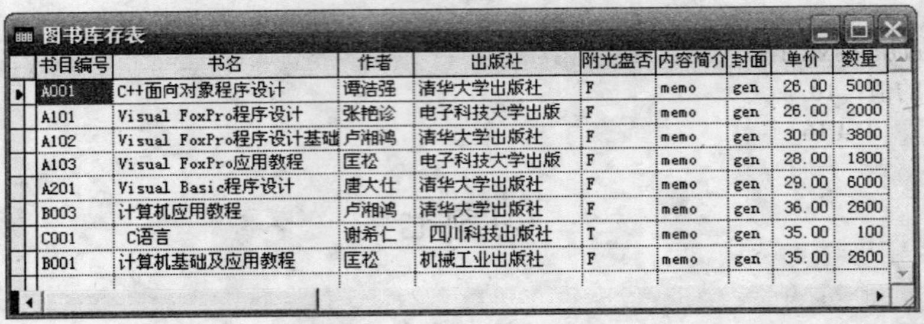

图书库存表

书目编号	书名	作者	出版社	附光盘否	内容简介	封面	单价	数量
A001	C++面向对象程序设计	谭浩强	清华大学出版社	F	memo	gen	26.00	5000
A101	Visual FoxPro程序设计	张艳诊	电子科技大学出版	F	memo	gen	26.00	2000
A102	Visual FoxPro程序设计基础	卢湘鸿	清华大学出版社	F	memo	gen	30.00	3800
A103	Visual FoxPro应用教程	匡松	电子科技大学出版	F	memo	gen	28.00	1800
A201	Visual Basic程序设计	唐大仕	清华大学出版社	F	memo	gen	29.00	6000
B003	计算机应用教程	卢湘鸿	清华大学出版社	F	memo	gen	36.00	2600
C001	C语言	谢希仁	四川科技出版社	T	memo	gen	35.00	100
B001	计算机基础及应用教程	匡松	机械工业出版社	F	memo	gen	35.00	2600

图 7-10　图书库存表.dbf

```
CLEAR
USE 图书库存表
OK=.T.
DO WHILE OK
    DISPLAY
    IF EOF()
       EXIT
    ENDIF
    SKIP
ENDDO
USE
```

循环体执行次数为______。

A．0 次　　B．1 次

C．2 次　　D．比图书库存表记录数多 1 次

10．有如下程序：

```
S=1
DO WHILE S<50
S=S*3
?? S
```

```
ENDDO
```

程序的结果是______。

A．3　9　27　　B．9　3　27

C．9　27　81　　D．3　9　27　81

11．有如下程序：

```
CLEAR
A=55
B=60
DO WHILE B>=A
B=B-1
ENDDO
? B
```

执行该程序时，要执行______次循环。

A．55　　B．6　　C．60　　D．5

12．设表 GZ.dbf 的数据如下：

记录号	职工号	部门号	工资
1	05001	06	3000
2	05002	05	2500
3	05003	04	2600
4	05004	02	4000
5	05005	06	6000
6	05006	05	2000
7	05007	06	5000

执行以下程序：

```
CLEAR
USE GZ
STORE 0 TO X
LOCATE FOR 工资>3000
DO WHILE .NOT.EOF()
    IF SUBSTR(部门号,2,1)= "6"
        X=X+工资
    ENDIF
    CONTINUE
ENDDO
? X
USE
```

则显示结果为______。

A．6000　　B．50000　　C．11000　　D．14000

13．有如下程序：

```
FOR I=1 TO 10
    ?I
    I=I+1
ENDFOR
```

该程序循环共执行了______次。

A．10　　B．5　　C．0　　D．出错

14．有如下程序：

```
* 主程序名：ZHU.PRG
CLEAR
SET TALK OFF
A=0
Z=FS(5,A)
? Z
RETURN
* 自定义函数：FS.PRG
PARAMETERS X,Y
Y=X*X+15
RETURN Y
```

主程序中的问号?命令显示的结果是______。

A．100　　B．41　　C．40　　D．50

15．有如下程序：

```
* 主程序 MA.PRG
CLEAR
SET TALK OFF
STORE 2 TO X1,X2,X3
X1=X1+1
DO S1
? X1+X2+X3
RETURN
* 子程序：S1.PRG
PROCEDURE S1
X2=X2+1
DO S2
? X1+X2+X3
RETURN
ENDPROC
* 子程序 S2.PRG
PROCEDURE S2
X3=X3+1
RETURN TO MASTER
ENDPROC
```

当运行主程序 MA.PRG 后，屏幕显示的结果为______。

A．9　　B．5　　C．8　　D．4

二、填空题

1．下面程序段的输出结果是______。

```
I=1
DO WHILE I<10
   I=I+3
ENDDO
```

```
?I
```

2．读程序，说明下面程序的功能是______。

```
N=1
S=0
DO WHILE N<=10
    S=S+N*N
    N=N+1
ENDDO
? "S=",S
```

3．下面程序用于逐条显示“图书库存表.dbf”中的所有记录。请将程序补充完整。

```
USE 图书库存表
N=1
DO WHILE ______
    DISPLAY
    ______
    WAIT "按任意键显示下一条记录!"
    N=N+1
ENDDO
USE
```

4．有下面的程序段：

```
CLEAR
FOR N=1 TO 20
  ? N
ENDFOR
? N
```

执行该程序后，最后显示 N 的值是______。

5．下面程序用于逐条显示学生表 xs.dbf 中所有女生的记录。将程序补充完整。

程序如下：

```
CLEAR
USE xs
DO WHILE .NOT.EOF()
  IF 性别="男"
  ______
  ______
  ENDIF
  DISPLAY
  WAIT "按任意键继续显示下一个女生的记录..."
  ______
ENDDO
USE
```

6．职工表的结构为：（职工号 N(8),职工姓名 C(8),年龄 N(4),职称 C(18)）。下面程序显示表“职工.dbf”中的 1965 年出生的高级工程师的记录。

程序如下：

```
CLEAR
USE 职工
```

```
______ 职称="高级工程师"
DO WHILE ______
    DISPLAY
    WAIT
    ______
ENDDO
USE
```

三、思考题

1. 什么是程序文件？如何建立和执行程序文件？
2. 简述结构化程序设计的方法和原则？
3. 三种交互式命令有何异同？如何根据程序要求进行选择？
4. Visual FoxPro 提供了几种基本程序结构？每种结构有何特点？
5. Visual FoxPro 提供了几种分支语句？如何根据需要求选择使用？
6. 条件型循环语句、计数型循环语句、指针型循环语句各有什么特点？
7. 什么是子程序？子程序如何调用？如何返回？
8. 什么是过程？什么是过程文件？如何打开和关闭过程文件？
9. 内存变量可分哪几种作用域？各自有哪些特点？
10. 在程序中调用子程序、过程或函数时，如何进行参数传递？

第 8 章　面向对象程序设计基础

【学习目标】

（1）了解面向对象程序设计的基本知识。

（2）理解 Visual FoxPro 中的类、属性、事件与方法程序等基本概念。

（3）熟悉对象的操作。

8.1　面向对象程序设计基础知识

面向对象程序设计不同于结构化程序设计。在进行面向对象程序设计时，用户需要考虑为实现某种目标而创建的具有某种功能且操作使用便捷的控件、对象和控件的使用参数及外观，以及为实现某种功能应选用的事件和方法程序。

8.1.1　基本概念

面向对象技术为软件开发提供了一种新的方法，引入了许多新的概念，这些概念是理解和使用面向对象技术的基础和关键。

1．对象

对象（Object）是具有某些特性的具体事物的抽象。例如，一个人是一个对象，一台 PC 机是一个对象。PC 机的各个组成部件，如显示器、硬盘、处理器、鼠标等部件分别又是对象，即 PC 机对象是由多个“子”对象组成的，PC 机可看作为一个容器对象。在 Visual FoxPro 中，表单及控件等都是应用程序中的对象。用户通过对象的属性、事件和方法程序来处理对象。

2．对象的属性、事件和方法

（1）属性（Property）。属性是对象所具有的某种特性和状态，例如，一个汽车对象由颜色、尺寸、品牌、厂家等属性描述。Visual FoxPro 中一个按钮具有标题（Caption）、可用状态（Enable）、可见（Visible）等属性。

（2）事件（Event）。事件是由系统预先定义的由用户或系统触发的动作。事件作用于对象，对象识别事件并作出相应的反应。当触发某个事件时，该事件的过程代码就会激活，并开始执行；如果这一事件不触发，则这段程序就不会运行。对于没有编写代码的事件，即使触发也不会有任何反应。

事件触发方式可以分为 3 种：

1）由用户触发。例如单击命令按钮（Click）或按下某个键盘键（KeyPress）。

2）由系统触发。例如计时器事件（Timer）。

3）由程序代码调用事件。

（3）方法（Method）。方法是描述对象行为的过程，是对象接收了某个消息后所执行的一系列程序代码。例如显示表单的方法（Show）和将表单从内存中释放的方法（Release）等。

对象的事件可以具有与之相关联的方法，例如，为 Click 事件编写的方法代码将在 Click 事件触发时执行。方法也可以独立于事件而单独存在，此类方法必须在代码中显式地调用。

3. 类

类（Class）是具有共同属性、共同操作性质的对象的集合。类和对象的概念很相近，但又有所不同。类是对象的抽象描述，对象则是类的实例。类是抽象的，对象是具体的。

在客观世界中，有许多具有相同属性和行为特征的事物，例如：桥梁是抽象的概念，重庆长江大桥、西湖断桥就是具体的。我们把抽象的“桥”看成类，而具体的一座桥，如重庆长江大桥看成是对象。

类可以划分为基类和子类。子类以其基类为起点，并可继承基类的所有特征。例如水果是基类，苹果是子类，而红富士、黄元帅等苹果品种又是苹果类的子类。在这里，水果也称为是苹果的父类，苹果也可称为是红富士、黄元帅等的父类。具体的一个红富士苹果就是一个对象。

4. 类的特性

类具有继承性、封装性和多态性等特性。

（1）继承性。类的继承性是指子类可以具有其父类的方法和程序，而且允许用户修改子类已有的属性和方法，或添加新的属性和方法。有了类的继承，用户在编写程序时，可以通过继承把具有普遍意义的类引用到程序中，并只需添加或修改较少的属性、方法，从而减少代码的编写工作，提高了软件的可重用性。

（2）封装性。类的封装性是指类的内部信息对用户是隐蔽的。如同一台电视机的使用者只需了解其外部按钮（用户接口）的功能与用法，而无需知道电视机的内部构造与工作原理一样。在类的引用过程中，用户只能看到封装界面上的信息（属性、事件、方法），而其内部信息（数据结构、操作实现、对象间的相互作用等）则是隐蔽的，对对象数据的操作只能通过该对象自身的方法进行。

（3）多态性。类的多态性是指一些相关联的类包括同名的方法程序，但方法程序的代码不同。在运行时，可以根据不同的对象、类及触发的事件、控件、焦点确定调用哪种方法程序。

8.1.2 基本方法

在面向对象的程序设计中，对象是组成软件的基本元件。每一个对象可看成是一个封装起来的独立元件，在程序中担负某个特定的任务。因此，在设计程序时，不必知道对象的内部细节，只是在需要时，对对象的属性进行设定和控制即可。

在进行面向对象程序设计时，首先要考虑的是如何创建对象，其次考虑对象的功能和可以进行的操作。其中应该包含以下几个要点：

（1）希望用户能够达到反应用户意图的目标。

（2）为实现这一目标，对象应具备的环境、状态、条件（数据环境）。

（3）以这一目标为中心，对象应该具有的可以实施的功能及配套参数。

（4）作为一个完备的整体所应配备的最佳结构体系。

（5）为用户使用方便提供最佳接口、交互式操作界面。

面向对象程序设计将对象的细节隐藏起来，使开发者将注意力集中在对象与系统的其他部分的联系上，这与面向过程的程序设计方式有根本的区别。

8.2 类、属性、事件与方法程序

在 Visual FoxPro 中，类就像一个模板，对象都是由它生成的。类定义了对象所具有的属性、事件和方法，从而决定了对象的外观和它的行为，对象可以看成是类的实例。

Visual FoxPro 提供了 29 个基类，用户既可以从基类创建对象，也可由基类派生出子类。因此为了更好地使用类，必须了解 Visual FoxPro 中基类的类型、属性、事件、方法等内容。

8.2.1　类的概念

1．基类

基类是 Visual FoxPro 预先定义好的类。基类又可以分为容器类和控件类，可以分别生成容器类对象和控件类对象。

（1）容器类：可以容纳其他对象的基类。例如在命令按钮组中可以包含命令按钮对象，命令按钮组就是容器类。Visual FoxPro 的容器类如表 8-1 所示。

表 8-1　Visual FoxPro 的容器类

基类	可包含对象	名称
Column	标题对象等一部分对象	网络控件上的列
CommandGroup	命令按钮	命令按钮组
Container	任何控件	容器类
Control	任何控件	控件类
Custom	任何控件、页框、自定义对象	自定义类
Form	页框、任何控件、容器和自定义对象	表单
FormSet	表单、工具栏	表单集
Grid	栅格、列	网格
OptionButtonGroup	选项按钮	选项组
Page	任何控件和容器	页
PageFrame	页面	页框
ToolBar	任何控件、容器和自定义对象	工具栏

（2）控件类：不能容纳其他对象的基类。例如在命令按钮中不能包含其他对象，命令按钮就是控件类。Visual FoxPro 的控件类如表 8-2 所示。

表 8-2　Visual FoxPro 的控件类

基类	名称
CheckBox	复选框
ComboBox	组合框
CommandButton	命令按钮
EditBox	编辑框
Header	标题行
Image	图像
Label	标签
Line	线条
ListBox	列表框
OLEboundControl	OLE 绑定控件

续表

基类	名称
OLEContainerControl	OLE 容器控件
OptionButton	选项按钮
Separator	空白空间
Shape	形状
Spinner	微调控制器
TextBox	文本框
Timer	定时器

2. 子类

以某个类（基类）为起点创建的新类称为子类，例如从基类派生新类时，基类为父类，派生的新类为子类。既可以从基类创建子类，也可以从子类再派生子类，并且允许从用户自定义类派生子类。子类将继承父类的全部特征。

3. 用户自定义类

用户从基类派生出子类，并修改或添加子类属性、方法，这样的子类称为用户自定义类。在面向对象程序设计中，创建并设计合适的子类，修改、增加属性，编写、修改事件代码和方法代码，是程序设计的重要内容，也是提高代码通用性、减少代码的重要手段。

4. 类库

类库可用来存储以可视化方式设计的类，其扩展名为.VCX，一个类库可包含多个子类，且这些子类可以是由不同的基类派生的。

8.2.2 属性、事件与方法程序

1. 属性

在 Visual FoxPro 中，对象的属性可以通过属性窗口设置，也可以通过代码在运行时设置。所有 Visual FoxPro 基类都有最小属性集，如表 8-3 所示。

表 8-3 Visual FoxPro 基类的最小属性集

属性	说明
Class	该类属于何种类型
BaseClass	该类由何种基类派生而来，例如 Form、Commandbutton 或 Custom 等
ClassLibrary	该类从属于哪种类库
ParentClass	对象所基于的类。若该类直接由 Visual FoxPro 基类派生而来，则 ParentClass 属性值与 BaseClass 属性值相同

Visual FoxPro 中对象的属性根据其特点可划分为：

（1）与操作方式、功能、效果有关的属性。

（2）与对象的引用有关的属性。

（3）与运行、操作条件有关的属性。

（4）与对象可视性有关的属性。

（5）与数据、信息有关的属性。

2. 事件

在 Visual FoxPro 中，可以在事件代码窗口中编写代码程序。所有 Visual FoxPro 基类有最小事件集，如表 8-4 所示。

表 8-4　Visual FoxPro 基类的最小事件集

事件	说明
Init	当对象创建时激活
Destroy	当对象从内存中释放时激活
Error	当类中的事件或方法程序过程中发生错误时激活

在 Visual FoxPro 中，对象可以响应 50 多种事件，主要事件种类有：

（1）与鼠标操作有关的事件。

（2）与键盘操作有关的事件。

（3）与对象属性改变有关的事件。

（4）与表单有关的事件。

（5）其他事件。

3. *方法程序*

方法是对象所能执行的操作，是与对象相关的过程，方法程序是对象能够执行的、完成相应任务的操作命令代码的集合。方法可以独立于事件而存在，此时应显式进行调用，如 ThisForm.Release。

在 Visual FoxPro 中，系统将对象的所有属性、事件和方法均放在同一个属性窗口中，用户此窗口设置属性，书写事件代码和方法代码。

8.3 对象的操作

在 Visual FoxPro 中，可以通过修改对象的属性，调用对象的方法来操作对象。

8.3.1 引用容器类对象

由于容器类对象的存在，在程序设计中，对象是可以进行嵌套引用的。为了引用和操作容器类对象，首先就要确定并标识出对象和与之关联的容器层次。例如：为了操作表单中某一命令按钮，就须先引用表单，然后才是该命令按钮。在对象的次中，常见的几个关键字和引用格式如表 8-5 所示。

表 8-5　对象的引用关键字、含义和引用格式

关键字	含义	引用格式
This	当前对象	This.属性名|事件|方法程序|对象名
ThisForm	包含当前对象的表单	ThisForm.属性名|事件|方法程序|对象名
ThisFormSet	包含当前对象的表单集	ThisFormSet.属性名|事件|方法程序|对象名
Parent	对象的上一层容器类对象	Control.Parent

说明：ThisFormSet 开始的引用可以出现在控件所在表单集的任何表单中任何控件的方法和事件代码中。ThisForm 开始的引用可以出现在表单的任何控件的方法和事件代码中。This 开始的引用只可以出现在当前对象的方法或事件代码中。

【例 8-1】对象引用格式。在表单 Form1 中有一个按钮对象 Command1，一个选项按钮组 OptionGroup1，OptionGroup1 按钮中有两个选项按钮 Option1 和 Option2，如图 8-1 所示。

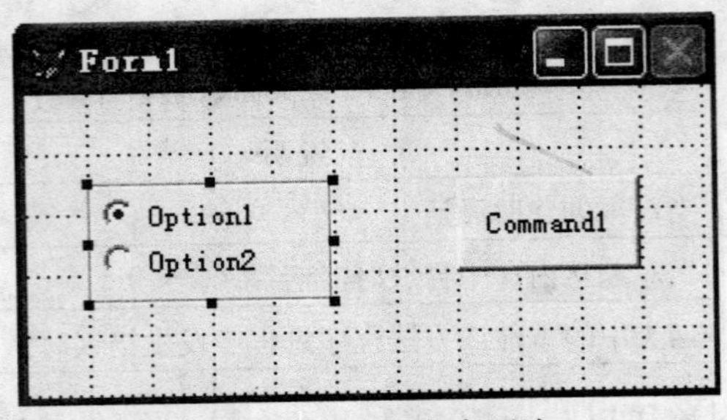

图 8-1 对象的嵌套层次

下面例举出常见的对象引用的方法。

在表单中任何控件的方法和事件代码中，下列引用的含义是：

```
ThisForm                              && 当前表单
ThisForm.Command1                     && 表单中 Command1 按钮
ThisForm.OptionGroup1                 && 表单中 OptionGroup1 选项组
ThisForm.OptionGroup1.Option1         && 表单中 OptionGroup1 对象中的 Option1 选项按钮
```

当前控件如果是 Command1，下列引用的含义是：

```
This                                  && Command1 对象
This.Parent                           && Command1 所在的容器，即当前表单
```

当前控件如果是 OptionGroup1，下列引用的含义是：

```
This                                  && OptionGroup1 对象
This.Parent                           && OptionGroup1 所在的容器，即当前表单
```

当前控件如果是 Option1，下列引用是合法的：

```
This.Parent                           && Option1 所在的容器，即 OptionGroup1
This.Parent.Parent                    && Option1 所在的容器（OptionGroup）的上级容器，即当前表单
```

8.3.2 设置对象的属性值

在 Visual FoxPro 中，一个对象的属性可以在设计时通过属性窗口设置，也可以在运行中设置或修改，为了引用一个属性，需使用如下格式：

【命令】对象的引用.属性=属性取值

【功能】对指定对象的指定属性设置属性值。

例如：

```
ThisForm. Label1.Caption="姓名"        && 当前表单中标签控件 Label1 的标题属性设置为“姓名”
ThisForm.Command1.Enable=.F.          && 当前表单中命令按钮 Command1 设置为不可用
```

由于一个对象往往具有许多属性，若需对多个属性进行设置，则每个属性设置时都要写出对象层次，为了解决这个问题，Visual FoxPro 提供了一种结构，即 WITH…ENDWITH 结构，能对同一对象同时设置多个属性值。其格式是：

```
WITH 对象引用
    .属性 1=属性值 1
    .属性 2=属性值 2
    …
ENDWITH
```

说明：该语句结构用来给对象的属性赋值。属性值 1 赋值给对象的属性 1，属性值 2 赋值给对象的属性 2，依此类推。

例如，对表单中的 Label1 标签进行多属性设置：

```
WITH ThisForm.Label1
  .Width=300                    &&Label1 的宽度设置为 300
  .Caption= "Hello, world!"     && Label1 的标题属性设置为"Hello, world!"
  .Fontsize=24                  && Label1 的字号设置为 24
  .ForeColor= RGB(0,0,255)      && Label1 的前景颜色设置为蓝色
ENDWITH
```

8.3.3　调用方法

对象创建之后，就可以从应用程序的任何位置调用该对象中的方法，调用对象中的方法的格式如下：

【命令】对象引用.方法

【功能】对指定对象调用指定的方法。

例如：

```
ThisFormSet.Form1.Show          && 显示表单集中的 form1 表单
ThisForm.Release                && 释放当前表单
ThisForm.Text1.SetFocus         && 设置当前表单的文本框 text1 获得焦点（光标）
```

8.3.4　添加新属性和新方法

Visual FoxPro 允许用户直接编码创建类，也可使用类设计器新建类。

1．使用类设计器创建类

在类设计器中，新类的属性、事件和方法主要通过属性窗口进行设计、定义和修改。新建的子类继承父类所有的属性、方法，子类又可以对父类的属性和方法进行修改、扩充，使之具有与父类不同的特殊性。

有以下 3 种方法可以进入“新建类”对话框：

（1）从项目管理器中新建类。

（2）从文件菜单中新建类。

（3）直接在命令窗口键入 CREATE CLASS 命令。

【例 8-2】创建一个带有确认功能的“退出”命令按钮自定义类。

操作步骤如下：

（1）打开“文件”菜单，单击“新建”命令，弹出“新建”对话框，如图 8-2 所示。

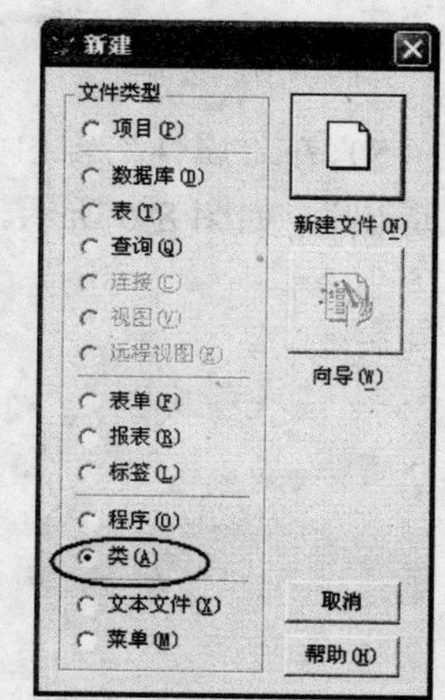

图 8-2　“新建”对话框

（2）在“新建”对话框中，选中“类”单选按钮，然后单击“新建文件”按钮，打开“新建类”对话框，如图 8-3 所示。

（3）在“新建类”对话框中，指定新建类的类名，例如“退出按钮”；在“派生于”文本框中，指定派生子类的基类，这里选择 CommandButton；在“存储于”文本框中，指定新类库名或已有类的名字，输入“自定义类”，如图 8-4 所示。

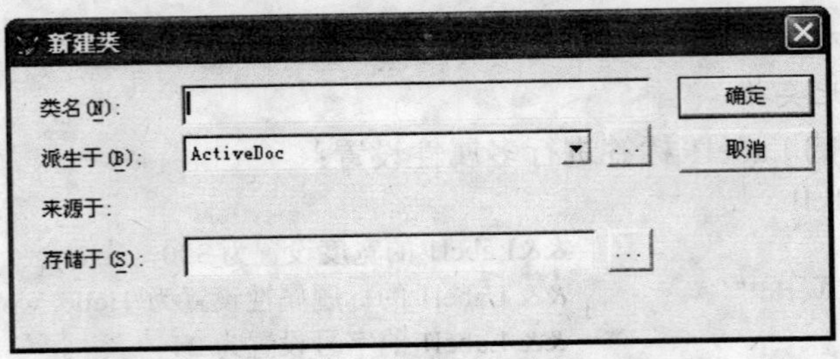

图 8-3　“新建类”对话框

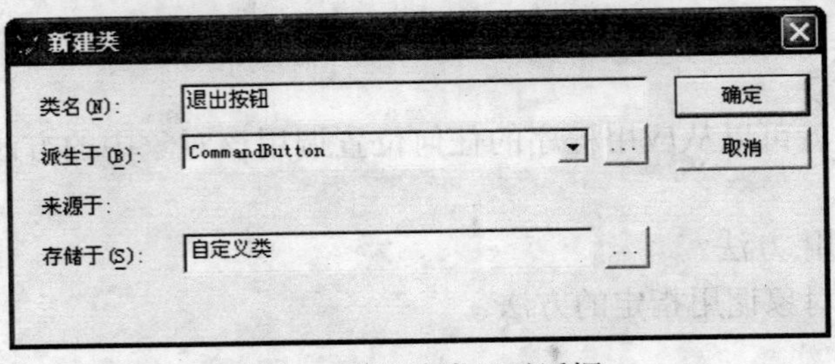

图 8-4　“新建类”对话框

（4）在当前目录下创建一个文件“自定义类.VCX”，然后单击“确定”按钮，打开“类设计器”窗口，如图 8-5 所示。

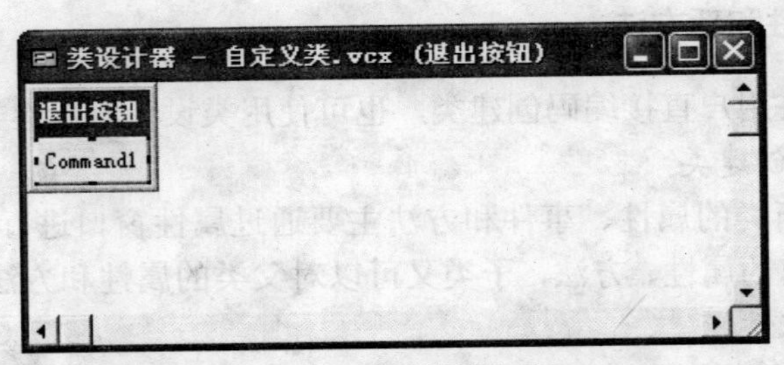

图 8-5　“类设计器”窗口

（5）在“属性”窗口中，为自定义类“退出按钮”设置属性。将属性 Caption 的值设置为“退出”，如图 8-6 所示。

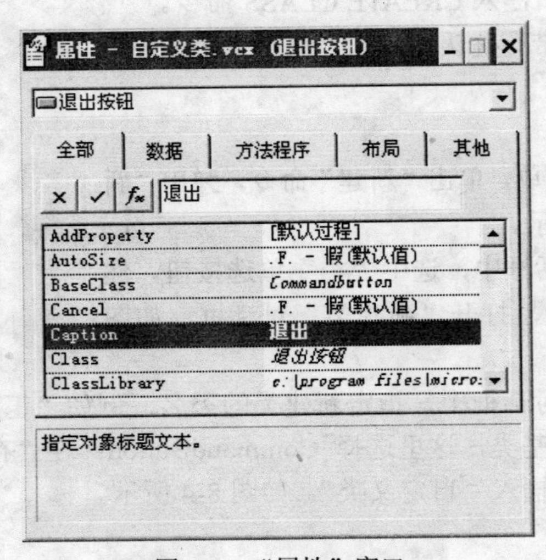

图 8-6　“属性”窗口

（6）在“类设计器”窗口，双击自定义类“退出按钮”，打开自定义类退出按钮的命令代码编辑对话框，为自定义类“退出按钮”设置 Click 事件代码，如图 8-7 所示。

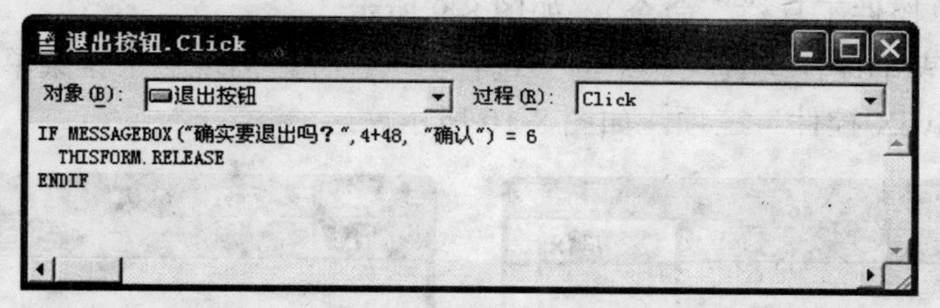

图 8-7　自定义类退出按钮的 Click 事件代码编辑对话框

为自定义类“退出按钮”设置的 Click 事件代码如下：

```
IF MessageBox("确实要退出吗？",4+48, "确认") = 6
  ThisForm.Release
ENDIF
```

这段程序的功能是：弹出一个信息框，信息框包含“是”和“否”两个按钮，图标为惊叹号，单击“是”按钮，返回值 6，释放表单。

（7）确定自定义类出现在工具栏上的图标，其方法是：打开“类”菜单，单击“类信息”命令，弹出“类信息”对话框，如图 8-8 所示。在“类信息”对话框的“工具栏图标”编辑框右侧，单击“搜寻”按钮查找 ico 图标文件，然后单击“确定”按钮，关闭“类信息”对话框。

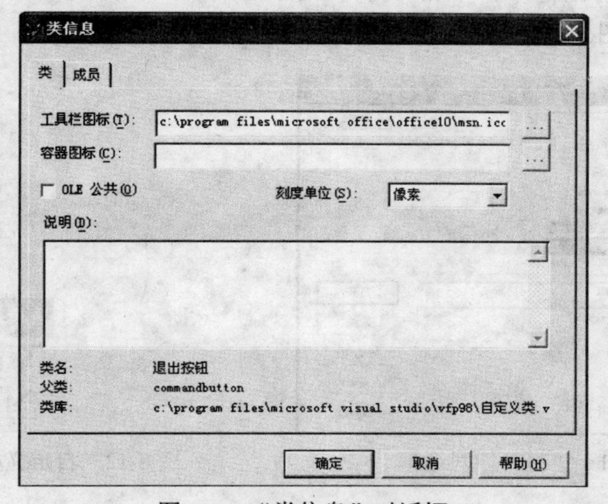

图 8-8　“类信息”对话框

（8）关闭“类设计器”窗口，将所做更改保存到“自定义类.VCX”文件中。一个简单的自定义类“退出按钮”创建完成。

2. *在表单设计器中使用自定义类创建对象*

对象可以在表单设计器中创建，也可通过命令创建，在表单设计器中创建对象的方法是：选取表单控件工具栏上的控件按钮，在表单的适当位置上单击。

使用自定义类创建对象时，需要先将自定义类以图标的形式添加到表单控件工具栏中，使自定义类可以像表单控件工具栏中的其他按钮一样使用。

【例 8-3】创建一个只有退出命令按钮对象的表单。

操作步骤如下：

（1）打开“文件”菜单，单击“新建”命令，弹出“新建”对话框。

（2）在“新建”对话框中，选中“表单”单选按钮，然后单击“新建文件”按钮，打开“表单设计器”窗口和“表单控件工具栏”（如果没出现“表单控件工具栏”，则打开“显示”菜单，单击“表单控件工具栏”命令），如图 8-9 所示。

（3）单击“表单控件工具栏”中的“查看类”控件，出现一下拉菜单，其中有“添加”、“常用”和“ActiveX 控件”三项，如图 8-10 所示。

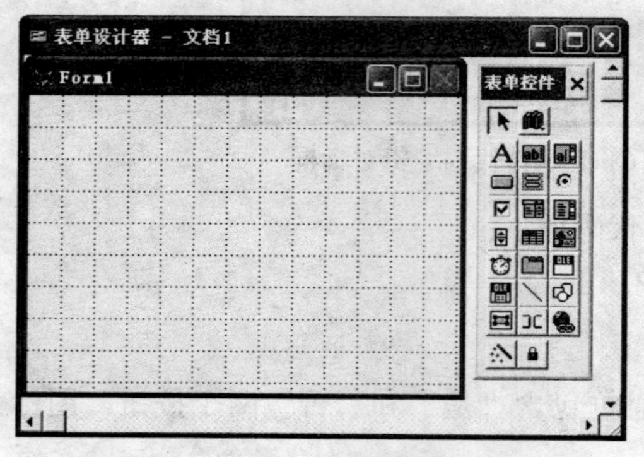

图 8-9 “表单设计器”窗口

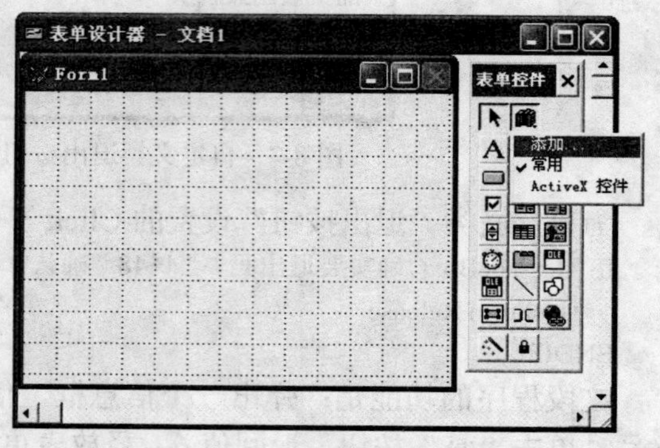

图 8-10 控件“查看类”的下拉菜单

（4）单击“添加”命令，弹出“打开”对话框，选取文件“自定义类.VCX”（上例中创建的自定义类），如图 8-11 所示。

（5）在“打开”对话框中，单击“打开”按钮，在“表单控件工具栏”中新添加一个“退出按钮”类控件，如图 8-12 所示。

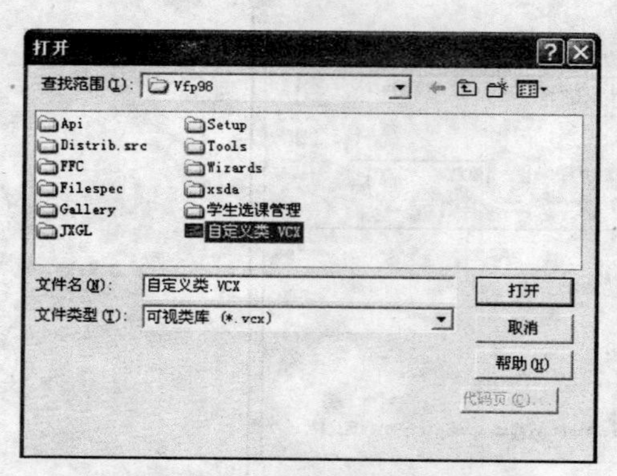

图 8-11 “打开”对话框

图 8-12 自定义类“退出按钮”控件

（6）在“表单控件工具栏”中，单击“退出按钮”控件，接着在表单的中部单击，于是在表单中创建了一个“退出按钮”对象，如图 8-13 所示。

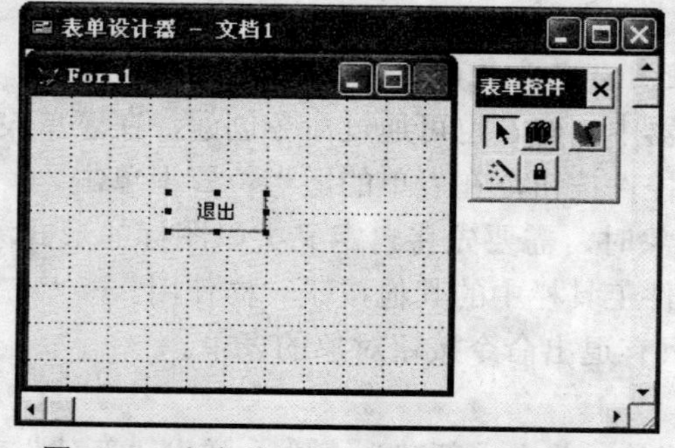

图 8-13 在表单中添加“退出”命令按钮

（7）关闭“表单设计器”窗口，出现如图 8-14 所示的系统信息框。

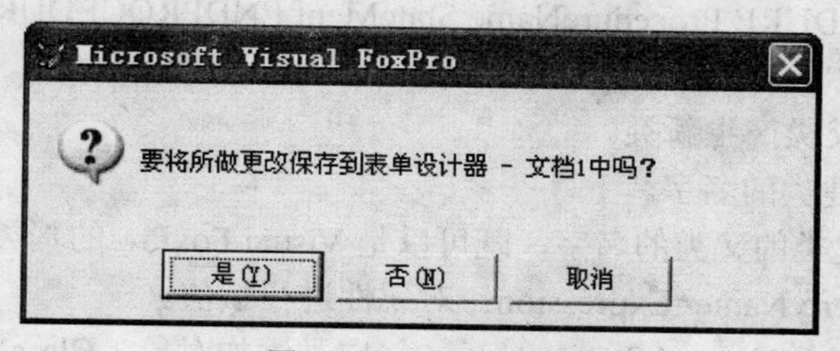

图 8-14　系统信息框

（8）单击“是”按钮，打开“另存为”对话框。在“保存表单为”文本框中输入文件名“退出 1.scx”，然后单击“保存”按钮，如图 8-15 所示。

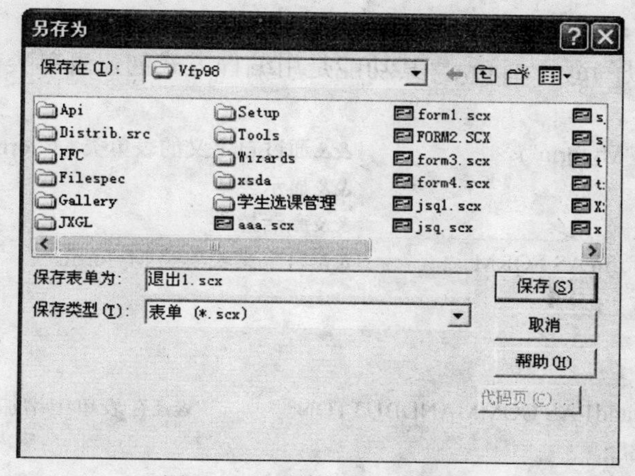

图 8-15　“另存为”对话框

（9）打开表单文件“退出 1.scx”，单击“表单”菜单中的“执行表单”命令，屏幕上出现含有“退出”按钮的表单，如图 8-16 所示。

（10）单击表单中的“退出”按钮，出现“确认”对话框，如图 8-17 所示。

图 8-16　运行含有“退出”按钮的表单

图 8-17　“确认”对话框

（11）单击“是”按钮，退出表单。

3. 编程方式创建类及对象

通过编程的方式也可以在代码运行中创建类，其命令格式为：

【命令】DEFINE CLASS ClassName1 AS ParentClass

[[ObjectName.]PropertyName=Expression…]

[ADD OBJECT ObjectName　AS ClassName2]

[[WITH PR PropertyList]…]
[PROCEDURE ProcedureName StateMent ENDPROCEDURE]
ENDDEFINE

【功能】由指定父类产生新类。

ClassName1：新建类的名字。

ParentClass：新建类的父类的名字，既可以是 Visual FoxPro 的基类，也可以是自定义类。

ObjectName.PropertyName=Expression：对属性进行赋值。

ADD OBJECT ObjectName AS ClassName2：向类添加对象。ClassName2 是指定对象的父类名。

WITH PropertyList：为添加的对象指定属性及给属性赋值。

PROCEDURE ProcedureName StateMent ENDPROCEDURE：为类或子类指定事件或方法的程序代码。

【例 8-4】编写程序 myclass.prg，其功能是用编程方式创建表单类，并创建对象。

编写程序如下：

```
Form1=CreateObject("Myform")                &&通过自定义的表单类 Myform 创建一个对象 Form1
Form1.Show                                  &&显示表单
READ EVENTS                                 &&激活控件
DEFINE CLASS Myform AS FORM                 &&自定义表单类 Myform
Caption="我的表单"
Height=80
Width=120
ADD OBJECT command1 AS COMMANDBUTTON;               &&在表单中增加一个命令按钮对象
WITH Caption="退出",;
Top=30,;
Left=40,;
Width=70,;
Height=30
PROCEDURE Command1.Click                    &&设置命令按钮的 Click 事件方法程序
IF MessageBox("真的关闭吗?",4+16+0,"对话框窗口")=6
   ThisForm.Release
ENDIF
ENDPROC
ENDDEFINE
CLEAR EVENTS
```

程序运行时，“我的表单”窗口如图 8-18 所示。单击“退出”按钮，出现如图 8-19 所示的“对话框窗口”对话框。

图 8-18 “我的表单”窗口

图 8-19 “对话框窗口”对话框

习题八

一、选择题

1．关于属性、方法和事件的叙述，下面错误的是______。
　A．属性用于描述对象的状态，方法用于表示对象的行为
　B．基于同一类的两个对象可以分别设置自己的属性值
　C．事件代码也可以像方法一样被显式调用
　D．在新建一个表单时，可以添加新的属性、方法和事件

2．下列关于类的叙述中，错误的是______。
　A．方法定义在类中，但是定义类的主体是对象
　B．在同一个类上定义的对象采用相同的属性来表示状态，所以在属性上的取值也必须相同
　C．类是对一类相似对象的性质描述，这些对象具有系统的性质，基于类可以生成该类对象的任何一个对象
　D．每个对象都有一定的状态和自己的行为

3．在下列关于面向对象数据库的叙述中，不正确的是______。
　A．事件作用于对象，对象识别事件并做出相应反应
　B．一个子类能够继承其所有父类的属性和方法
　C．一个父类包括其子类的所有属性和方法
　D．每个对象在系统中都有唯一的对象标识

4．下列关于 Visual FoxPro 特点的描述中，不正确的是______。
　A．支持 SQL 语言的使用
　B．不支持面向对象的程序设计
　C．可用项目管理器统一管理工作
　D．采用可视化编程技术

5．在数据库技术中，面向对象数据模型是一种______。
　A．概念模型　　B．结构模型　　C．物理模型　　D．形象模型

6．创建类时不用定义类的______。
　A．别名　　B．属性　　C．事件　　D．方法

7．设置对象的属性不用定义______。
　A．对象名　　B．属性名　　C．属性值　　D．代码

8．以下是容器类的是______。
　A．timer　　B．command　　C．form　　D．label

9．对象继承了______的全部属性。
　A．类　　B．表　　C．数据库　　D．图形

二、填空题

1．在面向对象程序设计中，构成程序的基本单位和运行实体是______。

2．对一组对象的属性和行为特征的抽象描述，或者说是具有共同属性、共同操作性质的对象的集合称为______。

3．建立类可以在类设计器中完成，也可以通过______创建类。

4．方法是附属于对象的______和动作。

5．任何一个基类都有它的______。

6．类具有多态性、继承性和______。

7．类的两种类型是控件类和______。

8．派生的新类，将______父类的所有属性。

三、思考题

1．简述面向过程程序设计和面向对象程序设计的主要区别。

2．什么是对象？简述对象的属性、事件和方法。

3．什么是类？类具有哪些特性？

4．简述在进行面向对象程序设计时应考虑的几个要点。

5．Visual FoxPro 为用户提供了多少基类？

6．容器类和控件类有何区别？

第 9 章　表单设计

【学习目标】

（1）理解表单的概念，掌握有关表单的基础知识。

（2）熟练掌握"表单设计器"的使用和属性的设置。

（3）熟练掌握常用表单的设计和应用。

9.1　表单基础知识

9.1.1　表单概述

表单是 Visual FoxPro 中面向对象的程序设计的基本工具，一个表单是具有属性、事件、方法程序、数据环境和包含的其他控件的容器类对象。在一个表单中可以包含其他的控件，表单通过控件为用户提供图形化的操作环境。它的主要用途是显示并可输入输出数据，完成某种具有特定功能的操作，构造用户和计算机相互沟通的屏幕界面。

1. 表单控件

表单中的控件有两类：与数据绑定的控件和不与数据绑定的控件。与数据绑定的控件与数据源(表、视图或表和视图的字段或变量等)有关，这类控件需要设置控制源(Control Source)属性，用户使用与数据绑定的控件可以将输入或选择的数据送到数据源或从数据源取出有关数据。另一类不与数据绑定的控件不需要设置控制源属性，用户对控件输入或选择的值只作为属性设置，该值不保存。表单中常用控件如表 9-1 所示。

表 9-1　表单常用控件

控件类	功能	控件类	功能
Label	创建用于显示正文内容的标签	Spinner	创建微调控件
TextBox	创建文本框	Shape	创建用于显示方框、圆或椭圆的 Shape 控件
ListBox	创建列表框	Grid	创建表格
EditBox	创建编辑框	PageFrame	创建包含若干页的页框
ComboBox	创建组合框	Image	创建用于显示图片的图像控件
CheckBox	创建复选框	Timer	创建能在一定时间执行代码的定时器
CommandButton	创建命令按钮	Line	创建用于显示水平线、垂直线或斜线的控件
CommandGroup	创建命令按钮组	OLE	创建 OLE 容器控件
OptionButton	创建选项按钮	OLE Bound	创建 OLE 绑定型控件
OptionGroup	创建选项按钮组		

2. 表单属性

表单属性定义表单及其控件的性质、特征，每个表单及其控件都有它的一组属性，通常这些属性的大多数都是相同的。表单及控件的属性可以通过属性窗口在设计时设置，也可通过编写代码在表单执行时设置。表单和控件中有些属性具有通用性，另外一些属性则具有特定性。常用表单和控件的属性如表 9-2 所示。

表 9-2　常用表单和控件的属性

属性	说明	属性	说明
Caption	指定对象的标题	Width	指定屏幕上一个对象的宽度
Name	指定对象的名字	Left	对象左边相对于父对象的位置
Value	指定对象当前的取值	Top	对象上边相对于父对象的位置
FontName	指定对象文本的字体名	Movable	执行时表单能否移动
FontSize	指定对象文本的字体大小	Closable	标题栏中关闭按钮是否有效
ForeColor	指定对象中的前景色	ControlBox	是否取消标题栏所有的按钮
BackColor	指定对象内部的背景色	MaxButton	指定表单是否有最大化按钮
BorderStyle	指定边框样式	MinButton	指定表单是否有最小化按钮
AlwaysOnTop	是否处于其他窗口之上	WindowState	指定执行时是最大化或最小化
AutoCenter	是否在 Visual FoxPro 主窗口内自动居中	Visible	指定对象是可见还是隐藏
Height	指定屏幕上一个对象的高度		

3. *表单事件*

表单事件是表单可以识别和响应的行为和动作。事件识别和响应是面向对象程序设计中实现交互操作的手段。表单和控件的事件是由系统事先规定的，用户不能在对象上增加或减少事件。一个事件对应于一个方法程序，称为事件过程。当一个事件被触发时，系统执行与该事件对应的过程代码。事件过程执行完毕后，系统又处于等待某事件发生的状态，这种控制机制称为事件驱动方式。表单常用事件如表 9-3 所示。

表 9-3　常用表单事件

事件	事件触发	事件	事件触发
Init	当对象创建时	GotFocus	对象接收到焦点
Load	在创建对象之前	LostFocus	对象失去焦点
Unload	释放对象时	KeyPress	当用户按下或释放一个键
Destroy	当对象从内存中释放时	MouseDown	当用户按下鼠标键
Click	用户单击对象	MouseMove	当用户移动鼠标到对象
DblClick	用户双击对象	MouseUp	当用户释放鼠标
RightClick	用户右击对象	Error	当发生错误时

4. *表单方法程序*

表单的方法程序是对象能够执行的、完成相应任务的操作命令代码的集合，是 Visual FoxPro 为表单及其控件内定的通用过程。方法程序过程代码由 Visual FoxPro 系统定义，对用户是不可见的，但可以通过代码编辑窗口对其进行增加。

表单中常用的方法程序如表 9-4 所示。

表9-4　常用表单方法程序

方法程序	用途	方法程序	用途
AddObject	在表单对象中增加一个对象	Move	移动一个对象
Box	在表单对象上画一个矩形	Print	在表单对象上打印一个字符串
Circle	在表单对象上画一段圆弧或一个圆	Pset	给表单上一个点设置一个指定的颜色
Cls	清除一个表单中的图形和文本	Refresh	重新绘制表单或控件，并更新所有值
Clear	清除控件中的内容	Release	从内存中释放表单或表单集
Draw	重新绘制表单对象	SaveAs	将对象存入.SCX 文件中
Hide	隐藏表单、表单集或控件	Show	显示表单并确定其是模态还是非模态
Line	在表单对象上绘制一条线		

5. 表单数据环境

如果表单或表单集的功能与一个数据表或视图有关，通常应包括一个数据环境。表单的数据环境是指在创建表单时需要打开的全部表、视图和关系。在表单的数据环境中，可以添加与表单相关的数据表或视图，并设置好表单、控件与数据表或视图中字段的关联，形成一个完整的数据体系。常用数据环境属性和与表单及控件的数据源相关的属性如表9-5所示。

表9-5　常用数据环境及数据源属性

属性	说明
AutoOpenTables	控制当执行表单时，是否打开数据环境的表或视图
AutoCloseTables	控制当释放表或表单集时，是否关闭表或视图
InitialSelectedAlias	当执行表单时，选定的表或视图
Filter	排除不满足条件的记录
ControlSource	指定与文本框、编辑框、列表框、组合框及表格中的一列等对象建立联系的数据源（字段）
CursorSource	指定与临时表相关的表或视图的名称
RecordSource	指定与表格控件建立联系的数据源（表或视图）
RecordSourceType	指定与表格控件建立联系的数据源打开的方式
RowSource	指定组合框或列表框的数据源
RowSourceType	指定组合框或列表框的数据源类型

6. 创建表单的一般步骤

在 Visual FoxPro 中可以通过表单向导和表单设计器设计表单。使用表单向导设计表单时，用户只需要根据系统提示进行简单的操作即可以生成具有一定功能的表单。对于具有个性化功能要求的表单，则需要通过使用表单设计器由用户自行设计表单的每一个细节。

一个表单的设计过程通常可以通过以下步骤实现：

（1）创建一个新的表单。

（2）使用表单控件工具栏为表单添加控件。

（3）通过属性窗口设置表单和控件的属性。

（4）如果表单功能与数据表或视图有关，则为表单添加数据环境。

（5）为表单和控件事件编写方法程序。

9.1.2 使用表单向导

表单向导是通过使用 Visual FoxPro 系统提供的功能快速生成表单程序的手段，通过使用表单向导可以建立两种表单：

（1）选择“表单向导”可以创建基于一个表的表单。

（2）选择“一对多表单向导”可以创建基于两个具有一对多关系的表的表单。

1. 用表单向导创建单表表单

【例 9-1】利用“表单向导”，根据学生学籍数据库 xsxj.dbc 中的学生表 xs.dbf 建立学生情况浏览和编辑表单，表单文件名取为 xssj1.scx。

操作步骤如下：

（1）打开“文件”菜单，单击“新建”命令，弹出“新建”对话框。

（2）在“新建”对话框中，选中“表单”单选按钮，单击“向导”按钮，弹出“向导选取”对话框，选择“表单向导”，如图 9-1 所示。

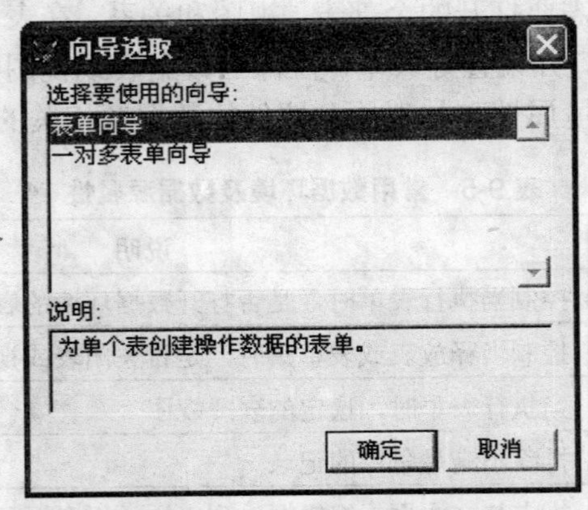

图 9-1 “向导选取”对话框

（3）在“向导选取”对话框中，单击“确定”按钮，进入“表单向导（步骤 1－字段选取）”对话框。在“数据库和表”列表框中选择作为数据资源的数据库和表，此处选择学生学籍数据库 xsxj.dbc 以及该数据库中的学生表 xs.dbf，然后将“可用字段”列表框中的全部字段移到“选定字段”列表框中，如图 9-2 所示。

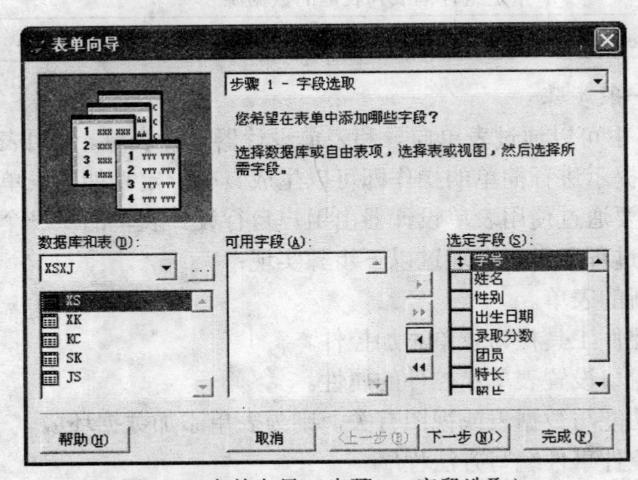

图 9-2 表单向导（步骤 1－字段选取）

（4）字段选取完成后，单击“下一步”按钮，进入“表单向导（步骤 2－选择表单样式）”对话框。在“样式”列表框中选择“标准式”，将“按钮类型”选为“文本按钮”，如图 9-3 所示。

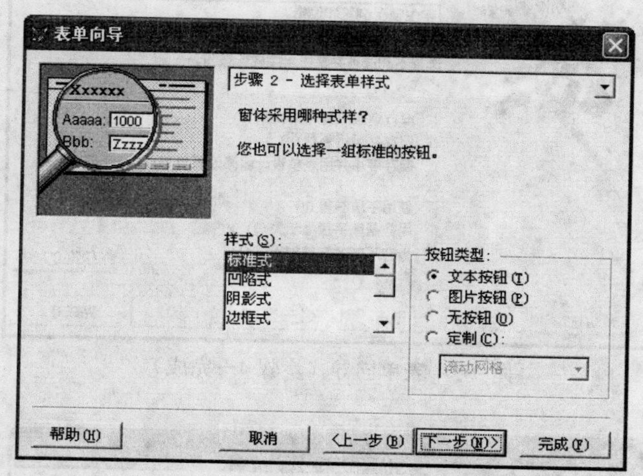

图 9-3　表单向导（步骤 2－选择表单样式）

（5）选定样式后，单击“下一步”按钮，进入“表单向导（步骤 3－排序次序）”对话框。将“可用的字段或索引标识”列表中的“姓名”移到“选定字段”列表框中，将字段“姓名”值作为排序依据，选择按姓名升序排序，如图 9-4 所示。如果此时该字段没有建立索引，向导会自动在表中建立相应的索引。

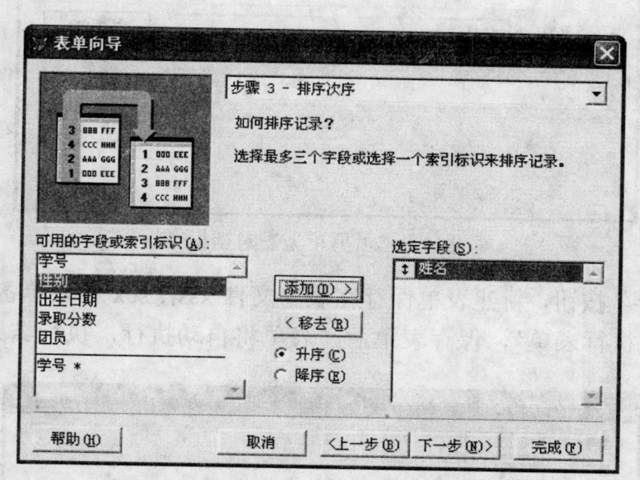

图 9-4　表单向导（步骤 3－排序次序）

（6）选定排序字段后，单击“下一步”按钮，进入“表单向导（步骤 4－完成）”对话框。在“请键入表单标题”文本框中输入表单标题“学生情况浏览和编辑”，选择“保存并执行表单”选项，如图 9-5 所示。

（7）单击“预览”按钮，显示所设计的表单。在进行“预览”时，能看到表单执行的界面，但并没有按照步骤 3 所设定的按照姓名排序显示，然后单击“返回向导”按钮，返回到“表单向导”对话框。如果对表单不满意可以退回修改。如果满意，可在“表单向导”对话框中单击“完成”按钮，打开“另存为”对话框。在“保存表单为”文本框中，输入表单文件名 xssj1.scx，如图 9-6 所示。

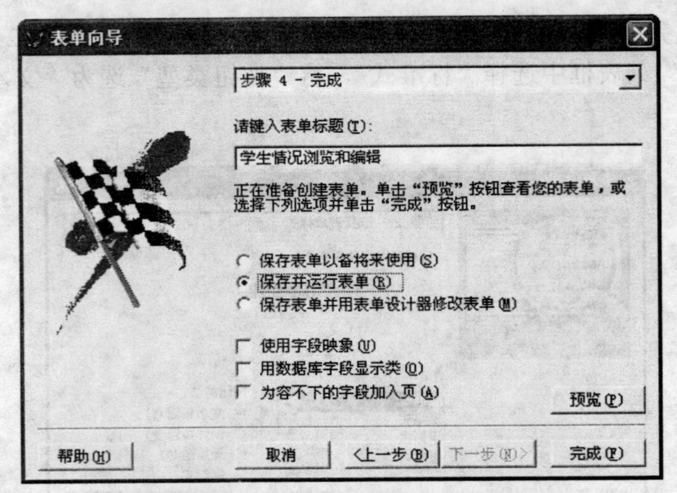

图 9-5 表单向导（步骤 4—完成）

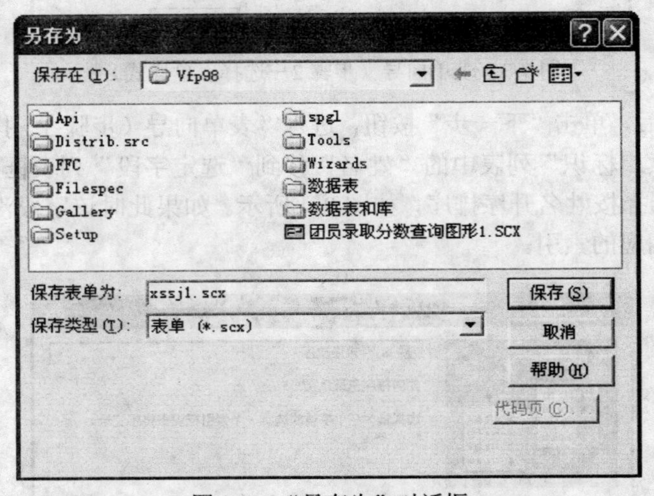

图 9-6 “另存为”对话框

（8）单击“保存”按钮，新建表单保存在表单文件 xssj1.scx 和表单备注文件 xssj1.sct 中。由于选择了“保存并执行表单”，保存表单后，表单将自动执行，执行结果如图 9-7 所示。

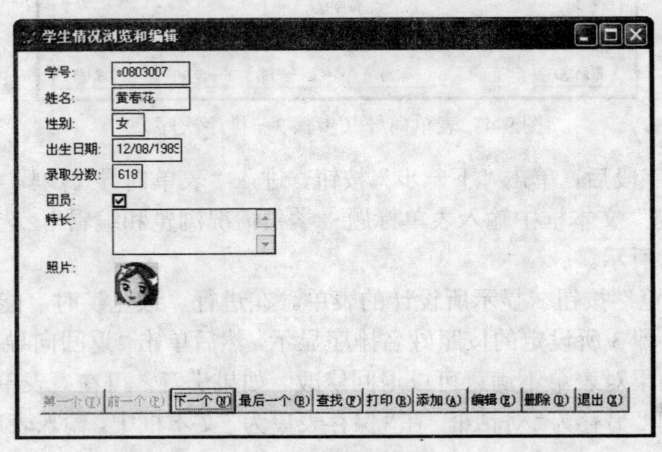

图 9-7 执行结果

2. 一对多表单向导

【例 9-2】利用“一对多表单向导”，根据学生表 xs.dbf 和选课表 xk.dbf 建立显示学生基本信息和考试成绩的表单，表单文件名取为 xscj1.scx。

操作步骤如下：

（1）打开“文件”菜单，单击“新建”命令，弹出“新建”对话框。

（2）在“新建”对话框中，选中“表单”单选按钮，单击“向导”按钮，打开“向导选取”对话框，选择“一对多表单向导”，如图 9-8 所示。

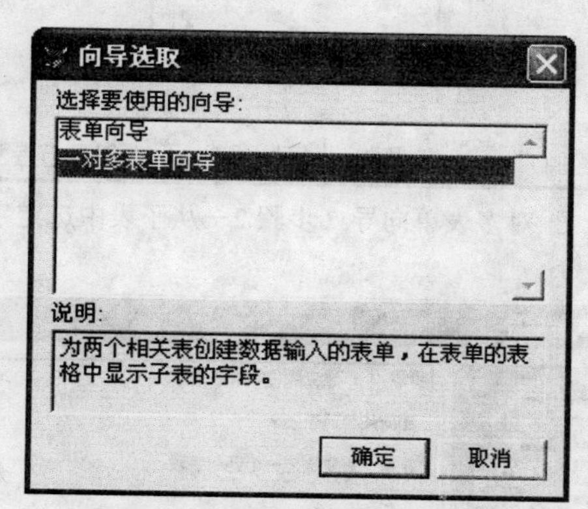

图 9-8　“向导选取”对话框

（3）在“向导选取”对话框中，单击“确定”按钮，进入“一对多表单向导（步骤 1—从父表中选定字段）”对话框。在“数据库和表”列表框中选择用于创建表单的父表及相应字段。此处选择学生学籍数据库 xsxj.dbc 以及该数据库中的学生表 xs.dbf，然后将“可用字段”列表框中的“学号”、“姓名”两个字段移到“选定字段”列表框中，如图 9-9 所示。

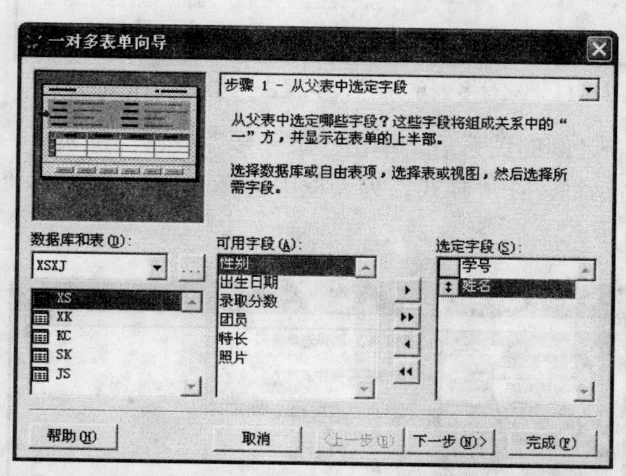

图 9-9　一对多表单向导（步骤 1—从父表中选定字段）

（4）从父表中选定字段后，单击“下一步”按钮，进入“一对多表单向导（步骤 2—从子表中选定字段）”对话框。选择用于创建表单的子表及相应字段。本例选择选课表 xk.dbf，将“可用字段”列表框中的“课程号”、“成绩”两个字段移到“选定字段”列表框中，如图 9-10 所示。

（5）从子表中选定字段后，单击“下一步”按钮，进入“一对多表单向导（步骤 3—建立表之间的关系）”对话框。使用父表 xs.dbf 的“学号”字段与子表 xk.dbf 的“学号”字段建立两个表之间的关系，如图 9-11 所示。

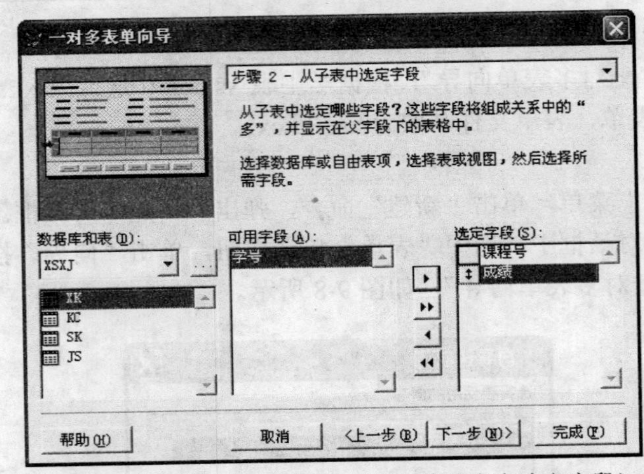

图 9-10 一对多表单向导（步骤 2－从子表中选定字段）

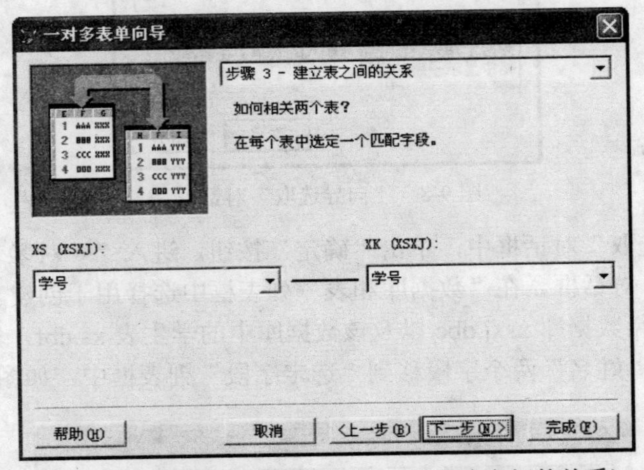

图 9-11 一对多表单向导（步骤 3－建立表之间的关系）

（6）建立完成两表之间的关系后，单击“下一步”按钮，进入“一对多表单向导（步骤 4－选择表单样式）”对话框。在“样式”列表框中选择“标准式”，将“按钮类型”选为“文本按钮”，如图 9-12 所示。

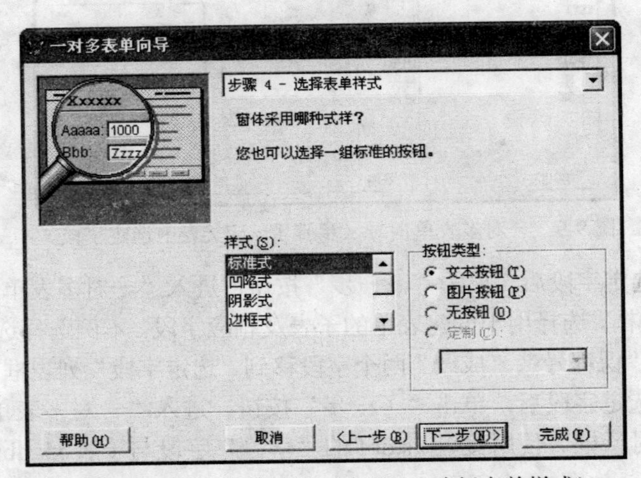

图 9-12 一对多表单向导（步骤 4－选择表单样式）

（7）选定样式后，单击“下一步”按钮，进入“一对多表单向导（步骤 5—排序次序）”对话框，可以选择按学生姓名升序排序，如图 9-13 所示。

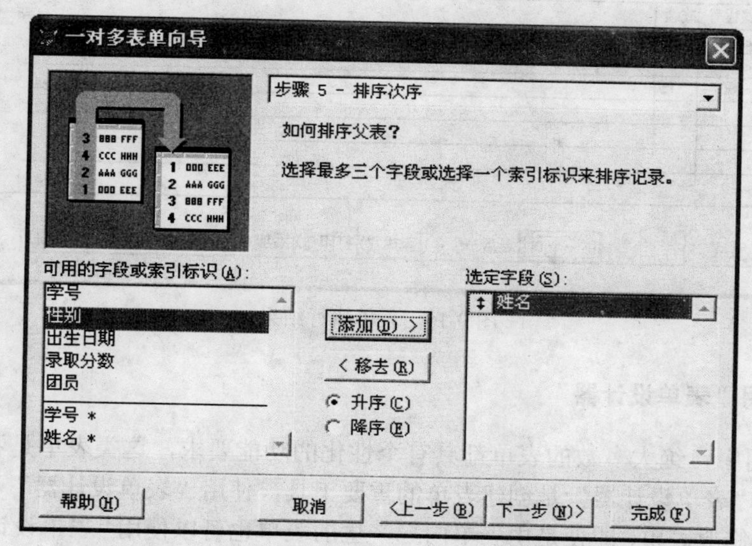

图 9-13　一对多表单向导（步骤 5—排序次序）

（8）选定排序字段后，单击“下一步”按钮，进入“一对多表单向导（步骤 6—完成）”对话框。在“请键入表单标题”文本框中输入表单标题“学生成绩”，选择“保存并执行表单”单选按钮，如图 9-14 所示。

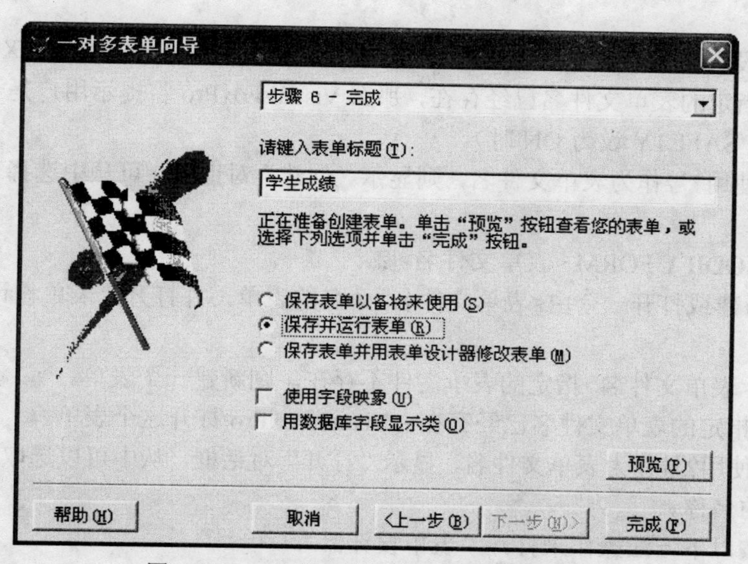

图 9-14　一对多表单向导（步骤 6—完成）

（9）单击“预览”按钮，显示所设计的表单，然后单击“返回向导”按钮，返回到“一对多表单向导”对话框。在“一对多表单向导”对话框中，单击“完成”按钮，打开“另存为”对话框。在“保存表单为”文本框中，输入表单文件名 xscj1.scx。

（10）单击“保存”按钮，新建表单保存在表单文件 xscj.scx 和表单备注文件 xscj.sct 中。因选择了“保存并执行表单”，保存表单后，表单将自动执行，执行结果如图 9-15 所示。

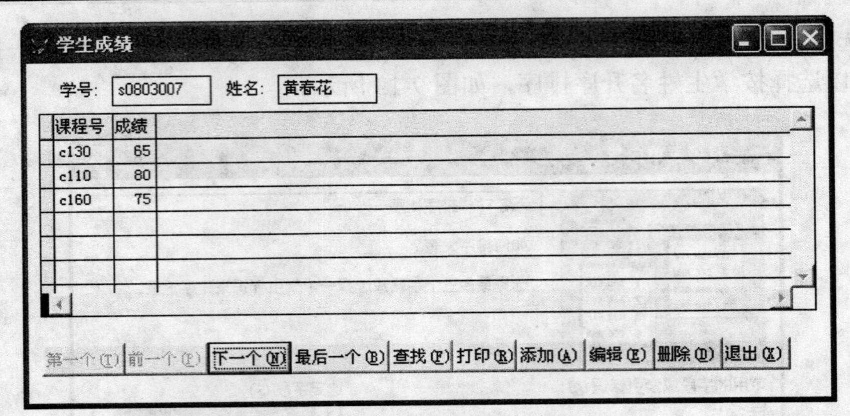

图 9-15 表单执行结果

9.1.3 使用“表单设计器”

在实际应用中，绝大多数的表单都具有个性化的功能要求，这类表单是不能通过表单向导设计完成的。“表单设计器”是创建表单的重要工具，使用“表单设计器”不仅可以创建表单，而且还可以修改表单，即使是由表单向导产生的表单也可以使用“表单设计器”进行修改。

1. *启动“表单设计器”*

用户可以使用以下方法打开“表单设计器”：

【命令】CREATE FORM <表单文件名>|?

【功能】新建一个由<表单文件名>命名的表单，并打开“表单设计器”。

【说明】

（1）如果没有为表单文件名指定扩展名，Visual FoxPro 将自动指定.SCX 为扩展名。

（2）如果指定的表单文件名已经存在，那么 Visual FoxPro 将提示用户是否要改写已存在的文件（当 SET SAFETY 设为 ON 时）。

（3）如果使用?号作为表单文件名，则显示“创建”对话框，可从中选择表单或输入要创建的新表单名。

【命令】MODIFY FORM <表单文件名>|?

【功能】新建或打开一个由<表单文件名>命名的表单，并打开“表单设计器”。

【说明】

（1）如果<表单文件名>指定的表单文件不存在，则新建一个表单。

（2）如果指定的表单文件名已经存在，Visual FoxPro 打开这个表单。

（3）如果使用?号作为表单文件名，显示“打开”对话框，从中可以选取已有的表单或者输入新建表单的名称。

用户还可按以下方法操作来打开“表单设计器”：

1）打开“文件”菜单，单击“新建”命令，弹出“新建”对话框。

2）在“新建”对话框中，选中“表单”单选按钮，单击“新建文件”按钮，打开“表单设计器”，如图 9-16 所示。

在系统默认状态下，打开“表单设计器”时，同时会自动打开“表单控件工具栏”和“属性”窗口。如果“表单控件工具栏”和“属性”窗口未打开，用户可选择“显示”菜单的“表单控件工具栏”命令和“属性”命令将它们打开（也可在表单空白处右击，从弹出的快捷菜单中单击“属性”命令来打开“属性”窗口）。

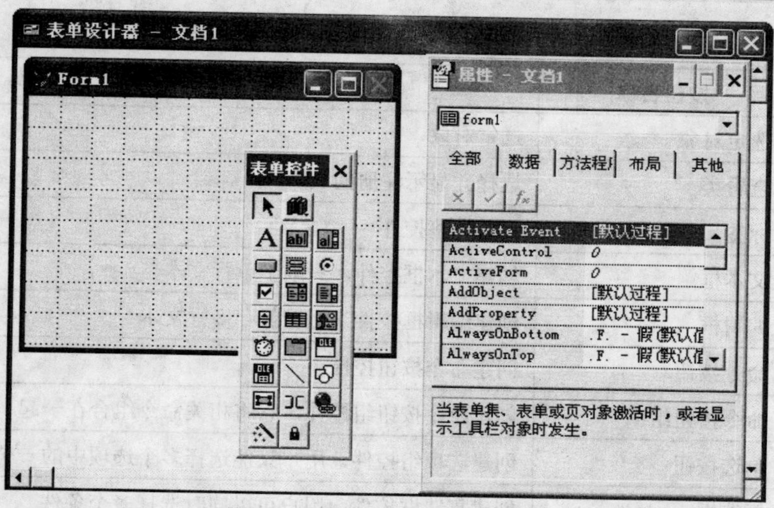

图 9-16　“表单设计器”窗口

2. “表单设计器”工具栏

“表单设计器”工具栏主要用于设置设计模式，并控制相关窗口和工具栏的显示，如图 9-17 所示，其各个按钮的功能如表 9-6 所示。

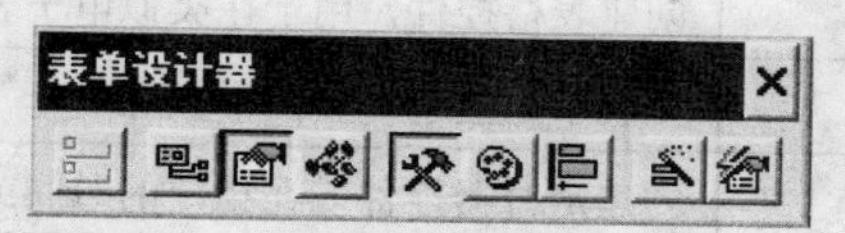

图 9-17　“表单设计器”工具栏

表 9-6　“表单设计器”工具栏的各按钮说明

图标	按钮名称	功能
	设置 Tab 键次序	显示表单对象设置的 Tab 键次序
	数据环境	显示数据环境设计器
	属性窗口	显示所选对象的属性窗口
	代码窗口	显示当前对象的代码窗口，以便查看和编辑代码
	表单控件工具栏	显示或隐藏表单控件工具栏
	调色板工具栏	显示或隐藏调色板工具栏
	布局工具栏	显示或隐藏布局工具栏
	表单生成器	执行表单生成器，向表单添加控件
	自动格式	启动“自动格式生成器”对话框

3.“表单控件”工具栏

“表单控件”工具栏用于在表单上创建控件，如图 9-18 所示。“表单控件”工具栏的各个按钮的功能如表 9-7 所示。

图 9-18　“表单控件”工具栏

表 9-7　“表单控件”工具栏各按钮说明

图标	按钮名称	作用
	选定对象	选定对象
	查看类	选择并显示注册的类库
	标签	创建标签控件
	文本框	创建文本框控件，只限于单行文本
	编辑框	创建编辑框控件，可以保存多行文本
	命令按钮	创建命令按钮控件
	命令按钮组	创建命令按钮组控件，它将相关命令组合在一起
	单选按钮	创建选项组控件，用户只能选择多个选项中的一个
	复选框	创建复选框控件，用户可以同时选择多个条件
	组合框	创建组合框控件，它可以是下拉式组合框或下拉式列表框
	列表框	创建列表框控件，它显示一个项目的列表供用户选择
	微调按钮	创建微调控件，可以通过按钮进行数值变化的微调
	表格	创建表格控件，用于在类似电子表格的格子上显示数据
	图像	在表单上显示一个图形图像
	计时器	创建定时器控件，在指定的时间或时间间隔执行某个过程
	页框	显示多页控件
	ActiveX 控件	OLE 容器控件，用于在应用中添加 OLE 对象
	ActiveX 绑定控件	OLE 绑定控件，用于在应用中添加 OLE 对象
	线条	设计时在表单中画各种类型的直线
	形状	设计时在表单中画各种类型的几何形状
	容器	向当前表单中放置一个容器对象
	分隔符	在工具栏控件之间设置间隔
	超级链接	在表单中实现指向其他页面的超级链接
	生成器锁定	无论向表单中添加什么新控件时都打开一个生成器
	按钮锁定	它使得可以在工具栏中只按相应按钮一次，而向表单中添加多个同类型的控件

4. “布局”工具栏

使用“布局”工具栏，可以在表单上对齐调整控件的位置，如图 9-19 所示。“布局”工具栏的各个按钮的功能如表 9-8 所示。

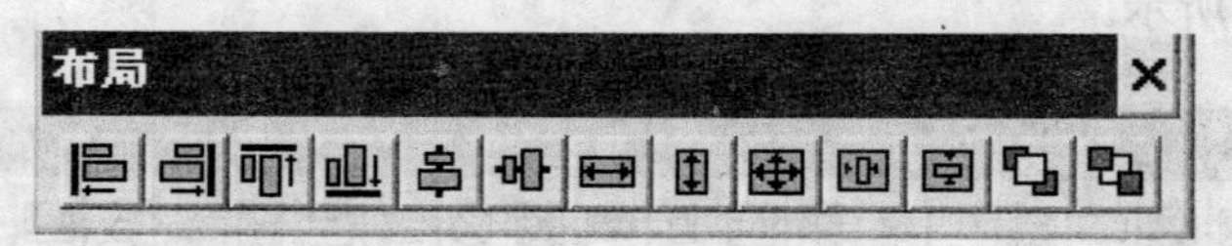

图 9-19　“布局”工具栏

表 9-8　“布局”工具栏各按钮说明

图标	按钮名称	功能
	左边对齐	按最左边界对齐选定控件，当选定多个控件时可用
	右边对齐	按最右边界对齐选定控件，当选定多个控件时可用
	顶边对齐	按最上边界对齐选定控件，当选定多个控件时可用
	底边对齐	按最下边界对齐选定控件，当选定多个控件时可用
	垂直居中对齐	按一垂直轴线对齐选定控件的中心，当选定多个控件时可用
	水平居中对齐	按一水平轴线对齐选定控件的中心，当选定多个控件时可用
	相同宽度	把选定控件的宽度调整到与最宽控件的宽度相同
	相同高度	把选定控件的高度调整到与最高控件的高度相同
	相同大小	把选定控件的尺寸调整到最大控件的尺寸
	垂直居中	按照通过表单中心的垂直轴线对齐选定控件的中心
	水平居中	按照通过表单中心的水平轴线对齐选定控件的中心
	置前	把选定控件放到所有其他控件的前面
	置后	把选定控件放到所有其他控件的后面

5. “调色板”工具栏

使用“调色板”工具栏，可以设定表单上各控件的颜色，如图 9-20 所示。“调色板”工具栏中部分按钮的功能如表 9-9 所示。

图 9-20　“调色板”工具栏

表 9-9　“调色板”工具栏部分按钮说明

图标	按钮名称	功能
	前景色	设置控件的默认前景色
	背景色	设置控件的默认背景色
	其他颜色	显示“Windows 颜色”对话框，可定制用户自己的颜色

6. “属性”窗口

在 Visual FoxPro 中，表单是容器，它可以容纳其他的容器和控件。通过“表单设计器”的“属性”窗口和代码窗口，可以对表单及其控件的属性、事件和方法进行设置，如图 9-21 所示。

在“属性”窗口中包含了所有选定的表单或控件、数据环境、临时表、关系的属性、事件和方法程序列表。通过“属性”窗口可以对这些属性值进行设置或更改。

“属性”窗口由对象、选项卡、属性设置框、属性列表和属性说明信息组成。

（1）对象。对象标识表单中当前选定的对象。如图 9-21 所示，当前所显示的对象是系统默认的 Form1 对象，它表示可以为 Form1 设置或更改属性。图中还有一个向下的箭头，单击该箭头可以看到一个包含当前表单、表单集和全部控件的列表。用户可在列表中选择表单或控件，这和在表单窗口选定对象的效果是一致的。

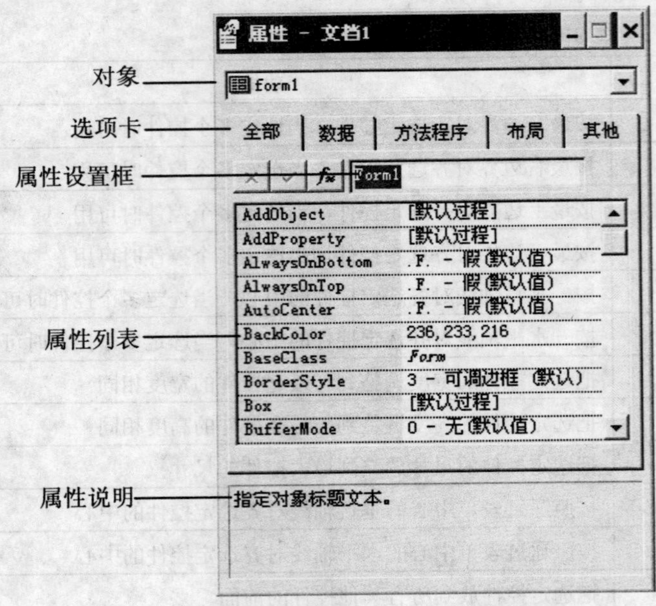

图 9-21　“属性”窗口

（2）选项卡。选项卡的作用是按照分类的形式来显示属性、事件、方法程序。当单击“全部”、“数据”、“方法程序”、“布局”和“其他”选项卡时，将分别显示不同的界面。各选项卡所包含的内容如表 9-10 所示。

表 9-10　“属性”窗口选项卡包含内容

选项卡	包含内容
全部	用来显示所选表单或其他对象的所有属性、事件和方法程序
数据	用来显示有关对象的数据属性
方法程序	用来显示有关对象的方法程序和事件
布局	用来显示所有的布局属性
其他	用来显示其他和用户自定义的属性

（3）属性设置框。属性设置选项用来更改属性列表中的属性值。属性设置选项的左边有三个图形按钮，其中✓按钮是接受按钮，单击此按钮就可以确认对某属性的更改；×按钮是取消按钮，单击此按钮则会取消更改，恢复属性以前的值；fx按钮是函数按钮，单击此按钮则可以打开表达式生成器，在表达式生成器中生成的表达式的值将作为属性值。

（4）属性列表。属性列表选项是一个包含两列的列表，它显示了所有可在设计时更改的属性和它们的当前值。对于具有预定值的属性，在属性列表中双击属性名可以遍历所有的可选项。如果要恢复属性原有的默认值，可以在“属性”窗口中的属性栏右击，然后在弹出的快捷菜单中选择“重置为默认值”命令。

注意： 在属性框中以斜体显示的属性值表明这些属性、事件和方法程序是只读的，用户不能修改；而用户修改过的属性值将以黑体显示。

（5）属性说明信息。在“属性”窗口的最后给出了所选属性的简短说明信息。

7．“代码编辑”窗口

在“表单设计器”的“代码编辑”窗口，可以为事件或方法程序编写代码。“代码编辑”窗口包含两个组合框和一个列表框，如图 9-22 所示。其中，对象组合框用于重新确定对象；

过程组合框用来确定所需的事件或方法程序，代码则在下面的编辑框中输入。

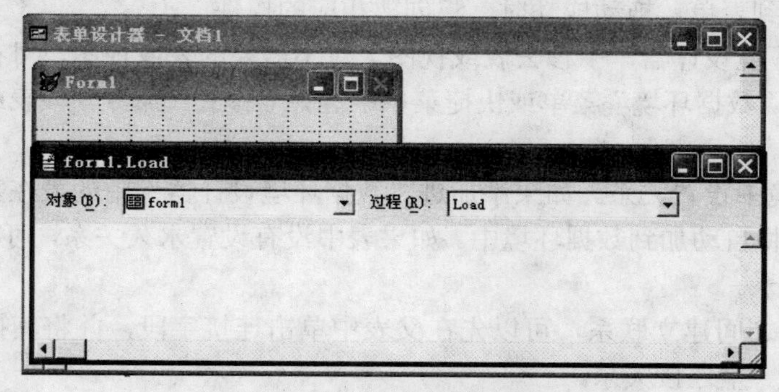

图 9-22　“代码编辑”窗口

打开“代码编辑”窗口的方法有多种：

（1）双击表单或控件。

（2）选定表单或控件快捷菜单中的“代码”命令。

（3）选择“显示”菜单的“代码”命令。

（4）双击“属性”窗口的事件或方法程序选项。

8. “表单设计器”中的“数据环境设计器”

“数据环境”是表单设计的数据来源，“表单设计器”中的“数据环境设计器”用于设置表单的数据环境设置，如图 9-23 所示。

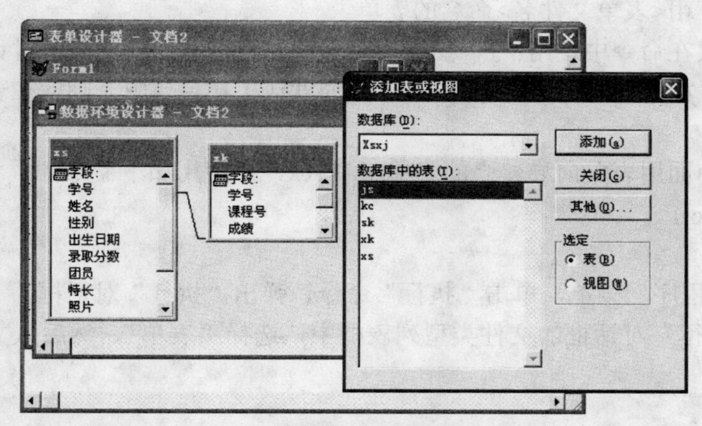

图 9-23　数据环境设计器

打开“数据环境设计器”的操作方法如下：

（1）选择“显示”菜单中的“数据环境”命令。

（2）选定表单快捷菜单中的“数据环境”命令。

数据环境是一个对象，它包含与表单相互作用的表或视图以及这些表之间的关系。在“数据环境设计器”中，可以进行以下操作：

1）添加表或视图。从“数据环境”菜单或快捷菜单中选择“添加”命令，打开“添加表或视图”对话框（如果此时数据环境是空的，那么在打开“数据环境设计器”的同时，将自动打开“添加表或视图”对话框）。在对话框中选择相关的表或视图，即可向“数据环境设计器”添加表或视图。这时，在“数据环境设计器”中可以看到属于表或视图的字段和索引。另外，也可以将表或视图从打开的项目管理器中拖放到“数据环境设计器”。

2）从“数据环境设计器”中拖动表和字段。用户可以直接将字段、表或视图从“数据环境设计器”中拖动到表单，拖动成功时，将创建相应的控件。

3）从“数据环境设计器”中移去表或视图。对不需要的表或视图，可在“数据环境设计器”中选定后，从“数据环境”菜单或快捷菜单中选择“移去”命令，该表或视图及相应的关系随之移去。

4）在数据环境中设置关系。如果添加进“数据环境设计器”中的表在数据库中设置了永久关系，这些关系将自动加到数据环境中。如果表中没有设置永久关系，可在“数据环境设计器”中设置这些关系。

为了在两个表之间建立联系，可以先在父表中单击连接字段，并将其拖到子表中，这时系统便会自动建立一个连接关系。

5）在数据环境中编辑关系。在数据环境设计器中设置一个关系后，在表之间将有一条连线指出这个关系。如果要编辑关系的属性，可以从“属性”窗口的“名称”列表框选择要编辑的关系。关系的属性对应于 SET RELATION 和 SET SKIP 命令中的子句和关键字。RelationExpr 属性的默认设置为主关键字字段的名称。如果相关表是以表达式作为索引的，必须将 RelationExpr 属性设置为这个表达式。

9.1.4 执行表单

1. 命令方式

【命令】DO FORM <表单文件名>|?

【功能】执行由<表单文件名>命名的表单。

【说明】如果在命令中使用?号，显示“执行”对话框，用户可以从对话框中选择要执行的表单或表单集；如果表单不在 Visual FoxPro 的默认工作目录中，则应在表单文件名前加上文件所在的路径。

例如，执行前面用表单向导建立的表单 xcj1.scx，可使用如下命令：

DO FORM xscj1

2. 菜单方式

（1）打开“程序”菜单，单击“执行”命令，弹出“执行”对话框。

（2）在“执行”对话框的文件类型列表框中，选择“表单”，然后从文件列表中选择要执行的表单文件。

9.2 表单控件的应用

表单是应用系统的主要界面，是一个应用系统最主要的组成部分。在 Visual FoxPro 系统中，程序设计人员可以使用“表单控件”工具栏中的 25 个可视表单控件来构造表单。

9.2.1 控件操作概述

表单控件的基本操作包括创建控件、调整控件和设置控件属性等。

1. 创建控件

在“表单控件”工具栏中，只要单击其中的某个按钮（该按钮呈凹陷状，代表选取了一个表单控件），然后单击表单窗口内的某处，将在该处产生一个选定的表单控件，这种方法产生的控件大小是系统默认的。另外，也可在单击“表单控件”工具栏的按钮后，在表单选定位置，按下鼠标左键在表单上拖动，产生一个大小合适的控件。

2. 调整控件

调整控件包括在表单上选定控件，调整控件的大小、位置、删除和剪贴控件等。

选定控件：在表单窗口中的所有操作都是针对当前对象的，在对控件进行操作前，应先选定控件。

选定单个控件：单击控件，控件四周会出现 8 个正方形句柄，表示控件已被选定。

选定多个控件：按下 Shift 键，逐个单击要选定的控件，或按下鼠标按钮拖曳，使屏幕上出现一个虚线框，放开鼠标按键后，圈在其中的控件就被选定。

取消选定：单击已选控件的外部某处。

调整控件大小：选定控件后，拖曳其四周出现的句柄，可改变控件的大小。

调整控件位置：选定控件后，按下鼠标左键，拖曳控件到合适的位置。

删除控件：选定控件后，按 Del 键或选定编辑菜单中的清除命令。

剪贴控件：选定控件后，利用“编辑”菜单或“快捷”菜单中的剪切、复制和粘贴命令。

3. 设置控件属性

当一个控件创建之后，将在“属性”窗口的对象选项下拉式列表中看到该对象的名字（系统默认）。在选定控件（单击控件或在属性窗口的下拉式列表框中选取）后，可对其设置属性。对不同的控件来说，有一些属性是用户需要设置的，而另外一些属性是用户可以不设置的，而是使用系统给定的默认值。

9.2.2 “标签”控件

“标签”控件主要用于显示一段固定的文本信息字符串，它没有数据源，把要显示的字符串直接赋予标签的“标题”（Caption）属性即可。“标签”控件是按一定格式显示在表单上的文本信息，用来显示表单中各种说明和提示。用标签显示的文本信息一般很短，如果文本信息很长，一行显示不了时，可以通过设置“标签”控件的 WordWrap 属性值为.T.来多行显示文本信息。

“标签”控件的属性主要有：标签的大小（Height、Width）、颜色（BackColor、ForeColor）以及显示信息的内容（Caption）、字体（FontName）、字大小（FontSize）等。

【例 9-3】设计“大学教学管理系统”系统登录表单 DL1.scx，如图 9-24 所示。

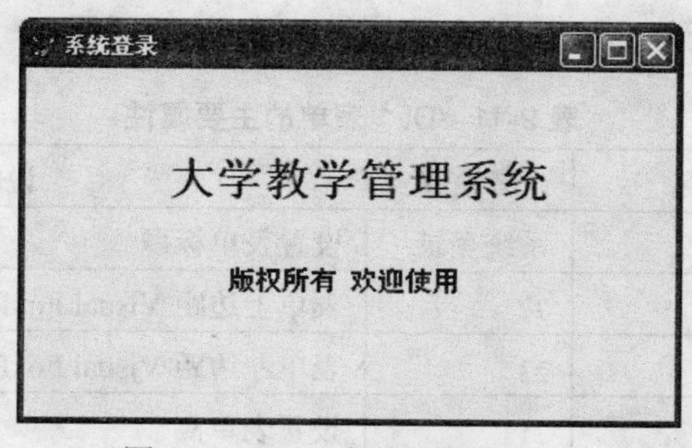

图 9-24　DL1 表单的执行结果

操作步骤如下：

（1）打开“文件”菜单，单击“新建”命令，弹出“新建”对话框。

（2）在“新建”对话框中，选中“表单”单选按钮，单击“新建文件”按钮，进入“表单设计器”窗口。

（3）打开“显示”菜单，单击“表单控件工具栏”命令，出现“表单控件工具栏”窗口，如图 9-25 所示。

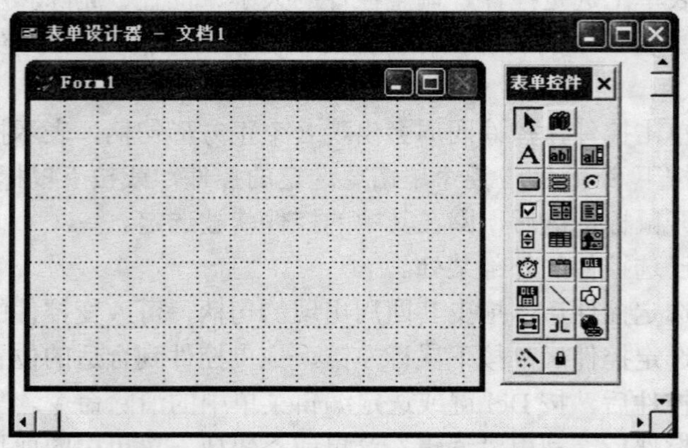

图 9-25 “表单设计器”与“表单控件工具栏”窗口

（4）在“表单控件工具栏”窗口单击“标签”控件按钮，在表单的合适位置上拖放或单击鼠标左键，添加 2 个“标签”控件（Label1、Label2），如图 9-26 所示。

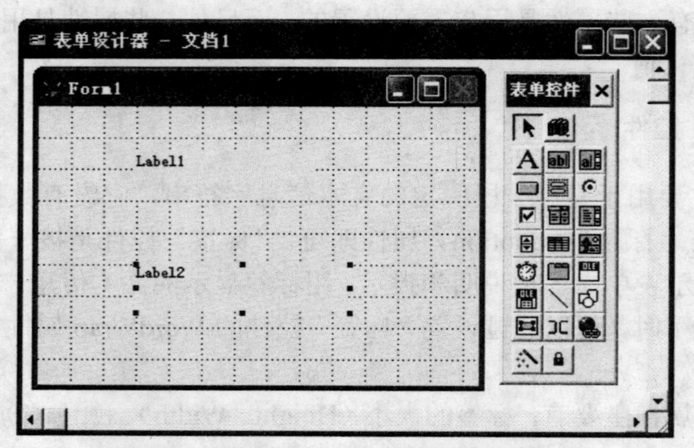

图 9-26 在表单中添加 2 个“标签”控件

（5）打开“显示”菜单，单击“属性”命令，进入“属性”窗口，设置表单和 2 个“标签”控件的属性。其中，表单 Form1 的主要属性如表 9-11 所示。

表 9-11 DL1 表单的主要属性

对象名	属性名	属性值	说明
Form1	Caption	系统登录	设置表单标题
Form1	Top	77	表单上边距 Visual FoxPro 主窗口的距离
Form1	Left	23	表单左边距 Visual FoxPro 主窗口的距离
Form1	Height	211	设置表单高
Form1	Width	383	设置表单宽
Form1	AutoCenter	.T. – 真	表单在主窗口内自动居中
Form1	AlwaysOnTop	.T. – 真	表单处于其他窗口的前面

注：在表 9-11 中，AutoCenter 属性优先执行，因此 Top、Left 的设置不起作用。

2 个“标签”控件的主要属性如表 9-12 所示。

表 9-12　DL1 表单上 2 个“标签”控件主要属性设置及说明

对象名	属性名	属性值	说明
Label1	Name	Label1	第 1 个标签的名字
Label1	Caption	大学教学管理系统	第 1 个标签的内容
Label1	FontName	宋体	第 1 个标签的字体名称
Label1	FontBold	.T. – 真	第 1 个标签的文字加粗
Label1	FontSize	20	第 1 个标签的字号大小
Label1	AutoSize	.T. – 真	自动调整标签与字的大小一致
Label2	Name	Label2	第 2 个标签的名字
Label2	Caption	版权所有　欢迎使用	第 2 个标签的内容
Label2	FontName	黑体	第 2 个标签的字体名称
Label2	FontSize	12	第 2 个标签的字号大小
Label2	AutoSize	.T. – 真	自动调整标签与字的大小一致
Label2	BackStyle	0 – 透明	第 2 个标签背景透明

注：当没有定义表单或控件的 Name 属性时，系统自动给一个默认名，如 Form1、Label1、Text1、Command1 等。

（6）保存表单。当表单及控件的属性定义完成后，打开“文件”菜单，单击“保存”命令，出现“另存为”对话框，选择表单文件的保存位置，然后输入文件名 DL1.scx。

（7）执行表单。打开“表单”菜单，单击“执行表单”命令，执行表单 DL1.scx，显示如图 9-24 的表单。

9.2.3　“文本框”控件

“文本框”控件允许用户在表单上输入或查看文本，“文本框”一般包含一行文本。“文本框”是一类基本控件，它允许用户添加或编辑保存在表中非备注字段中的数据。在表单上创建一个“文本框”，从中可以编辑内存变量、数组元素或字段内容。所有标准的 Visual FoxPro 编辑功能，如剪切、复制和粘贴，在“文本框”中都可以使用。

“文本框”控件与“标签”控件最主要的区别在于它们使用的数据源不同。“标签”控件的数据源来自于“标签”控件的 Caption 的属性，“文本框”控件的数据源来自于数据表中非备注型、通用型字段的其他字段和内存变量，它也允许用户直接输入数据。

“文本框”控件的主要属性有：ControlSource（文本框的数据源）、Value（文本框的当前值）、Passwordchar（文本框内数据显示的隐含字符）等。

【例 9-4】在表单 DL1.scx 的基础上，设计一个可以输入操作员姓名和密码的表单 DL2.scx，如图 9-27 所示。密码限定 4 位，允许字母和数码混合输入。输入密码时，只显示占位符“*”。

操作步骤如下：

（1）打开“文件”菜单，单击“打开”命令，弹出“打开”对话框。

（2）在“打开”对话框中，确定文件类型为表单，然后在列出的表单中选择文件 DL1.scx，出现“表单设计器”窗口。

（3）打开“显示”菜单，单击“表单控件工具栏”命令，出现“表单控件工具栏”窗口。

（4）打开“显示”菜单，单击“数据环境”命令，将“添加表或视图”对话框中的教师表 js.dbf 添加到“数据环境设计器”窗口，为“文本框”控件设置数据源，如图 9-28 所示。

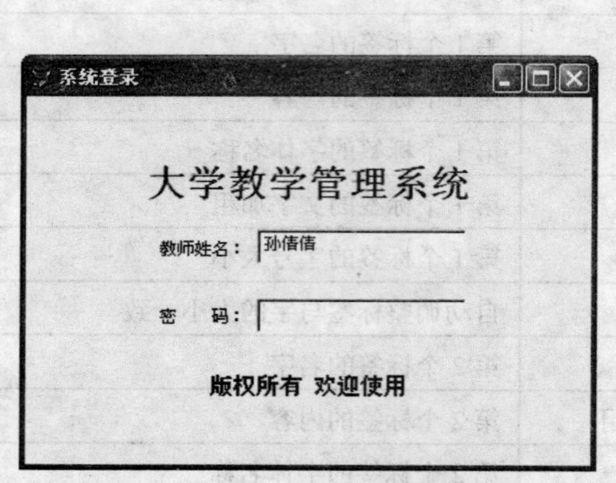

图 9-27　DL2 表单的执行结果

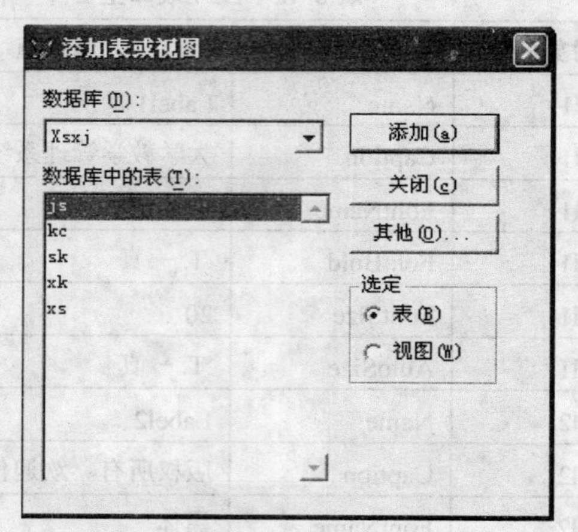

图 9-28　“数据环境设计器”窗口

（5）在表单中添加 2 个“标签”控件（Label3、Label4）和 2 个“文本框”控件（Text1、Text2），重新调整表单的大小和各个控件的位置及其大小，如图 9-29 所示。

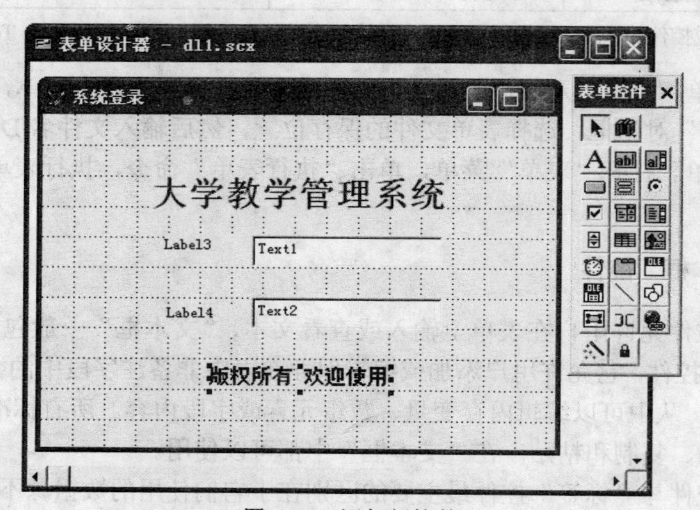

图 9-29　添加新控件

（6）在“属性”窗口设置新增控件 2 个“标签”（Label3、Label4）和 2 个“文本框”（Text1、Text2）的属性。新增控件的主要属性如表 9-13 所示。

表 9-13　新增控件的主要属性设置及说明

对象名	属性名	属性值	说明
Label3	Caption	教师姓名：	第 1 个标签的内容
Label4	Caption	密码：	第 2 个标签的内容
Text1	ControlSource	Js.姓名	第 1 个文本框的数据源
Text2	Passwordchar	*	输入密码时显示*
Text2	InputMask	XXXX	输入密码时显示*

（7）保存表单。打开“文件”菜单，单击“另存为”命令，出现“另存为”对话框。选择表单文件的保存位置，输入文件名 DL2.scx，然后单击“保存”按钮。

（8）执行表单。打开“表单”菜单，单击“执行表单”命令，执行表单 DL2.scx。

在本例中，也可以不设置 Text1 的 ControlSource 属性，由用户直接输入。如果设置了该属性，修改 Text1 的值会保存在教师表 js.dbf 的第一个记录中。因此，再次执行表单时，显示上次输入的值。

InputMask 属性用于指定文本框内可以输入的数据字符、长度以及格式。本例“XXXX”表示最多可以输入 4 位任意字符。如果输入 9999，则表示最多可输入 4 位数字或正负号。

9.2.4 “命令按钮”控件

“命令按钮”控件在应用程序中起控制作用，用于完成某一特定的操作，绝大多数的控制行为是通过单击命令按钮实现的。在设计应用程序时，程序设计者经常在表单中添加具有不同功能的命令按钮，供用户选择各种不同的操作。只要将完成不同操作的代码存入不同的命令按钮的 Click 事件中，在表单执行时，用户单击某一命令按钮，将触发该命令按钮的 Click 事件代码完成指定的操作。

“命令按钮”控件的主要属性包括：命令按钮标题（Caption）及文字大小（Fontsize）、字体（Fontname）等，另外需要为“命令按钮”控件设置 Click 事件。

【例 9-5】在表单 DL2.scx 的基础上，设计带有“命令按钮”的系统登录表单 DL3.scx，如图 9-30（a）所示。输入密码后，单击“确定”按钮。如果密码不正确，表单的标签显示红色字“教师姓名或密码错误，请重新输入”，如图 9-30（b）所示。当密码正确时，消息框显示“欢迎使用!”；单击“退出”按钮，出现询问“你确实要退出系统吗？”，根据用户的选择退出系统或继续执行。假设本系统只由孙倩倩操作，她的密码是 08。

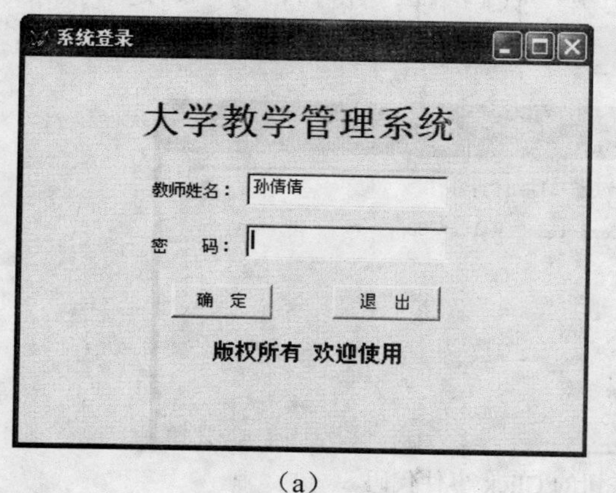

（a）

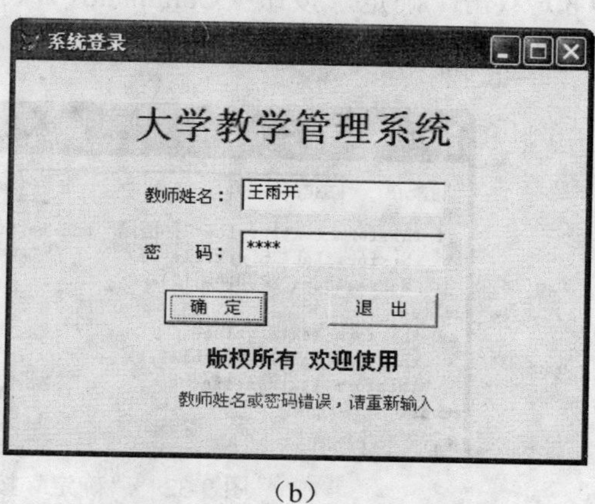

（b）

图 9-30 DL3 表单执行结果

操作步骤如下：

（1）打开表单 DL2.scx，进入“表单设计器”窗口，在表单中添加 1 个“标签”控件（Label5）和 2 个“命令按钮”控件（Command1、Command2），并重新调整表单的大小以及各个控件的位置及其大小，如图 9-31 所示。

（2）在“属性”窗口设置新增控件 1 个“标签”（Label5）和 2 个“命令按钮”（Command1、Command2）的属性。新增控件的主要属性如表 9-14 所示。

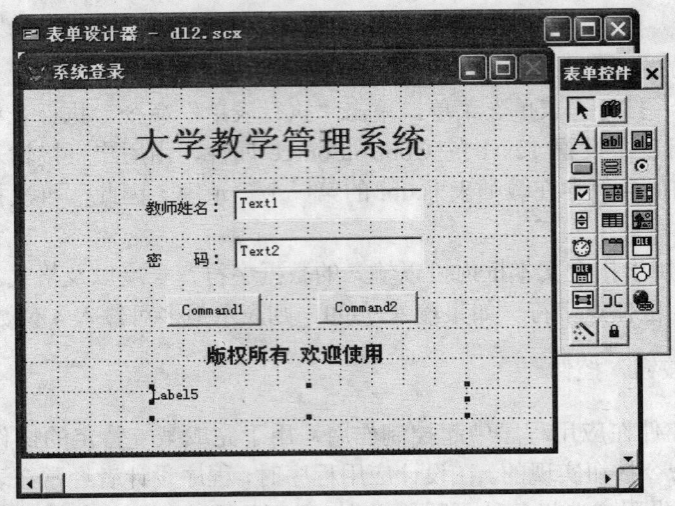

图 9-31 添加新控件

表 9-14 新增控件的主要属性设置及说明

对象名	属性名	属性值	说明
Label5	Caption	教师姓名或密码错误，请重新输入	设置标签的内容
Label5	ForeColor	255,0,0	设置字的颜色（红色）
Label5	Visible	.F. – 假	设置标签不可见
Command1	Caption	确定	第 1 个命令按钮的标题
Command2	Caption	退出	第 2 个命令按钮的标题

（3）双击“确定”按钮（Command1），打开“代码编辑”窗口，为“确定”按钮添加 Click 事件代码，如图 9-32 所示。

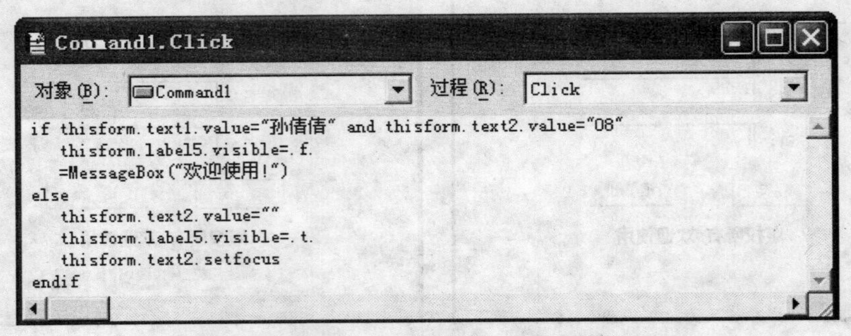

图 9-32 “确定”按钮的 Click 事件代码

（4）双击“退出”按钮（Command2），打开“代码编辑”窗口，为“退出”按钮添加 Click 事件代码，如图 9-33 所示。

以上代码的功能是：在屏幕上弹出一个对话框，由用户选择是否退出系统。对话框显示的标题是“对话窗口”，显示的提示信息是“你确实要退出系统吗？”。对话框中有“是(Y)”和“否(N)”两个按钮（由数值 4 指定），显示“停止”图标（由数值 16 指定），第 1 个按钮“是”为默认按钮（由数值 0 指定）。如果选择“是”按钮，返回值为 6，则关闭该表单。

（5）保存表单。打开“文件”菜单，单击“另存为”命令，弹出“另存为”对话框，选择表单文件的保存位置，输入文件名 DL3.scx，然后单击“保存”按钮。

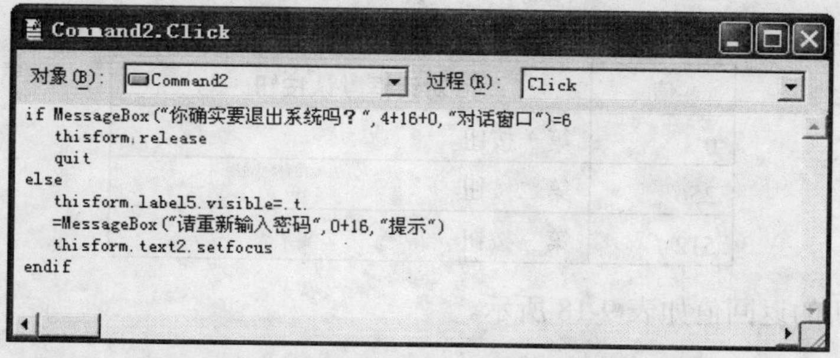

图 9-33　“退出”按钮的 Click 事件代码

（6）执行表单。打开“表单”菜单，单击“执行表单”命令，执行表单 DL3.scx。输入教师姓名和密码，单击“确定”按钮，出现“欢迎使用！”对话框，如图 9-34 所示；如果单击“退出”按钮，出现“你确实要退出系统吗？”对话框，如图 9-35 所示。

图 9-34　“欢迎使用！”对话框

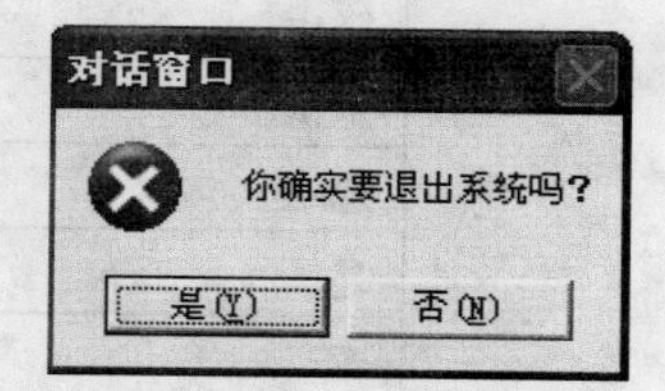

图 9-35　“你确实要退出系统吗？”对话框

MessageBox()函数简介如下：

【格式】MessageBox(<信息提示>[,<对话框类型>[,<对话框标题文本>]])

【功能】用于显示用户自定义对话框。

【说明】函数中使用的参数说明如下：

（1）信息提示：显示在对话框中的提示信息。

（2）对话框标题：指定对话框的标题。若省略，标题显示为 Microsoft Visual FoxPro。

（3）对话框类型：为对话框指定按钮和图标，由按钮个数＋对话框中显示的图标＋默认按钮 3 组代码组合而成，各代码含义分别如表 9-15 至表 9-17 所示。

表 9-15　对话框类型代码含义及功能

代码	对话框按钮
0	只有“确定”按钮
1	“确定”和“取消”按钮
2	“终止”、“重试”和“忽略”按钮
3	“是”、“否”和“取消”按钮
4	“是”和“否”按钮
5	“重试”和“取消”按钮

表 9-16　对话框图标

代码	对话框图标
16	“停止”图标
32	“问号”图标
48	“惊叹号”图标
64	“信息（i）”图标

表 9-17 对话框默认按钮

值	对话框默认按钮
0	第一按钮
256	第二按钮
512	第三按钮

对话框中按钮的返回值如表 9-18 所示。

表 9-18 对话框中按钮的返回值

按钮名称	返回值
确定	1
取消	2
终止	3
重试	4
忽略	5
是	6
否	7

例如，“对话框类型”的值为 2+32+256，指定对话框的以下特征：

① 代码 2：有“终止”、“重试”和“忽略”3 个按钮。

② 代码 32：显示“问号”图标。

③ 代码 256：指定第 2 个按钮“重试”为默认按钮。

9.2.5 “列表框”控件

“列表框”用于显示供用户选择的列表项。当列表项较多不能同时显示时，列表框可以滚动。在“列表框”中不允许用户输入新值，只能从现有的列表中选择一个值或多个值。

列表框的主要属性有：列表框数据源的类型（RowSourceType）、列表框数据的具体来源（RowSource）、保存用户在列表框中选取值的数据表字段（ControlSource）等。

【例 9-6】在表单 DL3.scx 的基础上，设计一个登录表单 DL4.scx，如图 9-36 所示。在列表框中显示教师姓名。

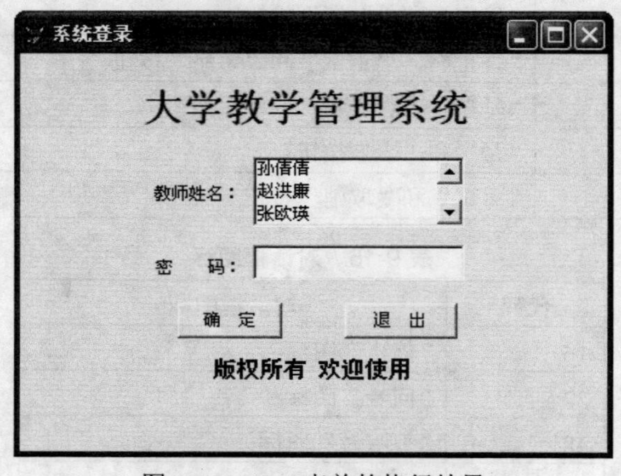

图 9-36 DL4 表单的执行结果

操作步骤如下：

（1）打开表单 DL3.scx，删除 text1 控件，在 text1 控件位置添加 1 个“列表框”控件（List1）并重新调整各个控件的位置及其大小。

（2）打开“数据环境设计器”窗口，添加教师表 js.dbf，设置数据源。

（3）在“属性”窗口，设置“列表框”控件（List1）的属性，如表 9-19 所示。

表 9-19　List1 控件的主要属性设置及说明

对象名	属性名	属性值	说明
List1	Rowsourcetype	6-字段	设置列表框的数据源类型
List1	Rowsource	js.姓名	设置列表框的数据源

（4）修改“确定”按钮（Command1）的 Click 事件代码，将 if 语句中的 text1 改成 list1，如图 9-37 所示。

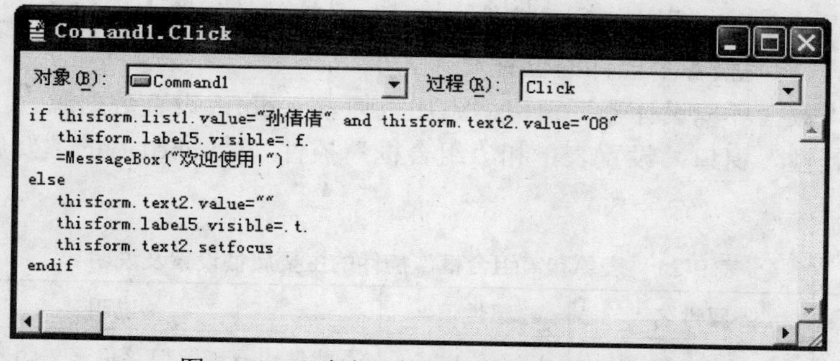

图 9-37　“确定”按钮的 Click 事件代码

（5）保存表单。打开“文件”菜单，单击“另存为”命令，弹出“另存为”对话框，选择表单文件的保存位置，输入文件名 DL4.scx。

（6）执行表单。打开“表单”菜单，单击“执行表单”命令，执行表单 DL4.scx。

9.2.6　“组合框”控件

“组合框”兼有“编辑框”和“列表框”的功能，主要用于从列表项中选取数据并显示在编辑窗口。“组合框”的主要属性与“列表框”类似。

组合框与列表框的主要区别如下：

（1）“组合框”通常只显示一个条目，其他的条目通过单击下拉箭头出现。

（2）“组合框”无多选（MultiSelect）属性。

（3）“组合框”有两种形式：下拉组合框和下拉列表框。通过设置 Style 属性可以选择。

表 9-20　“组合框”Style 属性值说明

属性值	名称	功能
0	下拉组合框	用户既可以从列表框中选择，也可以在编辑框中编辑，其编辑的内容可以从 text 属性中得到
2	下拉列表框	用户只能从列表中选择

【例 9-7】在表单 DL4.scx 的基础上，设计一个登录表单 DL5.scx，要求该表单不能移动，无最大化按钮，也无最小化按钮，如图 9-38 所示。

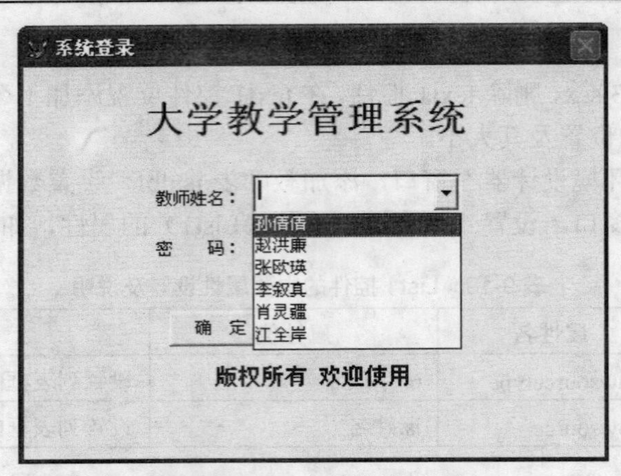

图 9-38　DL5 表单的执行结果

操作步骤如下：

（1）打开表单 DL4，删去 List1 控件，在 List1 控件的位置上添加 1 个“组合框”控件（Combo1），并重新调整各个控件的位置及其大小。

（2）打开“数据环境设计器”窗口，添加教师表 js.dbf，设置数据源。

（3）在“属性”窗口，设置表单和“组合框”控件（Combo1）的主要属性，如表 9-19 所示。

表 9-21　表单和“组合框”控件的主要属性设置及说明

对象名	属性名	属性值	说明
Form1	Closable	.F. – 假	不能使用双击窗口菜单来关闭表单
Form1	MaxButton	.F. – 假	无最大化按钮
Form1	MinButton	.F. – 假	无最小化按钮
Form1	Movable	.F. – 假	用户不能使移动表单
Combo1	Rowsourcetype	6 – 字段	设置组合框的数据源类型
Combo1	Rowsource	js.姓名	设置组合框的数据源

（4）双击“确定”按钮（Command1），打开“代码编辑”窗口，修改“确定”按钮的 Click 事件代码，如图 9-39 所示。

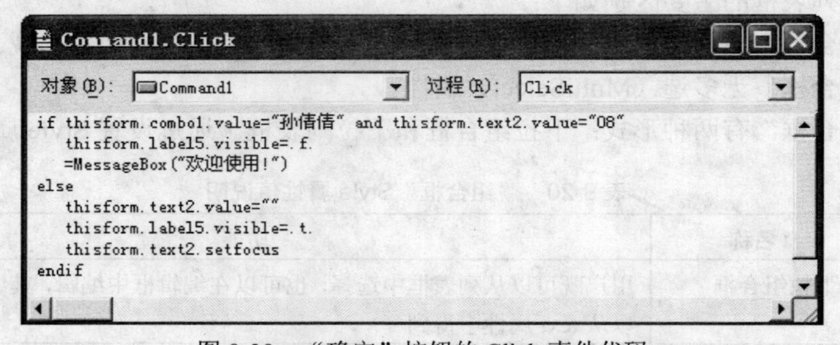

图 9-39　“确定”按钮的 Click 事件代码

（5）打开“文件”菜单，单击“另存为”命令，弹出“另存为”对话框，选择表单文件的保存位置，输入文件名 DL5.scx。

（6）打开“表单”菜单，单击“执行表单”命令，执行表单 DL5.scx。

9.2.7　“编辑框”控件

在“编辑框”中允许用户编辑长字段或备注字段文本，允许自动换行并能用方向键、Page Up 键和 Page Down 键以及滚动条来浏览文本。“编辑框”的常用属性与“文本框”相同。

【例 9-8】设计一个学生特长浏览和编辑表单 xssj2.scx，如图 9-40 所示。当输入学生姓名并按回车键，在特长信息编辑框内显示此学生的特长信息，并允许编辑学生特长信息。

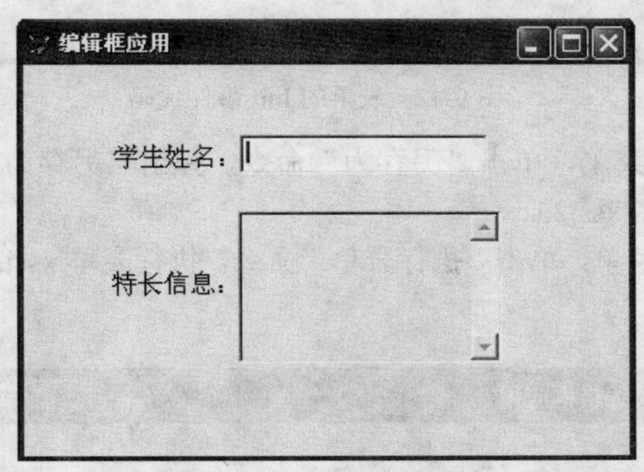

图 9-40　xssj2 表单的执行结果

操作步骤如下：

（1）新建一个表单，在表单中添加 2 个“标签”控件（Label1、Label2）、1 个“文本框”控件（Text1）和 1 个“编辑框”控件（Edit1），并调整各个控件的位置及其大小。

（2）打开“数据环境设计器”窗口，添加学生表 xs.dbf，设置“编辑框”的数据源。

（3）在“属性”窗口，设置表单和控件的主要属性，如表 9-22 所示。

表 9-22　xscj2 表单和控件的主要属性设置及说明

对象名	属性名	属性值	说明
Form1	Caption	编辑框应用	设置表单的标题
Label1	Caption	学生姓名	第 1 个标签的内容
Label1	FontSize	12	第 1 个标签的字号大小
Label2	Caption	备注信息	第 2 个标签的内容
Label2	FontSize	12	第 2 个标签的字号大小
Edit1	Controlsource	学生.备注	设置编辑框的数据源

（4）双击“文本框”控件（Text1），打开“代码编辑”窗口，为 Text1 添加 Lostfocus 事件代码，如图 9-41 所示。本例要求输入学生姓名并按回车键后在特长信息栏显示学生的特长，应将代码写在 Lostfocus 事件的方法代码中。

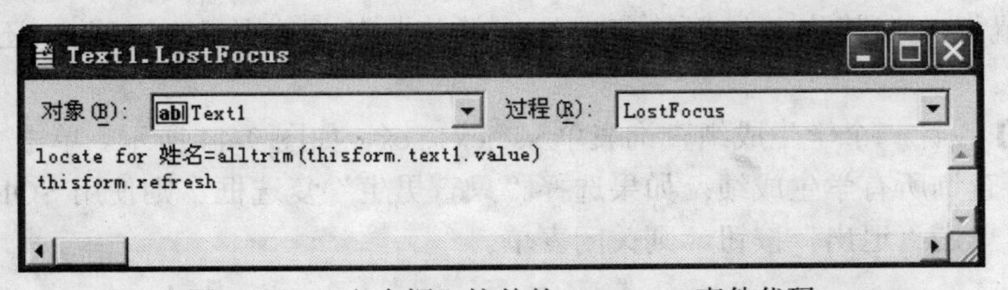

图 9-41　“文本框”控件的 Lostfocus 事件代码

（5）由于在表单刚执行时，将显示第一条记录的数据。为了避免出现该现象，可以为表单添加 Init 事件代码，如图 9-42 所示。

图 9-42　表单的 Init 事件代码

（6）打开“文件”菜单，单击“另存为”命令，弹出“另存为”对话框，选择表单文件的保存位置，输入文件名 xssj2.scx。

（7）打开“表单”菜单，单击“执行表单”命令，执行表单 xssj2.scx，执行结果如图 9-43 所示。

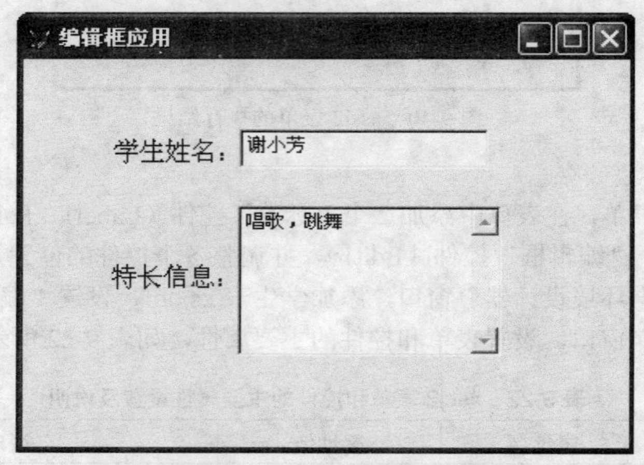

图 9-43　xssj2 表单的执行结果

9.2.8 “复选框”控件

“复选框”是只有两个逻辑值选项的控件。当选定某一项时，与该项对应的“复选框”中会出现一个符号“√”。

“复选框”控件的主要属性有“复选框”当前的状态（Value）属性。Value 属性有以下三种状态：

（1）当 Value 属性值为 0（或逻辑值为 F）时，表示没有选中复选框。

（2）当 Value 属性值为 1（或逻辑值为 T）时，表示选中了复选框。

（3）当 Value 属性值为 2（或 NULL）时，复选框显示灰色，为未定状态，可以在表单执行时，用鼠标改变其值。如果“复选框”的值与数据表的内容有关，还需设置数据源 ControlSource。

【例 9-9】设计一个学生成绩查询表单 xscjcx1.scx，如图 9-44 所示。单击“所有学生成绩查询”按钮，查询所有学生成绩；如果选择“只查男生”复选框，则使用 SQL 查询命令查询男生的成绩；单击“退出”按钮，则关闭表单。

操作步骤如下：

（1）新建一个表单，在表单中添加 1 个“标签”控件（Label1）、1 个“复选框”控件（Check1）和 2 个“命令按钮”控件（Command1、Command2），并调整各个控件的位置及其大小。

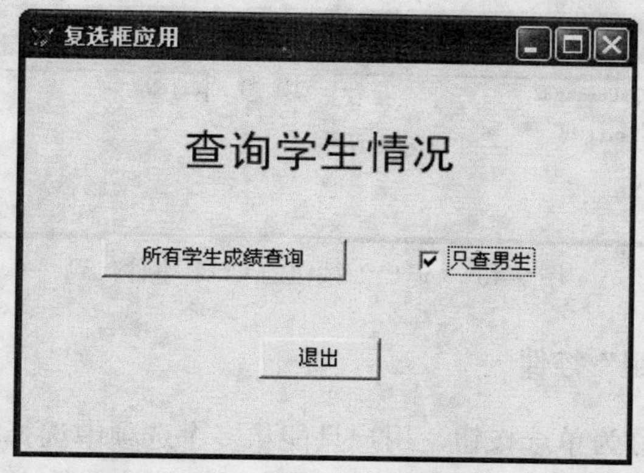

图 9-44　xscjcx1 表单的执行结果

（2）打开“数据环境设计器”窗口，添加学生表 xs.dbf，设置数据源。

（3）在“属性”窗口中设置控件的主要属性，如表 9-23 所示。

表 9-23　xscjcx1 表单和控件主要属性设置及说明

对象名	属性名	属性值	说明
Form1	Caption	复选框应用	设置表单标题
Label1	Caption	查询学生情况	第 1 个标签的内容
Label1	FontName	黑体	第 1 个标签的字体
Label1	FontSize	20	第 1 个标签的字号大小
Check1	Caption	只查男生	设置复选框标题
Command1	Caption	所有学生成绩查询	第 1 个命令按钮的标题
Command2	Caption	退出	第 2 个命令按钮的标题

（4）双击“所有学生成绩查询”按钮（Command1），打开“代码编辑”窗口，为“所有学生成绩查询”按钮添加 Click 事件代码，如图 9-45 所示。

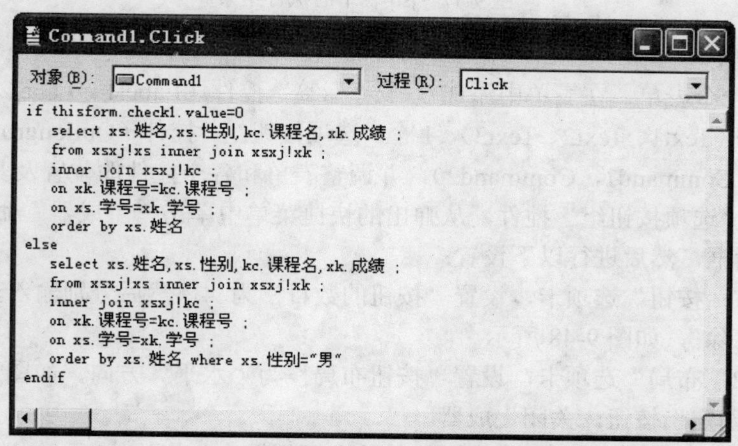


```
if thisform.check1.value=0
   select xs.姓名,xs.性别,kc.课程名,xk.成绩 ;
   from xsxj!xs inner join xsxj!xk ;
   inner join xsxj!kc ;
   on xk.课程号=kc.课程号 ;
   on xs.学号=xk.学号 ;
   order by xs.姓名
else
   select xs.姓名,xs.性别,kc.课程名,xk.成绩 ;
   from xsxj!xs inner join xsxj!xk ;
   inner join xsxj!kc ;
   on xk.课程号=kc.课程号 ;
   on xs.学号=xk.学号 ;
   order by xs.姓名 where xs.性别="男"
endif
```

图 9-45　“所有学生成绩查询”按钮的 Click 事件代码

（5）双击“退出”按钮（Command2），打开“代码编辑”窗口，为“退出”按钮添加 Click 事件代码，如图 9-46 所示。

（6）保存并执行表单 xscjcx1.scx。

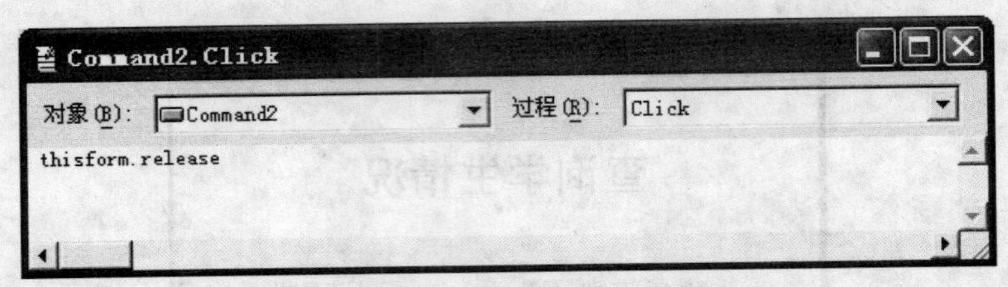

图 9-46 “退出”按钮的 Click 事件代码

9.2.9 “选项按钮组”控件

“选项按钮组”又称为单选按钮，用户只能从多个选项中选择其中一个选项，当选中某一个选项时，先前选中的选项自动取消。“选项按钮组”控件的主要属性是单选按钮的个数（ButtonCount）、每个单选按钮的标题（Caption）。

【例 9-10】设计一个简单计算器表单 jsq.scx，如图 9-47 所示。表单功能为：在第一个和第二个文本框中输入两个数，在选项按钮组中选择一种运算，然后单击“计算”按钮进行计算，计算结果显示在第三个文本框中。单击“退出”按钮，则关闭表单。

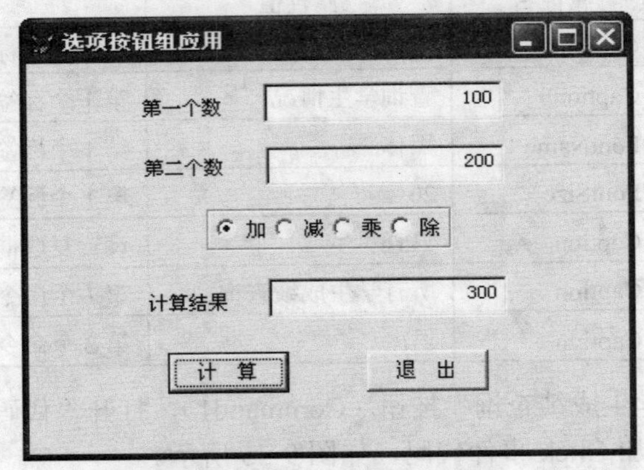

图 9-47 jsq 表单的执行结果

操作步骤如下：

（1）新建一个表单，在表单中添加 3 个“标签”控件（Label1、Label2、Label3）、3 个“文本框”控件（Text1、Text2、Text3）、1 个“选项按钮组”控件（Optiongroup1）和 2 个“命令按钮”控件（Command1，Command2），并调整表单和各个控件的位置及其大小。

（2）右击“选项按钮组”控件，从弹出的快捷菜单中单击“生成器”命令，打开“选项组生成器”对话框，然后进行以下设置：

1）单击“1. 按钮”选项卡，设置“按钮的数目”为 4，然后分别输入其标题为“加”、“减”、“乘”、“除”，如图 9-48 所示。

2）单击“2. 布局”选项卡，设置“按钮布局”为“水平”方向，如图 9-49 所示。

3）单击“确定”按钮，关闭生成器。

（3）在“属性”窗口中设置表单和控件的主要属性，如表 9-24 所示。

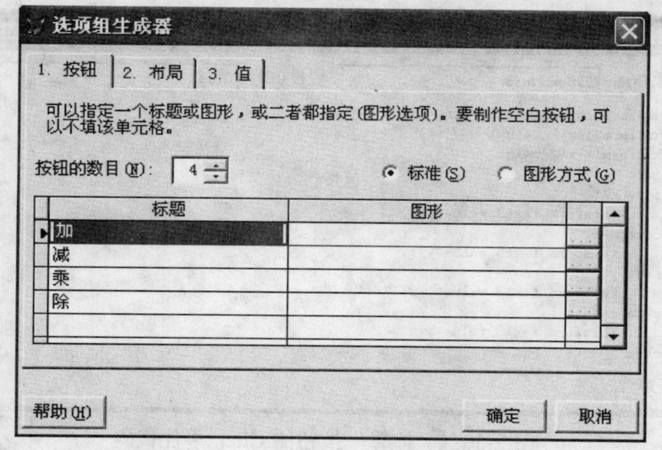

图 9-48　“选项组生成器”的“按钮”选项卡

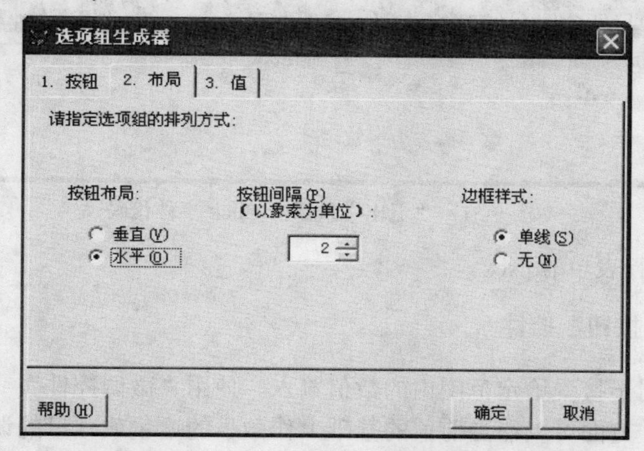

图 9-49　“选项组生成器”的“布局”选项卡

表 9-24　jsq 表单和控件的主要属性设置及说明

对象名	属性名	属性值	说明
Form1	Caption	选项按钮组应用	设置表单标题
Label1	Caption	第一个数	第 1 个标签的内容
Label2	Caption	第二个数	第 2 个标签的内容
Label3	Caption	计算结果	第 3 个标签的内容
Text1	Value	0	第 1 个文本框初始值
Text2	Value	0	第 2 个文本框初始值
Optiongroup1	Value	1	选项按钮组控件的初始值
Command1	Caption	计　算	第 1 个命令按钮的标题
Command2	Caption	退　出	第 2 个命令按钮的标题

（4）双击“计算”按钮（Command1），打开“代码编辑”窗口，为“计算”按钮添加 Click 事件代码，如图 9-50 所示。

（5）双击“退出”按钮（Command2），打开“代码编辑”窗口，为“退出”按钮添加 Click 事件代码，如图 9-51 所示。

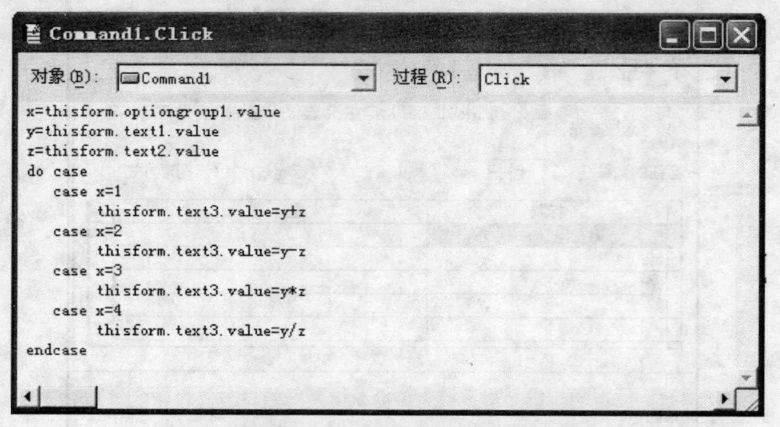

图 9-50　“计算”按钮的 Click 事件代码

图 9-51　“退出”按钮的 Click 事件代码

（6）保存并执行表单 jsq.scx。

9.2.10　“微调按钮”控件

“微调按钮”用于接受给定范围内的数值输入。使用“微调控件”，一方面可以代替键盘输入接受一值，另一方面可以在当前值的基础上作微小的增量或减量的调节。

“微调按钮”主要的属性有：微调量（Increment）、“微调”控件框中单击箭头输入的最大值（SpinnerHighValue）和最小值（SpinnerLowValue）。

【例 9-11】设计一个教师工资调整表单 jsgztz1.scx，如图 9-52 所示。当在列表框中选择某教师后，在工资微调按钮中显示该教师的工资，并允许用户修改。若单击“完成调整”按钮，使用修改后的工资值更新教师表中的工资值。单击“退出”按钮，则关闭表单。

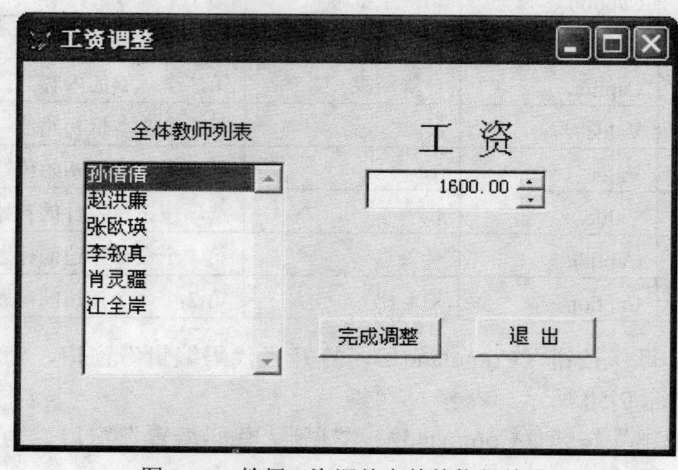

图 9-52　教师工资调整表单的执行结果

操作步骤如下：

（1）新建一个表单，在表单中添加 2 个“标签”控件（Label1、Label2）、1 个“列表框”控件(List1)、1 个“微调控件”控件(Spinner1)和 2 个“命令按钮”控件(Command1、Command2)，并调整表单和各个控件的位置及其大小。

（2）打开“数据环境设计器”窗口，添加教师表 js.dbf，设置数据源。

（3）在“属性”窗口中设置表单和控件的主要属性，如表 9-25 所示。

表 9-25　jsgztz1 表单和控件的主要属性设置及说明

对象名	属性名	属性值	说明
Form1	Caption	工资调整	设置表单的标题
Label1	Caption	全体教师列表	第 1 个标签的内容
Label2	Caption	工资	第 2 个标签的内容
Command1	Caption	完成调整	第 1 个命令按钮的标题
Command2	Caption	退出	第 2 个命令按钮的标题
List1	Rowsourcetype	6-字段	设置列表框的数据源类型
List1	Rowsource	js.姓名	设置列表框的数据源
Spinner1	SpinnerHighValue	999999	微调按钮单击向上箭头最大值
Spinner1	SpinnerLowValue	0	微调按钮单击向下箭头最小值
Spinner1	Increment	1	微调按钮单击微调量

（4）双击“列表框”控件，打开“代码编辑”窗口，为 List1 控件添加 InteractiveChange 事件代码，如图 9-53 所示。

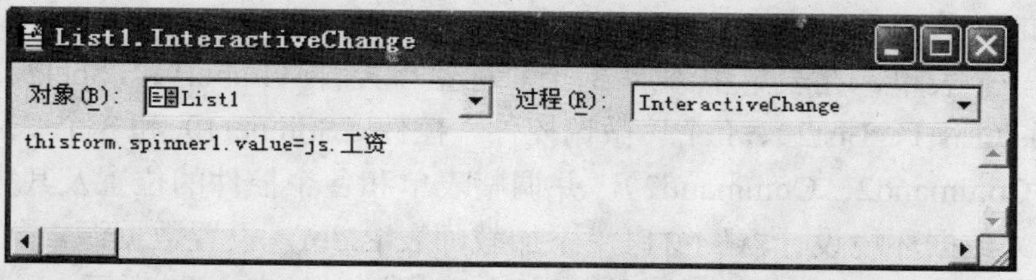

图 9-53　List1 控件的 InteractiveChange 事件代码

（5）双击“完成调整”按钮（Command1），打开“代码编辑”窗口，为“完成调整”按钮添加 Click 事件代码，如图 9-54 所示。

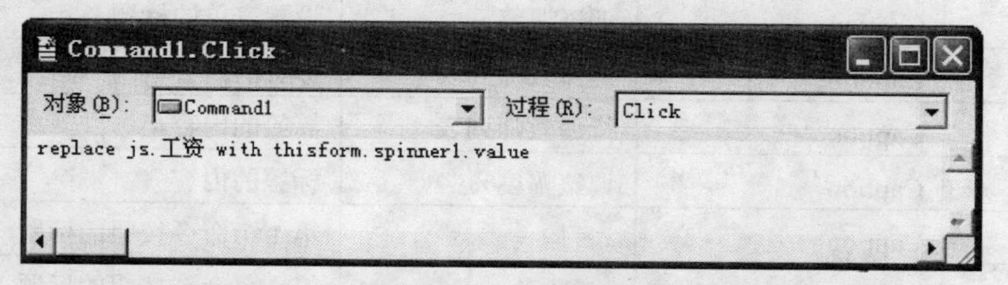

图 9-54　“完成调整”按钮的 Click 事件代码

（6）双击“退出”按钮（Command2），打开“代码编辑”窗口，为“退出”按钮添加 Click 事件代码，如图 9-55 所示。

（7）保存并执行表单 jsgztz1.scx。

图 9-55　"退出"按钮的 Click 事件代码

【例 9-12】设计一个工资调整表单 jsgztz2.scx，如图 9-56 所示。从全体教师列表中选择待调人员，如果选错，可以移除。确定好调整幅度后，单击"完成调整"按钮，完成选入"待调整人员列表"中全体人员的工资调整并关闭表单。如果没有选择待调人员，则无法使用"移除"按钮。

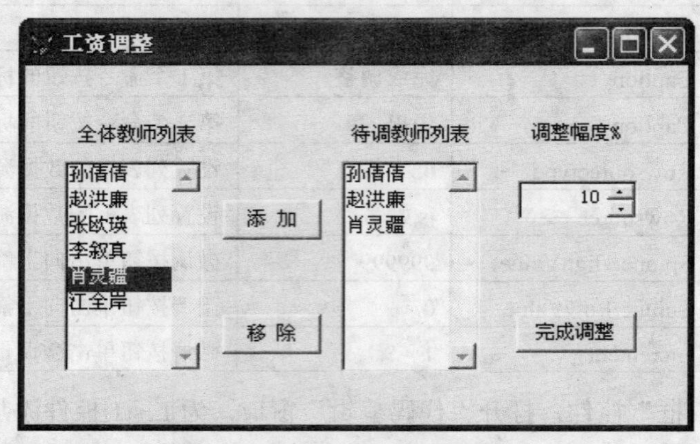

图 9-56　jsgztz2 表单的执行结果

操作步骤如下：

（1）新建一个表单，在表单中添加 3 个"标签"控件（Label1、Label2、Label3）、2 个"列表框"控件（List1、List2）、1 个"微调控件"控件（Spinner1）和 3 个"命令按钮"控件（Command1、Command2、Command2），并调整表单和各个控件的位置及其大小。

（2）打开"数据环境设计器"窗口，添加教师表 js.dbf，设置数据源。

（3）在"属性"窗口中设置表单和控件的主要属性，如表 9-25 所示。

表 9-26　jsgztz2 表单和控件的主要属性设置及说明

对象名	属性名	属性值	说明
Form1	Caption	工资调整	设置表单的标题
Label1	Caption	全体教师列表	标签的内容
Label2	Caption	待调教师列表	标签的内容
Label3	Caption	调整幅度%	标签的内容
Command1	Caption	添 加	第 1 个命令按钮的标题
Command2	Caption	移 除	第 2 个命令按钮的标题
Command2	Enabled	.F. – 假	第 2 个命令按钮是否可用
Command3	Caption	完成调整	第 3 个命令按钮的标题
List1	Rowsourcetype	6–字段	设置第 1 个列表框的数据源类型
List1	Rowsource	js.姓名	设置第 1 个列表框的数据源

续表

对象名	属性名	属性值	说明
List2	Rowsourcetype	0-无	设置第 2 个列表框的数据源类型
Spinner1	SpinnerHighValue	999999	微调按钮单击向上箭头最大值
Spinner1	SpinnerLowValue	0	微调按钮单击向下箭头最小值
Spinner1	Increment	1	微调按钮单击微调量

（4）双击“添加”（Command1）按钮，打开“代码编辑”窗口，为“添加”按钮添加 Click 事件代码，如图 9-57 所示。

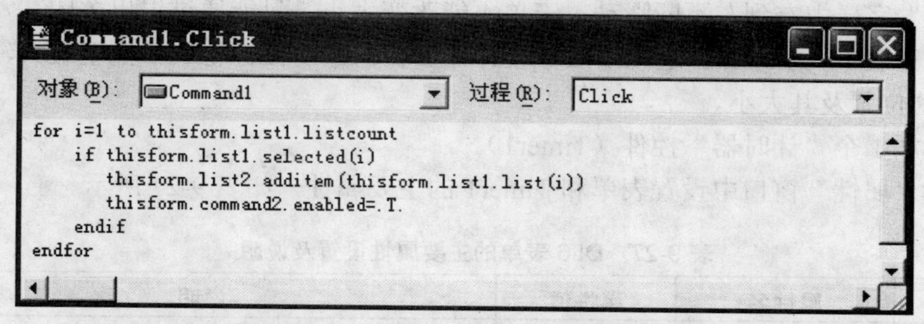

图 9-57　“添加”按钮的 Click 事件代码

（5）双击“移除”（Command2）按钮，打开“代码编辑”窗口，为“移除”按钮添加 Click 事件代码，如图 9-58 所示。

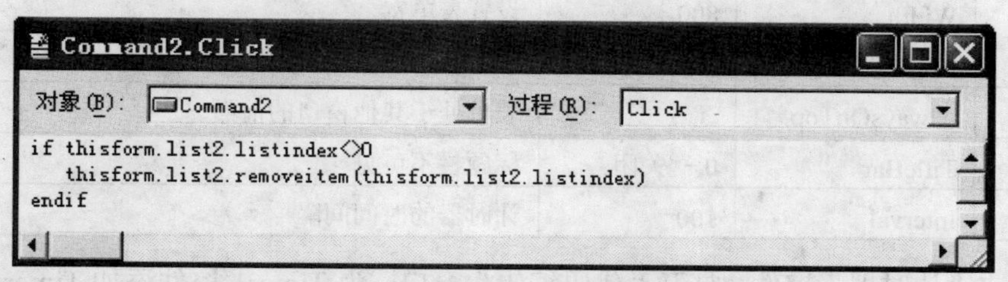

图 9-58　“移除”按钮的 Click 事件代码

（6）双击“完成调整”按钮（Command3），打开“代码编辑”窗口，为“完成调整”按钮添加 Click 事件代码，如图 9-59 所示。

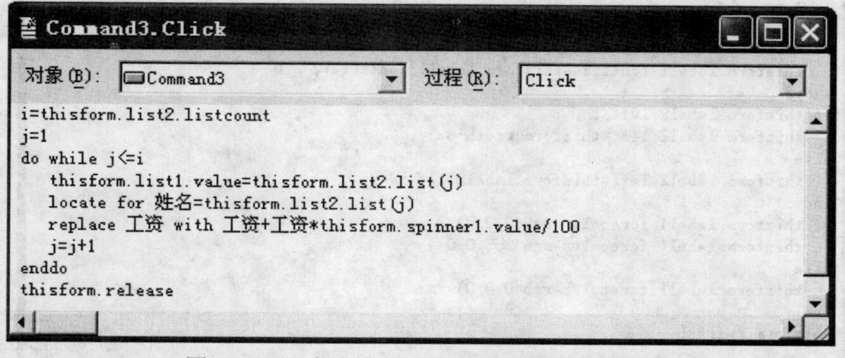

图 9-59　“完成调整”按钮的 Click 事件代码

（7）保存并执行表单 jsgztz2.scx。

9.2.11　“计时器”控件

“计时器”控件是利用系统时钟来控制某些具有规律性的周期任务的定时操作。“计时器”控件的典型应用是检查系统时钟，决定是否到了某个程序执行的时间。“计时器”控件在表单执行时是不可见的。

“计时器”控件的主要属性有：控制计时器开关（Enabled）和定义两次计时器控件触发的时间间隔（Interval，以毫秒计）。

【例 9-13】在表单 DL5.scx 的基础上，设计屏蔽屏幕表单 DL6.scx，要求表单能遮盖除菜单栏以外的屏幕，表单上“大学教学管理系统”字体由小变大，并且红黑不断变化，“版权所有 欢迎使用”字样由右到左不断滑动，表单不能改变大小，只能通过退出关闭。

（1）打开表单 DL5.scx，进入“表单设计器”窗口，用鼠标将表单拖至最大，并重新调整各个控件的位置及其大小。

（2）添加 1 个“计时器”控件（Timer1）。

（3）在“属性”窗口中设置表单和 Timer1 的主要属性，如表 9-27 所示。

表 9-27　DL6 表单的主要属性设置及说明

对象名	属性名	属性值	说明
Form1	Top	0	表单上边距 Visual FoxPro 主窗口的距离
Form1	Left	0	表单左边距 Visual FoxPro 主窗口的距离
Form1	Height	600	设置表单高
Form1	Width	800	设置表单宽
Form1	AutoCenter	.T. – 真	表单在主窗口内自动居中
Form1	AlwaysOnTop	.T. – 真	表单处于其他窗口的前面
Form1	TitleBar	0 – 关闭	标题栏不可见
Timer1	Interval	100	计时器的时间间隔

（4）双击“计时器”控件，打开“代码编辑”窗口，为 Timer1 控件添加 Timer 事件代码，如图 9-60 所示。

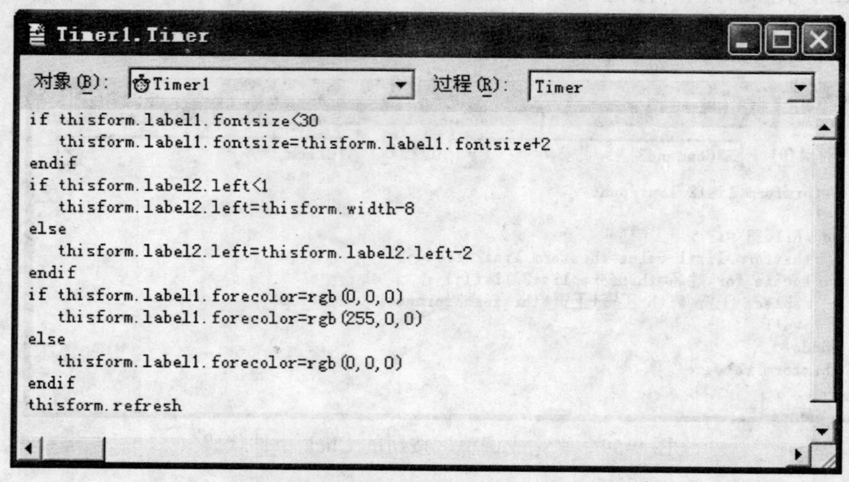

图 9-60　Timer1 控件的 Timer 事件代码

（5）打开“文件”菜单，单击“另存为”命令，出现“另存为”对话框，选择表单文件的保存位置，输入文件名 DL6.scx。

（6）打开“表单”菜单，单击“执行表单”命令，执行表单 DL6.scx。

颜色函数简介如下：

表单的颜色（前景和背景）可以通过颜色函数来确定。颜色函数 RGB(红,绿,蓝)的三种颜色分别用数字表示，通过三种颜色的调色得到相应的颜色，如 RGB(0, 0,0)是黑色。颜色的值可以在属性中查得。例如，若要查标签上的紫色字，可以选定标签属性 Forecolor，在函数表达框旁单击…按钮，弹出颜色板，如图 9-61 所示，选定需要的颜色后，单击“确定”按钮，在属性设置框内出现函数值“128,0,255”，它就是紫色字的颜色值。如果要在代码中将颜色的值赋给标签 1，可以写 Thisform.label1.Forecolor=RGB(128,0,255)。

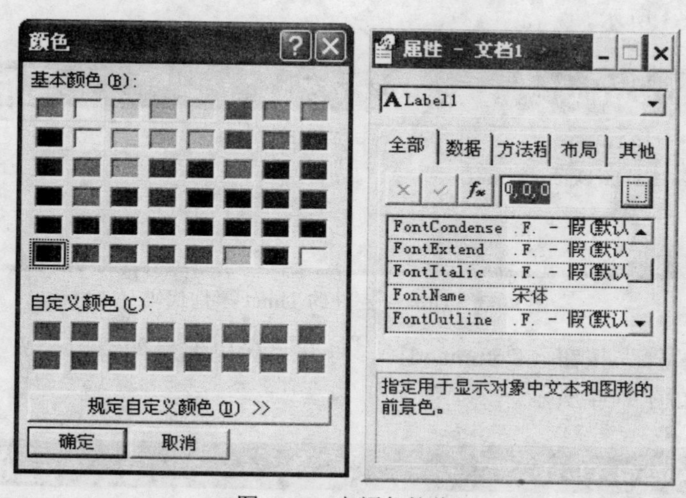

图 9-61　查颜色的值

【例 9-14】设计一个显示计算机系统时间的表单 jshq.scx，如图 9-62 所示。中间显示计算机系统时间。单击“暂停”按钮，暂停时间显示；单击“继续”按钮，恢复时间显示；单击“退出”按钮，则关闭表单；单击“计时器其他效果”按钮，执行表单 DL6.sc。

图 9-62　jshq 表单的执行结果

操作步骤如下：

（1）新建一个表单，在表单中添加 1 个“标签”控件（Label1）、1 个“计时器”控件（Timer1）、和 4 个“命令按钮”控件（Command1～Command4），并调整各个控件的位置及其大小。

（2）在“属性”窗口中设置表单和控件的主要属性，如表 9-28 所示。

表 9-28 jshq 表单和控件的主要属性设置及说明

对象名	属性名	属性值	说明
Form1	Caption	计时器应用	设置表单的标题
Command1	Caption	暂停	第 1 个命令按钮的标题
Command2	Caption	继续	第 2 个命令按钮的标题
Command3	Caption	退出	第 3 个命令按钮的标题
Command4	Caption	计时器其他效果	第 4 个命令按钮的标题
Timer1	Interval	1000	计时器的时间间隔

（3）双击“计时器”控件（Timer1），打开“代码编辑”窗口，为 Timer1 控件添加 Timer 事件代码，如图 9-63 所示。

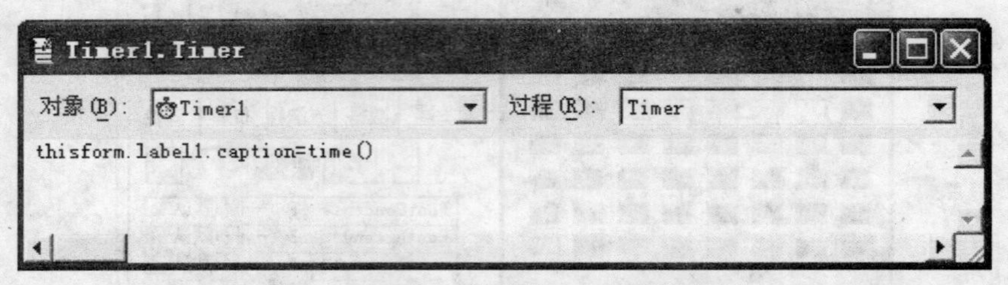

图 9-63 Timer1 控件的 Timer 事件代码

（4）双击“暂停”按钮（Command1），打开“代码编辑”窗口，为“暂停”按钮添加 Click 事件代码，如图 9-64 所示。

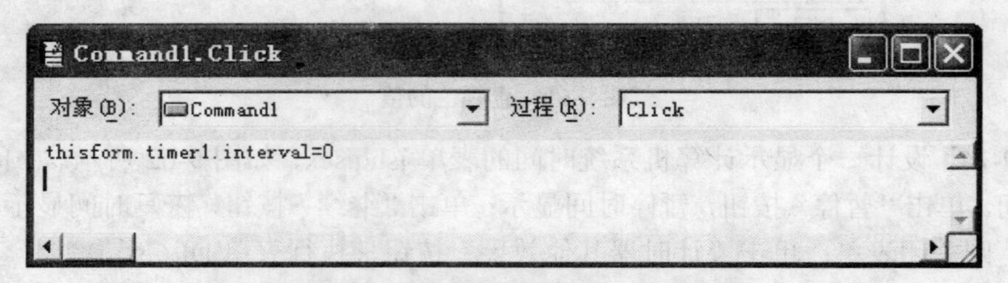

图 9-64 “暂停”按钮的 Click 事件代码

（5）双击“继续”按钮（Command2），打开“代码编辑”窗口，为“继续”按钮添加 Click 事件代码，如图 9-65 所示。

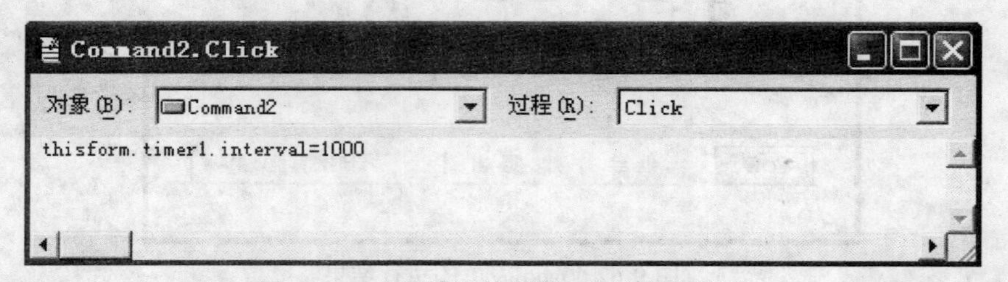

图 9-65 “继续”按钮的 Click 事件代码

（6）双击“退出”按钮（Command3），打开“代码编辑”窗口，为“退出”按钮添加 Click 事件代码，如图 9-66 所示。

（7）双击“计时器其他效果”按钮（Command4），打开“代码编辑”窗口，为该按钮添加 Click 事件代码，如图 9-67 所示。

图 9-66　“退出”按钮的 Click 事件代码

图 9-67　“计时器其他效果”按钮的 Click 事件代码

（8）保存并执行表单 jshq.scx。

9.2.12　“图像”控件

“图像”控件允许在表单中显示图片。“图像”控件可以在程序执行的动态过程中加以改变。“图像”的主要属性有：显示的图片文件名（Picture）和图片的显示方式（Stretch）。图片的显示方式有 3 种：当 Stretch 属性为 0 时，将把图像的超出部分裁剪掉；当 Stretch 属性为 1 时，等比例填充；当 Stretch 属性为 2 时，变比例填充。

【例 9-15】设计一个以不同显示方式显示图片的表单 tpxs.scx，如图 9-68 所示。当表单执行时，可分别选择“剪裁”、“等比”、“变比”等方式显示图片。

图 9-68　以不同方式显示图片的表单

操作步骤如下：

（1）新建一个表单，在表单中添加 1 个“选项按钮组”控件（Optiongroup1）和 1 个“图像”控件（Image1），并调整各个控件的位置及其大小。

（2）右击“选项按钮组”控件，从弹出的快捷菜单中选择“生成器”命令，打开“选项组生成器”对话框，然后进行以下设置：

1）单击“1．按钮”选项卡，设置“按钮的数目”为 3，然后分别输入其标题为“剪裁”、“等比”、“变比”，如图 9-69 所示。

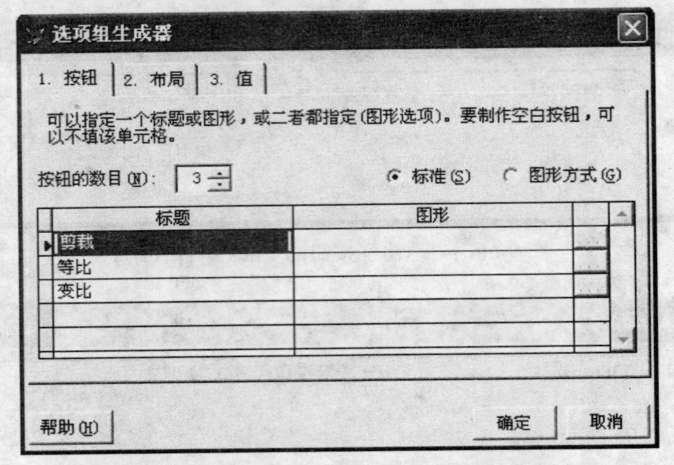

图 9-69 “选项组生成器”的“按钮”选项卡

2）单击“2．布局”选项卡，设置“按钮布局”为“水平”方向，如图 9-70 所示。

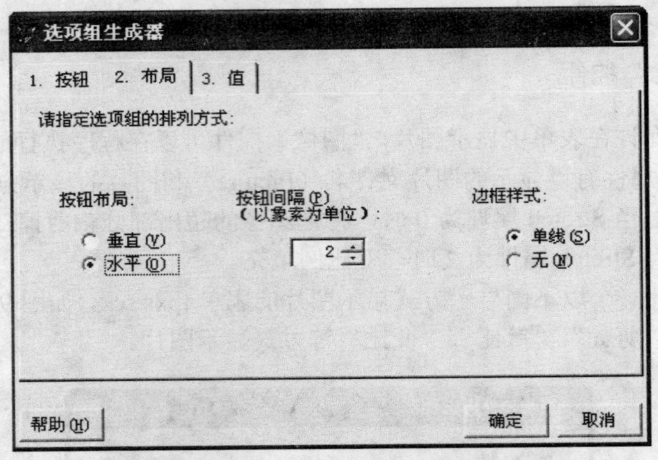

图 9-70 “选项组生成器”的“布局”选项卡

3）单击“确定”按钮，关闭“选项组生成器”对话框。

（3）在“属性”窗口，设置表单和控件的主要属性，如表 9-29 所示。

表 9-29 “图像控件应用”表单和控件的主要属性设置及说明

对象名	属性名	属性值	说明
Form1	Caption	图像控件应用	设置表单的标题
Form1	Width	375	表单的高度
Form1	Height	250	表单的宽度
Optiongroup1	Buttoncount	3	选项按钮组的命令按钮数目
Optiongroup1	Value	3	选项按钮组的初始命令按钮
Image1	Width	350	图像控件的宽度
Image1	Height	200	图像控件的高度
Image1	Stretch	2-变比填充	图象的初始显示方式
Image1	Picture	DSCF4974.jpg	图像控件显示的图片文件名

（4）双击“选项按钮组”控件，打开“代码编辑”窗口，为Optiongroup1控件添加Click事件代码，如图9-71所示。

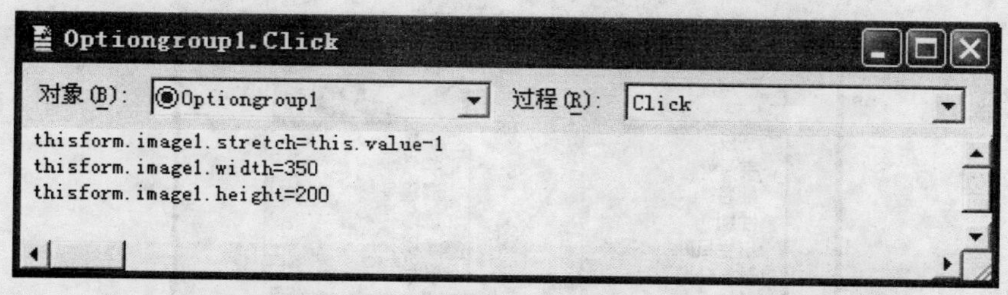

图9-71　“选项按钮组”控件的Click事件代码

（5）保存并执行表单tpxs.scx。

表单和许多控件都有属性Picture，它是表单或控件的背景图片。如表单设置了Picture，则该图片是表单的背景图片。

9.2.13　“表格”控件

“表格”控件是将数据以表格形式表示出来的一种控件容器。“表格”提供了一个全屏幕输入输出数据表记录的方式，它也是一个以行列的方式显示数据的容器控件。一个“表格”控件包含一些列控件（在默认的情况下为文本框控件），每个列控件能容纳一个列标题和列控件。“表格”控件能在表单或页面中显示并操作行和列中的数据，主要用于创建一对多的表单，用文本框显示父记录，用表格显示子记录，当用户浏览父表中的记录时，表格将显示与之相对应的子记录。

“表格”控件的主要属性有：表格的列数（ColumnCount）、表格各列的标题（Caption）、表格控件数据源类型（RecordSourceType，当RecordSourceType属性值为“0-表”时，是打开表；当RecordSourceType属性值为“1-别名”时，表格取已打开表字段的内容）、表格的数据源（RecordSource，此处为表）、父表名称（LinkMaster）、关联表达式（RelationalExpr，通过在父表字段与子表中的索引建立关联关系来连接这两个表）及各列的数据源（ControlSource）等。

【例9-16】设计一个学生成绩查询表单xscjcx2.scx，如图9-72所示。表单上有一学生姓名组合框，在组合框内选定学生姓名后，在列表框内显示学生的选课的课程号和成绩。

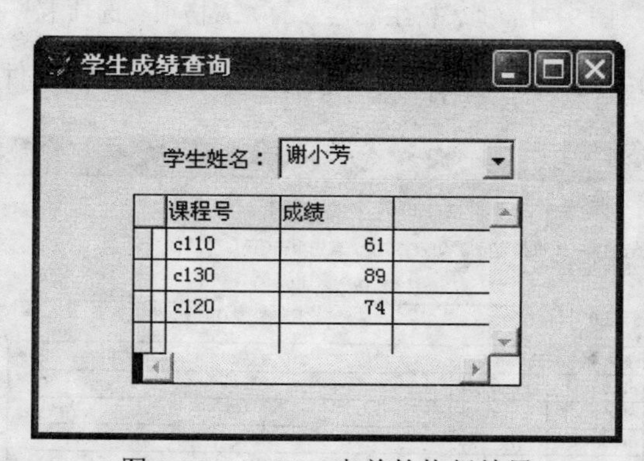

图9-72　xscjcx2表单的执行结果

操作步骤如下：

（1）新建一个表单，在表单中添加1个“标签”控件（Label1）、1个“组合框”控件（Combo1）和1个“表格”控件（Grid1），并调整各个控件的位置及其大小。

（2）打开“数据环境设计器”窗口，添加学生表 xs.dbf 和选课表 xk.dbf，设置数据源，并设置表间的关联，如图 9-73 所示。

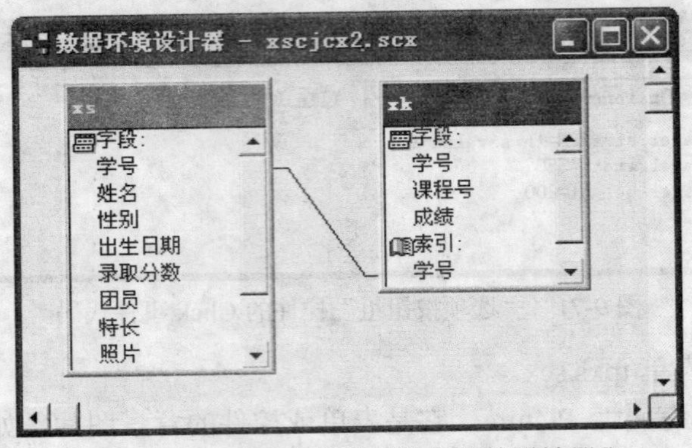

图 9-73　xscjcx2 表单的“数据环境设计器”

（3）右击“表格”控件，在弹出的快捷菜单中选择“生成器”命令，打开“表格生成器”。在“表格生成器”的“数据库和表”栏中选择学生学籍数据库 xsxj.dbc，在其下的表列表中选中选课表 xk.dbf，将“可用字段”的字段“课程号”和“成绩”选入“选定字段”中，如图 9-74 所示。除表格有生成器外，表单、文本框和列表框等都有生成器。

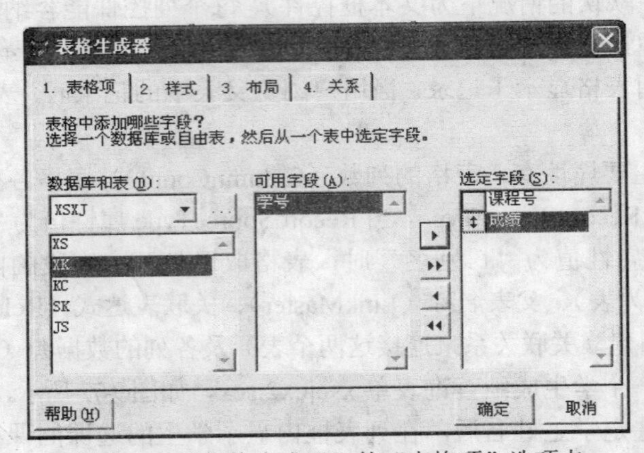

图 9-74　“表格生成器”的“表格项”选项卡

（4）选择“3．布局”选项卡，设置表格的表头（标题）和控件类型，如图 9-75 所示。

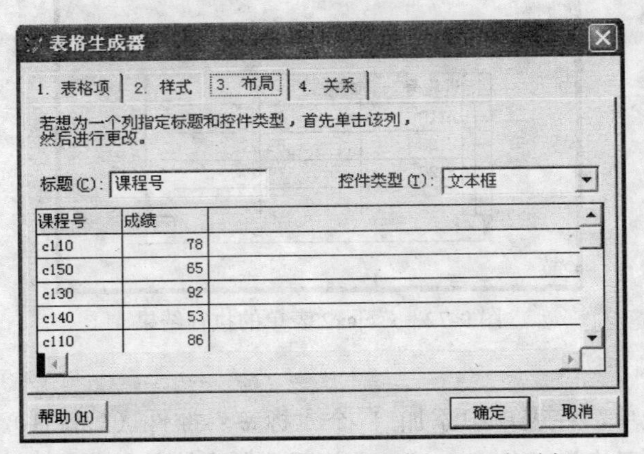

图 9-75　“表格生成器”的“布局”选项卡

（5）选择“4．关系”选项卡，设置表间的关系。子表要有与父表关键字段相关联的索引，如图 9-76 所示。

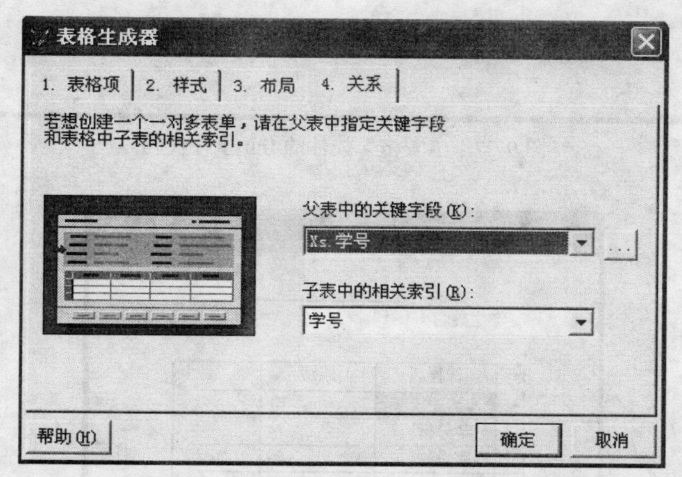

图 9-76　“表格生成器”的“关系”选项卡

（6）保存并执行表单 xscjcx2.scx。

以上工作也可以全部在控件属性设置中完成，如表 9-30 所示。

表 9-30　xscjcx2 表单和控件的主要属性设置及说明

对象名	属性名	属性值	说明
Form1	Caption	学生成绩查询	设置表单的标题
Label1	Caption	学生姓名：	第 1 个标签的内容
Combo1	RowSourceType	6－字段	设置组合框的数据源类型
Combo1	RowSource	xs.姓名	设置组合框的数据源
Grid1	LinkMaster	xs	指定主表 xs.dbf
Grid1	RecordSource	xk	指定表格的数据源
Grid1	RecordSourceType	1－别名	指定表格的数据来源类型
Grid1	RelationalExpr	学号	指定父表与子表索引相关的字段
Grid1	ChildOrder	学号	索引标识名称
Grid1	ColumnCount	2	指定表格栏数
Column1	ControlSource	kc.课程号	确定数据源
Column2	ControlSource	xk.成绩	确定数据源
Column1.Header1	Caption	课程号	表头 1
Column2.Header1	Caption	成绩	表头 2
Column1.Text1	ControlSource	kc.课程号	表格内容
Column2.Text1	ControlSource	xk.成绩	表格内容

为了避免在表单刚执行时，没有选定组合框内的数据，而在表格中显示第一记录的数据的情况，可在“表格”控件的 Init 中增加两条命令，如图 9-77 所示。

【例 9-17】设计一个学生成绩查询表单 xscjcx3.scx，如图 9-78 所示。表单上有一学生姓名文本框，在文体框内输入学生姓名并回车后，在列表框内显示学生选课的课程名和成绩。

图 9-77　“表格”控件的 Init 事件代码

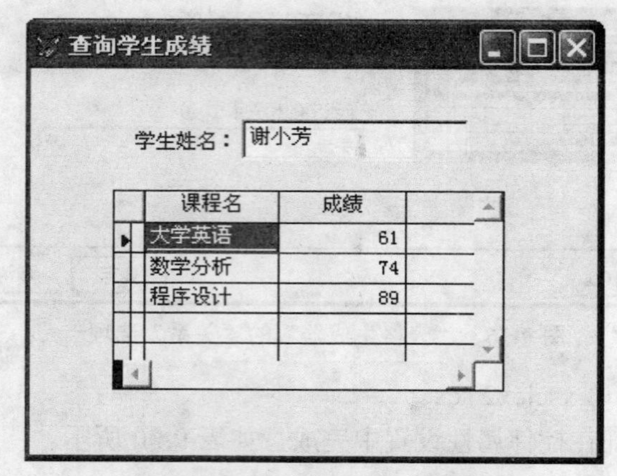

图 9-78　xscjcx3 表单的执行结果

本例看起来与上例相似，但由于在文本框内输入的值不能使选课表 xk.dbf 的指针定位到相应的记录上，所以要根据文本框的值，使用 SQL 或 Locate for 等方法移动选课表 xk.dbf 的指针，以显示相应的值。

操作步骤如下：

（1）新建一个表单，在表单中添加 1 个“标签”控件（Label1）、1 个“文本框”控件（Text1）和 1 个“表格”控件（Grid1），并调整各个控件的位置及其大小。

（2）在“属性”窗口中设置控件的主要属性，如表 9-31 所示。

表 9-31　xscjcx3 表单和控件的主要属性设置及说明

对象名	属性名	属性值	说明
Form1	Caption	查询学生成绩	设置表单的标题
Label1	Caption	学生姓名：	第 1 个标签的内容
Grid1	ColumnCount	2	指定表格栏数
Column1.Header1	Caption	课程名	表头 1
Column2.Header1	Caption	成绩	表头 2

（3）双击“文本框”控件，打开“代码编辑”窗口，为 Text1 控件添加 LostFocus 事件代码，如图 9-79 所示。

（4）保存并执行表单 xscjcx3.scx。

【例 9-18】设计一个查询学生成绩的表单 xscjcx4.scx，如图 9-80 所示。在表单的左表格中显示学生表的数据，右表格中显示学生选课的数据。当在学生表格中单击某一学生姓名时，右表格显示出该学生所选课程的课程号和成绩。

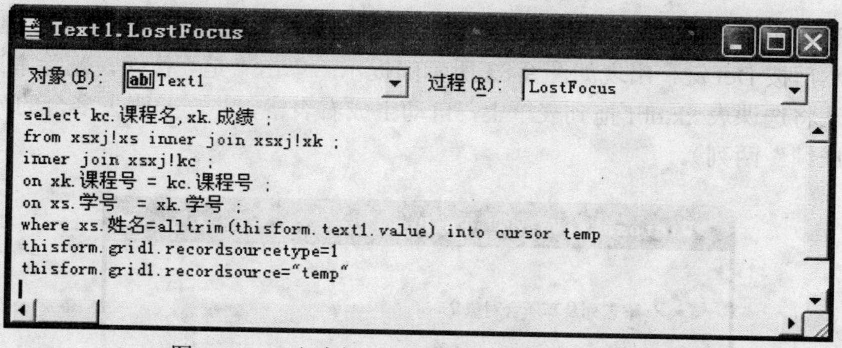

Text1.LostFocus
对象(B): Text1
过程(R): LostFocus
select kc.课程名,xk.成绩 ;
from xsxj!xs inner join xsxj!xk ;
inner join xsxj!kc ;
on xk.课程号 = kc.课程号 ;
on xs.学号 = xk.学号 ;
where xs.姓名=alltrim(thisform.text1.value) into cursor temp
thisform.grid1.recordsourcetype=1
thisform.grid1.recordsource="temp"

图 9-79　“文本框”控件的 LostFocus 事件代码

查询学生成绩
姓名
谢小芳
张梦光
罗映弘
郑小齐
汪雨帆
皮大均
黄春花
林韵可
柯之伟
课程号
成绩
c130
65
c110
80
c160
75

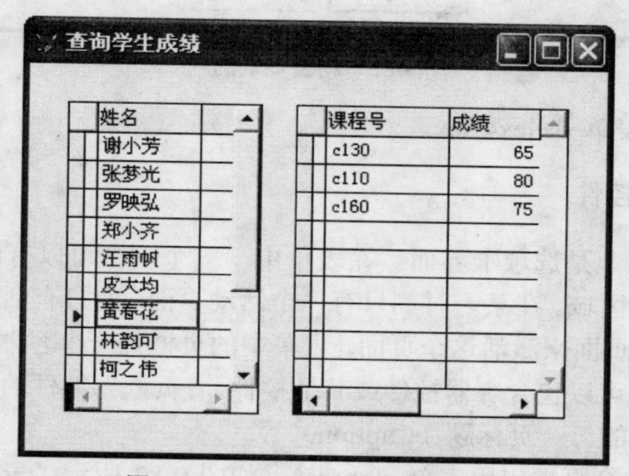

图 9-80　xscjcx4 表单的执行结果

操作步骤如下：

（1）新建一个表单。

（2）在“属性”窗口中设置表单的 Caption 属性为“查询学生成绩”。

（3）打开“显示”菜单，选择“数据环境”命令，弹出“数据环境设计器”窗口，添加学生表 xs.dbf 和选课表 xk.dbf。将 xs.dbf 中的学号拖到 xk.dbf 的学号索引上，在两个表之间建立临时关系，如图 9-81 所示。

数据环境设计器 - 文档2
xs
字段:
学号
姓名
性别
出生日期
录取分数
团员
特长
照片
xk
字段:
学号
课程号
成绩
索引:
学号

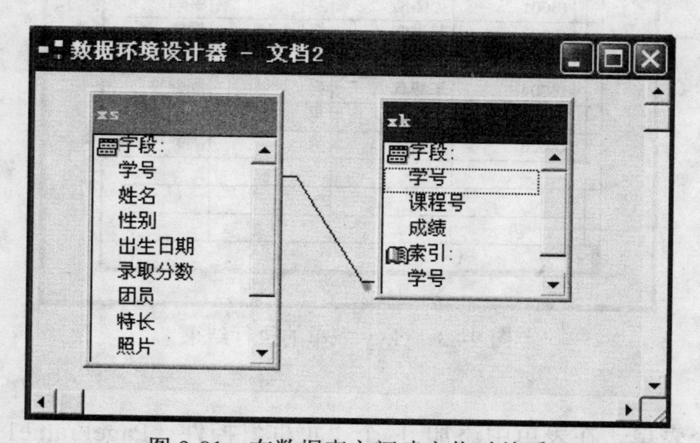

图 9-81　在数据表之间建立临时关系

（4）将“数据环境设计器”窗口中的学生表 xs.dbf 拖到表单上，自动生成左表格，然后一一将多余的列删去（只保留“姓名”列）。注意，每次只能删除一列。在“属性”窗口的对象下拉框中选定多余列的 Column，此时在表格的外缘有绿色边框出现，单击要删除的列中的标签对象，然后按 Del 键，出现如图 9-82 所示的提示。单击“是”按钮，删除本次选定的列。按同样的方法将选课表 xk.dbf 拖到表单上，自动生成右表格，并一一删去多余的列（保留“课程号”和“成绩”两列）。

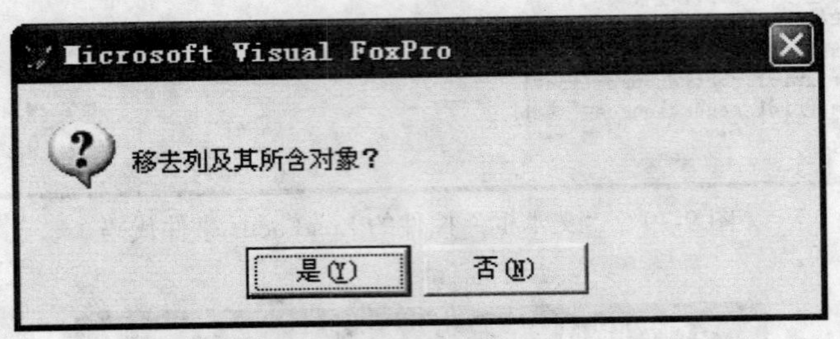

图 9-82　删去多余的列

（5）保存并执行表单 xscjcx4.scx。

9.2.14　“页框”控件

“页框”控件实际上是选项卡界面。在表单中，一个页框可以有两个以上的页面，它们共同占有表单中的一块区域。在某一时刻只有一个活动页面，而只有活动页面中的控件才是可见的，可以单击需要的页面来激活这个页面。表单中的页框是一个容器控件，它可以容纳多个页面，在每个页面中又可以包含容器控件或其他控件。“页框”控件的主要属性有页框的页面数（PageCount）、页框的每一页标题（Caption）等。

【例 9-19】设计一个页框应用表单 ykyy.scx，如图 9-83 所示。表单中使用一个含有 3 个页面的页框控件，每个页面的标题分别为“教师”、“授课”、“课程”，在每页中分别用表格显示教师表 js.dbf、授课表 sk.dbf 和课程表 kc.dbf 中的数据。刚执行时，显示“教师”页框。

页框应用

教师　授课　课程

教师号	姓名	性别	职称
t6001	孙倩倩	女	讲师
t6002	赵洪康	男	教授
t6003	张欧瑛	女	教授
t6004	李叙真	男	副教授
t6005	肖灵疆	男	助教
t6006	江全岸	男	副教授

图 9-83　ykyy 表单的执行结果

操作步骤如下：

（1）新建一个表单，在表单中添加 1 个“页框”控件（PageFrame1），并调整控件的位置及其大小。

（2）在“属性”窗口中设置表单和控件的主要属性，如表 9-32 所示。

表 9-32　ykyy 表单和控件的主要属性设置及说明

对象名	属性名	属性值	说明
Form1	Caption	页框应用	设置表单的标题
PageFrame1	PageCount	3	设置 3 页页框
PageFrame1	ActivePage	1	设置第 1 页为活动页
Page1	Caption	教师	第 1 个页面的标题
Page2	Caption	授课	第 2 个页面的标题
Page3	Caption	课程	第 3 个页面的标题

（3）打开“数据环境设计器”窗口，添加教师表 js.dbf、授课表 sk.dbf 和课程表 kc.dbf。

（4）从“属性”窗口的对象下拉列表框中选取 Page1，“页框”第 1 页变绿，将教师表拖至页框的第 1 页中；选取 Page2，“页框”第 2 页变绿，将授课表拖至页框的第 2 页中；选取 Page3，“页框”第 3 页变绿，将课程表拖至页框的第 3 页中。

（5）保存并执行表单 ykyy.scx。

9.2.15　“命令按钮组”控件

“命令按钮组”控件是把一些命令按钮组合在一起，作为一个控件管理。每一个命令按钮有各自的属性、事件和方法，使用时需要独立地操作每一个指定的命令按钮。

“命令按钮”控件的主要属性是命令按钮数（ButtonCount）。

【例 9-20】利用“命令按钮组”控件设计学生情况表单 xsqk.scx，如图 9-84 所示。要求命令按钮组内的命令按钮不冲突。如单击“第一个”按钮后，“前一个”按钮变为不可用状态；当单击“编辑”按钮后，数据才能修改，以免出现误改。

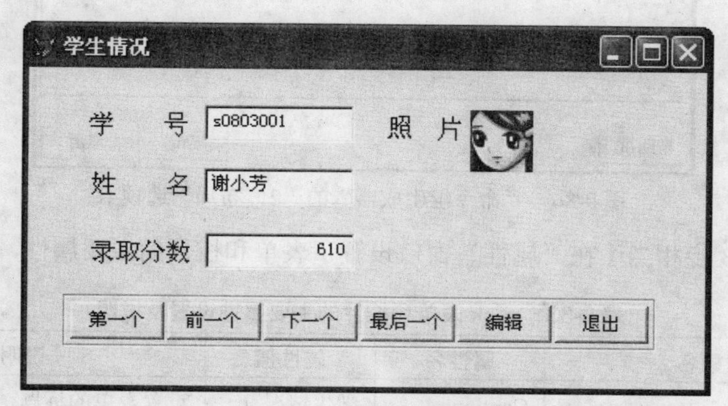

图 9-84　xsqk 表单的执行结果

操作步骤如下：

（1）新建一个表单，将表单的标题设置为“学生情况”。

（2）打开“数据环境设计器”窗口，添加学生表 xs.dbf，然后分别将学生表 xs.dbf 的“学号”、“姓名”、“录取分数”、“照片”4 个字段拖到表单上，并调整其大小和位置。

（3）在表单中添加 1 个“命令按钮组”控件（Commandgroup1）。右击“命令按钮组”控件，在弹出的快捷菜单中选择“生成器”命令，打开“命令组生成器”对话框，然后将命令按钮个数设置为 6，并依次输入每个按钮的标题，如图 9-85 所示。

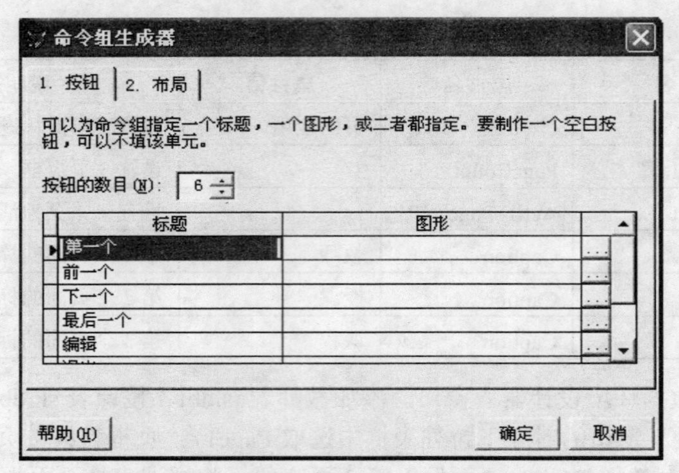

图 9-85 “命令组生成器”的“1．按钮”选项卡

（4）单击“2．布局”选项卡，将“按钮布局”设置为“水平”，如图 9-86 所示。设置完成后，单击“确定”按钮。

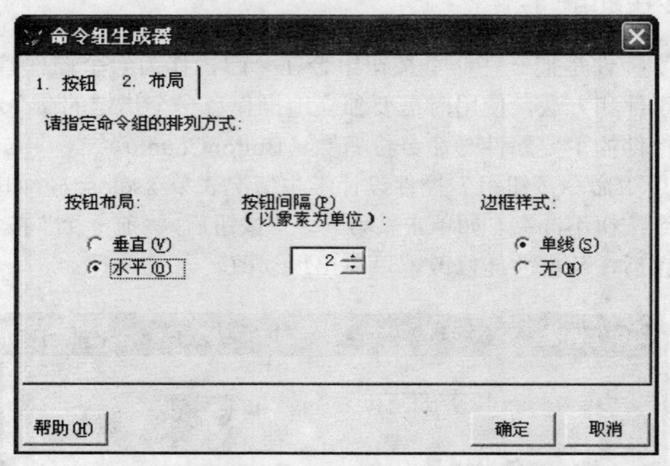

图 9-86 “命令组生成器”的“2．布局”选项卡

第 2 步、第 3 步相当于在“属性”窗口设置了表单和控件的主要属性，如表 9-33 所示。

表 9-33　xsqk 表单和控件的主要属性设置及说明

对象名	属性名	属性值	说明
Form1	Caption	学生情况	设置表单的标题
Commandgroup1	ButtonCount	6	设置命令按钮组的按钮个数
Commandgroup1.command1	Caption	第一个	第 1 个按钮的标题
Commandgroup1.command2	Caption	前一个	第 2 个按钮的标题
Commandgroup1.command3	Caption	下一个	第 3 个按钮的标题
Commandgroup1.command4	Caption	最后一个	第 4 个按钮的标题
Commandgroup1.command5	Caption	编辑	第 5 个按钮的标题
Commandgroup1.command6	Caption	退出	第 6 个按钮的标题

（5）双击“第一个”按钮（Commandgroup1.command1），打开“代码编辑”窗口，为“第

一个”按钮添加 Click 事件代码，如图 9-87 所示。

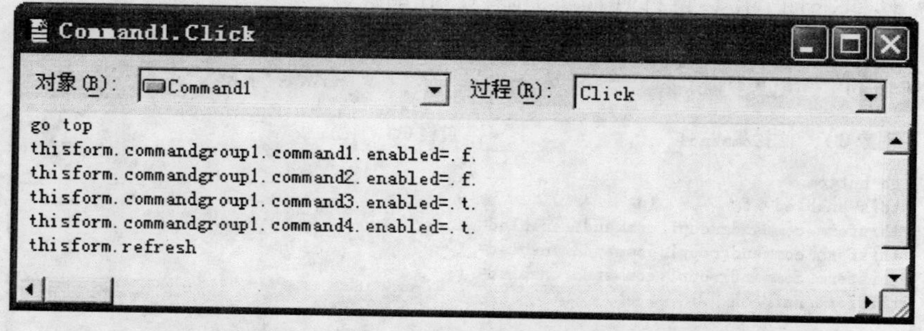

图 9-87　“第一个”按钮的 Click 事件代码

（6）双击“前一个”按钮（Commandgroup1.command2），打开“代码编辑”窗口，为“前一个”按钮添加 Click 事件代码，如图 9-88 所示。

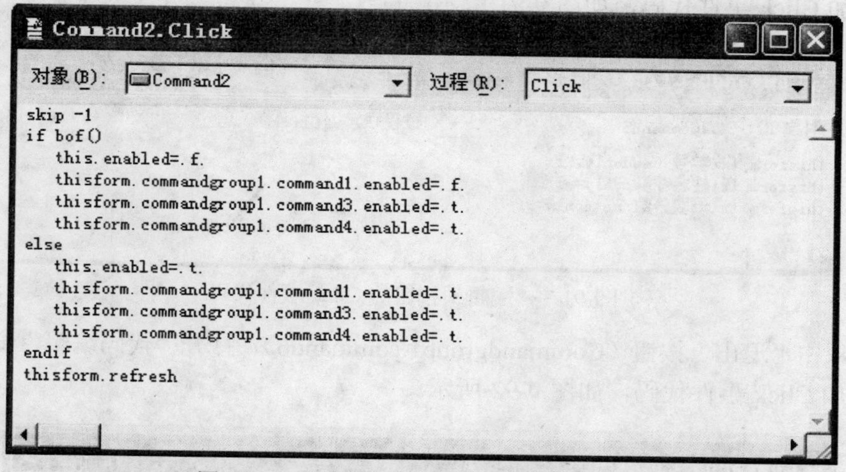

图 9-88　“前一个”按钮的 Click 事件代码

（7）双击“下一个”按钮（Commandgroup1.command3），打开“代码编辑”窗口，为“下一个”按钮添加 Click 事件代码，如图 9-89 所示。

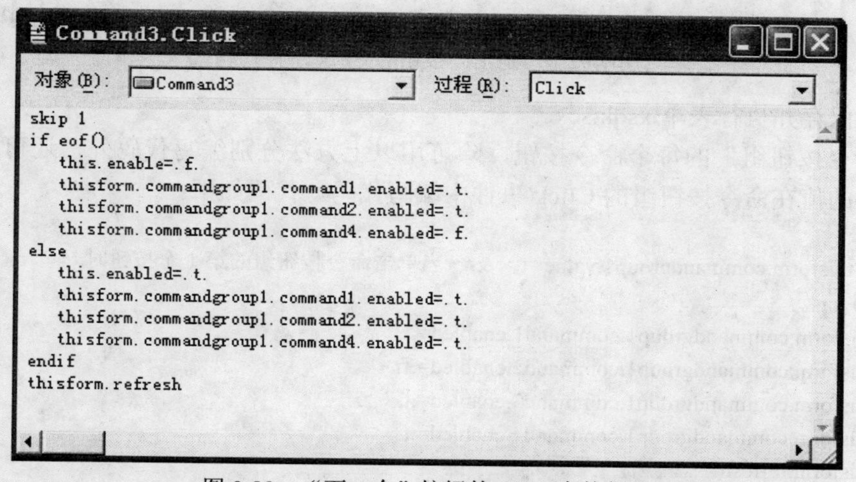

图 9-89　“下一个”按钮的 Click 事件代码

（8）双击“最后一个”按钮（Commandgroup1.command4），打开“代码编辑”窗口，为“最后一个”按钮添加 Click 事件代码，如图 9-90 所示。

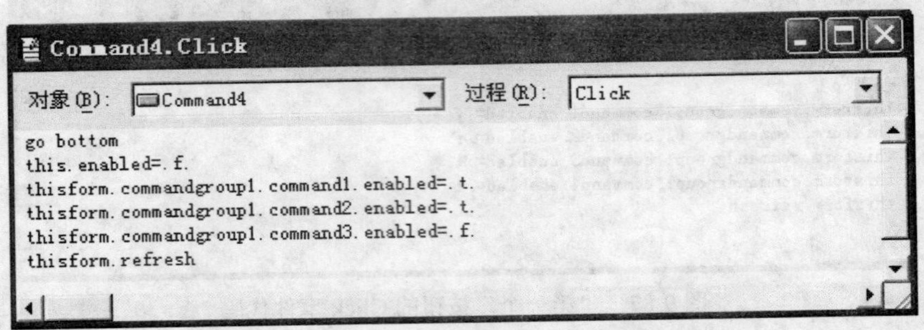

图 9-90 “最后一个”按钮的 Click 事件代码

（9）双击“编辑”按钮（Commandgroup1.command5），打开“代码编辑”窗口，为“编辑”按钮添加 Click 事件代码，如图 9-91 所示。

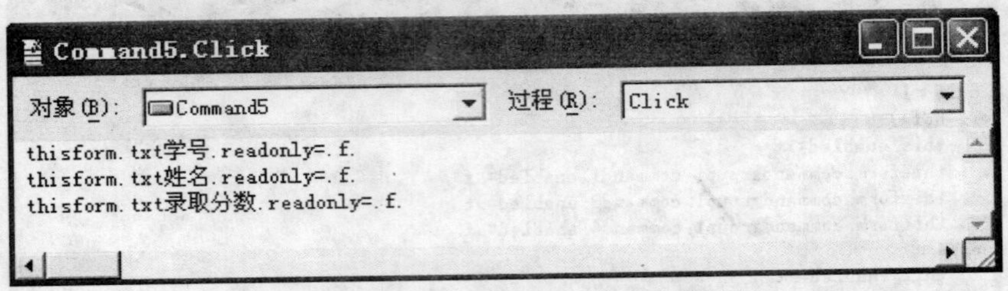

图 9-91 “编辑”按钮的 Click 事件代码

（10）双击“退出”按钮（Commandgroup1.command6），打开“代码编辑”窗口，为“退出”按钮添加 Click 事件代码，如图 9-92 所示。

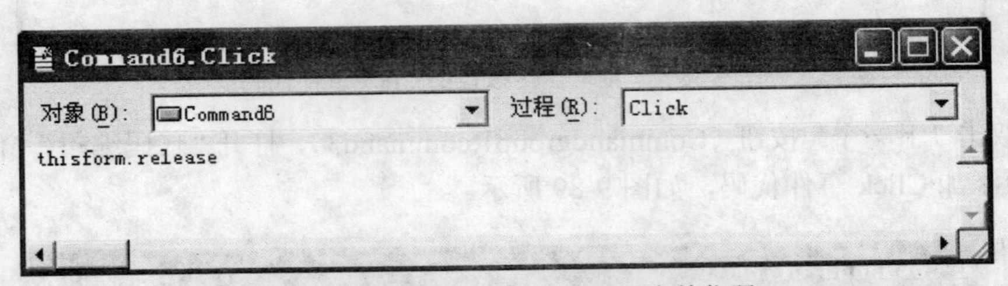

图 9-92 “退出”按钮的 Click 事件代码

（11）保存并执行表单 xsqk.scx。

对“命令按钮组”的每个命令按钮，除可用以上方法分别编写代码外，还可以根据“命令按钮组”的值在命令按钮组的 Click 事件中编写代码。代码如下：

```
Do case
   case thisform.commandgroup1.value=1   && 当单击命令按钮组的第 1 个按钮时
      go top
      thisform.commandgroup1.command1.enabled=.f.
      thisform.commandgroup1.command2.enabled=.f.
      thisform.commandgroup1.command3.enabled=.t.
      thisform.commandgroup1.command4.enabled=.t.
      thisform.refresh
   case thisform.commandgroup1.value=2   && 当单击命令按钮组的第 2 个按钮时
```

```
        skip -1
        if bof()
            thisform.commandgroup1.command1.enabled=.f
            thisform.commandgroup1.command2.enabled=.f.
            thisform.commandgroup1.command3.enabled=.t.
            thisform.commandgroup1.command4.enabled=.t.
        else
            thisform.commandgroup1.command1.enabled=.t.
            thisform.commandgroup1.command2.enabled=.t.
            thisform.commandgroup1.command3.enabled=.t.
            thisform.commandgroup1.command4.enabled=.t.
        endif
        thisform.refresh
    case thisform.commandgroup1.value=3   && 当单击命令按钮组的第 3 个按钮时
        skip 1
        if eof()
            thisform.commandgroup1.command1.enabled=.t.
            thisform.commandgroup1.command1.enabled=.t.
            thisform.commandgroup1.command3.enabled=.f.
            thisform.commandgroup1.command4.enabled=.f.
        else
            thisform.commandgroup1.command1.enabled=.t.
            thisform.commandgroup1.command2.enabled=.t.
            thisform.commandgroup1.command3.enabled=.t.
            thisform.commandgroup1.command4.enabled=.t.
        endif
        thisform.refresh
    case thisform. Commandgroup1.value=4   && 当单击命令按钮组的第 4 个按钮时
        go bottom
        thisform.commandgroup1.command1.enabled=.t.
        thisform.commandgroup1.command2.enabled=.t.
        thisform.commandgroup1.command3.enabled=.f.
        thisform.commandgroup1.command3.enabled=.f.
        thisform.refresh
    case thisform. Commandgroup1.value=5     && 当单击命令按钮组的第 5 个按钮时
        thisform.txt 学号.readonly=.f.
        thisform.txt 姓名.readonly=.f.
        thisform.txt 录取分数.readonly=.f.
    case thisform. Commandgroup1.value=6   && 当单击命令按钮组的第 6 个按钮时
        thisform.release
endcase
```

注意对象引用的写法。在 Commandgroup1.command2（前一个）按钮的 Click 事件代码中可以写成 this.enabled=.f.，而在命令按钮组的 Click 事件中写为 this.enabled=.f.则达不到要求。

9.2.16　ActiveX 控件和 ActiveX 绑定控件

“ActiveX 控件”的功能是向应用程序中添加 OLE 对象，它又称为 OLE 控件。OLE 是对象链接与嵌入的英文缩写（Object Linking and Embedding），即把一个对象以链接或嵌入的方式包含在其他的 Windows 应用程序中，如 Word、Excel 等。ActiveX 绑定控件与 OLE 容器控件一样，可向应用程序中添加 OLE 对象，它又称为 OLE 绑定控件。与 OLE 容器控件不同的是，OLE 绑定型控件绑定在一个通用型字段上。绑定型控件是表单或报表上的一种控件，其中的内容与后端的表或查询中的某一字段相关联。

【例 9-21】设计一个 OLE 对象表单 oledx.scx，如图 9-93 所示。当执行表单时，自动打开 Excel 工作表，在工作表中可以进行 Excel 电子表格的编辑操作。

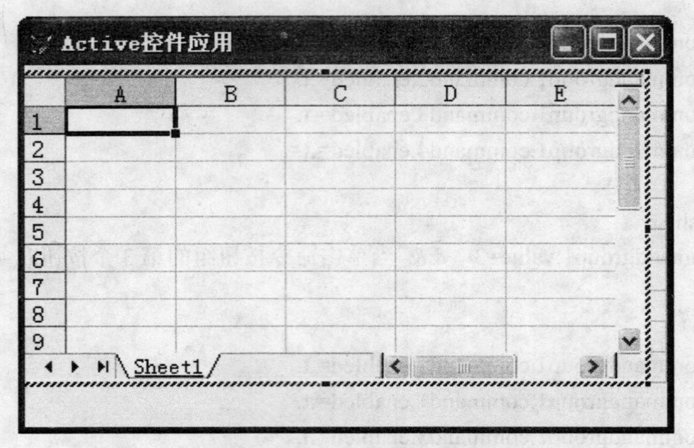

图 9-93 OLE 对象表单

操作步骤如下：

（1）新建一个表单。

（2）在表单中添加 1 个 ActiveX 控件（Olecontrol1），在随后出现的“插入对象”对话框中，选择要插入的“对象类型”为“Microsoft Office Excel 工作表”，如图 9-94 所示。

（3）设置 ActiveX 控件的位置和大小。

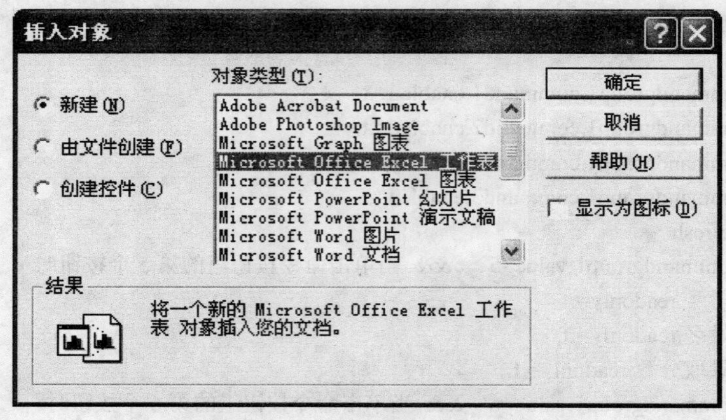

图 9-94 “插入对象”对话框

（4）在“属性”窗口中设置表单和控件的主要属性，如表 9-34 所示。

表 9-34 表单和控件的主要属性设置及说明

对象名	属性名	属性值	说明
Form1	Caption	ActiveX 控件应用	设置表单的标题
Olecontrol1	AutoActivate	1－获得焦点	使表单执行时，打开 Excel 工作表

（5）保存并执行表单 oledx.scx。

9.2.17　“表单集”控件

“表单集”控件是容器对象，是一个或多个相关表单的集合，在一个表单集中可以同时显示多个表单窗口，从而可以设计出多窗口的应用程序。

【例 9-22】设计一个包含有两个表单的表单集 bdj.scx，如图 9-95 所示。通过单击 Form1 中的命令按钮，在表单 Form2 的“表格”控件中显示相应表中的数据。

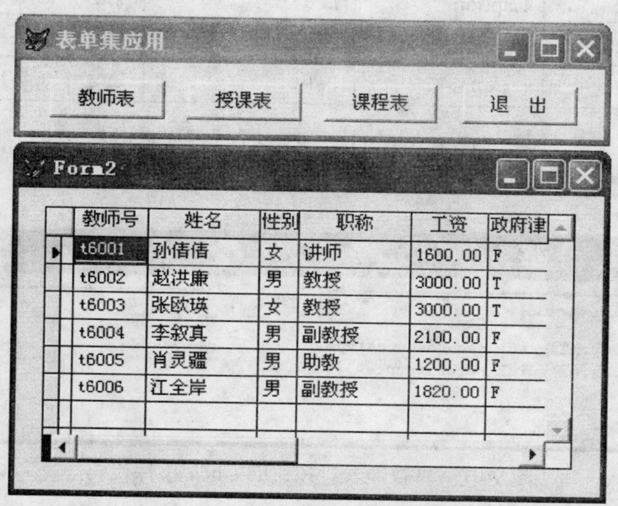

图 9-95　bdj 表单的执行结果

操作步骤如下：

（1）新建一个表单，打开“表单设计器”窗口，自动生成一个表单 Form1。

（2）打开“表单”菜单，单击“创建表单集”命令，激活“表单”菜单的“添加新表单”命令，接着单击“添加新表单”命令，向表单集增加表单 Form2。

（3）打开“数据环境设计器”窗口，添加教师表 js.dbf、授课表 sk.dbf 和课程表 kc.dbf，设置数据源。

（4）在表单 Form1 中添加 4 个“命令按钮”控件（Command1～Command4），在表单 Form2 中添加一个“表格”控件（Grid1），并设置控件的位置和大小，如图 9-96 所示。

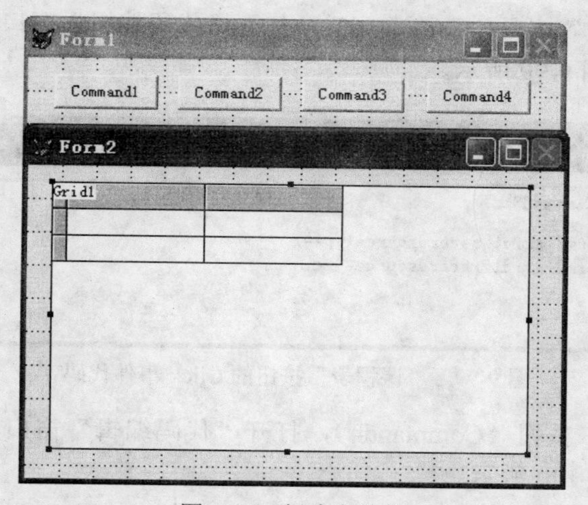

图 9-96　创建表单集

（5）在“属性”窗口中设置表单和控件的主要属性，如表 9-35 所示。

表 9-35　bdj 表单和控件的主要属性设置及说明

对象名	属性名	属性值	说明
Form1	Caption	表单集应用	表单 Form1 的标题
Form1.Command1	Caption	教师表	第 1 个命令按钮的标题
Form1.Command2	Caption	授课表	第 2 个命令按钮的标题
Form1.Command3	Caption	课程表	第 3 个命令按钮的标题
Form1.Command4	Caption	退出	第 4 个命令按钮的标题

（6）双击“教师表”按钮（Command1），打开“代码编辑”窗口，为“教师表”按钮添加 Click 事件代码，如图 9-97 所示。

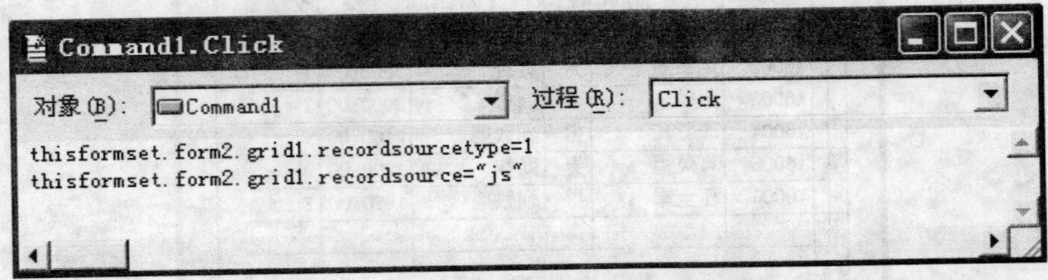

图 9-97　“教师表”按钮的 Click 事件代码

（7）双击“授课表”按钮（Command2），打开“代码编辑”窗口，为“授课表”按钮添加 Click 事件代码，如图 9-98 所示。

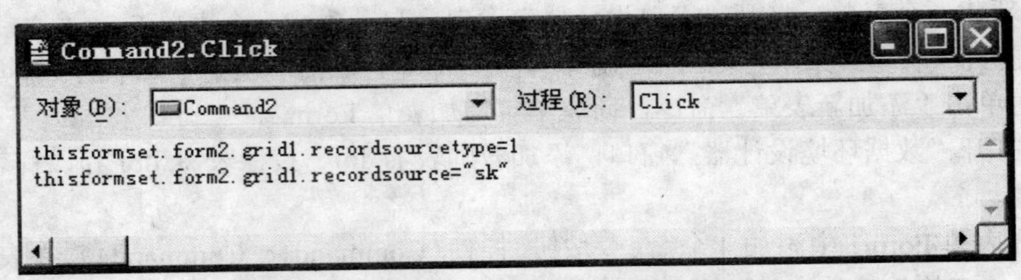

图 9-98　“授课表”按钮的 Click 事件代码

（8）双击“课程表”按钮（Command3），打开“代码编辑”窗口，为“课程表”按钮添加 Click 事件代码，如图 9-99 所示。

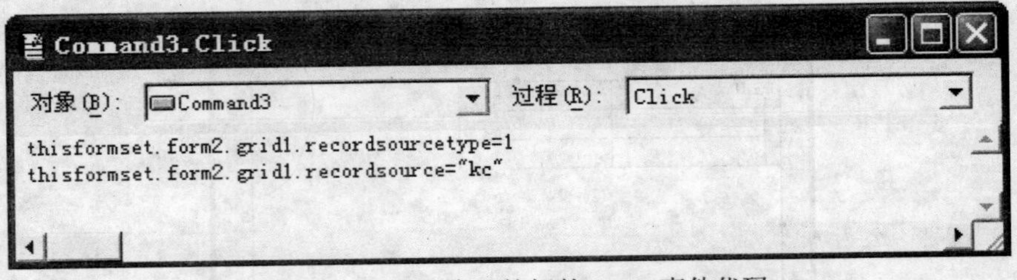

图 9-99　“课程表”按钮的 Click 事件代码

（9）双击“退出”按钮（Command4），打开“代码编辑”窗口，为“退出”按钮添加 Click 事件代码，如图 9-100 所示。

```
Command4.Click
对象(B): Command4    过程(R): Click
thisformset.release
```

图 9-100　“退出”按钮的 Click 事件代码

（10）保存并执行表单 bdj.scx。

习题九

一、选择题

1．计时器控件的主要属性是______。

A．top　B．caption　C．interval　D．value

2．决定微调控件的最大值的属性是______。

A．value　B．SpinnerHighValue
C．SpinnerLowValue　D．interval

3．表单是具有自己的控件、属性、事件、数据环境的对象和______。

A．方法程序　B．形状　C．界面　D．容器

4．若要指定表单中文本框的数据源，应使用______。

A．ControlSource　B．CursorSource
C．RecordSource　D．RowSource

5．不能在表单设计中使用的工具栏是______。

A．调色板　B．布局　C．表单控件　D．打印预览

6．表单创建中的步骤不包括______。

A．添加控件　B．创建数据表　C．设置属性　D．配置方法程序

7．若要让表单的某个控件得到焦点，应使用的方法是______。

A．GetFocus　B．LostFocus　C．SetFocus　D．PutFocus

8．域控件的格式设计中，不包括______数据类型的格式设置。

A．字符型　B．逻辑型　C．数值型　D．日期型

9．当复选框的 Value 属性值为 2 时，代表______。

A．选中复选框　B．没有选中复选框
C．复选框不能用　D．复选框可以有 2 个

10．若要制定对象的当前取值，应在______中设置。

A．表单属性　B．表单事件　C．表单方法程序　D．表单数据环境

11．表单的属性不能在______中设置。

A．属性框　B．程序　C．生成器　D．文本框

12．在一表单中，如果一个命令按钮 Com1 的方法程序中要引用文本框 Text1 中的 Value 属性值，下列选项中正确的语句是______。

A．ThisForm.Text1.Value　B．This.Text1.Value
C．Com1.Text1.Value　D．This.Parent.Value

13．如果执行一个表单，以下事件首先被触发的是______。

A．Load　B．Error　C．Init　D．Click

14．在 Visual FoxPro 中，以下叙述正确的是______。

A．关系也被称作表单　　B．数据库文件不存储用户数据

C．表文的扩展名是.DBC　　D．多个表存储在一个物理文件中

15．假设表单上有一选项组：⊙男 ○女，如果选择第二个按钮“女”，则该选项组 Value 属性的值为______。

A．.F.　　B．女　　C．2　　D．女或 2

16．假设表单 MyForm 隐藏，让该表单在屏幕上显示的命令是______。

A．MyForm.Lis　　t　　B．MyForm.Display

C．MyForm.Show　　D．MyForm.ShowForm

17．关闭表单的程序代码是 ThisForm. Release，Release 是______。

A．表单对象的标题　　B．表单对象的属性

C．表单对象的事件　　D．表单对象的方法

18．表单不能进行的操作是______。

A．输入　　B．编辑　　C．连编　　D．输出

19．表单中不能包含______。

A．表格　　B．照片　　C．项目　　D．定时器

20．要在表单中画一条线，应使用______中的项目。

A．表单控件　　B．表单事件　　C．表单属性　　D．表单方法程序

21．若要重新绘制表单，应使用的方法程序是______。

A．Draw　　B．Refresh　　C．Release　　D．Clear

22．Init 属于表单的______。

A．属性　　B．事件　　C．方法程序　　D．数据环境

23．设计表单的标签控件时，用来加粗字体的属性是______。

A．FontName　　B．FontSize　　C．FontItalic　　D．FontBold

24．从______菜单中可以调出表单控件工具。

A．显示　　B．格式　　C．表单　　D．工具

25．要显示数据表中逻辑字段的值，应使用的控件是______。

A．文本框　　B．复选框　　C．单选按钮　　D．列表框

26．要使标签在表单中自动居中，应使用的属性是______。

A．Top　　B．AutoSize　　C．AutoCenter　　D．AlwaysOnTop

27．要在文本框中输入密码，用来指定输入密码的掩盖符的属性是______。

A．FontName　　B．FontChar　　C．Name　　D．PasswordChar

28．下列选项中，不属于控件中数据源类型的选项是______。

A．字段　　B．数组　　C．别名　　D．视图

29．在微调按钮的设计中，用于设置微调量的属性是______。

A．SpinnerHighValue　　B．Increment

C．KeyboardHighValue　　D．Value

30．在一个应用系统中，使多个表单协调工作，可以使用______。

A．工具栏　　B．菜单栏　　C．单选按钮组　　D．命令按钮组

31．在 Visual FoxPro 中，为了将表单从内存中释放（清除），可将表单中退出命令按钮的 Click 事件代码设置为______。

A．ThisForm.Refresh　　B．ThisForm.Delete

C．ThisForm.Hide　　D．ThisForm.Release

32．下面关于表单数据环境的叙述中，不正确的是______。

A．可以在数据环境中加入与表单操作有关的表

B．数据环境是表单的容器

C．可以在数据环境中建立表之间的联系

D．表单执行时自动打开其数据环境中的表

33．在 Visual FoxPro 中，表单（Form）是指______。

A．数据库中各个表的清单　　B．一个表中各个记录的清单

C．数据库查询的列表　　D．对话框界面

34．下列选项中，属于容器类的是______。

A．Label　　B．Timer　　C．Command　　D．Form

35．下列对编辑框 EditBox 控制属性的描述中，正确的是______。

A．SelLength 属性的设置可以小于 0

B．当 ScrollBars 的属性值为 0 时，编辑框内包含水平滚动条

C．SelText 属性在做界面设计时不可用，在运动时可读写

D．Readonly 属性值为.T.时，用户不能使用编辑框上的滚动条

36．在 Visual FoxPro 中，执行表单 Table1.SCX 的命令是______。

A．DO Table1　　B．RUN FORM Table1

C．DO FORM Table1　　D．DO FROM Table1

37．新创建的表单默认标题为 Form1，为了修改表单的标题，应设置表单的______。

A．Name 属性　　B．Caption 属性

C．Closable 属性　　D．AlwaysOnTop 属性

38．有关控件对象的 Click 事件的正确叙述是______。

A．双击对象时引发　　B．单击对象时引发

C．右键单击对象时引发　　C．右键双击对象时引发

39．以下叙述与表单数据环境有关，其中正确的是______。

A．当表单执行时，数据环境中的表处于只读状态，只能显示，不能修改

B．当表单关闭时，不能自动关闭数据环境中的表

C．当表单执行时，自动打开数据环境中的表

D．当表单执行时，与数据环境中的表无关

40．在当前表单的 Label1 控件中显示系统时间的语句是______。

A．THISFORM.Label1.CAPTION=TIME()

B．THISFORM.Label1.VALUE=TIME()

C．THISFORM.Label1.TEXT=TIME()

D．THISFORM.Label1.CONTROL=TIME()

二、填空题

1．若要在表单中插入一幅图片，应使用 ActiveX 控件。要显示数据表中每个学生的照片，应使用______控件。

2．表单中，对象能够执行的、完成相应任务的操作命令代码的集合是______。

3．在一个表单集中有三个表单，引用第一个表单（Form1）的文本框（Text1）中的值的语句是______。

4．在表单中，事件一旦被触发，系统马上就去执行与该事件对应的过程，待事件过程执行完成后，系统又处于等待某事件发生的状态，这种方式称为______方式。

5．一个表单需要 4 个命令按钮，可以使用两种方式：分别建 4 个命令按钮；建一个命令按钮组。如果采用建一个命令按钮组的方式，首先应设置的属性为______。

6．在表单设计器中可使用多种工具栏，若要使用的工具栏没有出现，可选择______菜单中的“工具栏”选项来显示相应的工具栏。

7．在表单中使用 ActiveX 绑定控件显示学生表中的照片字段的内容，使用______属性设置数据源。

8．指定对象的名字，应使用______属性。

9．表单中使用的______是提供给用户的基于标准化图形界面的多功能、多任务的操作工具。
10．如果要在一定的时间间隔执行某项操作，应使用______控件。
11．设置表单的页面数，使用______属性。
12．要使表单上的字幕滚动，要为计时器控件添加______事件过程代码。

三、思考题

1．什么是表单？新建的表单存盘后，在磁盘上会产生哪些文件？
2．如何修改一个表单？如何定义表单属性和方法？
3．在进行表单设计时，有的属性单词后几个字母记不清楚了，怎么办？
4．如何在教材外更多地了解表单的属性？
5．在表单设计器中，常用的工具栏有哪些？它们的作用是什么？
6．文本框控件和标签控件最主要的区别是什么？
7．编辑框控件和文本框控件有何不同？
8．表单设计时，经常要用到对话框，在使用 MessageBox()函数时，主要应设置哪些内容？
9．使用选项按钮和复选框有什么区别？
10．简述组合框控件和列表框控件的异同？
11．在列表框中，数据源有几种类型？通过什么属性进行设计？
12．在设计表格控件时，应注意哪些属性？
13．如何用命令按钮组来设计一个能执行“加、减、乘、除”的计算器
14．ActiveX 控件有什么特点？

第 10 章　报表设计

【学习目标】

（1）理解报表的作用和报表的布局。

（2）熟练利用“报表向导”和“报表设计器”创建简单报表。

（3）掌握报表的设计、浏览与打印。

10.1　报表概述

报表（Report）是数据库管理系统中的重要组成部分，它是 Visual FoxPro 最常用的输出形式，通过使用报表向导和报表设计器，可以将自由表、数据库表、视图中的数据按照用户需要，预定义打印样式后方便地打印输出。

10.1.1　报表的基础知识

报表是用来输出数据的，一个报表包括了输出格式与输出数据两个方面，报表的输出格式由报表的布局风格和报表控件两个方面决定，报表的输出数据则由报表的数据源决定。报表的数据源可以是自由表、数据库表、视图之一，而报表布局则是指定义报表的打印格式。

报表布局是指报表的总体输出样式，Visual FoxPro 中有 4 种报表布局。表 10-1 中列出了常规报表布局及其说明。

表 10-1　报表常规布局及其说明

布局	说明
列报表	每行打印一个记录，每个记录的字段在页面上按水平方向放置
行报表	每行打印一个字段，每个记录的字段在左侧竖直放置
一对多报表	一个记录或一对多关系，包括父表的记录及其相关的子表的记录
多栏报表	每页可打印多列的记录，每个记录的字段沿边缘竖直放置

在 Visual FoxPro 中有 3 种创建报表布局的方法：

（1）用“报表向导”创建简单的单表或多表报表。

（2）用“快速报表”从单表中创建一个简单报表。

（3）用“报表设计器”修改已有的报表或创建自己的报表。

“报表向导”是创建报表的最简单途径，它自动提供很多“报表设计器”的定制功能；“快速报表”是创建简单布局的最迅速途径；“报表设计器”允许用户自定义报表布局。以上每种方法创建的报表布局文件都可以在“报表设计器”中进行修改。

用户建立的报表文件以.frx 为扩展名，存储报表的详细说明。它指定了存储的域控件、要打印的文本以及信息在页面上的位置。报表文件不存储每个数据字段的值，只存储一个特定报表的位置和格式信息。每次运行报表时，数据项的值都可能不同。这取决于报表文件所用数据源的字段内容是否更改。

10.1.2　“报表设计器”界面

1. 打开“报表设计器”

可按以下步骤操作打开“报表设计器”：

（1）打开“文件”菜单，单击“新建”命令，弹出“新建”对话框。

（2）在“新建”对话框中，选中“报表”单选按钮，单击“新建文件”按钮，打开“报表设计器”，如图 10-1 所示。

图 10-1　“报表设计器”窗口

在“报表设计器”中，一个报表由多个部分组成，这些组成部分称为带区。在默认的设置下，新建的报表具有“页标头”、“细节”、“页注脚” 3 个带区。使用“报表”菜单中的“标题/总结”命令，可打开标题带区和总结带区；使用“报表”菜单中的“数据分组”命令设置数据分组后，报表上会出现“组标头”和“组注脚”两个与数据分组有关的带区。在多栏报表上还可以设置“列标头”和“列注脚”带区。“报表设计器”中的所有带区及其说明如图 10-2 所示。

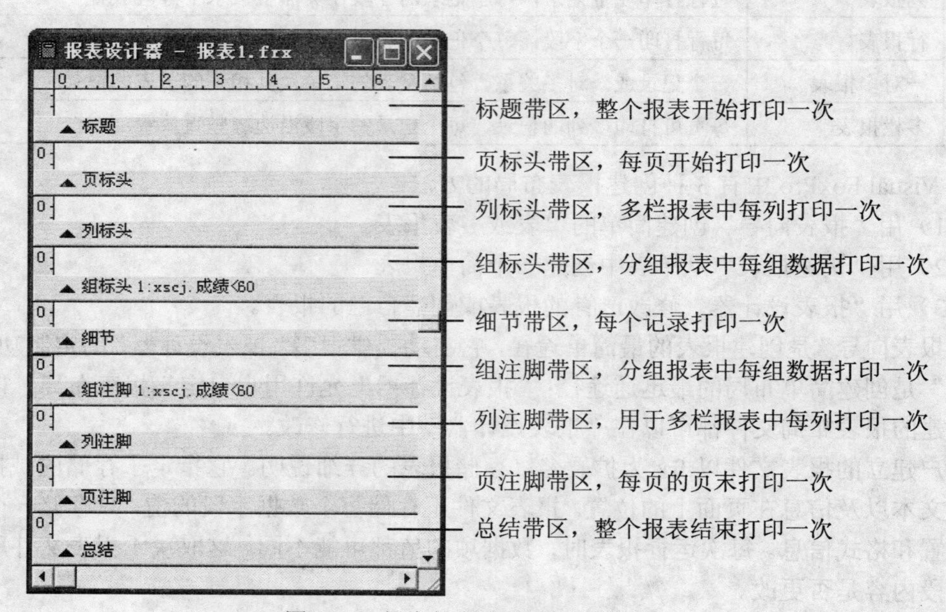

图 10-2　报表的组成带区及其说明

2．工具栏的使用

在“报表设计器“中，可以使用“报表设计器”工具栏和“报表控件”工具栏进行报表设计。下面对这两个工具栏的功能进行简要说明。

（1）“报表设计器”工具栏。“报表设计器”工具栏中包含 5 个按钮（如图 10-3 所示），各按钮（从左到右）的功能如下：

1）“数据分组”按钮：用来激活“数据分组”对话框，供用户对报表数据进行分组及设置属性。

2）“数据环境”按钮：用来激活“数据环境设计器”窗口，供用户设置报表的数据源。

3）“报表控件工具栏”按钮：用于显示或关闭“报表控件”工具栏。

4）“调色板工具栏”按钮，用于显示或关闭“调色板”工具栏。

5）“布局工具栏”按钮：用于显示或关闭“布局”工具栏。

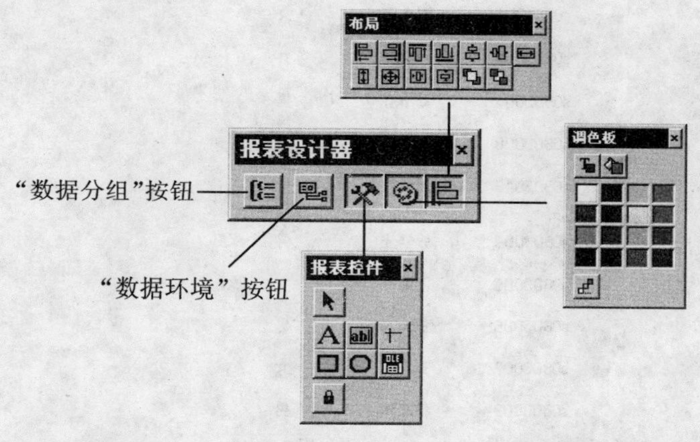

图 10-3　“报表设计器”工具栏

（2）“报表控件”工具栏。“报表控件”工具栏用于设计报表各对象。该工具栏各按钮的功能说明如下：

1）选定对象”按钮：用于选择对象、移动对象或改变控件的大小。

2）“标签”按钮：用于在报表上创建一个标签控件，显示与记录无关的数据。

3）“域控件”按钮：用于在报表上创建一个字段控件，显示字段或内存变量数据。

4）“线条”按钮、“矩形”按钮和“圆角矩形”按钮：用于绘制相应的图形。

5）“图片/ActiveX 绑定控件”按钮：用于显示图片或通用型字段的内容。

6）按钮锁定”按钮：用于锁定按钮在报表。

10.2　创建简单报表

10.2.1　使用“报表向导”

“报表向导”是一种引导用户快速建立报表的手段，启动“报表向导”的方法如下：

（1）在“项目管理器”中，单击“文档”选项卡，选择“报表”，然后单击“新建”按钮，打开“新建报表”对话框。单击“报表向导”按钮，打开“向导选取”对话框。

（2）打开“文件”菜单，单击“新建”命令，选择“报表”单选按钮，然后单击“向导”按钮。

（3）打开“工具”菜单，单击“向导”命令，然后单击“报表”命令。

（4）单击“常用”工具栏中的“新建”按钮，选择“报表”，单击“向导”按钮。

使用上述方法启动报表向导后，打开“向导选取”对话框，如果报表的输出数据只有一个表，应选取“报表向导”；如果报表的输出数据来源于多个表，则应选取“一对多报表向导”。

下面通过以学生表 xs.dbf 为数据源，说明使用报表向导设计简单报表的操作步骤。

【例 10-1】利用“报表向导”，利用学生表 xs.dbf 创建按是否为团员进行分组的报表文件 xsxxb1.frx，如图 10-4 所示。

学生信息表

10/18/08

团员	学号	姓名	性别
No			
	s0803001	谢小芳	女
	s0803003	罗映弘	女
	s0803004	郑小齐	男
	s0803008	林韵可	女
	s0803013	赵武乾	男
Yes			
	s0803002	张梦光	男
	s0803005	汪雨帆	女
	s0803006	皮大均	男
	s0803007	黄春花	女
	s0803009	柯之伟	男
	s0803010	张嘉温	男
	s0803011	罗丁丁	女
	s0803016	张思开	男

图 10-4　按是否为团员进行分组的报表

操作步骤如下：

（1）打开“文件”菜单，单击“新建”命令，弹出“新建”对话框。

（2）选择“报表”单选按钮，单击“向导”按钮，弹出“向导选取”对话框，选择“报表向导”，如图 10-5 所示。

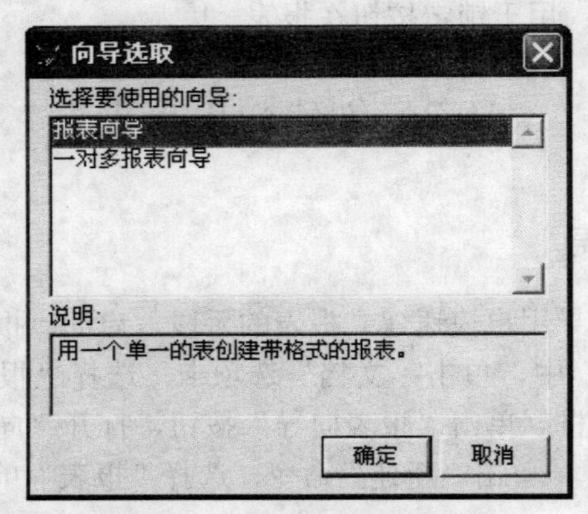

图 10-5　“向导选取”对话框

（3）单击“确定”按钮，打开“报表向导（步骤 1－字段选取）”对话框。在“数据库和表”列表框中选择学生表 xs.dbf，将“学号”、“姓名”、“性别”、“团员”4 个字段从“可用字段”列表框中移到“选定字段”列表框中，如图 10-6 所示。

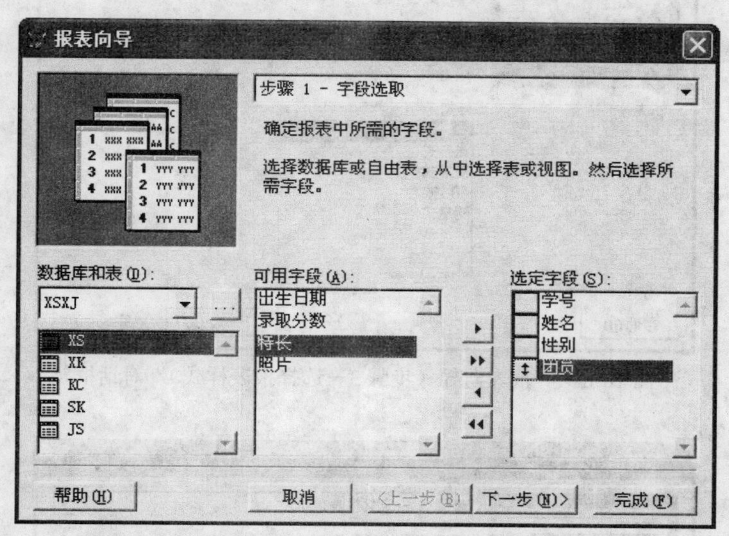

图 10-6　“报表向导（步骤之 1－字段选取）”对话框

（4）选取字段后，单击“下一步”按钮，打开“报表向导（步骤 2－分组记录）”对话框，选择按“团员”字段值进行分组，如图 10-7 所示。

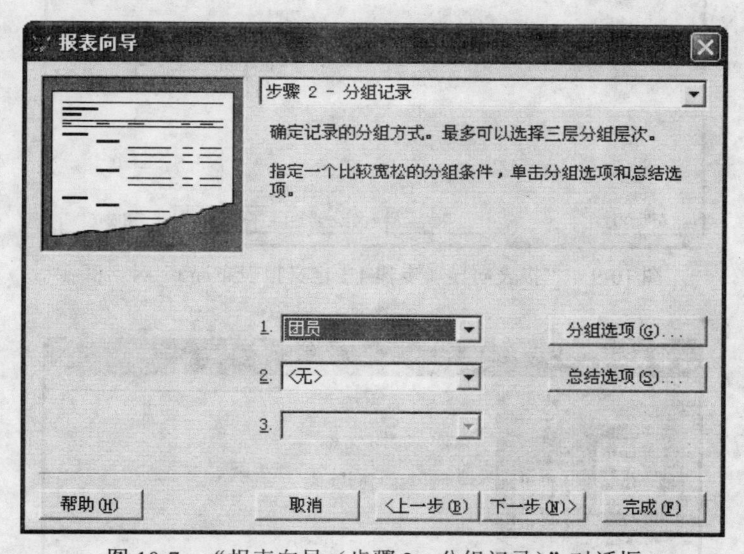

图 10-7　“报表向导（步骤 2－分组记录）”对话框

（5）选择分组的字段后，单击“下一步”按钮，打开“报表向导（步骤 3－选择报表样式）”对话框，在“样式”列表框中选择“经营式”，如图 10-8 所示。

（6）选择报表样式后，单击“下一步”按钮，打开“报表向导（步骤 4－定义报表布局）”对话框，选择打印方向为“纵向”，如图 10-9 所示。

（7）定义报表布局后，单击“下一步”按钮，打开“报表向导（步骤 5－排序记录）”对话框，这里指定按学号对记录进行升序排序，如图 10-10 所示。

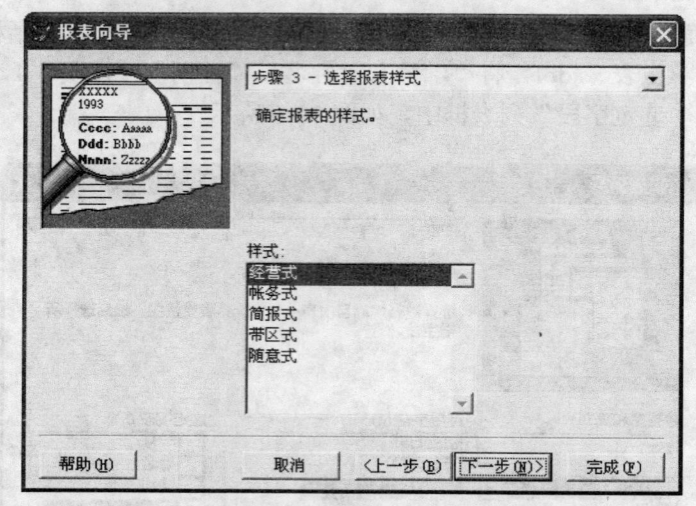

图 10-8 “报表向导（步骤 3－选择报表样式）”对话框

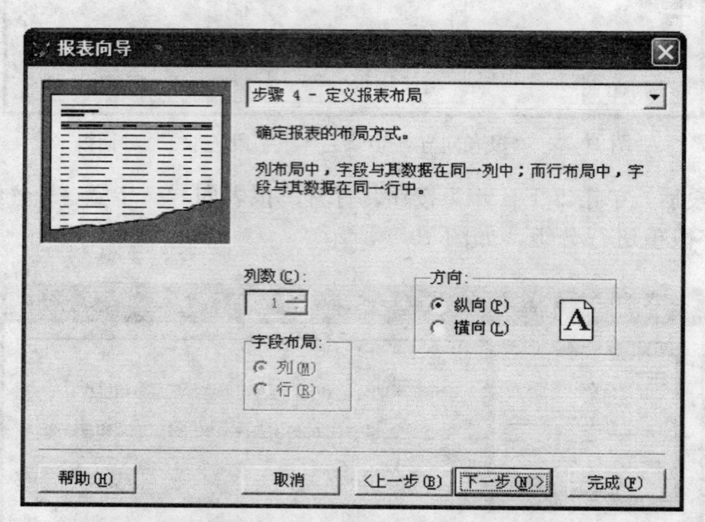

图 10-9 “报表向导（步骤 4－定义报表布局）”对话框

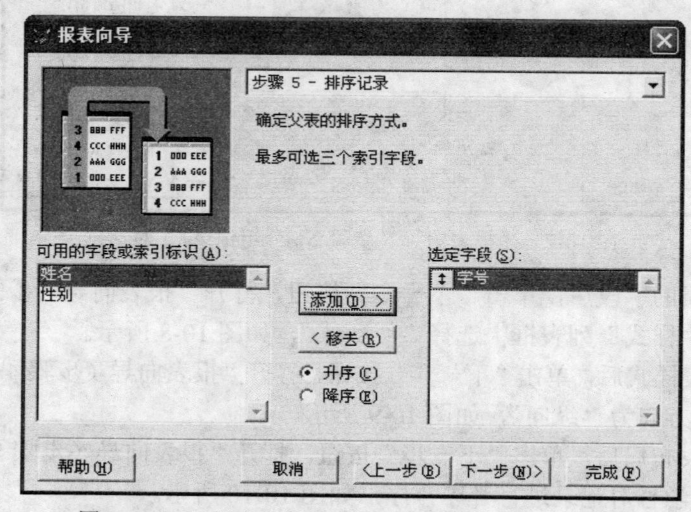

图 10-10 “报表向导（步骤 5－排序记录）”对话框

（8）选择排序记录的字段后，单击“下一步”按钮，打开“报表向导（步骤 6—完成）”对话框。为报表指定一个标题“学生信息表”，可选择“保存报表以备将来使用”、“保存报表并在‘报表设计器’中修改报表”或“保存并打印报表”等选项，如图 10-11 所示。

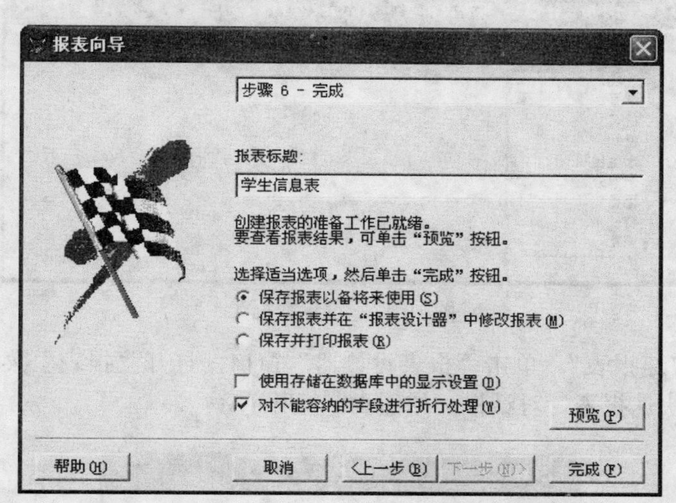

图 10-11　“报表向导（步骤 6—完成）”对话框

（9）经过上述操作后，一个简单的分组报表设计完成。单击“预览”按钮，可查看报表效果。最后单击“完成”按钮，打开“另存为”对话框，输入报表文件名 xsxxb1.frx，单击“保存”按钮，保存报表文件。

10.2.2　创建快速报表

使用快速报表功能可以快速地制作一个格式简单的报表，用户可以在报表设计器中根据实际需要对快速报表进行修改，从而快速形成满足实际需要的报表。

【例 10-2】利用学生表 xs.dbf 创建快速报表 xsxxb2.frx。

操作步骤如下：

（1）打开“报表设计器”。在命令窗口输入 MODIFY REPORT REPORT2 命令并回车，打开“报表设计器”，如图 10-12 所示。

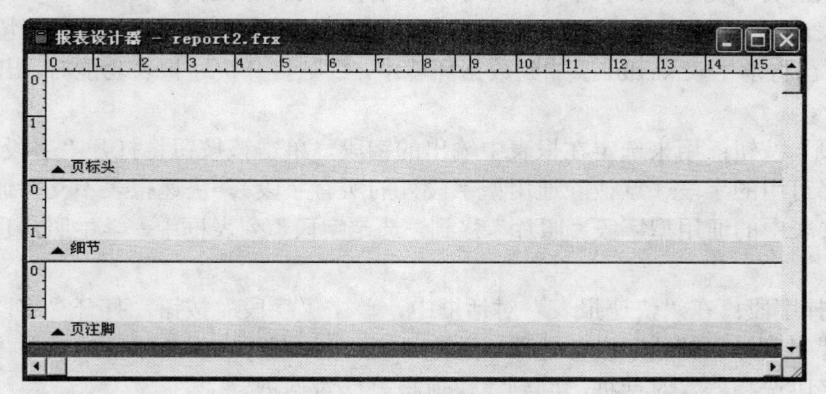

图 10-12　“报表设计器”窗口

（2）添加数据源。在“报表设计器”中的任意位置右击，从弹出的快捷菜单中选择“数据环境”命令，打开“数据环境设计器”窗口，接着在“数据环境设计器”窗口的任意位置右击，从弹出的快捷菜单中选择“添加”命令，将学生表 xs.dbf 添加到“数据环境设计器”窗口，如图 10-13 所示。

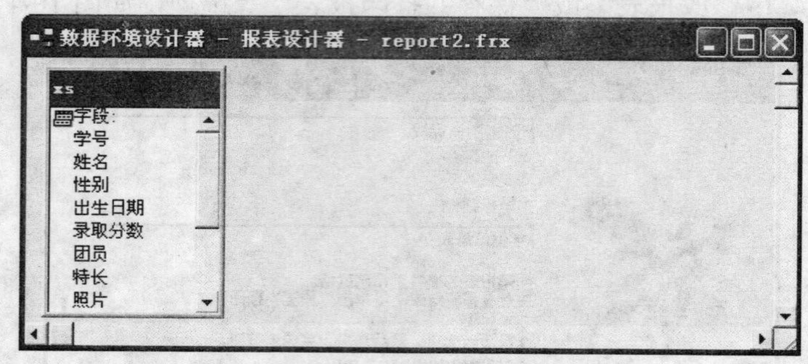

图 10-13　设置数据源

（3）启动“快速报表”。单击“报表设计器”窗口，打开“报表”菜单，单击“快速报表”命令，出现“快速报表”对话框，如图 10-14 所示。

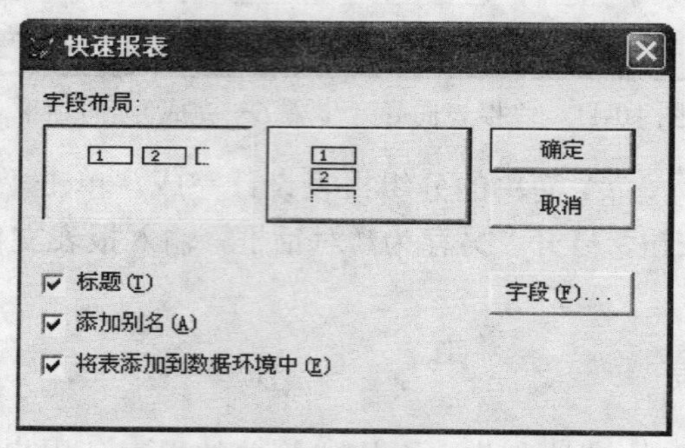

图 10-14　“快速报表”对话框

“快速报表”对话框中按钮的功能解释如下：

1）“字段布局”按钮：左侧的按钮表示字段按列布局，产生列报表（即每行一个记录）；右侧的按钮表示字段按行布局，产生行报表（即每个记录的字段在一侧竖直放置）。

2）“标题”复选框：表示是否在报表中为每一个字段添加一个字段名标题。

3）“添加别名”复选框：表示是否在字段名前面添加表的别名。

4）“将表添加到数据环境中”复选框：表示是否将打开的表添加到数据环境中作为表的数据源。前面已将学生表 xs.dbf 添加到数据环境中，否则打开快速报表功能时，出现“打开表”对话框。

5）“字段”按钮：用来选定在报表中输出的字段，单击该按钮将打开“字段选择器”，然后为报表选择可用的字段（默认除通用型字段外的所有字段）。快速报表不支持通用型字段，即使将 xs.dbf 表中的通用型字段“照片”移到“选定字段”列表框中，学生照片也不会出现在快速报表中。

（4）选择字段：在“快速报表”对话框中，单击“字段”按钮，打开“字段选择器”对话框，除照片字段外，其他字段都选入“选定字段”，如图 10-15 所示，然后单击“确定”按钮，关闭“字段选择器”对话框，回到“快速报表”对话框。

（5）生成报表文件。经过以上步骤后，报表的布局和数据环境均已设置。单击“快速报表”对话框中的“确定”按钮，生成的快速报表出现在“报表设计器”窗口中，如图 10-16 所示。

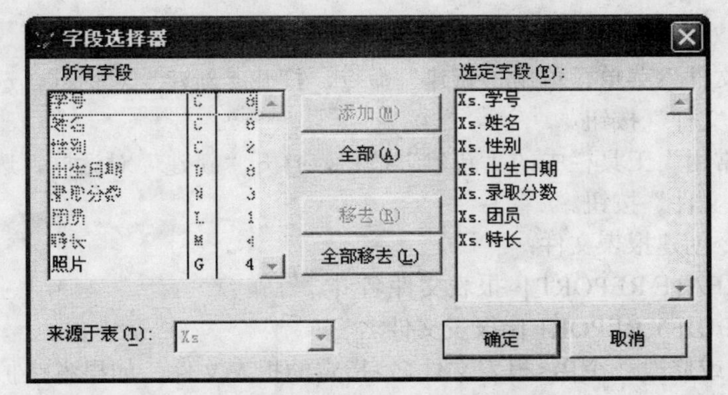

图 10-15 “字段选择器”对话框

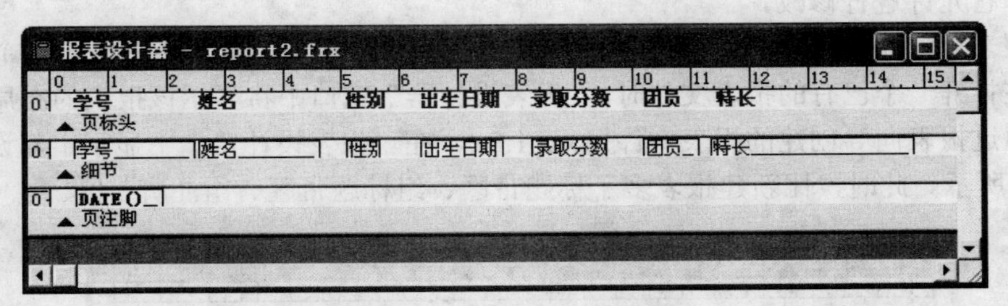

图 10-16 生成的快速报表

（6）预览。打开“显示”菜单，单击“预览”命令（或右击，在弹出的快捷菜单中选择“预览”命令），预览报表效果，如图 10-17 所示。

报表设计器 - report2.frx - 页面 1

学号	姓名	性别	出生日期	录取分数	团员	特长
s0803001	谢小芳	女	05/16/90	610	N	唱歌，跳舞
s0803002	张梦光	男	04/21/90	622	Y	文学、小提琴
s0803003	罗映弘	女	11/08/90	595	N	艺术表演
s0803004	郑小齐	男	12/23/89	590	N	书法
s0803005	汪雨帆	女	03/17/90	605	Y	美术
s0803006	皮大均	男	11/11/88	612	Y	
s0803007	黄春花	女	12/08/89	618	Y	
s0803008	林韵可	女	01/28/90	588	N	
s0803009	柯之伟	男	06/19/89	593	Y	
s0803010	张嘉温	男	08/05/89	602	Y	武术
s0803011	罗丁丁	女	02/22/90	641	Y	
s0803016	张思开	男	10/12/89	635	Y	
s0803013	赵武乾	男	09/30/89	595	N	

图 10-17 预览快速报表

10.3 “报表设计器”的使用

“报表设计器”是 Visual FoxPro 提供的一个可视化编程工具，利用“报表设计器”可以直观快速地创建报表布局。

10.3.1 打开“报表设计器”

在 Visual FoxPro 中，可通过以下几种方法打开“报表设计器”：

（1）在“项目管理器”中，单击“文档”选项卡，选择“报表”，单击“新建”按钮，打开“新建报表”对话框，然后单击“新建报表”按钮。

（2）打开“文件”菜单，单击“新建”命令，打开“新建”对话框，选中“报表”单选按钮，单击“新建文件”按钮。

（3）单击“常用”工具栏中的“新建”按钮，打开“新建”对话框，选中“报表”单选按钮，单击“新建文件”按钮。

（4）使用命令创建报表文件：

【命令 1】CREATE REPORT [<报表文件名>]

【命令 2】MODIFY REPORT [<报表文件名>]

【功能】创建或修改一个由<报表文件名>指定的报表文件，如果省略扩展名，则系统自动加上 frx 扩展名。如果指定的报表文件名不存在，则创建一个新报表，如果该报表文件已存在，就打开它允许进行修改。

新建报表时，报表设计器窗口是空的，其中只包括页标头、细节、页注脚三个基本的报表带区。在打开一个已有的报表文件时，“报表设计器”窗口中将显示该报表的布局。例如，打开前面通过报表向导创建的报表文件 xsxxb1.frx，在“报表设计器”中显示出其设计布局，如图 10-18 所示。此时，比新建报表多了标题带区、组标题带区、组注脚带区。

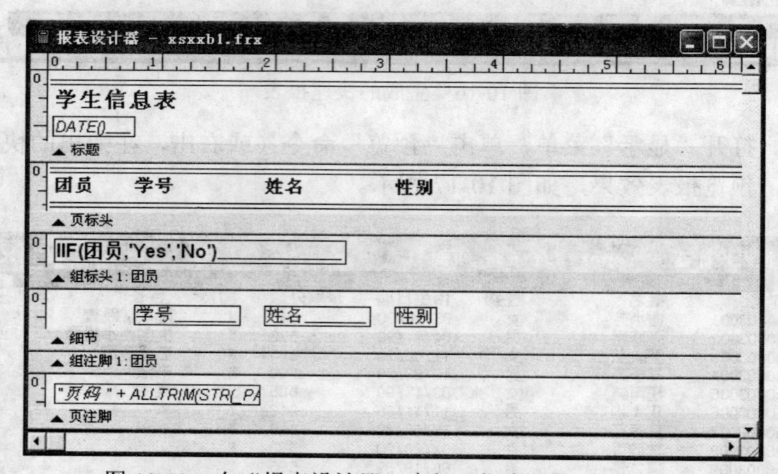

图 10-18 在“报表设计器”中打开报表文件 xsxxb1.frx

10.3.2 设置报表的数据环境

与表单不同的是，报表总是要与数据相联系的，因此报表必须具有数据源，用于指定报表输出哪些数据，这个数据源就是报表的数据环境。

对于固定使用的数据源可将其添加到“数据环境设计器”中，以便每次运行报表时自动打开、关闭时自动释放。一个报表的数据源可以是自由表、数据库表、视图。在报表设计器中，可以通过使用以下几种方法将数据源添加到报表“数据环境设计器”中：

（1）单击“报表设计器”工具栏中的“数据环境”按钮。

（2）选择“显示”菜单中的“数据环境”命令。

（3）在“报表设计器”任意空白处右击，然后从弹出的快捷菜单中选择“数据环境”命令。

上述任意一种方法都可打开“数据环境设计器”，然后选择“数据环境”菜单中的“添加”命令，或右击数据环境设计器，从弹出的快捷菜单中选择“添加”命令，打开“添加表或视图”

对话框，选择要添加的表或视图，即可以将数据源添加到数据环境中。

10.3.3　报表的控件设计

在报表布局的每一个带区中，可以通过报表控件设计报表的输出格式和输出数据。报表控件的使用方法与表单控件的使用方法类似，但由于报表控件只用于输出，比表单控件简单，因此没有表单控件的属性窗口。为了便于用户使用，所有的报表控件被组织“报表控件工具栏”中。通过使用“报表控件工具栏”可以在报表的各个带区中添加报表控件。

1. 控件所在的带区

可以把报表控件工具栏中的任何控件放置在任何带区中，但相同的控件放置在不同带区的打印效果是不一样的。例如，把一个“标签”控件放在“标题”带区，这个标签的内容仅在整个报表的第一页上打印一次；若将其放在“页标头”带区，则在报表的每一页开头都要打印一次。

2. 控件的高度

控件的高度不能大于带区的高度，否则就要调整带区的高度使之包容控件。调整带区高度的方法是：将鼠标移动到某个带区标识条上，当出现上下双向箭头↕时，向上或向下拖曳鼠标，带区高度会随之变化，也可双击带区标识条，从弹出的对话框中设置带区的高度。

3. “域控件”的使用

使用“报表控件”工具栏中的“域控件”，可以创建字段、函数、变量或表达式，因此通常称之为“表达式控件”。在如图 10-19 中所示的学生表 xs.dbf 的报表布局中，包含有函数、字段、系统变量和表达式，它们都是利用“域控件”在相应带区定义的打印单元。

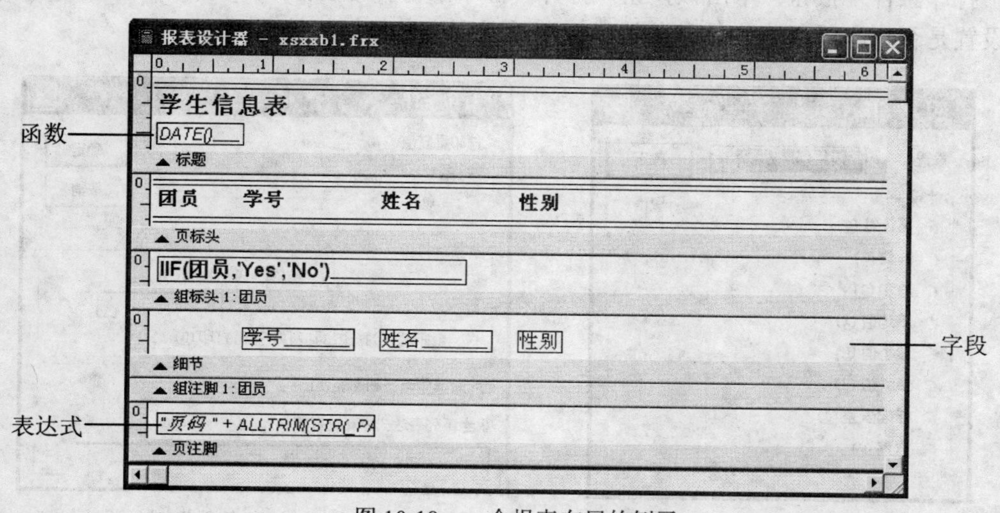

图 10-19　一个报表布局的例子

当用“域控件”在带区上拖出对象并释放鼠标后，立即弹出如图 10-20 所示的“报表表达式”对话框，用来为控件定义表达式。

利用“报表表达式”对话框定义域控件表达式使用时，有以下几个问题：

1）“表达式”文本框：用于键入表达式，这里输入的表达式是 date()，表示在该域控件上输出计算机系统当前日期。也可以单击右侧的“省略号”按钮 ...，打开“表达式生成器”对话框，用户从中可以选择字段、函数或系统变量。

2）“格式”文本框：用于指定表达式的输出格式。

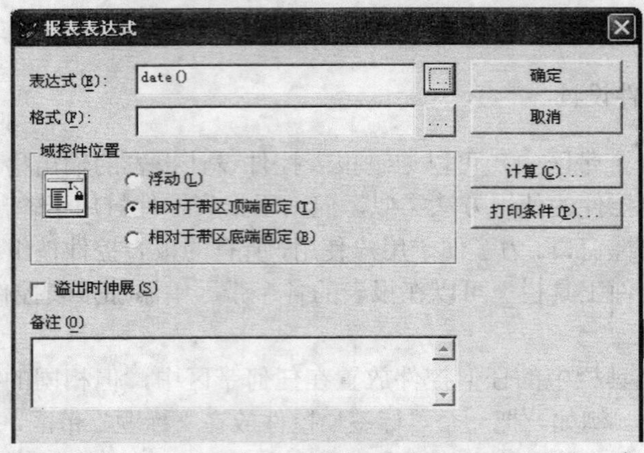

图 10-20　“报表表达式”对话框

3）“计算”按钮：单击该按钮，打开“计算字段”对话框，如图 10-21 所示。图中有一个“重置”组合框和一个表示进行何种“计算”的单选按钮框。

- “重置”组合框：用于指定控件的复零时刻，包括“报表尾”、“页尾”和“列尾”3 个选项。
  - 报表尾：表示在整个报表打印结束时，将控件值重置为零。
  - 页尾：表示在报表每页打印结束时，将控件值重置为零。
  - 列尾：表示每一列打印结束时，将控件值重置为零。
- “计算区”：该区包含 8 个选项按钮，分别用于指定对控件所要进行的计算。

4）“打印条件”按钮：单击该按钮，打开“打印条件”对话框，如图 10-22 所示。该对话框用来设置是否打印重复值、打印条件和打印时遇到空白行如何处理。

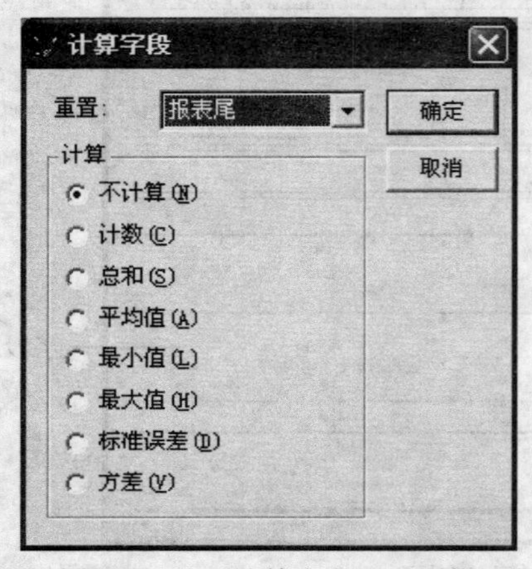

图 10-21　“计算字段”对话框

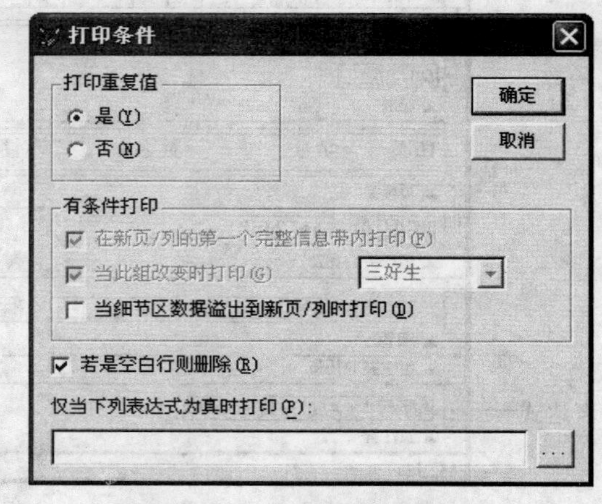

图 10-22　“打印条件”对话框

10.3.4　报表的数据分组

在实际应用中，使用报表输出一个表或视图中的数据时，有时会遇到需要根据数据的取值情况将一个表中的数据分为多组输出，并对每组数据进行统计计算的情况，这时就需要使用数据分组报表。例如，前面生成的报表 xsxxb1.frx 是按照“团员”字段进行分组的分组报表。

【例 10-3】使用“报表设计器”设计一个学生成绩报表 xsbb1.frx，分组打印及格与不及格的学生，表头包括“姓名”、“课程名称”和“成绩”。报表的预览结果如图 10-23 所示。

学生成绩报表

姓名	课程名称	成绩
不及格		
罗映弘	计算机导论	53
及格		
谢小芳	大学英语	61
林韵可	程序设计	64
张梦光	数据结构	65
黄春花	程序设计	65
柯之伟	大学英语	66
张嘉温	计算机导论	67

图 10-23　按学生成绩是否及格分组输出的报表

操作步骤如下：

（1）在学生学籍数据库 xsxj.dbc 中，新建一个本地视图 xscj，该视图来源于“xsxj!xs.姓名”、“xsxj!kc.课程名”、“xsxj!xk.成绩”。记录按“xsxj!xk.成绩”升序排序。

（2）打开“文件”菜单，单击“新建”命令，弹出“新建”对话框，选中“报表”单选按钮，然后单击“新建文件”按钮，打开“报表设计器”窗口，如图 10-24 所示。

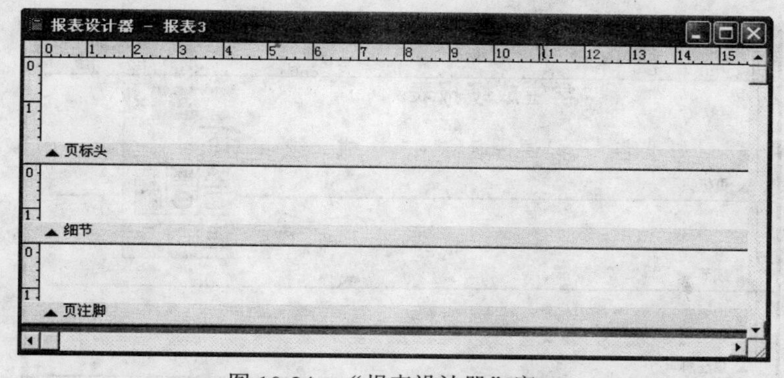

图 10-24　“报表设计器”窗口

（3）添加数据源，将本地视图 xscj 添加到“数据环境设计器”窗口。

1）在“报表设计器”窗口任意位置右击，从弹出的快捷菜单中选择“数据环境”命令，打开“数据环境设计器”窗口。

2）在“数据环境设计器”窗口的任意位置右击，从弹出的快捷菜单中选择“添加”命令，打开“添加表或视图”对话框，选定“视图”单选按钮，选择视图 xscj，如图 10-25 所示。

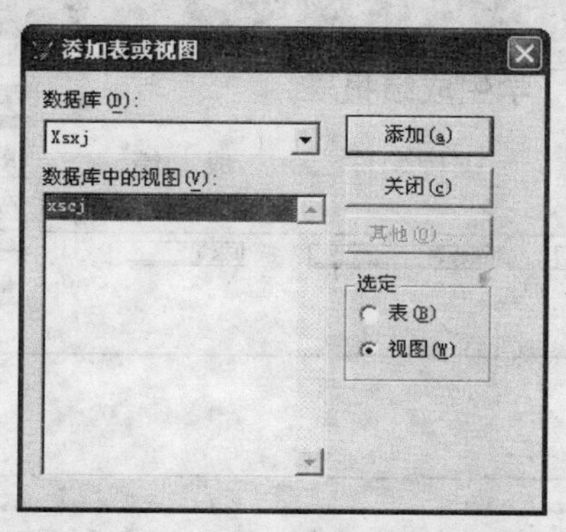

图 10-25　“添加表或视图”对话框

3）单击“添加”按钮，将本地视图 xscj 添加到“数据环境设计器”窗口，如图 10-26 所示，然后单击“关闭”按钮，回到“数据环境设计器”窗口。

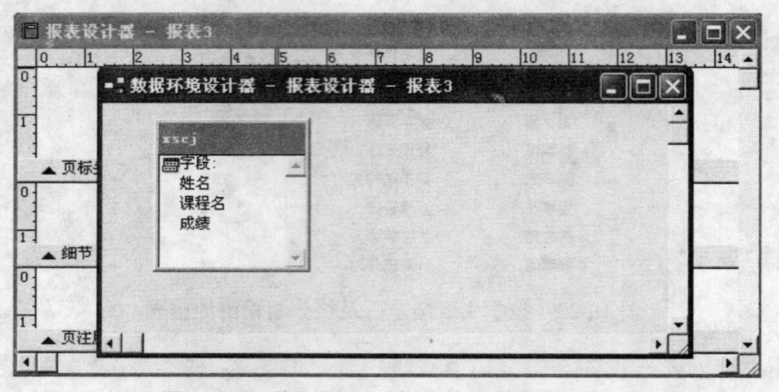

图 10-26 将视图 xscj 作为报表的数据环境

（4）打开“报表控件”工具栏，在报表的页标头带区添加 4 个“标签”控件，分别取名为“学生成绩报表”、“姓名”、“课程名称”、“成绩”，并根据需要设置其字体、字号，如图 10-27 所示。

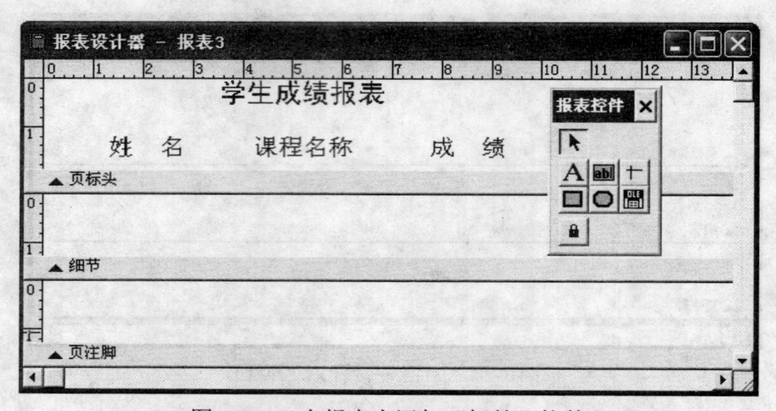

图 10-27 在报表上添加“标签”控件

（5）从报表的数据环境中，将视图的“姓名”、“课程名”、“成绩”3 个字段拖至报表的细节带区中，并在“格式”菜单的“字体”对话框中适当设置字体、字号和字的颜色。调整各控件到满意位置，如图 10-28 所示。

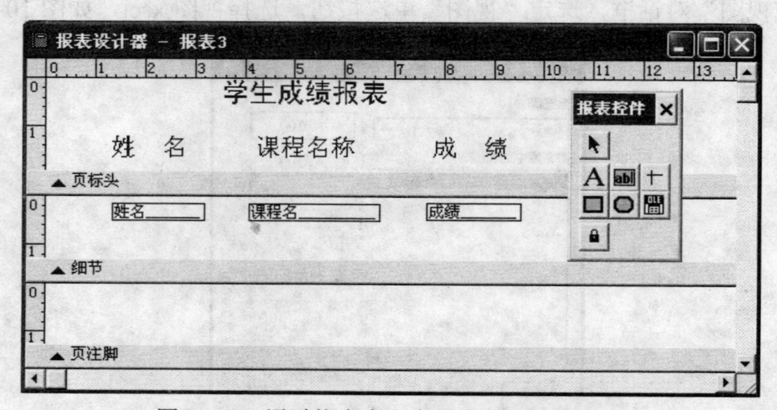

图 10-28 通过拖曳字段在报表上添加域控件

（6）打开“报表”菜单，单击“数据分组”命令，打开“数据分组”对话框，如图 10-29 所示。单击 ... 按钮，打开“表达式生成器”对话框，双击“字段”中的“xscj.成绩”作为分组表达式变量，接着在其后面输入“<60”，如图 10-30 所示。

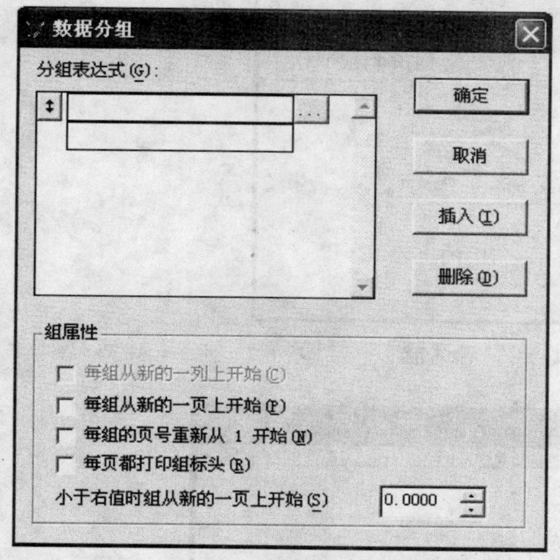

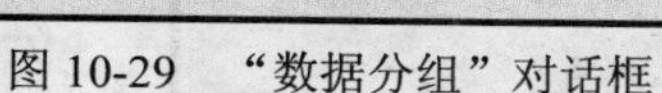
图 10-29　“数据分组”对话框

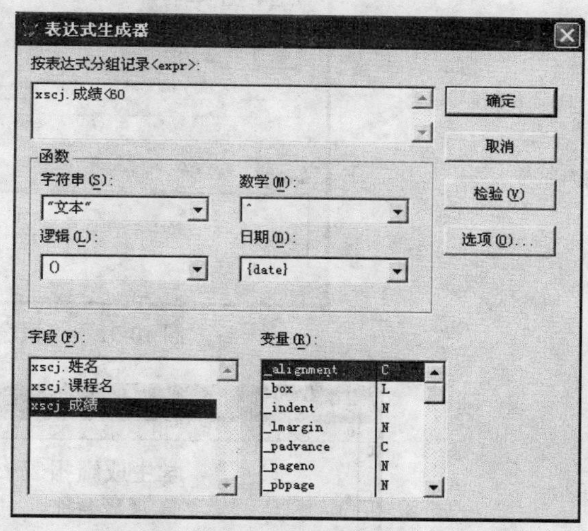

图 10-30　“表达式生成器”对话框

单击“确定”按钮，回到“数据分组”对话框，再次单击“确定”按钮，返回“报表设计器”窗口中，此时，在报表上出现了两个与数据分组有关的带区：“组标头”和“组注脚”，如图 10-31 所示。

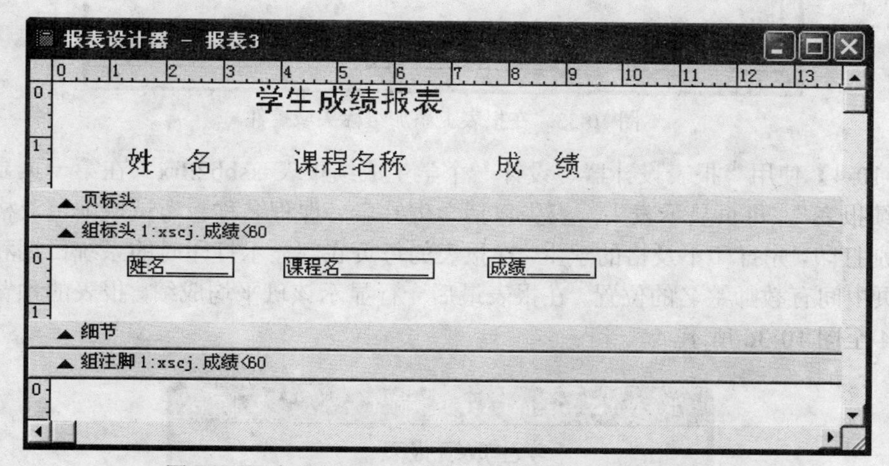

图 10-31　与数据分组有关的带区（组标头和组注脚）

（7）将“组标头”的带区分隔线适当向下拖动，在“组标头”带区中添加一个“域控件”，打开“报表表达式”对话框，在“表达式”框中输入报表表达式：IIF(xscj.成绩<60,"不及格","及格")，如图 10-32 所示。

单击“确定”按钮，回到“报表设计器”窗口，设置“域控件”的字号为小 4 号。“域控件”添加完成后如图 10-33 所示。

（8）打开“显示”菜单，单击“预览”命令，预览报表。

（9）以文件名 xsbb1.frx 保存报表。

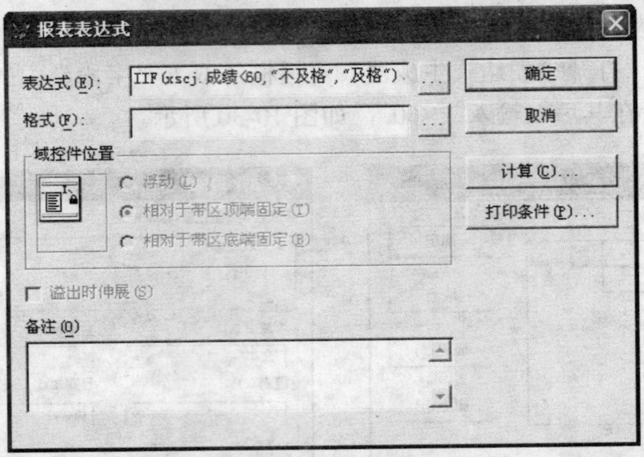

报表表达式

表达式(E): IIF(xscj.成绩<60,"不及格","及格")

格式(F):

域控件位置

浮动(L)

相对于带区顶端固定(T)

相对于带区底端固定(B)

溢出时伸展(S)

备注(O)

确定

取消

计算(C)...

打印条件(P)...

图 10-32 “报表表达式”对话框

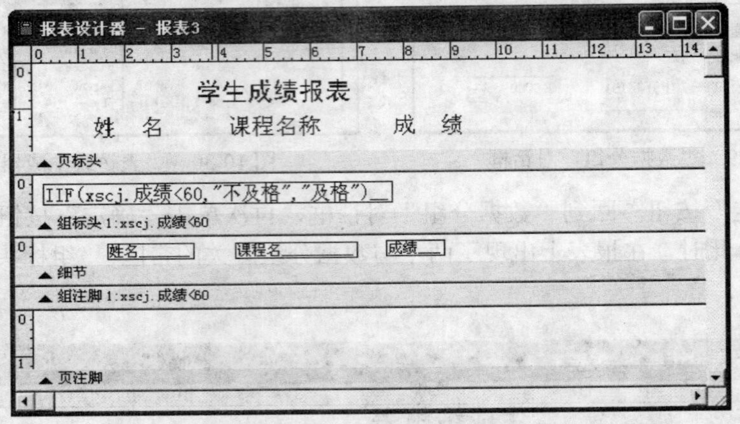

图 10-33 在报表上添加组标头域控件

【例 10-4】使用“报表设计器”设计一个学生成绩报表 xsbb2.frx。在第一页显示标题为“学生成绩报表”。每页显示表头，表头包括学生姓名、课程名称、考试成绩。及格与不及格的学生分别打印，先打印不及格的学生，在报表的每页底部显示打印时的系统日期和时间及其页码，每页中间有教师签名的位置。在报表最后一行显示该班平均成绩。报表的预览结果分别如图 10-34 至图 10-36 所示。

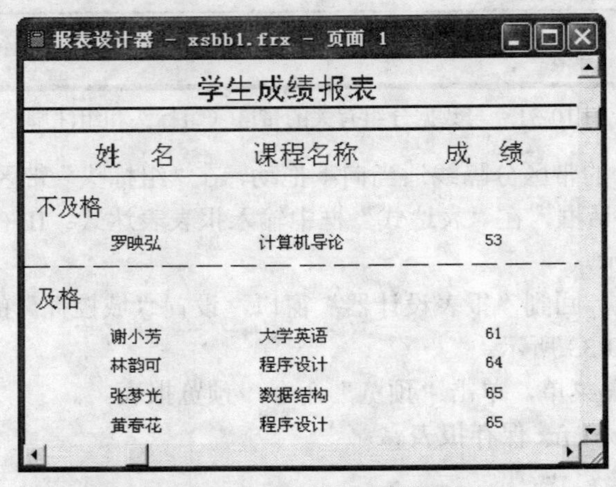

图 10-34 xsbb2 报表预览的头部

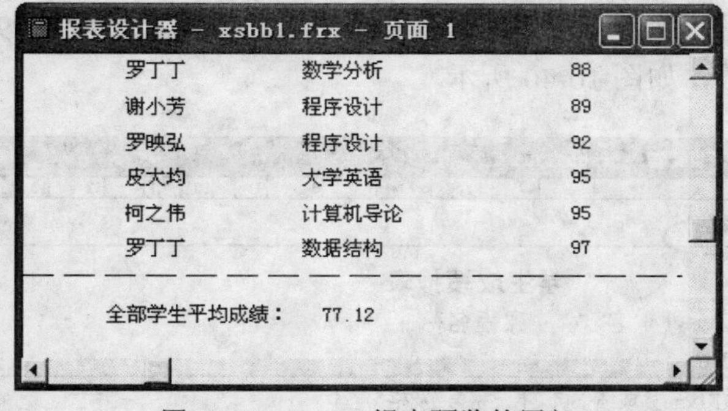

图 10-35　xsbb2 报表预览的尾部

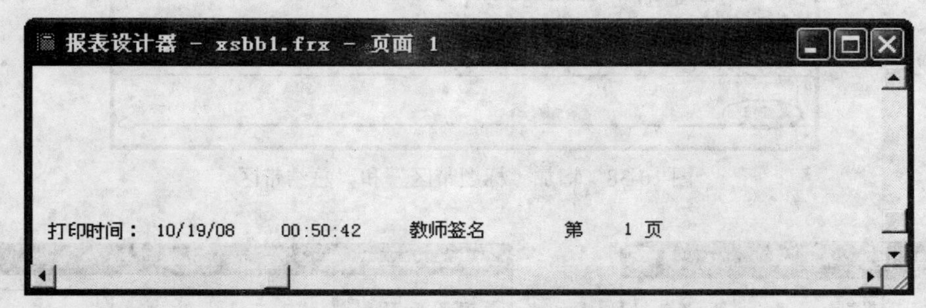

图 10-36　xsbb2 报表预览的页脚

操作步骤如下：

（1）打开“文件”菜单，单击“打开”命令，在“打开”对话框的“文件类型”选项中选“报表”，在文件列表中选择报表文件 xsbb1，单击“确定”按钮，打开该报表文件。

（2）打开 “报表” 菜单，单击“标题/总结…”命令，打开“标题/总结”对话框，选择“标题带区”和“总结带区”，如图 10-37 所示，然后单击“确定”按钮，此时在“报表设计器”中增加了“标题带区”和“总结带区”，如图 10-38 所示。

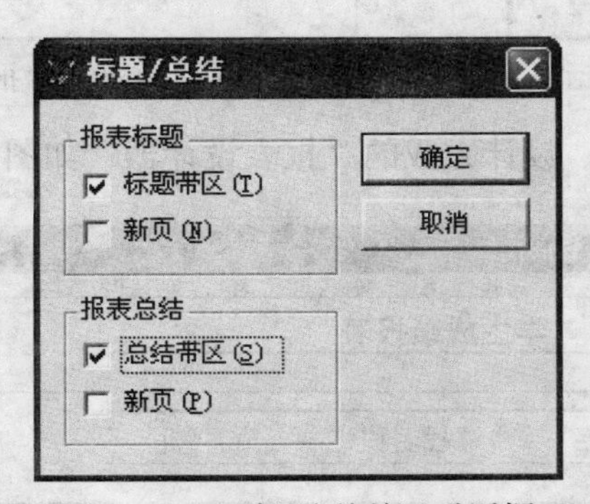

图 10-37　“标题/总结”对话框

（3）将标签“学生成绩报表”标签拖到“标题带区”，使用“报表控件工具栏”中的“线条”工具画线。打开“格式”菜单，在“绘图笔”中选择线的类型和宽度。

（4）在“页注脚带区”中，分别添加“打印时间:”、“教师签名”、“第”、“页”4 个标签，调整这些“标签”的位置，然后加入 3 个域控件，其表达式分别为 date()、time()、_pageno。

（5）在“总结带区”中，添加“全部学生平均成绩”标签，接着加入“域控件”，打开“报表表达式”对话框，在“表达式”文本框中输入“xscj.成绩”。单击“计算”按钮，打开“计算字段”对话框，选定“重置”为“报表尾”，“计算”为“平均值”，如图 10-39 所示单击“确定”按钮，返回“报表表达式”对话框，在格式中设置“9999.99”，意思是输出时整数为 4 位，保留 2 位小数，如图 10-40 所示。

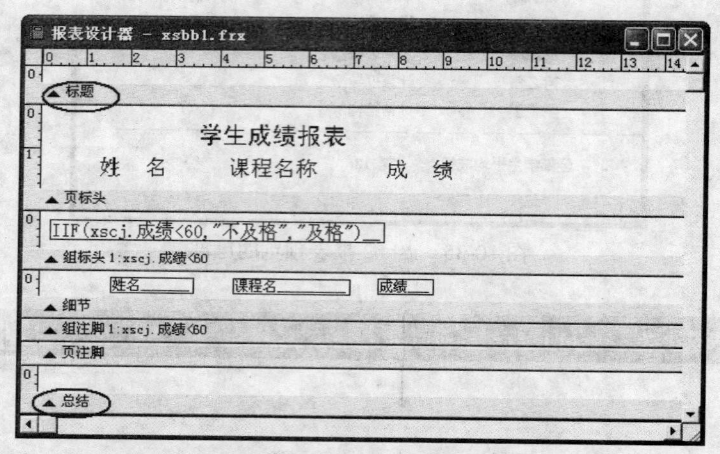

图 10-38　增加“标题带区”和“总结带区

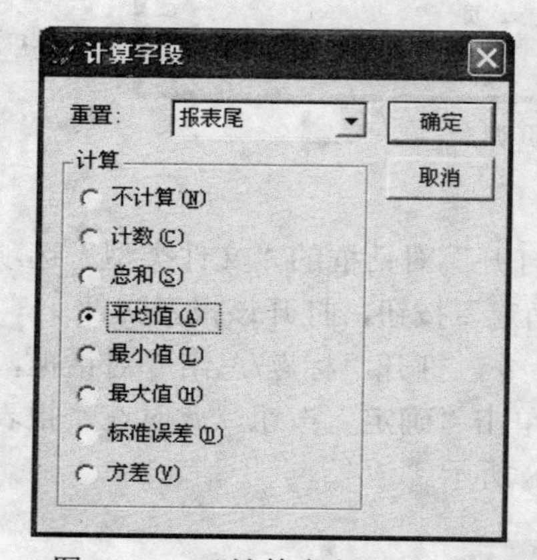

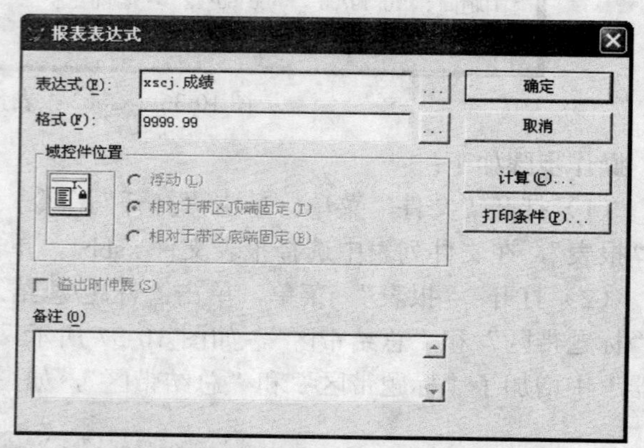

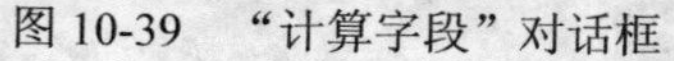

图 10-39　“计算字段”对话框　　　　图 10-40　“报表表达式”对话框

（6）单击“确定”按钮，设计完成的“报表设计器”如图 10-41 所示。

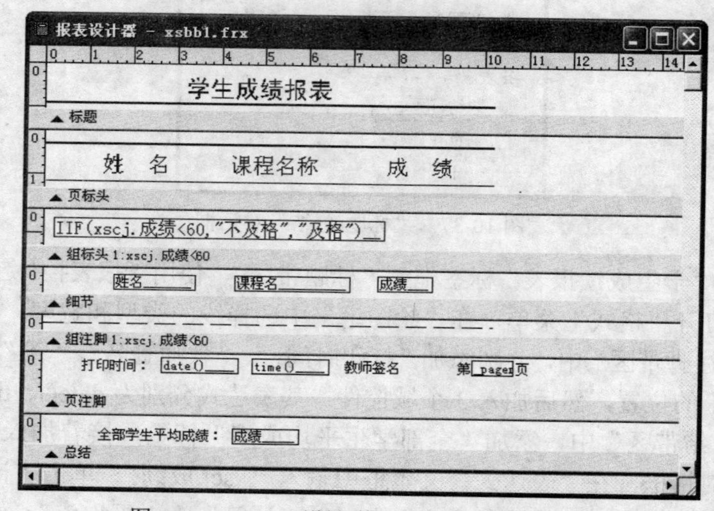

图 10-41　xsbb2 设计完成的“报表设计器”

（7）预览并保存报表 xsbb2.frx。

10.3.5　页面设置

在“报表设计器”环境下，打开“文件”菜单，选择“页面设置”命令，弹出“页面设置”对话框，如图 10-42 所示。“页面设置”主要用于设置分栏打印的有关参数、左边距、纸张大小和打印方向等。通过设置分栏可以得到分栏报表。

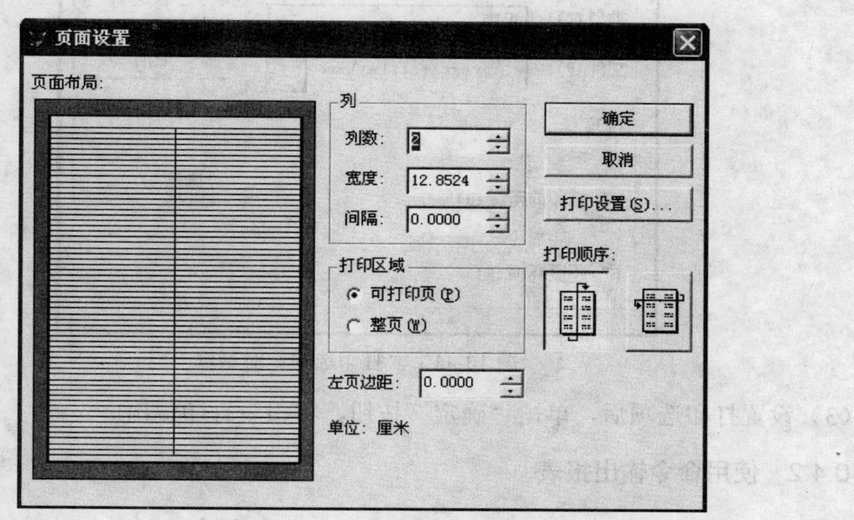

图 10-42　“页面设置”对话框

10.4　报表的打印输出

10.4.1　使用菜单输出报表

按菜单方式操作打印输出报表：

（1）打开“文件”菜单，单击“打印”命令，打开“打印”对话框，如图 10-43 所示。

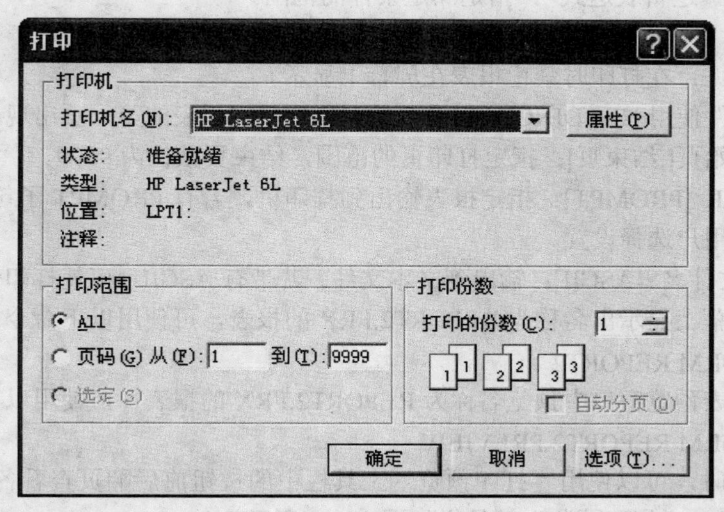

图 10-43　“打印”对话框

（2）在“打印”对话框中，可选择需要使用的打印机和打印份数。单击“选项”按钮，打开“打印选项”对话框，可以选择打印的文件类型、打印文件和设置打印参数，如图 10-44 所示。

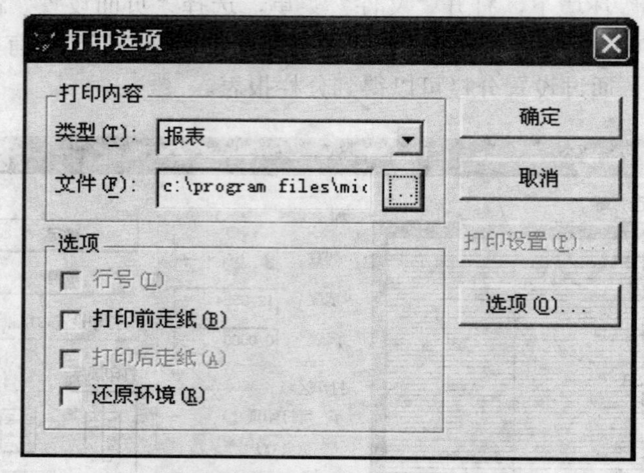

图 10-44 “打印选项”对话框

（3）设置打印选项后，单击“确定”按钮，将报表打印输出。

10.4.2 使用命令输出报表

【命令】REPORT FORM <报表文件名> [ENVIRONMENT] ;
[<范围>][FOR <逻辑表达式>] [HEADING <字符表达式>] ;
[NOCONSOLE][PLAIN][RANGE 开始页[,结束页]] ;
[TO PRINTER [PROMPT]|TO FILE <文件名>[ASCII]]

【功能】打印报表、预览报表或输出报表至文件。

【说明】

<报表文件名>：指定要打印的报表文件名，扩展名默认为.frx，可省略。

ENVIRONMENT：用于恢复存储在报表文件中的数据环境信息，供打印时使用。

<范围> FOR <逻辑表达式>：指定满足条件的范围。

HEADING <字符表达式>：把字符表达式作为页标题打印在报表的每一页面上。

NOCONSOLE：在打印时禁止报表在屏幕上显示。

PLAIN：控件使用 HEADING 子句设置的页标题仅在报表的第一页出现。

RANGE 开始页[,结束页]：指定打印页的范围，结束页默认为 9999。

TO PRINTER [PROMPT]：指定报表输出到打印机，若有 PROMPT 子句则出现“打印”对话框，以便供用户选择设置。

TO FILE <文件名>[ASCII]：输出到文本文件。若带有 ASCII，可使打印代码不写入文件。

如果要在屏幕上显示出名称为 REPORT2.FRX 的报表，可使用以下命令：

REPORT FORM REPORT2

如果要在报表预览窗口中预览名称为 REPORT2.FRX 的报表，可使用以下命令：

REPORT FORM REPORT2 PREVIEW

在预览报表时，可以使用“打印预览”工具栏中的按钮前后翻页查看各个记录、进行打印或关闭预览窗口。“打印预览”工具栏如图 10-45 所示。

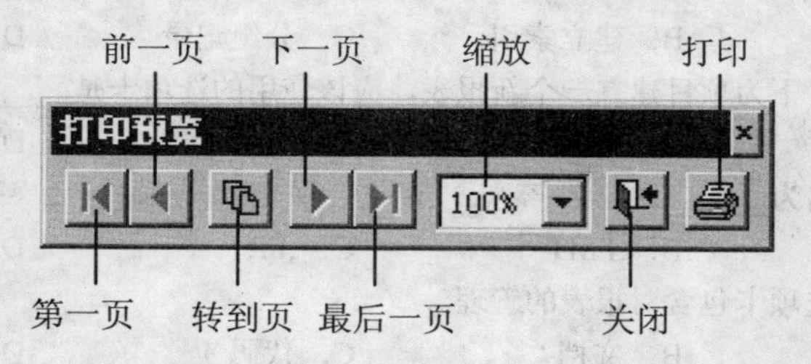

图 10-45　“打印预览”工具栏及其功能说明

如果要在打印机上打印名称为 REPORT2.FRX 的报表并禁止在屏幕上显示报表，可使用以下命令：

REPORT FORM REPORT2 TO PRINTER NOCONSOLE

如果要将名称为 REPORT2.FRX 的报表输出到文本文件 ABC.TXT 中，并过滤其中的打印机控制字符，可使用以下命令：

REPORT FORM REPORT2 TO FILE ABC ASCII

习题十

一、选择题

1．设计报表不需要定义报表的______。

A．标题　B．页标头　C．输出方式　D．细节

2．报表控件没有______。

A．标签　B．线条　C．矩形　D．命令按钮控件

3．修改报表使用的命令是______。

A．modify report　B．do　C．report form　D．modify command

4．若要使报表输出时，每一个字段占一行，应使用的布局类型是______。

A．列报表　B．行报表　C．一对多报表　D．多栏报表

5．在报表的页面设置中，把页面布局设置为两列，其含义是______。

A．每页只输出两列字段值　B．一行可以输出两条记录

C．一条记录可以分成两列输出　D．两条记录可以在一列输出

6．在报表设计器中，任何时候都可以使用“预览”功能查看报表的打印效果。以下操作中，不能实现预览功能的是______。

A．选择“显示”菜单中的“预览”命令

B．选择“快捷”菜单中的“预览”命令

C．单击“常用”工具栏上的“打印预览”按钮

D．选择“报表”菜单中的“运行报表”命令

7．下列关于快速报表的叙述中，正确的是______。

A．快速报表就是报表向导

B．快速报表的字段布局有 3 种样式

C．快速报表所设置的带区是标题、细节和总结

D．在报表的细节带区已添加了域控件，就不能使用快速报表方法

8．下列选项中，不能用来创建报表的是______。

A．报表向导　B．快速报表　C．报表生成器　D．报表设计器

9．使用报表向导创建报表的步骤中，不包括______。

A．字段选取　　B．建立索引　　C．分组记录　　D．定义报表布局

10．在"项目管理器"下为项目建立一个新报表，应该使用的选项卡是______。

A．数据　　B．文档　　C．类　　D．代码

11．报表文件的扩展名为______。

A．.FRX　　B．.FMT　　C．.FRT　　D．.LBX

12．项目中的______选项卡包含对报表的管理。

A．数据　　B．文档　　C．代码　　D．其他

13．下列不属于报表设计器中特有的工具栏的是______。

A．报表设计器　　B．报表控件　　C．布局　　D．打印预览

14．使用数据环境可为报表添加数据。下列不属于打开数据环境的命令的是______。

A．"显示"菜单中的"数据环境"

B．"快捷"菜单中的"数据环境"

C．"报表设计器工具栏"中的"数据环境"

D．"报表控件工具栏"中的"数据环境"

15．下列选项中，属于报表的控件是______。

A．标签　　B．预览　　C．数据源　　D．布局

16．双击报表中的某个域控件，将打开"报表表达式"对话框，在该对话框中不能设置的内容有______。

A．格式　　B．计算　　C．颜色　　D．打印条件

17．报表中的数据源不能是______。

A．表　　B．视图

C．SQL 的查询结果　　D．数据库

18．在"报表设计器"中，可以使用的控件为______。

A．标签、域控件和线条　　B．标签、域控件和列表框

C．标签、文本框和组合框　　D．文本框、布局和数据源

19．报表中的数据源可以是______。

A．自由表或其他报表　　B．数据表、自由表或视图

C．数据表、自由表或查询　　D．表、SQL 的查询或视图

20．在报表设计中，通常对每一个字段都有一个说明性文字，完成这种说明文字的报表控件是______。

A．标签控件　　B．域控件　　C．线条控件　　D．矩形控件

21．调用报表格式文件 PP1 预览报表的命令是______。

A．REPORT FROM PP1 PRVIEW　　B．DO FROM PP1 PREVIEW

C．REPORT FORM PP1 PRVIEW　　D．DO FORM PP1 PREVIEW

22．Visual FoxPro 的报表文件.FRX 中保存的是______。

A．打印报表的预览格式　　B．打印报表本身

C．报表的格式和数据　　D．报表设计格式的定义

23．在创建快速报表时，基本带区包括______。

A．标题、细节和总结　　B．页标头、细节和页注脚

C．组标头、细节和组注脚　　D．报表标题、细节和页注脚

24．报表的标题打印方式是______。

A．每个报表打印一次　　B．每页打印一次

C．每列打印一次　　D．每组打印一次

25．下列不属于报表的布局类型的是______。

A．行报表　　B．列报表

C．一对多报表　　D．多对多报表

二、填空题

1．定义报表标题的控件是______。

2．为了在报表中插入一个文字说明，应该插入的控件是______。

3．报表控件工具栏中最重要的控件是______。

4．多栏报表是通过______和对话框中的列数设置的。

5．若要对报表中的数据进行分组输出设计，应使用“报表”菜单中的______命令。

6．双击报表中的某个域控件或单击“报表控件”工具栏中的“域控件”按钮后，在带区相应位置单击，将弹出的对话框是______。

7．调整报表设计器中被选控件的相对位置或大小可使用______工具栏中的按钮。

8．如果已对报表进行了数据分组，报表会自动包含组标头和______带区。

9．若要为报表添加某个数据表的内容，可以直接将数据环境中表的字段拖到报表设计器中，也可以使用“报表控件”工具栏中的______按钮。

10．若要为报表添加一个标题，应当增加一个标题带区，其方法是选择“报表”菜单中的______命令。

三、思考题

1．创建报表的命令是什么？如何打印输出报表？

2．什么是报表布局？报表布局有哪些类型？各具什么特点？

3．报表设计器中的带区共有几种？它们的作用是什么？

4．标题带区与页标头带区有什么不同？

5．如何进行数据分组？

6．如何在报表中添加域控件？

7．报表有无数据环境？数据环境所起作用是什么？在数据环境中能添加什么数据表？

8．利用报表设计器创建报表时，系统默认有哪三个带区？

第 11 章　菜单设计

【学习目标】

（1）理解菜单的概念及其作用。

（2）利用“菜单设计器”设计菜单。

（3）掌握下拉菜单和快捷菜单的设计及应用。

11.1　菜单设计概述

设计一个菜单，通常需要考虑应用系统的总体功能，通过菜单把系统功能有机地组织起来，当用户选择某个菜单选项时就能实现该选项的对应的系统功能。

11.1.1　菜单的结构及类型

1. 菜单的结构

一个常用的菜单结构如图 11-1 所示。

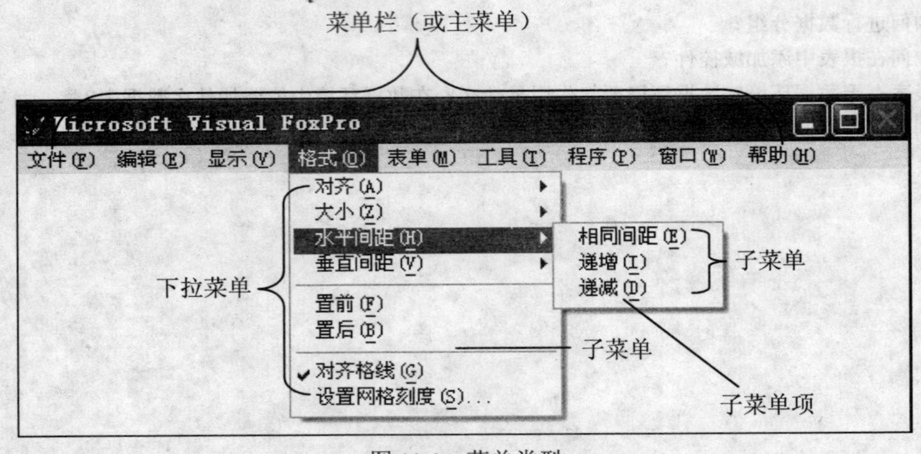

图 11-1　菜单类型

2. 菜单的类型

（1）菜单栏。菜单栏（或主菜单）是指菜单以条状形式、水平地放置在屏幕顶部或顶层表单的上部所构成的菜单条，常称为主菜单。每个菜单栏都有一个内部名字。菜单栏通常由若干菜单选项所组成，每一个菜单项都有一个显示标题和内部名字。显示标题用来给用户看的，内部名字用于程序代码中。例如，图 11-1 中的菜单栏由“文件”、“编辑”、“显示”等菜单选项组成。

（2）弹出式菜单。弹出式菜单是指一个具有封闭边框，由若干个垂直排列的菜单项组成的菜单。每个弹出式菜单都有一个内部名字。每一个菜单项都有一个显示标题和选项序号。显示标题用来给用户看的，内部名字和选项序号用于程序代码中。弹出式菜单的特点是当需要时就弹出来，不需要时就将其隐藏起来。在 Windows 应用程序中往往用右键单击某个对象，就会弹出一个弹出式菜单，称为快捷菜单。

（3）下拉式菜单。下拉式菜单是由一个主菜单的菜单项和弹出菜单的组合，是一种能从菜单栏的选项下拉出来的弹出式菜单。在 Windows 中，很多应用程序都采用下拉式菜单，如 Visual FoxPro 本身的菜单就是一种下拉式菜单。

11.1.2　菜单设计的一般步骤

设计菜单一般要经过规划菜单、定义菜单、生成菜单、运行菜单 4 个阶段。

1．规划菜单

在规划应用程序的菜单系统时，应考虑下列问题：

（1）根据应用程序的功能，确定需要哪些菜单，是否需要子菜单，每个菜单项完成什么操作，实现什么功能等。所有这些问题都应该在定义菜单前就确定下来。

（2）按照用户所要执行的任务组织菜单，而不要按应用程序的层次组织菜单。

（3）给每个菜单一个有意义的菜单标题，看到菜单，用户就能对功能有一个大概认识。

（4）按照菜单的逻辑顺序组织菜单项。

2．定义菜单

定义菜单，就是定义菜单栏、子菜单、菜单项的名称和执行的命令等内容。定义菜单之后，选择“文件”菜单中的“保存”命令，或按 Ctrl+W 组合键，将其保存到以.mnx 为扩展名的菜单文件中。

定义菜单一般在“菜单设计器”中完成。可使用下面几种方法打开“菜单设计器”：

（1）使用菜单。打开“文件”菜单，单击“新建”命令，弹出“新建”对话框，选择“菜单”单选按钮，然后单击“新建文件”按钮。

（2）使用工具栏。单击“常用”工具栏上的“新建”按钮，弹出“新建”对话框，选择“菜单”单选按钮，然后单击“新建文件”按钮。

（3）使用命令。在命令窗口中输入命令：MODIFY MENU [<菜单文件名.mnx>]。

以上 3 种方法都可以打开“新建菜单”对话框，如图 11-2 所示，然后单击“菜单”按钮，打开“菜单设计器”，如图 11-3 所示。

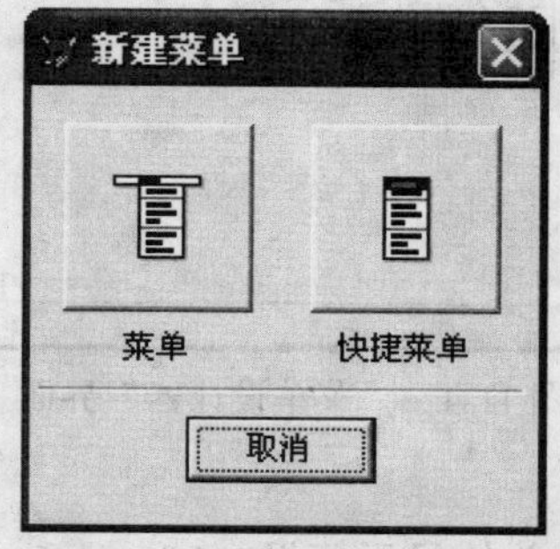

图 11-2　“新建菜单”对话框

3．生成菜单

菜单文件并不能运行，但可通过它生成菜单程序文件。菜单程序文件主名与菜单文件主名相同，以.mpr 为扩展名加以区别。

生成菜单程序的方法是：在“菜单设计器”窗口，打开“菜单”菜单，单击“生成”命令，然后在“生成菜单”对话框中输入菜单程序文件名，最后单击“生成”按钮。

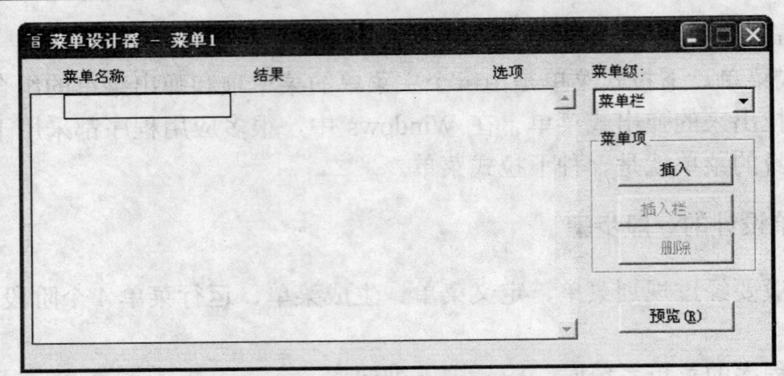

图 11-3　“菜单设计器”窗口

4. 运行菜单

若要察看菜单程序的运行效果，可在命令窗口中输入下面的命令：

【命令】DO <菜单程序文件名.mpr>

菜单程序文件名的扩展名.mpr 不可省略，否则无法与运行命令文件相区别。

11.1.3 “菜单设计器”介绍

1. “菜单设计器”界面

“菜单设计器”界面如图 11-4 所示，其中各主要功能说明如下：

（1）窗口右上部有一个标识为“菜单级”的下拉列表框，可用来切换到上一级菜单或下一级菜单并改变窗口的页面。

（2）窗口左边有“菜单名称”、“结果”和“选项”3 列，用于定义菜单项的有关属性。

（3）窗口右边有“插入”、“插入栏”、“删除”和“预览”4 个按钮，分别用于菜单项的插入、删除和预览。

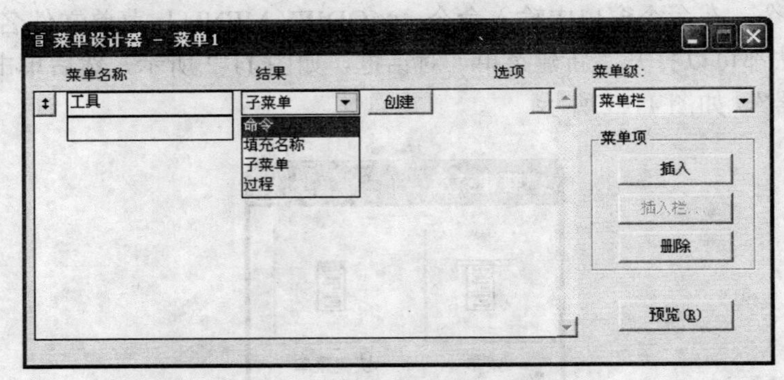

图 11-4　“菜单设计器”界面

2. “菜单名称”列

用来输入菜单项的名称，即菜单的显示标题。Visual FoxPro 允许用户为选择某菜单项定义一个热键，其方法是：在热键字符前面加上字符“\<”，例如定义“文件”菜单项的热键为“\<F”。菜单运行时，只需按下定义的热键字符，即按 Alt+F 组合键，该菜单项被执行。

为了增强可读性，可使用分隔线将内容相关的菜单项分隔成组。只要在“菜单名称”中键入字符“\-”，可以创建一条分隔线。

3. “结果”列

用于指定用户选择菜单项时执行的动作。单击下拉列表框右边的▼箭头，拉出“命令”、“填充名称”、“子菜单”和“过程”4 个选项。

（1）命令：选择此项，下拉列表框右边出现一个命令文本框，用于输入一条可执行的 Visual FoxPro 命令，如 DO MAIN.PRG。

（2）填充名称（或菜单项#）：选择此项，下拉列表框右边会出现一个文本框。可以在文本框中输入该菜单项的内部名字或序号。如果当前定义的是一级菜单（即菜单栏），该选项为“填充名称”，应指定菜单项的内部名字；如果当前定义的是弹出式菜单，显示“菜单项#”，应指定菜单项的序号。

（3）子菜单：该选项用于定义当前菜单的子菜单。选定此项，右边出现一个“创建”或“编辑”按钮（新建时显示“创建”，修改时显示“编辑”）。单击此按钮，“菜单设计器”切换到子菜单页面，供用户创建或修改子菜单。若要想返回到上一级菜单，可从“菜单级”下拉列表框中选择相应的上一级选项。

（4）过程：该选项用于为菜单项定义一个过程，即选择该菜单命令时执行用户定义的过程。过程可以理解为若干命令语句（即程序或命令代码）。选定此项后，下列列表框右边就会出现“创建”或“编辑”按钮，单击相应按钮，将出现文本编辑窗口，供用户输入程序。

4. “选项”列

初始状态下，每个菜单项的“选项”列都有一个“无符号”按钮。单击该按钮，打开“提示选项”对话框，如图 11-5 所示。该对话框供用户定义菜单项的其他属性。一旦定义过菜单项属性，该按钮显示一个✓符号，表示此菜单项的有关属性已经作了定义。

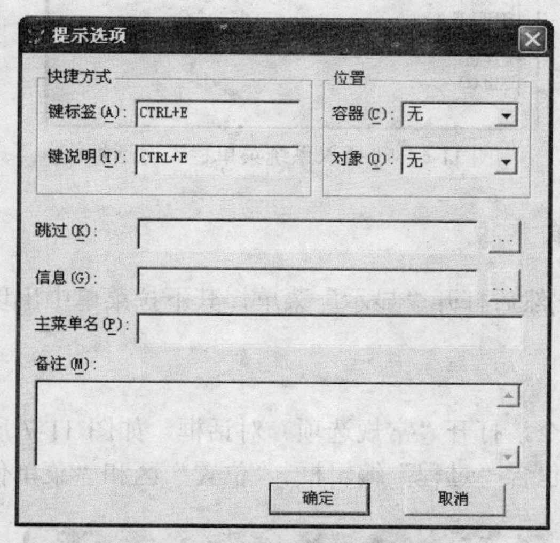

图 11-5　“提示选项”对话框

下面就“提示选项”对话框进行说明：

（1）快捷方式：定义该菜单项的快捷键。方法是：把光标定位在“键标签”右边的文本框中，然后按下以后使用的快捷键（快捷键通常用 Ctrl 键或 Alt 键与另一个字符组合），如按下 Ctrl+E，则“键标签”文本框内就会自动出现 Ctrl+E；同时“键说明”文本框也会出现同样的内容，但可以进行修改。当菜单被激活时，按键字符组合将显示在菜单项标题的右侧。若要取消已定义的快捷键，只需按下空格键即可。

（2）跳过：用于设置菜单项的跳过条件。用户可在文本框中输入一个逻辑表达式，在菜单运行过程中若该表达式为.T.，则此菜单项将以灰色显示，表示当前该菜单项不可使用。

（3）信息：定义菜单项的说明信息，该信息出现在 Visual FoxPro 主窗口的状态栏中。

（4）主菜单名：用于指定该菜单项的内部名字，如果是弹出式菜单，则显示“菜单项#”，表示弹出式菜单项的序号。一般不需要指定，系统自动设置。

5. 其他按钮

（1）插入：在当前菜单项之前插入一个菜单项。

（2）删除：删除当前的菜单项。

（3）插入栏：该按钮仅在定义子菜单时才有效，其功能是在当前菜单项之前插入一个 Visual FoxPro 系统菜单命令。单击此按钮，打开“插入系统菜单栏”对话框，如图 11-6 所示。从中选择所需的菜单命令，然后单击“插入”按钮。

（4）移动按钮：每个菜单项左侧都有一个移动按钮 ↕，拖动移动按钮可以改变菜单项为当前菜单。

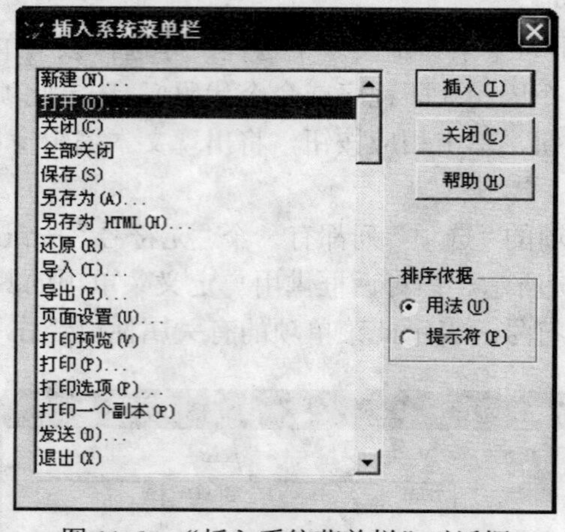

图 11-6 “插入系统菜单栏”对话框

11.1.4 “显示”菜单

打开“菜单设计器”，然后打开“显示”菜单，其下拉菜单中出现“常规选项”和“菜单选项”命令。

1. “常规选项”命令

选择“常规选项”命令，打开“常规选项”对话框，如图 11-7 所示。该对话框用于定义菜单栏的总体性能，其中包含“过程”编辑框、“位置”区和“菜单代码”区等几个部分。

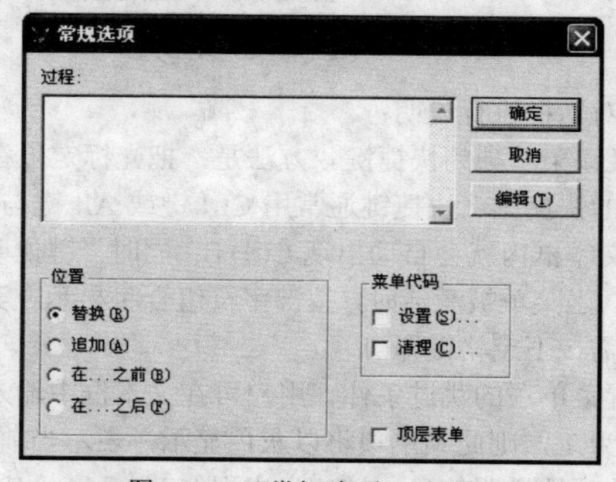

图 11-7 “常规选项”对话框

（1）“过程”编辑框。“过程”编辑框用来为整个菜单指定一个公用的过程。如果有些菜单尚未设置任何命令或过程，则执行该公用过程。编写的公用过程代码可直接在编辑框中进行编辑，也可单击“编辑”按钮，然后在出现的编辑窗口中写入过程代码。

（2）“位置”区。该区域有 4 个单选按钮，用来指定用户定义的菜单与系统菜单的关系。

- “替换”选项：以用户定义的菜单替换系统菜单。
- “追加”选项：将用户定义的菜单添加到系统菜单的右边。
- “在…之前”选项：用来把用户定义的菜单插入到系统的某个菜单项的左边，选定该按钮后右侧会出现一个用来指定菜单项的下拉列表框。
- “在…之后”选项：用来把用户定义的菜单插入到系统的某个菜单项的后面，选定该按钮后右侧会出现一个用来指定菜单项的下拉列表框。

（3）“菜单代码”区。该区域有“设置”和“清理”两个复选框，无论选择哪一个，都会出现一个编辑窗口。

- 设置：供用户设置菜单程序的初始化代码，该代码放在菜单程序文件中菜单定义代码的前面，在菜单产生前执行，常用于设置数据环境、定义全局变量和数组等。
- 清理：供用户对菜单程序进行清理工作，这段程序放在菜单程序文件中菜单定义代码的后面，在菜单显示出来之后执行。

（4）“顶层表单”复选框。如果选择该复选框，表示将定义的菜单添加到一个顶层表单里；未选时，定义的菜单将作为应用程序的菜单。

2. “菜单选项”命令

打开“显示”菜单，单击“菜单选项”命令，弹出“菜单选项”对话框，如图 11-8 所示。在对话框中，可以定义当前菜单项的公共过程代码。如果当前菜单项中没有规定具体动作，选择此菜单选项后，运行时将执行这部分公共过程代码。

图 11-8　“菜单选项”对话框

11.2　菜单的设计及运行

11.2.1　设计下拉菜单

【例 11-1】使用“菜单设计器”建立一个菜单 cdsj1，主菜单有“工具”、“打印”、“退出”三项。其中为“退出”定义快捷键 ALT+Q，“工具”和“打印”菜单都有下拉菜单，如图 11-9 所示。菜单文件名为 cdsj1.mnx。选择“工具”下拉菜单的菜单可以完成以下功能：

（1）选择“创建表”命令，打开“表设计器”。

（2）选择“修改学生表结构”命令，打开“表设计器”，允许修改学生表 xs.dbf 的结构。
（3）“修改学生表结构”与“浏览学生表”之间有一个分组线。
（4）选择“浏览学生表”命令，浏览学生表 xs.dbf 的数据。
（5）选择“利用表单查看学生情况”命令，使用表单 xssj1.scx 浏览学生表。
选择“打印”下拉菜单中任何一项，则都提示“正在建设中”。
选择“退出”命令，返回到 Visual FoxPro 系统菜单。

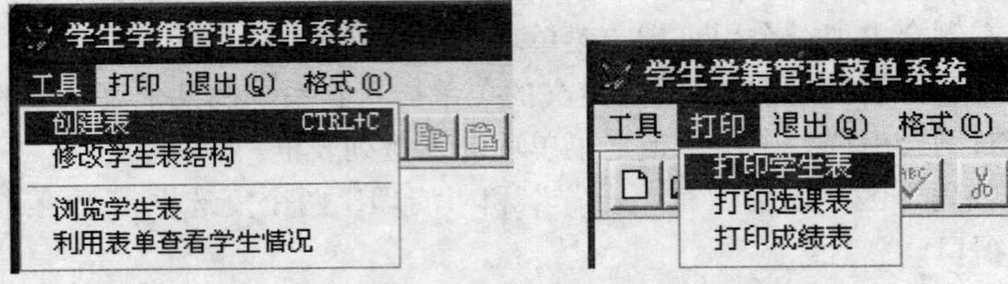

图 11-9 cdsj 菜单的运行结果

设计步骤如下：

（1）在“命令”窗口中键入并执行命令 CREATE MENU cdsj1.mnx，打开“新建菜单”对话框，如图 11-10 所示。

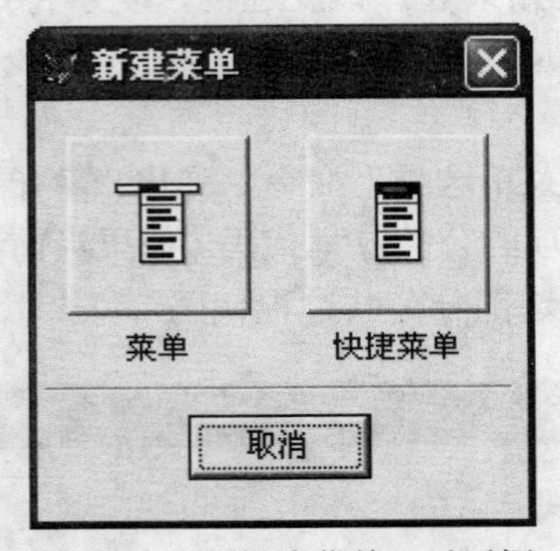

图 11-10 “新建菜单”对话框

（2）单击“菜单”按钮，打开“菜单设计器”窗口，如图 11-11 所示。

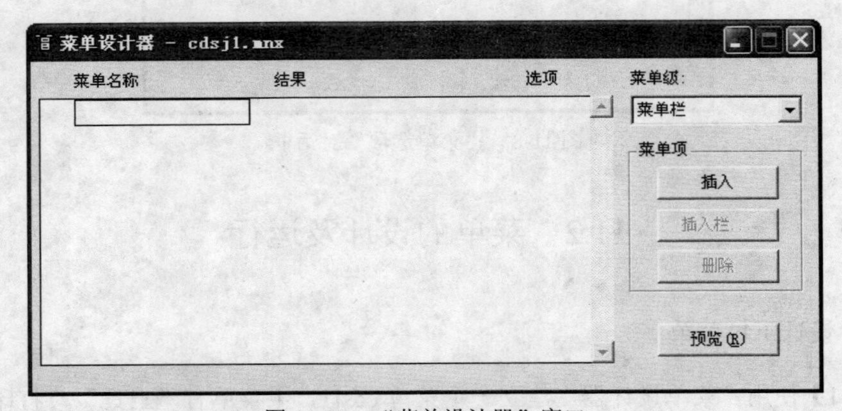

图 11-11 “菜单设计器”窗口

（3）在“菜单设计器”窗口的“菜单名称”下面，依次输入菜单栏（主菜单）中的 3 个菜单项，这 3 个菜单项的名称分别是“工具”、“打印”、“退出(\<Q)”。其中，“工具”和“打

印”菜单项的“结果”都设置为“子菜单”，“退出(\<Q)”菜单项的“结果”设置为“过程”，如图 11-12 所示。

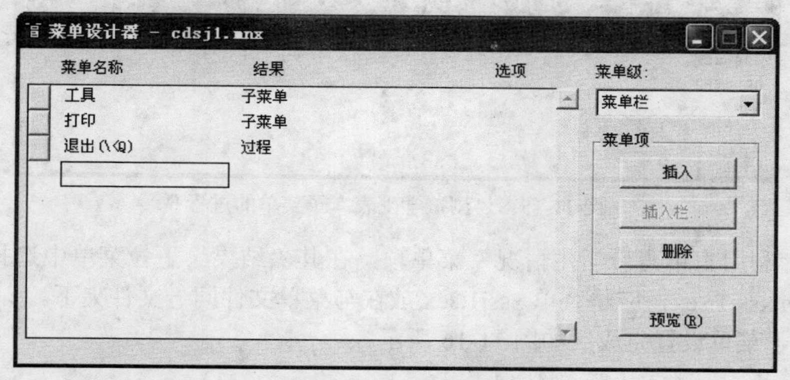

图 11-12　定义菜单栏

（4）定义子菜单项。选择“工具”菜单项，在其右侧出现“创建”按钮，单击“创建”按钮，进入定义子菜单界面。依次输入 4 个子菜单名称：“创建表”、“修改学生表结构”、“浏览学生表”、“利用表单查看学生情况”，并在“修改学生表结构”与“浏览学生表”之间加入一个分组线“\-”，如图 11-13 所示。

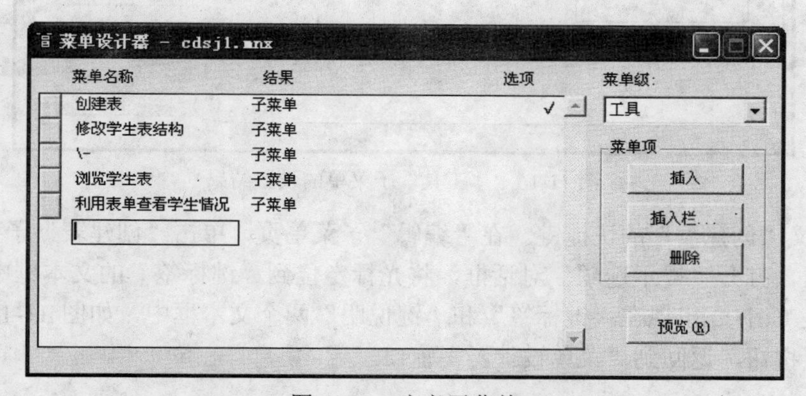

图 11-13　定义子菜单

（5）给“工具”子菜单设置结果。

1）选择“创建表”菜单项，在其“结果”下拉菜单中选择“命令”（注：“结果”菜单有“命令”、“菜单项#”、“子菜单”、“过程”4 个选项），在其“选项”中输入代码 create。

2）选择“修改学生表结构”菜单项，在其“结果”下拉菜单中选择“过程”，单击“创建”按钮，进入过程编辑器，编写代码，如图 11-14 所示。

图 11-14　“修改学生表结构”子菜单的过程

3）选择“浏览学生表”菜单项，在其“结果”下拉菜单中选择“过程”，单击“创建”

按钮，进入过程编辑器编写代码，如图 11-15 所示。

图 11-15 “浏览学生表”子菜单的过程

4）选择“利用表单查看学生情况”菜单项，在其“结果”下拉菜单中选择“命令”，输入代码 do form xssj1.scx，应将表单 xssj1.scx 放在与菜单文件同一文件夹下。

“工具”子菜单设置完成后如图 11-16 所示。

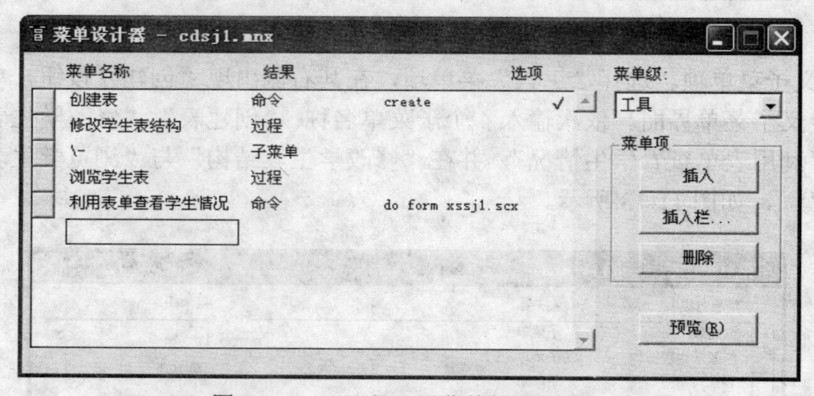

图 11-16 “工具”子菜单的设置结果

（6）定义“创建表”的快捷键。在“编辑”子菜单页，单击“创建表”子菜单项右侧的“选项”按钮，打开“提示选项”对话框，将光标定位到“键标签”的文本框中，按 Ctrl+C 组合键，于是 Ctrl+C 出现在“键标签”和“键说明”两个文本框中，如图 11-17 所示，然后单击“确定”按钮，返回到“菜单设计器”窗口。

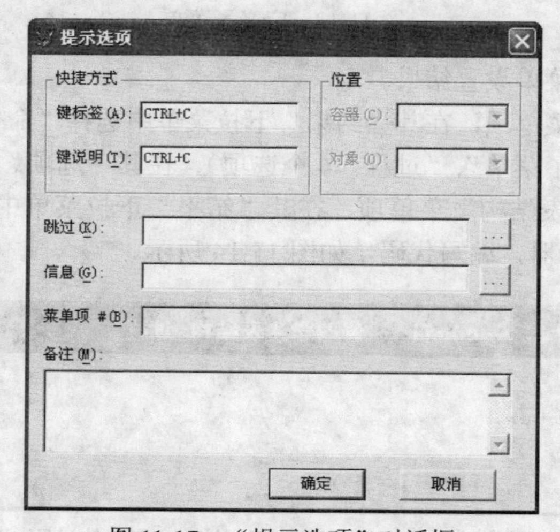

图 11-17 “提示选项”对话框

（7）给“打印”子菜单设置结果，如图 11-18 所示。

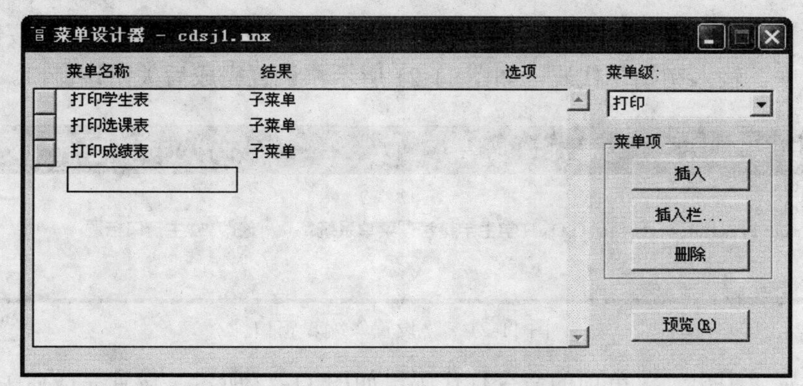

图 11-18　“打印”子菜单

（8）设置公共过程。本例用一个公用的过程替代“打印”菜单项的 3 个子菜单项的各个选项命令，以后可以改为实际的打印过程。

1）在“菜单级”下拉列表中选择“菜单栏”，单击“打印”菜单行中的“编辑”按钮，进入“打印”子菜单页。

2）打开“显示”菜单，选择“菜单选项”命令，打开“菜单选项”对话框，在“过程”编辑框中输入代码“=messagebox("正在建设中")”，如图 11-19 所示。在运行时，选择“打印”子菜单中 3 个子菜单项中的任何命令，都将执行这条命令。

图 11-19　“菜单选项”对话框

（9）设置菜单程序的初始化代码。打开“显示”菜单，选择“常规选项”命令，出现“常规选项”对话框，如图 11-20 所示。

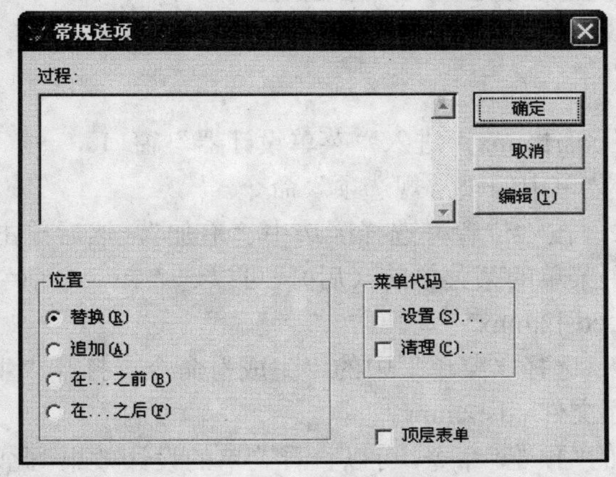

图 11-20　“常规选项”对话框

（10）在“常规选项”对话框中，选定“设置”复选框，单击“确定”按钮，进入“设置”编辑窗口中，输入初始化代码，如图 11-21 所示，设置完成后关闭该窗口。

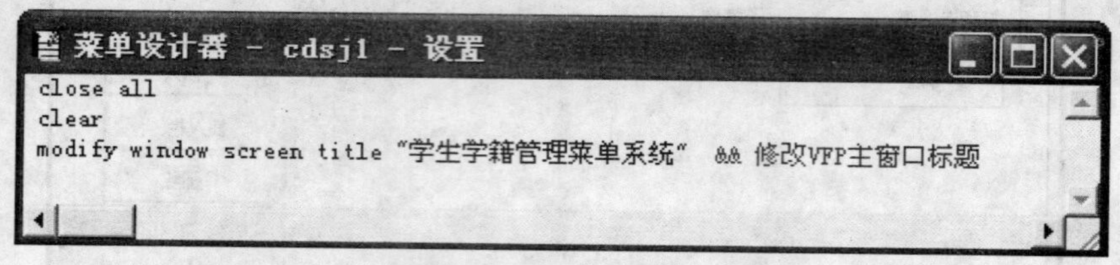

图 11-21 “设置”编辑窗口

（11）设置“退出”菜单项的命令行代码，如图 11-22 所示，设置完成后关闭窗口。

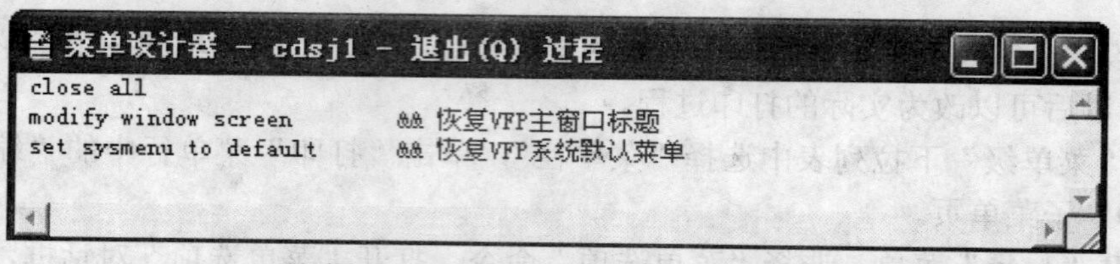

图 11-22 “退出”菜单项的过程

（12）在“菜单”的“预览”中可以查看菜单的设计效果。如果满意，选择“文件”菜单，单击“保存”命令保存菜单，其文件名为 cdsj1.mnx。

（13）生成菜单文件。选择“菜单”中的“生成”命令，打开“生成”对话框，单击“生成”按钮，生成菜单程序文件 cdsj1.mpr。

（14）执行命令 DO cdsj1.mpr，运行菜单程序文件，查看设计效果。

通过此例，我们可以建立自己的菜单，这就是用户菜单。在很多情况下，需要将用户菜单与系统菜单相结合，降低制作难度，提高制作效率，丰富菜单功能。在设计用户菜单中，系统菜单既可以全部使用，也可以部分引用。

【例 11-2】建立菜单文件 cdsj2.mnx，将用户菜单 cdsj1.mnx 添加到 Visual FoxPro 系统菜单之后，如图 11-23 所示。

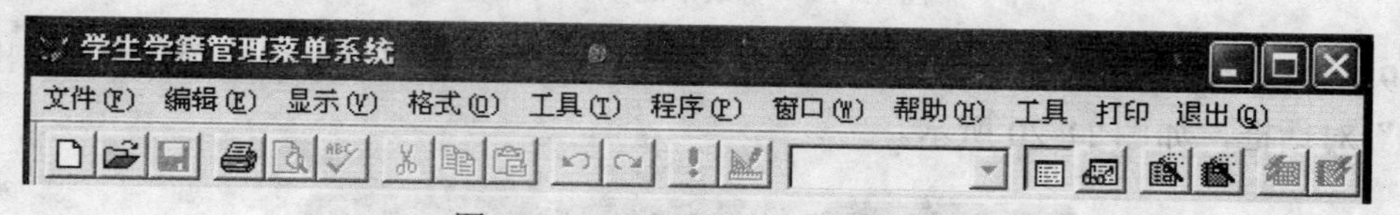

图 11-23 cdsj2 菜单的运行结果

设计步骤如下：

（1）打开菜单文件 cdsj1.mnx，进入“菜单设计器”窗口。

（2）选择“显示”菜单中的“常规选项”命令。

（3）根据题目要求，在“位置”选择区选中“追加”，然后单击“确定”按钮。如果要将用户菜单插入到系统主菜单的某菜单前（后），可以选“在...之前”或“在...之后”。

（4）将文件另存为 cdsj2.mnx。

（5）生成菜单文件。选择“菜单”中的“生成”命令，打开“生成”对话框，单击“生成”按钮，生成菜单程序文件 cdsj2.mpr。

（6）选择“菜单”下的“预览”命令，可以查看菜单的设计效果。此时，看不到 Visual FoxPro 系统菜单。

（7）运行菜单程序文件 cdsj2.mpr，即可看到设计的全部效果。

【例 11-3】建立菜单文件 cdsj3.mnx，在菜单 cdsj1.mnx 的基础上，将 Visual FoxPro 的“打开”、“另存为”引入到“工具”菜单中；将 Visual FoxPro 的“文件”菜单全部引入，如图 11-24 所示。

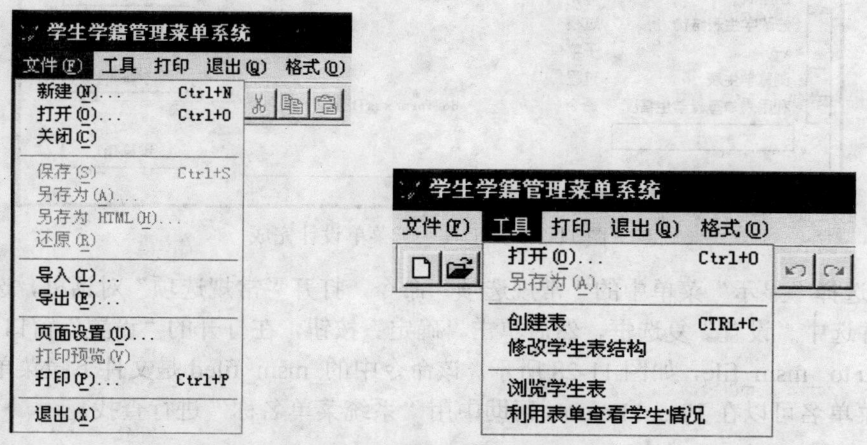

图 11-24　cdjs3 菜单的运行结果

设计步骤如下：

（1）打开菜单文件 cdsj1.mnx，进入“菜单设计器”窗口。单击“工具”菜单项右侧的“编辑”按钮，打开“工具”子菜单。

（2）将文件另存为 cdsj3.mnx。

（3）单击“插入栏”按钮，打开“插入系统菜单栏”对话框，如图 11-25 所示。“排序依据”选择区有“用法”和“提示符”两个选项。选择“提示符”，按菜单的名称排列系统子菜单，如图 11-26 所示。

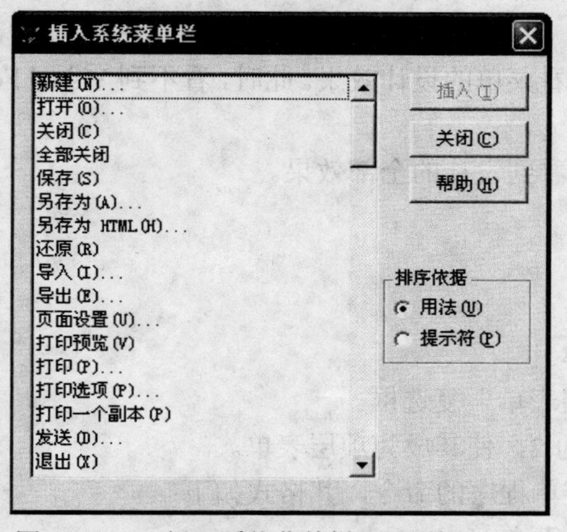

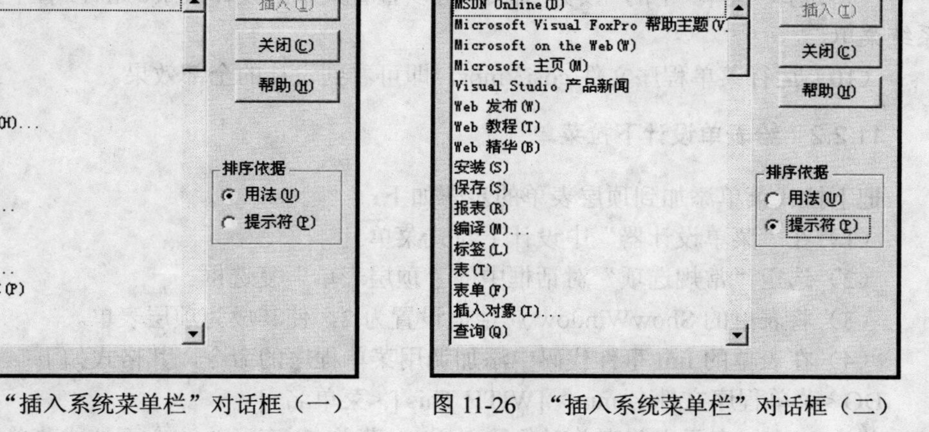

图 11-25　“插入系统菜单栏”对话框（一）　　图 11-26　“插入系统菜单栏”对话框（二）

（4）根据题目要求，选择“另存为”，单击“插入”按钮；选择“打开”，单击“插入”按钮，最后单击“关闭”按钮。

（5）选择“创建表”菜单项，单击“插入”按钮，插入一新菜单项，在“菜单名称”中输入字符“\-”。设置完成后如图 11-27 所示。

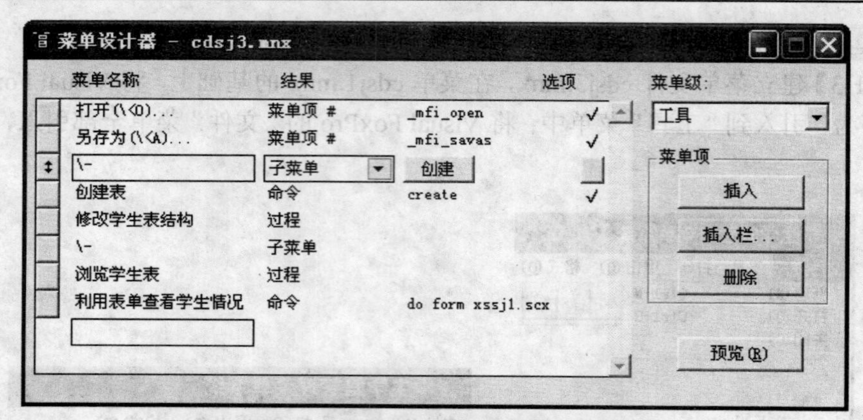

图 11-27 “工具”子菜单设计完成

（6）选择“显示”菜单中的“常规选项”命令，打开“常规选项”对话框，选中“追加”单选项，并选中“设置”复选框，然后单击“确定”按钮，在打开的“设置”窗口中增加命令 set sysmenu to _msm_file，如图 11-28 所示。该命令中的_msm_filed 是文件下拉菜单的内部名。其他下拉菜单名可以在 Visual FoxPro 帮助中用“系统菜单名称”进行查找。

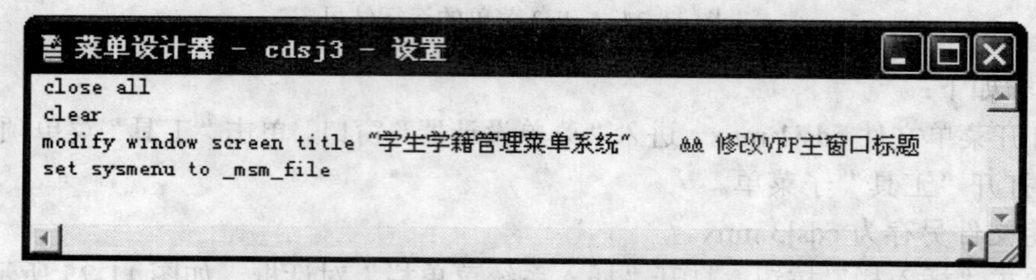

图 11-28 “设置”编辑窗口

（7）设置完成后，关闭窗口。

（8）生成菜单文件。选择“菜单”中的“生成”命令，打开“生成”对话框，单击“生成”按钮，生成菜单程序文件 cdsj3.mpr。

（9）选择“菜单”中的“预览”命令，可以查看菜单的设计效果。此时，看不到 Visual FoxPro 系统菜单。

（10）运行菜单程序文件 cdsj3.mpr，即可看到设计的全部效果。

11.2.2 给表单设计下拉菜单

把下拉式菜单添加到顶层表单的步骤如下：

（1）在“菜单设计器”中设计下拉式菜单。

（2）选定“常规选项”对话框中的“顶层表单”复选框。

（3）将表单的 ShowWindow 属性值设置为 2，使其成为顶层表单。

（4）在表单的 Init 事件代码中添加调用菜单程序的命令，其格式如下：

DO <菜单程序文件名.mnx> [WITH This [,<菜单名>]

其中，This 表示当前表单对象的引用；<菜单名>表示为这个下拉式菜单的菜单栏指定一个内部名字。

（5）在表单的 Destroy 事件代码中添加清除菜单的命令，其作用是关闭表单时能一并清除菜单，释放其占用的内存空间。命令格式如下：

RELEASE MENU <菜单名> [EXTENDED]

其中，EXTENDED 表示在清除菜单时一并清除下属的所有子菜单。

【例 11-4】在第 9 章中创建的表单 DL3.scx 中建立一个下拉菜单 DL9.mpr，如图 11-29 所示。其中“查询”菜单中包括“查询学生信息”和“查询学生成绩”两个菜单项。

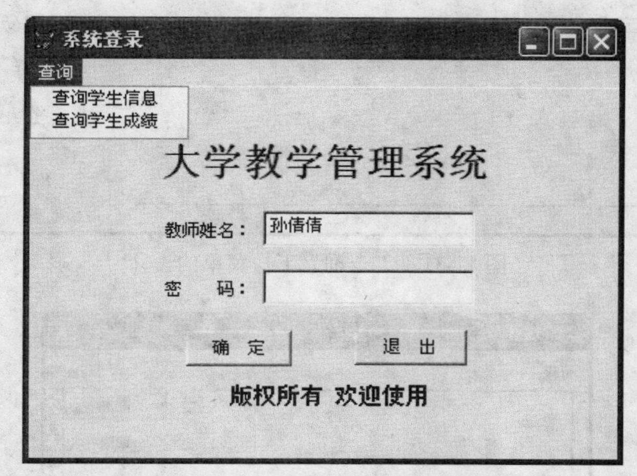

图 11-29　dl3 表单的执行结果

设计步骤如下：

（1）在命令窗口输入并执行命令 CREATE MENU DL9.mnx，打开“新建菜单”对话框，单击“菜单”按钮，打开“菜单设计器”窗口，定义主菜单栏，主菜单栏只有“查询”一个菜单项，如图 11-30 所示。

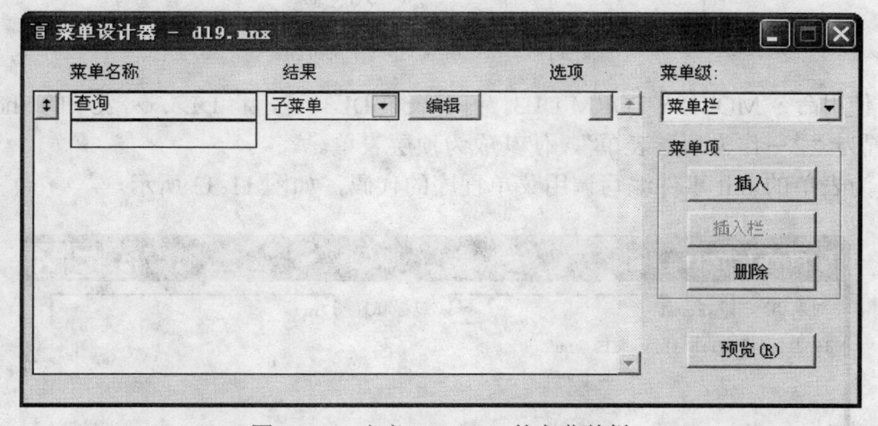

图 11-30　定义 DL9.mnx 的主菜单栏

（2）单击“创建”按钮，定义“查询”的下拉菜单，包括“查询学生信息”和“查询学生成绩”两项。选择“查询学生信息”菜单项的“结果”为“命令”，在其命令文本框中输入代码 do form xsqk.scx；选择“查询学生成绩”菜单项的“结果”为“命令”，在其命令文本框中输入代码 do form xscjcx4.scx，如图 11-31 所示。

（3）打开“显示”菜单，单击“常规选项”命令，弹出“常规选项”对话框，选择“顶层表单”复选框，如图 11-32 所示。单击“确定”按钮，返回“菜单设计器”窗口。

（4）打开“文件”菜单，单击“保存”命令，保存菜单，其文件名为 DL9.mnx。

（5）选择“菜单”中的“生成”命令，打开“生成”对话框，单击“生成”按钮，生成菜单程序文件 DL9.mpr。

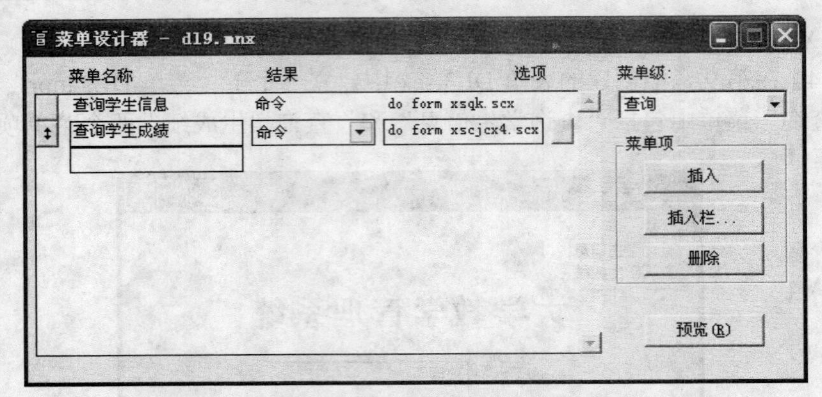

图 11-31 “查询”下拉菜单的设计

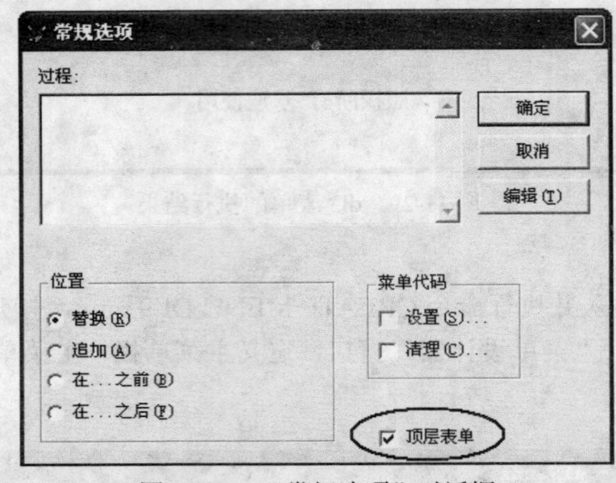

图 11-32 “常规选项”对话框

（6）使用命令 MODIFY FORM DL3，打开表单 DL3.scx，将 DL3.scx 表单的 ShowWindows 属性值设置为“2－作为顶层表单”，使其成为顶层表单。

（7）为表单的 Init 事件编写调用菜单程序的代码，如图 11-33 所示。

图 11-33 表单的 Init 事件代码

（8）为表单的 Destroy 事件编写清除菜单程序的代码，如图 11-34 所示。

图 11-34 表单的 Destroy 事件代码

（9）保存并运行表单 dl3.scx。

11.2.3　设计快捷菜单

快捷菜单与下拉式菜单不同。快捷菜单一般从属于某个界面对象，例如一个表单。当在界面对象上右击时，就会弹出快捷菜单。快捷菜单没有条形菜单，只有弹出式菜单。快捷菜单的设计是在快捷菜单设计器中完成的。

定义好了快捷菜单以后，一般需要在表单的指定对象的 RightClick 事件中调用快捷菜单。其操作步骤如下：

（1）利用快捷菜单设计器设计快捷菜单。如果快捷菜单要引用表单中的对象，需要在快捷菜单的“设置”代码中添加一条接收当前表单对象引用的参数语句：

PARAMETERS <参数名>

其中，<参数名>是指快捷菜单中引用表单的名称。

（2）在快捷菜单的“清理”代码中添加清除菜单的命令，命令格式如下：

RELEASE POPUPS <快捷菜单名>[EXTENTED]

使得在执行菜单命令后能及时清除菜单，释放其占据的内存空间并生成快捷菜单程序文件。

（3）与设计下拉菜单类似，选择“菜单”的“生成”命令，生成下拉菜单程序文件。

（4）打开表单文件，在表单设计器中，选定需要调用快捷菜单的对象。

（5）在选定对象的 RightClick 事件代码中添加调用快捷菜单的命令：

DO <快捷菜单程序文件名> [WITH This]

其中，如果需要在快捷菜单中引用表单中的对象，需要使用 WITH This 来传递参数。

【例 11-5】创建一个含有“暂停”、“继续”、“退出”功能的快捷菜单 js，提供给第 9 章设计的显示计算机系统时间的表单 jshq.scx 使用。运行表单 jshq.scx 后，右击表单空白处，弹出快捷菜单，该菜单中有“暂停”、“继续”、“退出”3 个菜单选项，其功能分别和表单中的“暂停”、“继续”、“退出”的功能相同。表单 jshq.scx 的运行效果如图 11-35 所示。

图 11-35　在表单 jshq.scx 中调用快捷菜单

设计步骤如下：

（1）选择“文件”菜单的“新建”命令，打开“新建”对话框，选中“菜单”单选按钮，单击“新建文件”按钮，打开“新建菜单”对话框，然后单击“快捷菜单”按钮，打开“快捷菜单设计器”窗口，如图 11-36 所示。

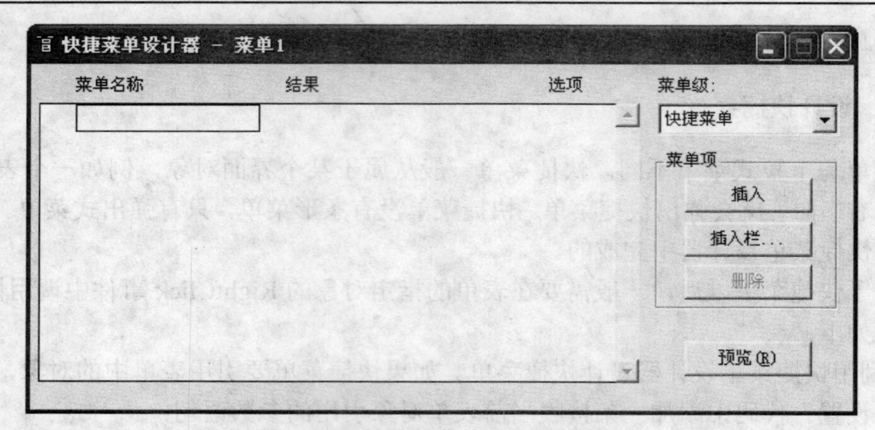

图 11-36 “快捷菜单设计器”窗口

（2）打开“显示”菜单，单击“常规选项”命令，打开“常规选项”对话框。

1）在“常规选项”对话框中，选定“设置”复选框，单击“确定”按钮，在设置代码窗口中输入以下代码：

```
PARAMETERS mf
```

2）在“常规选项”对话框中，选定“清理”复选框，单击“确定”按钮，在设置代码窗口中输入以下代码：

```
RELEASE POPUPS js EXTENDED
```

（3）在“快捷菜单设计器”中创建“暂停”、“继续”、“退出”3 个菜单选项，将 3 个菜单选项的“结果”都设置为“命令”，如图 11-37 所示。

在“暂停”菜单项的命令文本框中输入代码：mf.Command1.Click。

在“继续”菜单项的命令文本框中输入代码：mf.Command2.Click。

在“退出”菜单项的命令文本框中输入代码：mf.Command3.Click。

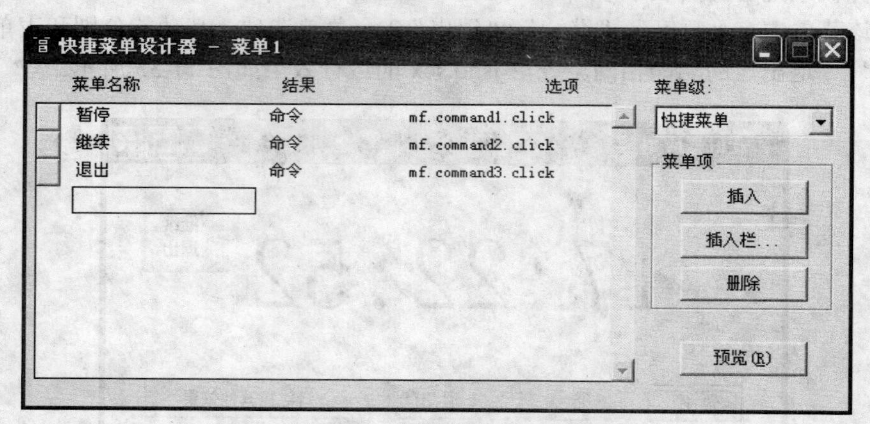

图 11-37 快捷菜单 js 的设计

（4）打开“文件”菜单，单击“保存”命令，保存菜单，其文件名为 js.mnx。

（5）选择“菜单”的“生成”命令，打开“生成菜单”对话框，单击“生成”按钮，生成菜单程序文件 js.mpr。

（6）打开表单 jshq.scx，在表单的右击事件 RightClick 代码编辑窗口中输入代码 do js.mpr with this，如图 11-38 所示。

（7）保存并运行表单 jshq.scx。

图 11-38　给表单 jshq.scx 添加 RightClick 代码

习题十一

一、选择题

1. 设计菜单时，不需要完成的操作是______。
   A. 生成菜单程序　　B. 浏览表单
   C. 指定各菜单任务　　D. 创建主菜单及子菜单
2. 下面选项中，______不是标准菜单系统的组成部分。
   A. 菜单栏　　B. 菜单标题　　C. 菜单项　　D. 快捷菜单
3. 在菜单设计器中，若要将定义的菜单分组，应该在“菜单名称”列上输入______字符。
   A. |　　B. -　　C. \-　　D. C
4. 执行 Visual FoxPro 生成的应用程序时，调用菜单后，菜单在屏幕上一晃即逝，这是因为______。
   A. 需要连编　　B. 没有生成菜单程序
   C. 要用命令方式　　D. 缺少 Read Event 和 Clear Events 命令
5. 可以在菜单设计器窗口右侧的______列表框中查看菜单项所属的级别。
   A. 菜单项　　B. 菜单级　　C. 预览　　D. 插入
6. 将一个设计好的菜单存盘，再运行该菜单，却不能执行，因为______。
   A. 没有移动到项目中　　B. 没有生成菜单程序
   C. 要用命令方式　　D. 要编译
7. 主菜单在系统运行时，所起的作用是______。
   A. 运行程序　　B. 打开数据库
   C. 调度整个系统　　D. 浏览表单
8. 建立已经生成了名为 mymenu 的菜单文件，执行该菜单文件的命令是______。
   A. DO mymenu　　B. DO mymenu.mpr
   C. DO mymenu.pjx　　D. DO mymenu.mnx
9. 如果菜单项的名称为“统计”，热键是 T，在菜单名称一栏中应输入______。
   A. 统计（\<T）　　B. 统计（Ctrl+T）
   C. 统计（Alt+T）　　D. 统计（T）
10. 为了从用户菜单返回到系统菜单应该使用的命令是______。
    A. SET DEFAULT TO SYSTEM　　B. SET MENU TO DEFAULT
    C. SET SYSTEM TO DEFAULT　　D. SET SYSMENU TO DEFAULT

二、填空题

1. 创建和打开菜单设计器的命令是______。
2. 在菜单设计器中的“结果”栏中的菜单项后面，弹出列表命令、填充名称、过程和______。
3. 快捷菜单实质上是一个弹出式菜单，要将某个弹出式菜单作为一个对象的快捷菜单，通常是在对象的______事件代码中添加调用弹出式菜单程序的命令。

4．在菜单设计器中“结果”框中选择“过程”，然后单击______按钮，这时出现一个过程编辑窗口，键入正确的代码。

5．弹出式菜单可以分组，插入分组线的方法是在“菜单名称”项中输入______两个字符。

6．若要定义当前菜单的公共过程代码，应使用______菜单中的“菜单选项”对话框。

三、思考题

1．简述如何创建下拉式菜单。

2．如何在用户的菜单系统中加入系统菜单？如何在顶层表单中添加菜单？

3．如何在弹出菜单的菜单项之间插入分隔线，将内容相关的菜单项分隔成组？

4．如何给菜单项设置快捷键？

5．如何将一个快捷菜单添加到一个控件中，如添加在编辑框控件中？

第 12 章　应用程序的集成与发布

【学习目标】

（1）了解应用程序的组织结构以及一般开发过程。

（2）掌握利用“项目管理器”开发应用程序。

（3）熟悉应用程序的发布。

12.1　应用程序的组织与开发

应用程序的开发是从需求分析开始的，如用户要求的主要功能、数据库的大小、是单用户还是多用户等。在规划阶段就应该让用户更多地参与进来，在实施阶段需要不断地加工，并接受用户的反馈。

12.1.1　应用程序的一般开发过程

一个典型的应用程序由数据库、用户界面、查询和报表等组成。在设计时应充分考虑每个组件提供的功能以及其他组件之间的关系。应用程序还必须保证数据的完整性，需要为用户提供菜单，提供一个或多个表单供数据输入和显示，同时还应提供数据查询和报表输出。另外还要添加某些事件的响应代码，提供特定的功能。

应用程序设计涉及数据库设计、数据输入和输出的用户界面设计以及程序调试等若干环节，最后需要将它们连编成可执行的应用程序。

12.1.2　应用程序的组织结构

应用程序通常由若干个模块组成，每个模块功能相对独立而又相互联系。一个典型的数据库应用程序通常包含以下几个部分：

（1）数据库。存储应用程序要处理的所有原始数据。根据应用系统的复杂程度，可以只有一个数据库，也可以有多个数据库。

（2）用户界面。提供用户与数据库应用程序之间的接口，通常有一个菜单、一个工具栏和多个表单。菜单可以让用户快捷、方便地操纵应用程序提供的全部功能，工具栏则可以让用户更方便地使用应用程序的基本功能。表单作为最主要的用户界面形式，提供给用户一个数据输入和显示的窗口，通过调用表单中的控件，如命令按钮，可以完成数据处理操作。可以说，用户的绝大部分工作都是在表单中进行的。

（3）事务处理。提供特定的功能代码，完成查询、统计等数据处理工作，以便用户可以从数据库的众多原始数据中提取所需要的各项信息。这些工作主要在事件的响应代码中设计完成。

（4）打印输出。将数据库中的信息按用户要求的组织方式和数据格式打印输出，以便长期保存。这部分功能主要是由各种报表和标签实现的。

（5）主程序。用于设置应用程序的系统环境和起始点，是整个应用程序的入口点。在建立主程序时需要考虑以下问题：

1）设置应用程序的起始点。将各个组件链接在一起，然后主文件为应用程序设置一个起始点，由主文件调出应用程序的其他组件。任何应用程序必须包含一个主文件。主文件可以是程序文件，也可以使用一个表单作为主文件，将主程序的功能和初始的用户界面集成在一个表单程序中。

2）初始化。初始化大体包括以下内容：

① 环境设置：主文件必须做的第一件事就是对应用程序的环境进行设置，默认的环境对应用程序来说并非最合适，因此需要在启动代码中为程序建立特定的环境。如果在开发环境中已经利用"工具"菜单中的"选项"命令设置环境，可采用以下方法将它们复制到主文件中：打开"工具"菜单，单击"选项"命令，按住 Shift 键，并单击"确定"按钮，打开"命令"窗口，显示环境 SET 命令，选择"命令"窗口显示的有关 SET 命令并将其复制并粘贴到主文件中。

② 初始化变量。

③ 打开需要的数据库、自由表及索引等。

3）显示初始的用户界面。初始的用户界面可以是一个菜单，也可以是一个表单或其他组件。在主程序中可以使用 DO 命令运行一个菜单，或者使用 DO FORM 命令运行一个表单来初始化用户界面。

4）控件事件循环。应用程序的环境建立之后，将显示初始的用户界面。面向对象机制是需要建立一个事件循环来等待用户的交互操作。控件事件循环的方法是执行 READ ENENTS 命令。该命令的使用格式如下：

【命令】READ ENENTS

【功能】开始事件循环，等待用户操作。

【说明】仅.EXE 应用程序需要建立事件循环，在开发环境中运行应用程序不必使用该命令。从执行 READ ENENTS 命令开始，到相应的 CLEAR EVENTS 命令执行期间，主文件中所有的处理过程将全部挂起，因此，将 READ ENENTS 命令正确地放在主文件中十分重要。如在一个初始过程中，可以将 READ ENENTS 作为最后一个命令，在初始化环境并显示了用户界面之后执行。如果在初始过程中没有 READ ENENTS 命令，则执行.EXE 程序时将会返回到操作系统。例如，执行下面的命令：

```
DO FORM START.SCX
READ ENENTS
```

5）退出应用程序时恢复原始的开发环境。

① 结束事件循环。必须确保在应用程序中存在一个可执行 CLEAR EVENTS 命令来结束事件循环，使 Visual FoxPro 能执行 READ EVENTS 的后继命令。

CLEAR EVENTS 的格式如下：

【命令】CLEAR EVENTS

【功能】结束事件循环。一般可将 CLEAR EVENTS 命令安排在一个"退出"按钮或菜单命令中。

② 恢复原始的开发环境。通常用一个过程程序来专门恢复初始环境。

6）设置主文件。设置主文件的方法是：在"项目管理器"中选择要设置的主文件，打开"项目"菜单，单击"设置主文件"命令。一个项目中只可设置一个主文件，在项目管理器中主文件以粗体字显示，并自动设置为"包含"状态。只有设置了"包含"（文件"包含"将在下面介绍），应用程序连编后，才能作为只读文件处理。这意味着用户只能使用程序，不能修改程序。

12.1.3　主程序设计

如上所述，主文件应该进行初始化环境工作，调用一个菜单或表单来建立初始的用户界面，执行 READ EVENTS 命令来建立事件循环，在“退出”命令按钮或菜单中执行 CLEAR EVENTS 命令，退出应用程序时恢复环境。

在主文件中，没有必要直接包含上述所有任务的命令，常用的方法是调用过程或函数来控制某些任务，如环境初始化和清除等。

1. 编写主程序

假设已经编写了环境设置程序 SETUP.PRG，已建立了一个菜单程序 DO MAIN.MPR 和恢复环境设置程序 CLEARUP.PRG。

（1）程序 SETUP.PRG 中用于环境及数据初始化的代码。

```
CD C:\XSGL                          && 指定当前文件夹
SET TALK OFF
SET CENTURY ON
SET STATUS ON
CLEAR ALL
OPEN DATABASE xsxj                  && 打开学生学籍数据库 xsxj.dbc
USE xs IN 0                         && 打开学生表 xs.dbf
USE xk IN 0                         && 打开选课表 xk.dbf
USE kc IN 0                         && 打开课程表 kc.dbf
```

（2）程序 CLEARUP.PRG 中用于恢复环境设置的代码。

```
SET SYSMENU TO DEFAULT
SET TALK ON
CLOSE ALL
CLEAR ALL
CLEAR EVENTS
CANCEL
```

（3）主程序及代码。

```
DO SETUP.PRG                        && 调用环境设置程序
DO MAIN.MPR                         && 将一个菜单作为初始的用户界面显示
*************************
* DO FORM MAIN.SCX
```

上面一条语句可将一个表单作为初始的用户界面显示，需要将命令 READ EVENTS 等相关命令语句放在该表单的 INIT 事件代码中，如：

```
*DO MAIN.MPR WITH This,.T.
*READ EVENTS
*************************
READ EVENTS                         && 建立事件循环
DO CLEARUP.PRG                      && 在退出之前，恢复环境设置
```

2. 设置主表单

用户不仅可指定一个程序为主程序，也可以指定一个表单或表单集作为主程序，把主程序的功能和初始用户界面合二为一。若想把某一表单既作为系统的初始界面，又能实现上面所述主程序所具有的功能，只要在主表单中的相应的事件、相关的方法中添加代码即可。

添加事件代码的方法如下：

（1）在指定的主表单或表单集的 Load 事件中添加设置环境的程序代码。

（2）在 Unload 事件中添加恢复环境设置的程序代码。

（3）将表单或表单集的 WindowType 属性设置为 1（模式）后，可用来创建独立运行的程序（.EXE）。

12.2　利用“项目管理器”开发应用程序

在 Visual FoxPro 中，“项目管理器”是组织和管理应用程序所需的各种文件的工作平台，是处理数据和对象的主要组织工具和控制中心。“项目管理器”将一个应用系统开发过程中使用的数据库、表、查询、表单、报表、各种应用程序和其他一切文件集合成一个有机的整体。利用“项目管理器”能方便地将文件从项目中移出或加入到项目中。

12.2.1　利用“项目管理器”组织文件

在应用程序开发过程中，无论是数据库、表、程序、菜单、表单或报表等组件，都可在“项目管理器”中进行新建、添加、修改、运行和移出等操作。

一个 Visual FoxPro 项目可包含表单、报表和程序文件，除此之外，还常常包含一个或多个数据库、表及索引。如果某个现有文件不是项目的一部分，则可以人工添加它。只需在“项目管理器”中单击“添加”按钮，在“添加”对话框中选择要添加的文件即可。这样，在编译应用程序时，Visual FoxPro 会把它们作为组件包含进来。利用“项目管理器”组织“销售管理”项目的一些数据文件，如图 12-1 所示。

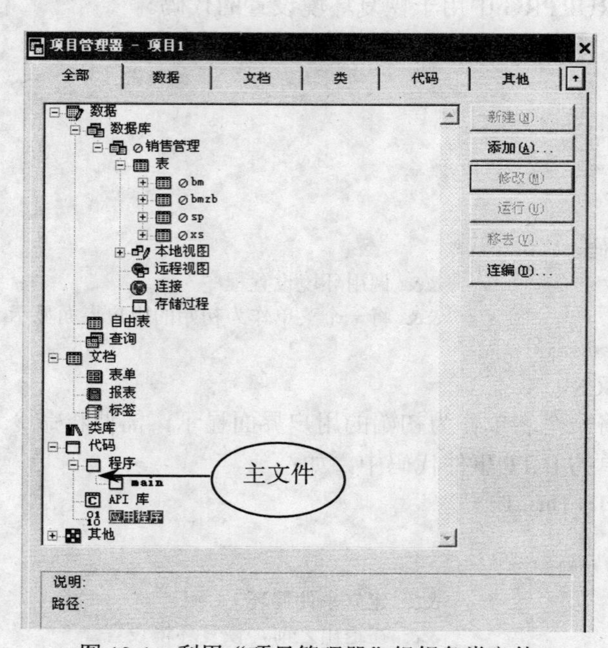

图 12-1　利用“项目管理器”组织各类文件

必须为项目指定一个主文件。主文件作为一个已编译应用程序的执行开始点，在该文件中可以调用应用程序中的其他组件。项目连编时会自动将调用的文件添加到“项目管理器”窗口，最后一般应返回到主文件。项目的主文件以粗体字显示，图 12-1 中的 main 显示为粗体，表明它是主文件。

设置主文件的方法是：在“项目管理器”中选定一个文件（程序、菜单或表单）右击，在弹出的快捷菜单中单击“设置主文件”命令（也可打开“项目”菜单，单击“设置主文件”命令），如图 12-2 所示。

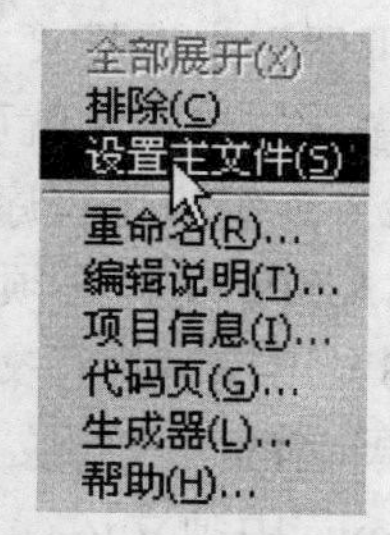

图 12-2　设置主文件

12.2.2　连编项目

连编是指将项目中的文件连接在一起编译成单一的程序文件。项目在编译时涉及“包含”与“排除”两个概念。在“项目管理器”中，凡左侧带有⊘标记的文件属于“排除”类型，无此标记的文件属性“包含”类型文件。

1. 包含与排除

（1）包含。包含是指连编项目时将文件包含进生成的应用程序中，从而这些文件变成只读文件，不能再进行修改。通常将可执行的程序文件、菜单、表单、报表和查询等设置为“包含”。如果在程序运行中不允许修改表结构，则也可将其设置为“包含”。Visual FoxPro 默认程序文件为“包含”，而数据文件默认为“排除”。

（2）排除。排除是指连编项目时将某些数据文件排除在外，这些文件在程序运行过程中可以随意进行更新和修改。如将数据表设置为“排除”，则可修改其结构或添加记录。

要排除或包含一个文件的操作步骤如下：

1）在“项目管理器”中，选择要排除一个包含的文件。

2）右击，在弹出的快捷菜单中，如果选择的文件已被包含，则菜单将出现“排除”命令，单击“排除”命令，则选择的文件被排除；反之，出现“包含”命令，单击“包含”命令，则选定的文件被包含。

2. 连编

连编是指对项目对象上的操作。在连编之前，应指定主文件、设置数据文件的“包含/排除”和确定程序之间的调用关系，然后单击“项目管理器”中的“连编”按钮，打开“连编选项”对话框，如图 12-3 所示。

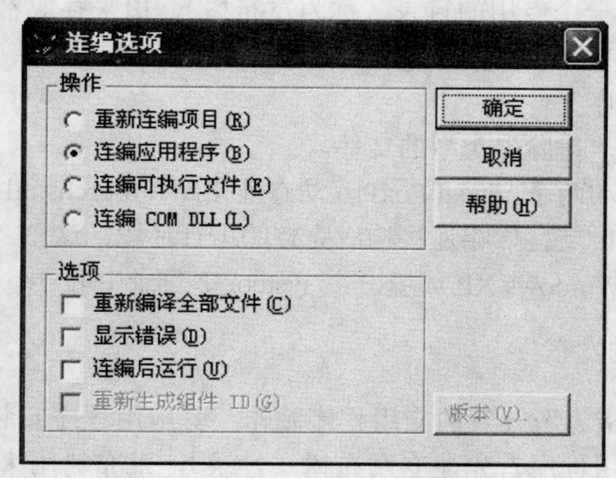

图 12-3　“连编选项”对话框

（1）“操作”区选项按钮。

1）重新连编项目：重新连接与编译项目中的所有文件，生成.pjx 和.pjt 文件，等价于在命令窗口执行 BUILD PROJECT 命令。如果项目连编过程中发生错误，则必须加以纠正并重新连编直至成功为止。如果连编项目成功，则在建立应用程序之前应该试运行项目。可以在“项目管理器”中选择“主文件”，然后单击“运行”按钮，也可在命令窗口中键入 DO 命令执行主程序，如果正常就可以连编成应用程序文件了。

2）连编应用程序：等价于在命令窗口执行 BUILD APP 命令，可生成以.APP 为扩展名的程序。.APP 文件必须在 Visual FoxPro 环境下才能运行。执行方式为：DO 文件名.APP。

3）连编可执行文件：此选项等价于在命令窗口执行 BUILD EXE 命令，可以生成以.EXE 为扩展名的可执行文件。.EXE 文件可在 Visual FoxPro 环境下运行，也可脱离开发环境在 Windows 中独立运行。

4）连编 COM DLL：使用项目中的类信息，创建一个具有.DLL 扩展名的动态连接库文件。

（2）“选项”区复选框按钮。

1）重新编译全部文件：重新编译项目中的所有文件，当向项目中添加组件时，应该重新项目的连编。如果没有在“连编选项”对话框中选择“编辑全部文件”，那么只重新编译上次连编后修改过的文件。

2）显示错误：指定是否显示编译时发生的错误。

3）连编后运行：指定连编后是否立刻运行应用程序。

12.3 发布应用程序

所谓发布应用程序，是指制作一套安装盘提供给用户，使其能安装到其他计算机上。

12.3.1 准备工作

在发布应用程序之前，必须连编一个以.APP 为扩展名的应用程序文件，或者一个以.EXE 为扩展名的可执行文件。

下面以.EXE 可执行程序文件为例，介绍事先必须进行的准备工作。

（1）将项目连编成.EXE 程序。

（2）在磁盘上创建一个专用的目录（称为发布树），用来存放希望复制到发布磁盘的文件。这些文件包括：

1）连编的可执行程序文件。

2）在项目中设置为“排除”类型的文件。

3）可执行文件需要和两个 Visual FoxPro 动态连接库 Vfp6rchs.dll（中文版）、Vfp6renu.dll（英文版）以及 Vfp6r.dll 支持库相连接构成完整的运行环境，这 3 个文件都在 Windows 的 system 目录中（如果是 Windows XP 环境，在 system32 目录中）。

12.3.2 应用程序的发布

应用程序的发布是指为所开发的应用程序制作一套应用程序安装盘，使之能安装到其他计算机中使用。发布应用程序首先建立发布树（目录），发布树用来存放用户运行时需要的全部文件，将一些必要的文件拷贝到该目录中。还要建立磁盘镜像目录，用于存放制作好后的安装程序。当准备工作完成后，即可使用工具菜单中向导子菜单下的“安装”，根据提示一步一步地生成安装程序。当安装程序制作完成之后，最好另找一台计算机进行安装，检查是否正常。

习题十二

1．连编应用程序时，设置文件的“排除”和“包含”有何用途？

2．设计 Visual FoxPro 应用程序时，主文件（程序）的作用是什么？

3．Visual FoxPro 应用程序连编后生成.APP 和.EXE 两种类型的可执行文件，其运行环境有何不同？如果没有支持库 Vfp6r.dll，特定地区资源文件：Vfp6rchs.dll（中文版）和 Vfp6renu.dll（英文版）这些文件，.EXE 在执行时会出现什么问题？

4．在应用程序的设计中，常见的用户界面有几种？其作用是什么？

附录　各章部分习题答案

第 1 章　数据库概述

一、选择题

1．B	2．B	3．B	4．C	5．A
6．D	7．B	8．B	9．C	10．C
11．A	12．B	13．A	14．D	15．B
16．C	17．C	18．D	19．C	20．A

二、填空题

1．连接　　2．选择
3．二维表　　4．数据库（DB）
5．一对一　　6．多对多
7．关系模型　　8．数据库管理系统
9．数据模型　　10．属性
11．关系　　12．记录
13．生成器　　14．程序方式

第 2 章　Visual FoxPro 基础知识

一、选择题

1．C	2．C	3．C	4．B	5．C
6．D	7．D	8．B	9．D	10．B
11．A	12．C	13．A	14．C	15．B
16．C	17．D	18．D	19．B	20．B
21．C	22．D	23．C	24．C	25．A
26．B	27．B	28．C	29．A	30．D
31．D	32．D	33．B	34．D	35．A
36．C	37．D	38．D	39．A	40．B
41．B	42．D	43．C	44．A	45．D
46．B	47．A	48．C	49．A	50．A

二、填空题

1．数值型（N）　　2．20

3．.T.　　4．.T.
5．.T.　　6．.T.
7．.T.　　8．.F.
9．.F.　　10．2
11．100.00　　12．5
13．42.4　　14．-1
15．16　　16．5
17．6　　18．NO
19．逻辑　　20．"123456"
21．250　　22．L　C
23．0　　24．.F.
25．10　　26．.F.　.T.　.F.　.T.
27．sex="女" AND score>=90　　28．.F.　.T.　.T.　.T.
29．.F.　　30．.T.
31．GOODGIRL　　32．22　14
33．1　　34．28　4200

第 3 章　表的基本操作

一、选择题

1．D　2．A　3．C　4．B　5．A
6．B　7．A　8．A　9．A　10．D
11．C　12．D　13．A　14．D　15．A
16．C　17．D　18．A　19．C　20．B
21．B　22．C　23．D　24．C　25．A

二、填空题

1．二维表　记录　字段　表文件　　2．1　11　1
3．.FPT　　4．CREATE
5．memo　　6．Gen
7．Exclusive　　8．姓名,性别
9．物理　　10．逻辑
11．QQ.FPT
12．INSERT BLANK BEFORE 或 INSERT BEFORE BLANK
13．LIST FOR 性别="女" .AND.平均分>90.OR.平均分<60
14．TO A
15．大写

第 4 章　排序、索引与统计

一、选择题

1．C	2．A	3．C	4．A	5．D
6．B	7．B	8．B	9．C	10．B
11．C	12．B	13．B	14．C	15．B

二、填空题

1．SELECT 0
2．32767　SELECT
3．.CDX
4．STR(BJ) +XB +DTOS(CSRQ)
5．查询或检索
6．索引
7．主索引
8．主索引或候选索引

第 5 章　数据库操作

一、选择题

1．A	2．B	3．D	4．C	5．B
6．C	7．B	8．D	9．B	10．A
11．C	12．D	13．C	14．D	15．B
16．A	17．B	18．C	19．B	20．D
21．A	22．D	23．A	24．B	25．D
26．B	27．B	28．A	29．C	30．D
31．C	32．B	33．A	34．D	35．D

二、填空题

1．.DBC　.DCT　.DCX
2．CREATE DATABASE 图书销售
3．MODIFY
4．主索引或候选索引
5．参照完整性
6．.DBC
7．主索引或候选索引　普通
8．视图　查询
9．.QPR　数据库
10．远程视图
11．1
12．联接
13．视图
14．字段

第 6 章　SQL 查询语言的使用

一、选择题

1．C	2．D	3．A	4．A	5．C

6．B　　7．D　　8．C　　9．C　　10．A
11．B　　12．D　　13．D　　14．A　　15．B
16．B　　17．D　　18．B　　19．C　　20．A
21．C　　22．B　　23．A　　24．D　　25．C
26．C　　27．C　　28．D　　29．B　　30．B
31．B　　32．D　　33．C　　34．B　　35．B

二、填空题

1．数据查询　　2．TO FILE
3．WHERE 成绩>80　　4．CHECK
5．SOME　　6．WHERE
7．SUM(工资)　　8．INTO TABLE
9．SET 工龄 E=工龄+1　　10．ALTER TABLE
11．CREATE VIEW　　12．INTO ARRAY 数组名

第 7 章　程序设计初步

一、选择题

1．A　　2．D　　3．D　　4．D　　5．B
6．B　　7．C　　8．C　　9．D　　10．D
11．B　　12．C　　13．B　　14．C　　15．A

二、填空题

1．10
2．计算 $1^2+2^2+3^2+4^2+5^2+6^2+7^2+8^2+9^2+10^2$
3．NOT EOF()　SKIP
4．21
5．SKIP　LOOP　SKIP
6．LOCATE FOR　NOT EOF()或 FOUND()　CONTINUE

第 8 章　面向对象程序设计基础

一、选择题

1．D　　2．B　　3．C　　4．B　　5．B
6．A　　7．D　　8．C　　9．A

二、填空题

1．对象　　2．类
3．程序　　4．行为

5．属性

6．封装性

7．容器类

8．继承

第 9 章　表单设计

一、选择题

1．C	2．B	3．A	4．A	5．D
6．B	7．C	8．B	9．C	10．A
11．D	12．A	13．C	14．B	15．D
16．C	17．D	18．C	19．C	20．D
21．B	22．B	23．D	24．A	25．B
26．C	27．D	28．D	29．B	30．B
31．D	32．B	33．D	34．D	35．C
36．C	37．B	38．B	39．C	40．A

二、填空题

1．ActiveX 绑定

2．方法程序

3．ThisFormSet.Form1.Text1.Value

4．事件驱动

5．ButtonCount(4)

6．显示

7．ControlSource

8．Name

9．控件

10．Timer

11．PageCount

12．Timer

第 10 章　报表设计

一、选择题

1．C	2．D	3．A	4．B	5．B
6．D	7．D	8．C	9．B	10．B
11．A	12．B	13．C	14．D	15．A
16．C	17．D	18．A	19．D	20．A
21．C	22．D	23．B	24．A	25．D

二、填空题

1．标签

2．标签

3．域控件

4．页面设置

5．数据分组

6．报表表达式

7．布局

8．组注脚

9．域控件

10．标题/总结

第 11 章　菜单设计

一、选择题

1．A	2．D	3．C	4．D	5．B
6．B	7．C	8．B	9．A	10．D

二、填空题

1．CREATE MENU　　2．子菜单

3．RightClick　　4．创建

5．\-　　6．显示

第 12 章　应用程序的集成与发布

（略）